utb 1514

Eine Arbeitsgemeinschaft der Verlage

Böhlau Verlag · Wien · Köln · Weimar
Verlag Barbara Budrich · Opladen · Toronto
facultas · Wien
Wilhelm Fink · Paderborn
A. Francke Verlag · Tübingen
Haupt Verlag · Bern
Verlag Julius Klinkhardt · Bad Heilbrunn
Mohr Siebeck · Tübingen
Nomos Verlagsgesellschaft · Baden-Baden
Ernst Reinhardt Verlag · München · Basel
Ferdinand Schöningh · Paderborn
Eugen Ulmer Verlag · Stuttgart
UVK Verlagsgesellschaft · Konstanz, mit UVK/Lucius · München
Vandenhoeck & Ruprecht · Göttingen · Bristol
Waxmann · Münster · New York

Jürgen Schultz

Die Ökozonen der Erde

5., vollständig überarbeitete Auflage

139 Zeichnungen
23 Tabellen und 5 Kästen
3 farbige Abbildungen im Anhang

Verlag Eugen Ulmer Stuttgart

Univ. Prof. Dr. Jürgen Schultz (†) gehörte dem Lehrkörper der Rheinisch-Westfälischen Technischen Hochschule Aachen (Geographisches Institut) an. Sein Lehr- und Forschungsgebiet war die Physische Geographie, insbesondere die Geoökologie. Er verstarb im November 2015.

Englische Ausgabe:
The Ecozones of the World: The Ecological Divisions of the Geosphere
Springer-Verlag, Berlin/Heidelberg/NewYork: 2nd ed. 2005

Chinesische Ausgabe:
Higher Education Press, Beijing (2010)

Bibliografische Information der Deutschen Nationalbibliothek

Die Deutsche Nationalbibliothek verzeichnet diese Publikation in der Deutschen Nationalbibliografie; detaillierte bibliografische Daten sind im Internet über http://dnb.d-nb.de abrufbar.

Wollgrasweg 41, 70599 Stuttgart (Hohenheim)
E-Mail: info@ulmer.de
www.ulmer.de
Lektorat: Sabine Mann
Herstellung: Jürgen Sprenzel
Umschlaggestaltung: Atelier Reichert, Stuttgart
Satz: Bernd Burkart; www.form-und-produktion.de
Druck und Bindung: Friedr. Pustet, Regensburg
Printed in Germany

UTB Band-Nr. 1514
ISBN 978-3-8252-4628-0

Inhaltsverzeichnis

Vorwort zur 3. Auflage

In diesem Buch wird eine Gliederung der Erde in neun Ökozonen vorgenommen. Damit sind jene annähernd breitenzonalen Raumtypen gemeint, die sich bei einem ersten Teilungsschritt der globalen (terrestrischen) Ökosphäre ergeben. Zwar sind diese großräumigen Einheiten fragmentiert (jeweils über mehrere Kontinente verteilt) und in sich erheblich differenziert (und geben damit Anlass zu weiteren Unterteilungen), doch verbleiben genügend übergreifende Struktur- und Prozessmerkmale, so die hier vertretene Auffassung, was ihre Abgrenzung rechtfertigt.

Die nunmehr vorgelegte dritte Auflage geht auf eine völlig neue Bearbeitung zurück, als deren unmittelbares Ergebnis das deutlich umfangreichere *Handbuch der Ökozonen* (Ulmer 2000, UTB L) erschienen ist. Die dritte Auflage der *Ökozonen der Erde* bildet davon eine Kurzfassung, die, wie Verlag und Autor meinen (und hoffen), den Interessen solcher Studenten entgegen kommt, die sich ein kurzes (und preisgünstiges) Lehrbuch zum Thema „Ökozonen" wünschen.

Zielgruppe sind in erster Linie Studenten des Faches Geographie. Es würde mich freuen, wenn das Buch auch darüber hinaus Interesse finden würde, beispielsweise (wie schon im Falle der beiden ersten Auflagen) bei Studenten der Fächer Biologie, Bodenkunde, Agrarwissenschaften und Forstwissenschaften, bei Erdkunde- und Biologielehrern zur Fortbildung sowie bei all jenen ökologisch-geographisch Interessierten, die sich über die besonderen Eigenschaften der großen Erdräume informieren möchten – und sei es nur, um eine Einführung für eine in einen anderen Weltteil geplante Reise zu erhalten. Ich selbst habe bei meinen Aufenthalten in anderen Landschaftszonen gelegentlich ein Buch vermisst, das mir – wie es das vorliegende versucht – in konzentrierter Form wesentliche Merkmale der Erdräume in ihrer regelhaften Verknüpfung zusammenfasst und erklärt.

Für die Reinzeichnung der Abbildungen danke ich dem Kartographen des Geographischen Instituts der RWTH Aachen, Herrn Dipl. Ing. Hans-Joachim Ehrig.

Das vorliegende Buch hat die (Geo-)Ökologie zum Gegenstand. Dies aber nicht in dem heute vielfach üblichen Sinne, dass die (zerstörerischen) Umwelteinwirkungen des Menschen und der Schutz der Umwelt vor diesen Einwirkungen zum Mittelpunkt erhoben werden. Vielmehr geht es primär um Informationen zur Beschaffenheit unserer (Um-)Welt, den Form- und Materialeigenschaften ihrer Komponenten sowie den Funktionalbeziehungen zwischen diesen. Natürlich verbindet sich hiermit die Hoffnung, dass ein größeres Verständnis für die Umwelt auch für deren Erhaltung sinnvoll („sozialverantwortlich") eingesetzt wird.

Aachen, im Oktober 2001 Jürgen Schultz

Vorwort zur 5. Auflage

Das Vorwort zur ersten Auflage beschreibt, dass sich dieses Buch an Studierende der Geographie wendet und äußert die Hoffnung, dass es auch darüber hinaus Interesse finden möge – bei z.B. Studierenden anderer Fächer oder für ökologisch-geographisch Interessierte – und sei es ‚nur' für eine Reisevorbereitung. Diese Hoffnung hat sich erfüllt. Die Einteilung der Erde in die von J. Schultz 1988 eingeführten Ökozonen findet zunehmende Akzeptanz in der wissenschaftlichen Literatur der Geographie und Geologie sowie auch auszugsweise in Schulbüchern und hat sich zu einem viel zitierten Werk entwickelt. Herausgestellt werden soll in diesem Zusammenhang die 2014 im Springer-Verlag erschienene Buchpublikation *Böden der Welt* von W. Zech, P. Schad und G. Hintermaier-Erhard, in der die meisten Böden nach ihrem Vorkommen in bestimmten Ökozonen beschrieben werden. Die Gliederung der Biosphäre in neun Ökozonen (S. XVII) folgt dabei dem Konzept der *Ökozonen der Erde* von J. Schultz. Auch B. Eitel und D. Faust orientieren sich in ihrem Buch *Bodengeographie* an der ökozonalen Gliederung der Erde. Scheffer/Schachtschabel (2010, 16. Aufl.) verfahren in ihren regionalen Kapiteln zu den Bodenzonen ähnlich. In beiden Standardwerken zur Bodenkunde werden die Bodenzonenkarten von J. Schultz zur Illustration ihrer bodenzonalen Gliederungen übernommen. Ähnlich, jedoch bezüglich der Vegetation, verfahren die beiden Autoren Pfadenhauer und Klötzli in ihrem ebenfalls 2014 im Springer-Verlag erschienenen Buch *Vegetation der Erde:* Sie wählen die Ökozonen als Basiseinheit für ihr Buch (s. dort auf S. 51).

Viele Änderungen gegenüber den früheren Auflagen konzentrieren sich auf die Bodenkapitel. Sie ergeben sich durch die Neufassung der offiziellen Referenznomenklatur für Böden und Bodenklassifikationen der Internationalen Bodenkundlichen Union (IUSS), die 2014 in dritter Auflage der WRB (World Reference Base for Soil Resources) erschienen ist und u.a. Neudefinitionen und striktere Anwendungsregeln bezüglich der Bodenmerkmale (Qualifier) mit sich brachte.

Das in die letzte Auflage neu aufgenommme Unterkapitel zur Klimaerwärmung und die darin enthaltene kritische Auseinandersetzung mit dem anthropogenen Einfluss brachte viel Zuspruch, aber auch Kritik ein. Da das Thema aufgrund seiner Komplexität nicht mehr umfänglich und in notwendiger wissenschaftlicher Tiefe bearbeitet werden konnte, hat sich J. Schultz dazu entschlossen, dieses Unterkapitel wieder herauszunehmen.

Prof. Dr. J. Schultz verstarb während der abschließenden Arbeiten an der 5. Auflage „seiner" Ökozonen. Es war sein Wunsch, dass ich, sein Sohn Dipl. Phys. Dr. N. Schultz, das Buch anhand seiner handschriftlichen Notizen zu Ende führe. Zudem wurden von mir die Bodenbeschreibungen gemäß der 3. Auflage der WRB von 2014 aktualisiert und die physikalisch-mathematischen Beschreibungen mancher dargestellter Zusammenhänge überarbeitet.

Mainz, im September 2016 Niko Schultz

Abkürzungen und Symbole

BHD	Stammdurchmesser in Brusthöhe (*breast height diameter*) ~1.3 m über Erdboden
BS	Basensättigung (früher V-Wert)
C	Kohlenstoff
C/N	Kohlenstoff/Stickstoff-Verhältnis von toten org. Substanzen als Maß für Zersetzbarkeit
DBG	Deutsche Bodenkundliche Gesellschaft
E	Evaporation
ET	Evapotranspiration, Verdunstung
ET_{akt}	aktuelle Evapotranspiration
ET_{pot}	potentielle Evapotranspiration
GVE	Großvieheinheit (1 Rind [500 kg Lebendgewicht] oder 5-Schafe/Ziegen)
HAC	High activity clay (Drei- und Vierschicht-Tonminerale, z.B. Illit, Chlorit)
K	Kelvin (im vorliegenden Buch nur für Temperaturdifferenzen gebraucht)
k	Zersetzungsrate, Mineralisierungsrate (jährliche Streuzufuhr/Streuvorrat)
KAK	Kationenaustauschkapazität
KAK_{eff}	effektive K. (d.i. KAK bei gegebenem pH)
KAK_{pot}	potentielle K. (d.i. KAK bei neutraler Bodenreaktion)
LAC	Low activity clay (Zweischicht-Tonminerale, z.B. Kaolinit)
LAI	Blattflächenindex (BFI) (*leaf area index*)
MPa	Megapascal (10^6 Pa = 10 bar)
M_{PPN}	Mineralstoffbedarf (*nutrient requirement*) der Primärproduktion
N	Newton (Kraftmaß)
NIR	Nahe infrarote Strahlung (*near infrared*)
nm	Nanometer (= 10^{-9}m)
NUE	Mineralstoff-Nutzungseffizienz (*nutrient use efficiency*)
P, p	Mittlerer Jahresniederschlag, monatlicher Niederschlag

Pa	Pascal (Druckmaß)
pH	Säurestärke (negativer Logarithmus der Wasserstoffionen-Konzentration)
PHAR	photosynthetisch nutzbare Strahlung (*photosynthetic active radiation*)
ppm, ppmv	Menge in Volumenanteilen pro Million (**p**art **p**er **m**illion) 1 % = 10^4 ppm, z. B. 0.04 % CO_2 = 400 ppm)
PP_N	Nettoprimärproduktion
RSG	Reference Soil Group (der WRB Systematik)
RUE	Regennutzungseffizienz (*rain use efficiency, rain factor*)
SOM	tote organische Bodensubstanz (*soil organic matter*)
sp., spp.	Art, Arten (species)
ssp.	Unterart (subspecies)
t_a, t_{mon}	Jahresmitteltemperatur, Mittlere Monatstemperatur
TS	Trockensubstanz, (-masse, -gewicht)
UV	ultraviolett(es Licht)
WRB	World Reference Base for Soil Resources
WUE	Wassernutzungskoeffizient (*water use efficiency*)

Allgemeiner Teil

Inhaltliche Behandlung der Ökozonen und globale Übersichten ausgewählter Merkmale

Ökozonen sind Großräume der Erde, die sich durch jeweils eigenständige Klimagenese, Morphodynamik, Bodenbildungsprozesse, Lebensweisen von Pflanzen und Tieren sowie Ertragsleistungen in der Agrar- und Forstwirtschaft auszeichnen. Entsprechend unterscheiden sie sich in auffälliger Weise nach dem jährlichen und täglichen Klimagang, den exogenen Landformen, den Bodentypen, den Pflanzenformationen und Biomen[1] sowie den agraren und forstlichen Nutzungssystemen. Ihre Verbreitung auf der Erde ist breitenabhängig und gewöhnlich disjunkt (fragmentiert) auf die Kontinente verteilt.

Der Terminus *Ökozone* in der beschriebenen Bedeutung wurde erstmals 1988 eingeführt (SCHULTZ 1988, 1995, 1998, 2000a, 2000b, 2001–02, 2005). Im (hierarchischen) System der *landschaftsökologischen Raumeinheiten*, dessen Grundeinheit der **Ökotop**[2] ist, bezeichnet er die oberste Ordnungsstufe, also *die erste* Unterteilung der **Ökosphäre**.[3] Zwischen Ökotopen und Ökozonen lassen sich bei Bedarf weitere Unterteilungsstufen einfügen, die beispielsweise als **Ökoregionen**, **Ökoprovinzen** und **Ökodistrikte** bezeichnet werden können.

Sowohl nach ihrer Abgrenzung als auch nach dem damit verfolgten Anliegen, nämlich ein naturräumliches (und bis zu einem gewissen Grade auch kulturräumliches) Ordnungsmuster der Erde in der globalen Dimension aufzuzeigen, sind die Ökozonen den von anderen Autoren (zum Beispiel BAILEY 1998 und 2002, BRAMER 1982, CANADELL et. al 2007, CHUVIECO 2008, GRABHERR 1997, HORNETZ und JÄTZOLD 2003, MÜLLER-HOHENSTEIN 1981, RICHTER 2001, WALTER und BRECKLE 1983–94 und 1999) als *Landschaftsgürtel, geographische Zonen, Geozonen,* Vegetationszonen, *Zonobiome* etc. bezeichneten Erdregionen vergleichbar. Sie unterscheiden sich aber nach der inhaltlichen Fassung, indem sie sich weniger als jene auf die zonalen natürlichen Pflanzenformationen gründen, sondern stärker als **geozonale Ökosysteme** erfasst und erklärt werden.

Das heißt, neben der qualitativen Darstellung von einzelnen Merkmalen oder Merkmalkomplexen, wie z.B. Bodeneinheiten, Vegetationsstrukturen und Landformen, tritt die *quantitative und integrative Erfassung von Stoff- und Energievorräten* in den verschiedenen Systemkompartimenten sowie von Stoff- und Energieumsätzen zwischen diesen Kompartimenten. Als ökologisch bedeutsame Stoffvorräte (-mengen) werden zum Beispiel die Biomasse von Pflanzen und

---

[1] siehe Seite 61.

[2] Kleinste abgrenzbare ökologische Raumeinheit (= Raumdimension eines Ökosystems), die in geographischem (landschaftsökologischem) Sinne als homogen gelten kann.

[3] D. i. die Gesamtheit von Biosphäre (= Lebensbereich der Erde) und der über Wechselwirkungen (Energieflüsse, Stoffkreisläufe etc.) mit ihr verbundenen Teilbereiche von Litho-, Pedo-, Hydro- und Atmosphäre.

Tieren, die tote organische Bodensubstanz sowie die Mineralstoffe in der Vegetation und im Boden ins Blickfeld gerückt. Von den Stoffumsätzen finden Primärproduktion, Tierfraß und Sekundärproduktion, Streufall und -zersetzung sowie Mineralstoff- und Wasserkreislauf besondere Beachtung. Energetische Aspekte werden bei allen organischen Substanzen und deren Umsätzen berücksichtigt. Die moderne regionale Ökosystemforschung hat derart reichhaltige Untersuchungsergebnisse erbracht, dass dieser neue Weg der ökozonalen Darstellung möglich geworden ist.

Der Versuch, die Erde in wenige Großräume mit möglichst vielen einheitlichen Zügen zu gliedern, ist aus mehreren Gründen problematisch und wird deshalb von mancher Seite kritisch beurteilt. Zu den **schwer lösbaren Problemen**, die hier nicht verschwiegen werden sollen, gehören:

a) Die tatsächlich existierende *kleinräumige Vielfalt der Standortbedingungen*, wie sie überall auf der Erde vorliegt, lässt sich nur unter großen Zwängen und dementsprechend mit beträchlichen Unschärfen ‚unter einen (ökozonalen) Hut' bringen.

b) *Eine Reihe von Gegebenheiten entzieht sich, da erkennbare Umwelteinwirkungen fehlen, jeglicher Zuordnung*; dazu gehören beispielsweise die Land-Meer-Verteilung, das Großrelief der Erde, Verbreitung der Gesteinsarten, Vorkommen von Bodenschätzen und viele historisch bedingte Erscheinungen (Gliederung nach Staaten, Sprachen, Kulturgemeinschaften). Diese Merkmale wie auch die von ihnen ausgehenden Einflüsse, z.B. auf das Klima oder die Landnutzung, ‚stören' also die ökozonale Ordnung oder fallen als azonale Erscheinungen völlig heraus.

c) *Die übrigen, mehr oder weniger umweltabhängigen (und damit in die ökozonalen Wirkungsgefüge verflochtenen) Landschaftselemente haben nur selten scharf ausgeprägte Verbreitungsgrenzen.* In der Regel erfolgt ihr Wandel kontinuierlich, entlang von im Einzelfall sehr verschiedenen Parametern über breite Übergangszonen (Ausnahmen z.B. Land-Meer-Grenzen, Gebirgsränder). Linienhafte Grenzziehungen müssen daher grundsätzlich fragwürdig erscheinen; dies um so mehr, wenn sie, wie im vorliegenden Falle, den Anspruch erheben, zugleich für ganze *Merkmalskombinationen* zu gelten.

d) *Viele der exogen geprägten Gegebenheiten haben sich im Laufe langer Zeiträume herausgebildet.* Ihre heutige Gestalt ist daher teilweise oder ganz das Ergebnis von andersartigen Umwelteinflüssen, die früher herrschten. Eine Einpassung in die gegenwärtigen Verhältnisse ist nicht oder nur unter großen Zwängen möglich.[4]

---

[4] Der Anteil solcher Vorzeitformen ist insbesondere bei den Landformen groß. Für sie ist eine morphogenetische Erklärung aus dem heute existierenden Prozessge-

Fortsetzung nächste Seite →

Aus den genannten Problemen ergeben sich als Konsequenzen, dass

- ökozonale Abgrenzungen bis zu einem gewissen Grade willkürlich (z.B. an klimatischen Schwellenwerten) gezogen werden müssen und allenfalls für einen Teil der Landschaftsmerkmale gelten können und
- die Vielfalt der Bedingungen innerhalb der wie auch immer umgrenzten Zonen naturgemäß groß bleiben muss.

Eine ökozonale Gliederung der Erde ist trotzdem möglich und sinnvoll, – so die hier vertretene These – und zwar unter den folgenden Prämissen und Zugeständnissen:

a) *Die Vielfalt innerhalb der Zonen kann grundsätzlich nicht als Widerspruch zu ihrer Abgrenzung verstanden werden.* Entscheidend sind die verbleibenden Gemeinsamkeiten und deren Gewicht. Letzteres bemisst sich bei Faktoren nach der räumlichen Reichweite und der funktionalen Dominanz, bei Strukturen (Formmerkmalen) nach der Verbreitung und Auffälligkeit. In diesem Sinne ‚gewichtige' Faktoren/Formmerkmale sind beispielsweise *gehemmte Zersetzung organischer Abfälle und mächtige Streuauflagen* in der Borealen Zone, oder *Winterregen* und *Hartblättrigkeit der Vegetation* in den Winterfeuchten Subtropen. Zum Erkennen der zonalen Übereinstimmungen bedarf es vor allem eines angemessenen (globalen) Maßstabes der Betrachtung. Dann treten viele Ungereimtheiten von selbst in den Hintergrund. Ein bildlicher Vergleich mag dies verdeutlichen: Eine kleinmaßstäbige Weltkarte ist, vergleicht man einen kleinen Ausschnitt von ihr mit einer großmaßstäbigen Darstellung desselben Gebietes, ungenau, generalisierend falsch und unvollständig; dennoch wird niemand bestreiten, dass diese Weltkarte nützlich ist.

b) *Ökozonen lassen sich nur durch mittlere Verhältnisse oder typische Klimasequenzen, Bodensequenzen (Catenen) etc. charakterisieren.* Mittlere Verhältnisse finden sich auf solchen Standorten, die
   - einen höchstens geringen oberflächlichen Abfluss (Abtragung) haben,
   - weder einen übermäßigen Zufluss (Sedimentation) noch Staunässe aufweisen,

---

[4] füge grundsätzlich nur eingeschränkt möglich. Erdgeschichtlich entstandene Merkmale zeigen auch viele Böden (Paläoböden); starke historische Züge finden sich in der Landwirtschaft. Deutlich geringer sind die Vorzeitmerkmale in der Vegetation, da diese ziemlich rasch und umfassend auf Umweltveränderungen reagiert (wofür z.B. die postglaziale Waldgeschichte von Mitteleuropa ein gutes Beispiel liefert). Völlig ohne Vergangenheitseinflüsse ist allein das Klima: Es wird von der heute bestehenden solarbedingten unterschiedlichen Energiezufuhr, der Erdrotation sowie den tellurischen und orographischen Bedingungen bestimmt.

- nicht allzu weit über Meereshöhe liegen (im einzelnen abhängig von der geographischen Breite),
- weder ausgesprochen kontinental noch ausgesprochen ozeanisch beeinflusste Klimate besitzen.

Beispiele für *zonentypische Klimasequenzen* sind die Differenzierung der Polaren/subpolaren Zone in eisbedeckte Gebiete, polare Wüsten sowie hocharktische und niederarktische Tundren, oder der Trockenen Mittelbreiten in Waldsteppen, Langgrassteppen, Kurzgrassteppen, Wüstensteppen, Halbwüsten und Wüsten. Klimasequenzen bieten zugleich die Möglichkeit zur Abgrenzung sub-ökozonaler Raumeinheiten.
Orographisch oder edaphisch bedingte Sonderfälle können dann in die Charakterisierung einbezogen werden, wenn sie zonentypisch sind, wie z.B. Vertisole, Salzböden und Histosole als Endglieder von reliefgebundenen Bodencatenen in den Sommerfeuchten Tropen, den Trockengebieten bzw. der Borealen Zone.

c) *Die Grenzziehung zwischen den Ökozonen ist von untergeordneter Bedeutung.* Im Vordergrund muss die Erfassung der (mittleren Verhältnisse der) Kernräume stehen.
d) *Alle quantitativen Angaben können nur Richtgrößen sein* (auch wenn Spannen genannt werden, geben diese nicht unbedingt die tatsächlich vorkommenden Extreme an, sondern eher die Grenzen, zwischen denen die meisten Werte liegen). Die Zahlen sollen die globalen Unterschiede verdeutlichen und können als Maß für lokale Abweichungen innerhalb der Ökozonen dienen.

Die Erfassung von Ökozonen in der beschriebenen Weise soll, so die Hoffnung, die sich mit diesem Buch verbindet, helfen, den Blick für großräumig übergreifende Strukturen und Abläufe zu öffnen (also auch der Gefahr zu begegnen, dass der ‚Wald vor lauter Bäumen' übersehen wird) und zugleich eine Art **globales Ordnungsmuster** (*Orientierungswissen*) schaffen, das

- für jeden beliebigen Ort der Erde erlaubt, sofort eine Reihe wesentlicher Merkmale zu nennen und
- als Einstieg für Detailuntersuchungen geeignet ist (ausgehend von der Frage: worin unterscheidet sich ein Standort von den allgemeinen Merkmalen der Ökozone, in der er liegt?).

In diesem Buch wird der **Festlandsbereich in neun Ökozonen gegliedert**. Vertretbar erscheint auch eine größere Zahl von Zonen. Beispielsweise könnten Unterteilungen, die für einige Ökozonen vorgenommen wurden (Anhang A, Tab. 1.1), in den Rang von Ökozonen angehoben werden.

Die ökozonale Gliederung folgt vorrangig *naturräumlichen* Kriterien (Klima, Böden, Vegetation etc.). Kulturräumlichen Aspekten wird nur insoweit nachgegangen, als Bezüge zur natürlichen Ausstattung erkennbar sind. Solche Bezüge sind beispielsweise bei der *Landnutzung* (Landwirtschaft, Besiedlung etc.) durchweg vorhanden, sonst aber eher die Ausnahme oder von minderer Bedeutung.

Jede der neun (terrestrischen) Ökozonen wird in einem eigenen Kapitel (Kap. 7 bis 15) beschrieben. Die **Reihenfolge** entspricht in etwa ihrer räumlichen Abfolge auf der Erde von den Polen bis zum Äquator. Sie hat aber nicht nur räumlichen Ordnungscharakter. Vielmehr spiegelt sie auch die unterschiedlichen ‚Verwandtschaftsgrade' zwischen den einzelnen Ökozonen wider: Unmittelbar benachbart abgehandelte Ökozonen weisen mehr (und bedeutsamere) zonenübergreifende, also gemeinsame Struktur- und Prozessmerkmale auf als im Text weiter auseinander stehende.

Alle regionalen Kapitel sind nach einem durchgängigen Schema in gleich oder ähnlich lautende Unterkapitel gegliedert. Das erste widmet sich der Verbreitung und ggf. regionalen Differenzierung der jeweils behandelten Ökozone. Die folgenden informieren dann über deren Klima, Relief, Gewässer, Böden, Vegetation, Tierwelt und Landnutzung. Diese Reihenfolge entspricht in etwa der Hierarchie der Abhängigkeiten (Abb. 0.1). Beispielsweise ist die Vegetation in stärkerem Maße von den Böden abhängig als umgekehrt, übt aber ihrerseits einen größeren Einfluss auf die Tierwelt aus als von dort auf sie zurückwirkt; die Böden sind im Wesentlichen Produkte von Material (Gestein) und Gestalt (Relief) der Landoberfläche sowie vom (Groß-)Klima. Letzteres ist von den übrigen Komponenten weitgehend unabhängig, dominiert sie aber alle mehr oder weniger deutlich; als *primärer Faktor* steht das Klima entsprechend jeweils am Anfang der Darstellungen.

Die Inhalte der Unterkapitel und ihrer Abschnitte folgen einer vorgegebenen **Merkmalsauswahl**, soweit dies mit der Sonderstellung einer jeden Ökozone vereinbar ist. Die Kapitel 1 bis 6 des vorausgehenden **Allgemeinen Teils** zeigen, um welche Merkmale es sich dabei handelt, bringen für einige von ihnen ökozonen-vergleichende Übersichten, erklären Abkürzungen und erläutern speziellere Fachbegriffe, insbesondere aus der Biologie und der Bodenkunde. Die begrifflichen Erklärungen sind nicht nur als Hilfe für das Verständnis der regionalen Kapitel gedacht, sondern sollen auch beim Einstieg in die umfangreiche biologisch-ökologische und bodenkundlich-ökologische Fachliteratur helfen.

Jedes Kapitel endet mit einem eigenen **Literaturverzeichnis**. Die Titelauswahl beschränkt sich auf Quellennachweise und nennt einige der neueren Hauptwerke. Weiterführende Literaturhinweise gibt das *Handbuch der Ökozonen* (Schultz 2000a).

Die regionalen Kapitel zu den einzelnen Ökozonen enthalten außerdem **zusammenfassende Schaubilder**, die jeweils in einer ähnlichen Anordnung die wichtigsten zonalen Merkmalskomplexe und

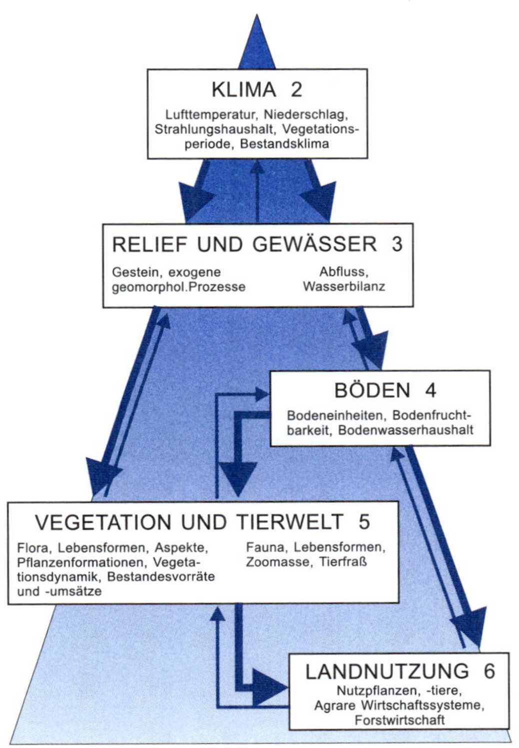

Abb. 0.1
Hierarchie der Hauptkomponenten von geozonalen Ökosystemen, zur Veranschaulichung der Inhaltsgliederung im vorliegenden Buch: Die Reihenfolge der Kapitel folgt dem hierarchisch ausgerichteten Beziehungsgeflecht zwischen diesen Komponenten. Die Ziffern (z.B. KLIMA 2) verweisen auf die zugehörigen Kapitel im Allgemeinen Teil bzw. Unterkapitel im Regionalen Teil (dort jeweils erste Dezimalstelle; beim Klima-Beispiel also die Unterkapitel 8.2, 9.2, 10.2 etc.). In den Kästen für die Hauptkomponenten ist jeweils eine Auswahl von Einzelkomponenten angefügt, zu denen Informationen gegeben werden.

Abb. 0.2
Schema für zusammenfassende Schaubilder der einzelnen Ökozonen.

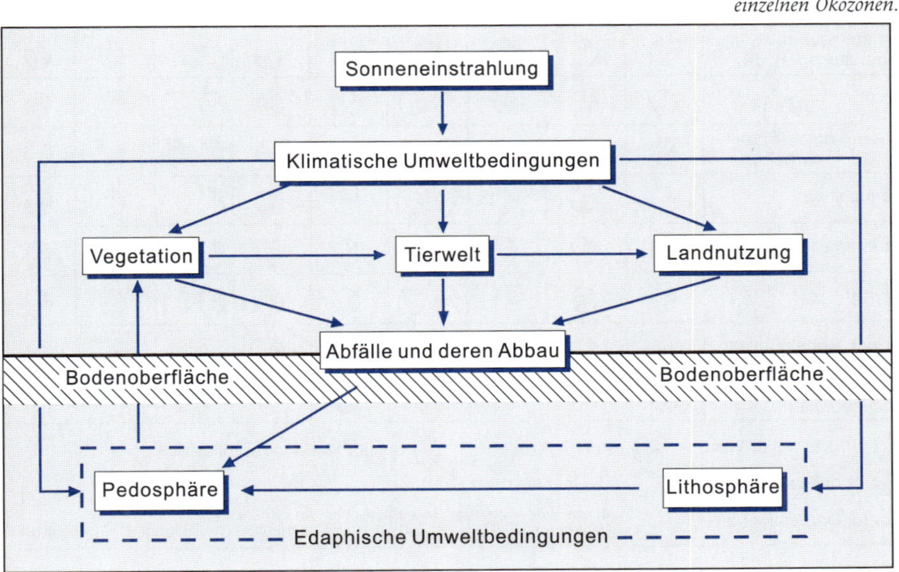

Ökozone / Merkmal[1]	Polare/subpolare Zone (Eiswüsten / Tundren und Frostschuttgebiete)	Boreale Zone	Feuchte Mittelbreiten	Trockene Mittelbreiten (Grassteppen / Wüsten und Halbwüsten)	Winterfeuchte Subtropen	Immerfeuchte Subtropen	Tropisch/subtrop. Trockengebiete (Dornsavannen und Dornsteppen / Wüsten und Halbwüsten)	Sommerfeuchte Tropen	Immerfeuchte Tropen
Jahresniederschläge [P]	○	◔	◑	◔ ○	◑	◕	◔ ○	◕	●
Jahrestemperatur	○	◔	◑	◑	◕	◕	◕	●	●
Potentielle jährliche Evapotranspiration	○	◔	◑	◕	◕	◑	●	◕	◕
Abfluss -höhe [R]	◔	◑	◑	○	◔	◕	○	◑	●
Abfluss -koeffizient [R/P]	●	◕	◑	○	◔	◕	○	◔	●
Jährliche Globalstrahlung	○	◔	◑	◕	◕	◕	●	●	◕
Länge der Vegetations-periode	○ ◔	◑	◕	◔ ○	◕	●	◔ ○	◕	●
Globalstrahlung während der Vegetationsperiode	○	◔	◑	◔	◔	●	◔	◕	●
Temperatur während der Vegetationsperiode	○	◔	◔	◑	◔	◕	◕ [2]	●	●
Phytomasse gesamt	◔	◑	◕	◔ ○	◔	●	◔ ○	◑	●
Phytomasse Wurzel/Spross-verhältnis	◕	◔	◔	◕ ●	◑	○	◑ ●	◑	○
Blattflächenindex	◔	◕	◑	◑ ○	◔	◕	◔ ○	◑	●
Nettoprimärproduktion	○	◔	◑	◑ ○	◔	◕	◔ ○	◕	●
Streuvorrat	◕	●	◑	◔ ○	◑	◑	◔ ○	◔	◔
Tote organ. Bodensubstanz	●	◔	◕	● ○	◑	◑	○	◔	◔
Zersetzungsdauer von Bestandesabfällen	●	◕	◑	◔	◕	◔	◔	◔	○

1) ● = sehr hoher Wert; ◑ = mittlerer Wert; ○ = sehr kleiner Wert oder Null; ◕ = hoher Wert; ◔ = kleiner Wert

2) nur für Dornsavannen

für absolute Werte vgl. die entsprechenden Kapitel im Allgemeinen Teil (Kap.2 bis 6) sowie die regionalen Darstellungen (Kap.7 bis 15)

Abb. 0.3 *Vergleich der Ökozonen nach ausgewählten quantifizierbaren Merkmalen.*

einige der bedeutenderen Wirkungszusammenhänge nach Art eines stark vereinfachten Ökosystem-Schemas zeigen und damit einen raschen Vergleich zwischen den Ökozonen erlauben. Das Grundmuster für diese Anordnung ist in der Abb. 0.2 dargestellt.

Der raschen Erfassung wichtiger Merkmale und Besonderheiten der Ökozonen dient auch die Übersicht in der Abb. 0.3. Zur besseren Anschaulichkeit werden die zonentypischen Mengen bzw. Leistungen durch relative Werte (sehr hoch, hoch, mittel etc.) in Form von Kreissymbolen angegeben.

Die Verbreitungsgebiete und Flächengrößen der Ökozonen lassen sich aus den Übersichten im Anhang A und der Tab. 1.1 sowie aus den Einzelkarten jeweils zu Anfang der regionalen Kapitel ablesen. Weitere Übersichten (zu diversen räumlichen Bezügen der ökozonalen Gliederung) bieten die Tab. 2.1 und Abb. 4.2 (Klimaparameter), Anhang B und Tab. 4.2 (Bodenzonen), Tab. 5.1 (Pflanzenformationen), Tab. 5.2 (Energiefixierung und Primärproduktion) sowie Anhang C und Tab. 6.1 (Agrarregionen).

Literatur

Archibold, O. W. (1995): Ecology of world vegetation. Chapman and Hall, London, 510 S.

Bailey, R. G. (1998): Ecoregions. The ecosystem geography of oceans and continents. Springer, Berlin, 176 S.

– (2002): Ecoregion-based design for sustainability. Springer, Berlin, 222 S.

– (2009): Ecosystem Geography. From Ecoregions to sites. (2. Aufl.). Springer, New York, 251 S.

Bramer, H. (1982): Geographische Zonen der Erde. Haake, Gotha (2. Aufl.), 128 S.

Canadell, J. G., Pataki, D. E. und Pitelka, L. F. (ed.) (2007): Terrestrial ecosystems in a changing world. *Gobal Change - The IGBP Series* 24. Springer, Berlin, 336 S.

Chuvieco, E. (ed.) (2008): Earth observation of global change. The role of satellite remote sensing in monitoring the global environment. Springer, Berlin, 222 S.

Grabherr, G. (1997): Farbatlas Ökosysteme der Erde. Natürliche, naturnahe und künstliche Land-Ökosysteme aus geobotanischer Sicht. Ulmer, Stuttgart, 364 S.

Hornetz, B. und Jätzold, R. (2003): Savannen-, Steppen- und Wüstenzonen. *Das Geographische Seminar.* Westermann, Braunschweig, 312 S.

Müller-Hohenstein, K. (1981): Die Landschaftsgürtel der Erde. Teubner, Stuttgart (2. Aufl.), 204 S.

Olson, D. M., Dinerstein, E., Wikramanayake, E. D., Burgess, N. D., Powell, G. V. N., Underwood, E. C., D'Amico, J. A., Itoua, I., Strand,

H. E., Morrison, J. C., Loucks, C. J., Allnutt, T. F., Rickitts, T. H., Kura, Y., Lamoreux, J. F., Wettengel, W. W., Hedeo, P., Kassem, K. R. (2001): Terrestrial ecoregions of the world: a new map of life on earth. BioScience 51, S. 933–938.

Richter, M. (2001): Vegetationszonen der Erde. Perthes, Gotha, 448 S.

Roy et al. (2001) siehe Kap. 5

Schultz, J. (1988): Die Ökozonen der Erde. Ulmer, Stuttgart, 488 S. (3. Aufl. 2002, 320 S.).

– (1995): Ökozonen. In: Kuttler, W. (ed.): Handbuch zur Ökologie. Analytica, Berlin (2. Aufl.), 308–315.

– (1998): Ecozones, global. In: Meyers, R. A. (ed.): Encyclopedia of environmental analysis and remediation. John Wiley and Sons, Chichester, 1497–1518.

– (2000a): Handbuch der Ökozonen. Ulmer, Stuttgart, 577 S.

– (2000b): Konzept einer ökozonalen Gliederung der Erde. *Geogr. Rdschau* 52, 5–11 und Kartenbeilage.

– (2001–02): Ökozonen der Erde. *Peterm. Geogr. Mitt.* 145/1–146/3, Rubrik Bild.

– (2005): The ecozones of the world. Springer, Berlin (2. Aufl.), 252 S.

Walter, H. und Breckle, S.-W. (1983–1994): Ökologie der Erde. Bd. 1–4. (1999–2004)

Bd 1 (1999), Spektrum Akademische Verlag, 2. Aufl.

Bd 2 (2004), Elsevier GmbH, Spektrum Akademischer Verlag, 3. Aufl.

Bd 3 (1999), UTB für Wissenschaft, 3. Aufl.

Bd 4 (1999), UTB für Wissenschaft, 2. Aufl.

– (1999): Vegetation und Klimazonen. Grundriss der globalen Ökologie. Ulmer, Stuttgart (7. Aufl.), 544 S.,

Seriendarstellungen zu den Ökozonen (zonalen Pflanzenformationen, zonalen Ökosystemen, Landschaftsgürteln)

Ecological Studies. Springer, Berlin ab 1970.

Ecosystems of the World. Elsevier, Amsterdam ab 1977.

Geographisches Seminar Zonal. Westermann, Braunschweig ab 1984.

International Biological Program (IBP) – 1964–1974. Cambridge Univ Press, Cambridge ab 1979.

1 Verbreitung und Flächenanteile der Ökozonen

Lage auf der Erde. Die Abbildung im Anhang A (S. 314) zeigt die ökozonale Gliederung der Erde im Überblick (zur Lage in Bezug auf Staatsgrenzen siehe SCHULTZ 2000a). Zusätzlich wird jede Ökozone durch eine eigene Verbreitungskarte belegt (siehe jeweils erste Abbildung in den Regionalkapiteln 7 bis 15). Diese enthält auch eine Auswahl von Klimadiagrammen (zum Schema siehe Abb. 2.3), mit denen sowohl die zonentypischen Verhältnisse wie auch die Unterschiede in Teilräumen veranschaulicht werden sollen. Extreme Abweichungen, die nur kleinräumig vorkommen, bleiben aber unbeachtet.

Grenzen. Die auf den Verbreitungskarten eingetragenen ökozonalen Grenzen folgen der klimazonalen Gliederung der Erde von TROLL u. PAFFEN (1964), die der erdräumlichen/zonalen Differenzierung von Vegetation, Böden und weiteren natürlichen Gegebenheiten besser als andere effektive Klimaklassifikationen gerecht wird.

Trotzdem bleibt ihre Verwendung für die ökozonalen Grenzziehungen ein Notbehelf, was allerdings in Anbetracht der Tatsache, dass dieses Buch vorrangig die mittleren Qualitäten der Ökozonen darstellen will, die äußere Abgrenzung demzufolge von untergeordneter Bedeutung ist, vorläufig auch vertretbar erscheint. Größere Gebiete unklarer Zuordnung (z.B. Dornsavannen) werden auf den regionalen Ökozonenkarten als **Übergangsräume** besonders gekennzeichnet (vgl. Abb. 13.1 und 14.1).

Zur **Flächengröße** der Ökozonen und einiger ihrer Unterteilungen siehe Tab. 1.1.

Literatur zu Kap. 1

SCHULTZ, J. (2000a), *s.* Lit. zu Allgemeiner Teil

TROLL, C. und PAFFEN, K. H. (1964): Karte der Jahreszeitenklimate der Erde. *Erdkunde* 18, 5–28.

Tab. 1.1. Flächengrößen der Ökozonen.

Ökozonen – Unterteilungen (Sub-Ökozonen)	**Fläche Mio. km²**	**Festlands-anteil (%)**
Polare/subpolare Zone	22,0	14,8
– Eiswüsten	*16,0*	
– Tundren und Frostschuttgebiete	*6,0*	
Boreale Zone	19,5	13,1
Feuchte Mittelbreiten	14,5	9,7
Trockene Mittelbreiten	16,5	11,1
– Grassteppen	*12,0*	
– Wüsten und Halbwüsten	*4,5*	
Winterfeuchte Subtropen	2,5	1,7
Immerfeuchte Subtropen	6,0	4,0
Tropisch/subtropische Trockengebiete	31,0	20,8
– Wüsten und Halbwüsten	*18,0*	
– Winterfeuchte Gras- und Strauchsteppen (Subtropen)	*3,5*	
– Sommerfeuchte Dornsavannen (Tropen) und Dornsteppen (Subtropen)	*9,5*	
Sommerfeuchte Tropen	24,5	16,4
– Trockensavannen	*10,5*	
– Feuchtsavannen	*14,0*	
Immerfeuchte Tropen	12,5	8,4
Gesamtfläche	149,0	100,0

2 Klima

Das Klima setzt großräumig die Rahmenbedingungen für die exogenen geomorphologischen Prozesse, Bodengenese, Vegetationsentfaltung und Landnutzungspotentiale. In den ökozonalen Ursachen-Wirkungs-Gefügen rangiert es dementsprechend an der Spitze. Von besonderer Bedeutung sind dabei die Elemente *Sonneneinstrahlung* (als Energiequelle für die Photosynthese) und *Vegetationsperiode* (als jährliche Zeitspanne für die Primärproduktion). Ihnen widmen sich die beiden folgenden Unterkapitel. Die Tab. 2.1 und Abb. 4.2 geben Informationen zu weiteren Klimafaktoren, beispielsweise den (ökozonalen Bezügen von) Lufttemperaturen, Niederschlägen und Verdunstung.

Zu beachten ist grundsätzlich zweierlei:

1. Die klimatischen Einwirkungen sind nur mit Einschränkung über Mittelwerte der einzelnen Klimaelemente zu erfassen; mindestens ebenso nötig sind Kenntnisse über *extreme Ereignisse und deren Häufigkeit,* wie z.B. die Häufigkeit hoher Niederschlagsintensitäten, langer Trockenperioden, starker Windgeschwindigkeiten, tiefer Fröste oder des Frostwechsels (siehe z.B. die Seiten 211, 231, 257).
2. Die zonal gültigen Klimamerkmale können innerhalb von Pflanzenbeständen erheblich abgewandelt sein (siehe z.B. die Abbildungen 7.4, 9.3, 9.4, 9.5, 10.4, 15.2).

2.1 Strahlungsklima

Die im vorliegenden Buch genannten Werte zur Sonneneinstrahlung beziehen sich ausschließlich auf denjenigen Strahlungsanteil, der *nach* Durchgang durch die Atmosphäre als direkte Einstrahlung Q, oder als diffuse Einstrahlung (auch Himmelsstrahlung), q, auf die Erdoberfläche trifft. Diese Einstrahlung wird auch die **Globalstrahlung** oder engl. *insolation* (**in**coming **sol**ar radi**ation**, Abb. 2.1) genannt und reicht spektral vom ultravioletten (UV) über den sichtbaren bis in den nahen infraroten Bereich (etwa 290 nm–3000 nm). Der davon **für die Photosynthese der Pflanzen nutzbare Spektralbereich** (PHAR oder PAR, von engl. *photosynthetic active radiation*) liegt

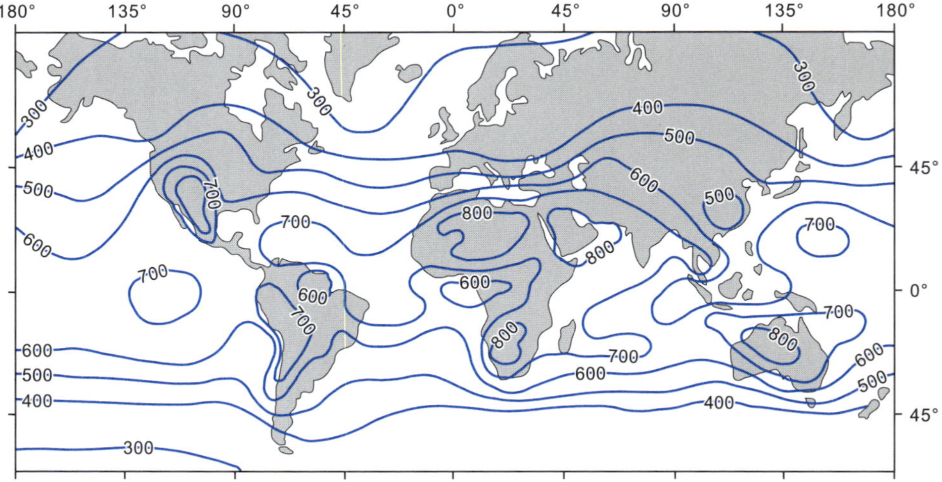

Abb. 2.1
Jahressummen der Globalstrahlung in 10^8 kJ ha^{-1} (DE JONG 1973). Auf der Basis dieser Strahlungseinnahmen lässt sich die Primärproduktion der natürlichen Vegetation in den einzelnen Ökozonen abschätzen Unter der (willkürlichen) Annahme von alltäglichen 12h Sonnenperioden entspricht ein Energieeintrag von beispielsweise 600 · 10^8 kJ/(ha·Jahr) einer mittleren solaren Leistung von 380 W/m^2 (siehe Seite 70ff. und Tab. 5.2).

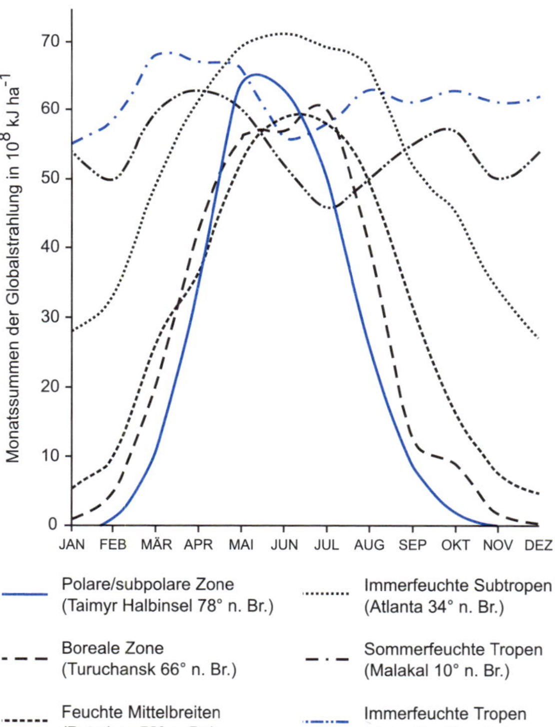

Abb. 2.2
Globalstrahlung im Jahresgang für Stationen aus sechs Ökozonen.

etwa zwischen 400 und 700 nm, stimmt also weitgehend mit dem sichtbaren Licht überein. Knapp die Hälfte (45 bis 50%) der über die Globalstrahlung zugeführten Energie gehört zu diesem Spektrum.

In allen Ökozonen liegt die Sonneneinstrahlung in der Spitze (höchste Monatsmittel) ähnlich hoch (Abb. 2.2). Die Differenzen der jährlichen und der vegetationszeitlichen Summen beruhen auf der ungleichen Dauer hoher Sonneneinstrahlung und auf der unterschiedlich langen Zeitspanne, während der die Pflanzen aufgrund der hygrothermischen Gegebenheiten Nutzen aus der jeweils zugeführten Strahlungsenergie ziehen können (s.u.).

Bei der Strahlungsabgabe von der Erdoberfläche (A) und der Gegenstrahlung (G) handelt es sich um **langwellige Strahlung** von über 3000 nm (Wärmestrahlung), also im Wellenlängenbereich des fernen Infrarot (Far IR oder FIR). Die Summe aller Strahlungsflüsse wird als Nettostrahlung bezeichnet.

Zu den Energietransfers an der Bodenoberfläche siehe Kasten 1.

2.2 Hygrothermische Wachstumsbedingungen für Pflanzen[1], Vegetationsperioden und Tageslängen

Die Vegetationsperiode ist hier als die Summe derjenigen Monate innerhalb eines Jahres definiert, deren Mitteltemperaturen $t_{mon} \geq 5$ °C betragen und deren Niederschläge p (in Millimeter) nummerisch den doppelten Temperaturwert t_{mon} (in Grad Celsius) übersteigen (also alle ausreichend warmen Monate mit p [mm] >2 t_{mon} [°C]).

Die Zeitspanne, in der diese Bedingungen erfüllt sind, lässt sich aus den Klimadiagrammen von Walter u. Lieth (1960–67) leicht und

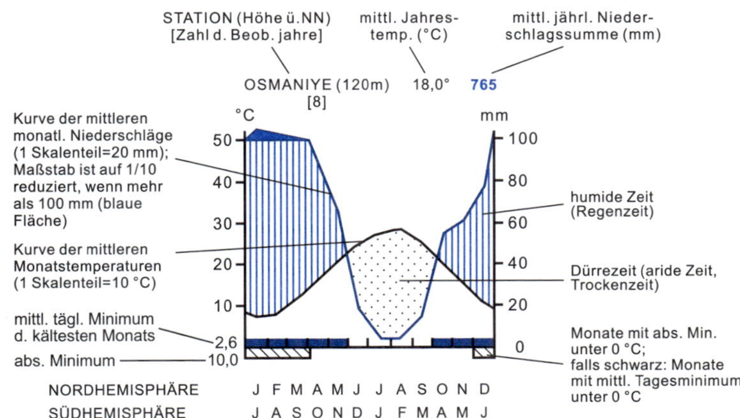

Abb. 2.3 *Erläuterung des Klimadiagrammschemas von Walter u. Lieth (1960–67). Das Besondere liegt darin, dass die Kurven der mittleren Monatsniederschläge (mm) und der mittleren Monatstemperaturen (°C) im Verhältnis der Zahlenwerte von 1:2 aufgetragen werden; 20 °C haben also die gleiche Ordinatenlänge wie 40 mm Niederschlag. Bei diesem Verhältnis gelten Zeiten, in denen sich die Niederschlagskurve über der Temperaturkurve hält, als humid, die übrigen als arid. Das Beispiel zeigt eine Station aus den Winterfeuchten Subtropen (Türkei). Die Angaben zur Vegetationsperiode wurden v. Verf. hinzugefügt.*

[1] Vgl. auch Abb. 4.2.

1

Vereinfachte Strahlungs- (oder Energie-)bilanzgleichung[a]

$$(Q + q) \cdot (1 - \alpha) + G \triangleq LE + H$$

darin bedeuten:

Q = direkte Sonneneinstrahlung
q = diffuse Himmelsstrahlung
} Q + q = Globalstrahlung (davon < 50% photosynth. nutzbarer Anteil=PHAR)

α = Anteil der reflektierten Strahlung an der Globalstrahlung, $0 \leq \alpha \leq 1$ = Albedo

} $(Q+q) \cdot (1-\alpha)$ = absorbierte (kurzwellige) Strahlung (=Netto-Einstrahlung)

A = Ausstrahlung (terrestrische Wärme[ab]strahlung)
G = Gegenstrahlung (atmosphärische Wärme[rück]strahlung)
} = Temperatur- oder Wärmestrahlung } A - G = effektive (langwellige) Ausstrahlung (=Netto-Ausstrahlung)

LE = latenter Wärmefluss: Transfer von Wärmeenergie, der sich mit dem Wechsel des Aggregatzustandes von Wasser (von fest zu flüssig und von flüssig zu gasförmig oder umgekehrt) verbindet, ohne dessen Temperatur zu verändern; also Bedarf an Verdunstungs-[b] und Schmelzwärme[c] bzw. Freisetzung von Kondensations- und Erstarrungswärme; bei unmittelbarem Übergang von festem zu gasförmigem Zustand oder umgekehrt spricht man von Sublimationswärme.

H = fühlbarer Wärmefluss: (Temperaturwirksamer) Transfer von Wärmeenergie durch molekulare Leitung an Grenzschichten; gelegentlich differenziert nach Wärmefluss in den (aus dem) Boden (oder Schneeauflage) und Wärmefluss in die (aus der) Atmosphäre.

---

[a] Unberücksichtigt bleiben seitlicher (advektiver) Transport von Energie, Reflexion der langwelligen Gegenstrahlung und photosynthetisch von Pflanzen fixierte Energie. Letztere hält sich im Festlandsbereich zwischen nahe Null (Wüsten) und 0,8% (tropische Regenwälder) der Globalstrahlung.

[b] Benötigte Energie für Verdunstung bzw. freigesetzte Energie bei Kondensation von 1 g H_2O bei 20°C und Normaldruck in Meeresspiegelhöhe: 2,45 kJ.

[c] Benötigte Energie für Schmelzen von 1 g Eis bzw. freigesetzte Energie beim Gefrieren von 1 g H_2O: 0,334 kJ.
Zum Vergleich: Zur Erwärmung von 1 g Wasser von 0 °C auf 80 °C werden ebenso 0,334 kJ benötigt.

schnell ausmessen (Abb. 2.3). Die in diesem Buch für die einzelnen Ökozonen angegebenen Werte für Vegetationsperioden beruhen größtenteils auf solchen Ausmessungen. Ergänzend wurden Klimatabellen von MÜLLER (1996) und aus dem *World survey of climatology* (LANDSBERG 1970–86) herangezogen.

In den *Ökozonen der mittleren und hohen Breiten* sinken die winterlichen Lufttemperaturen so weit ab (wenigstens ein Monat mit t_{mon} <-5 °C), dass es hierdurch zu einer Unterbrechung des Pflanzenwachstums kommt. Es herrschen **thermische Jahreszeitenklimate**. In den *tropisch/subtropischen Ökozonen* kann eine Unterbrechung durch Trockenheit (also durch *hygrische* Veränderlichkeit) vorliegen. Die jahreszeitlichen Temperaturamplituden sind kleiner als die tageszeitlichen. Hier bestehen daher **thermische Tageszeitenklimate**.

Tab. 2.1. Hygrothermische Wachstumsbedingungen in den einzelnen Ökozonen (t_{mon} = Monatsmitteltemperatur, p = mittlerer Monatsniederschlag).[a]

Ökozone	Veg.-periode (Monate mit p [mm] > 2 t_{mon} [°C] und $t_{mon} \geq 5$ °C)	Monate mit $t_{mon} \geq 10$ °C	Monate mit $t_{mon} \geq 18$ °C	Jahresniederschläge (mm)	Tageslänge während einer Vegetationsperiode [h]
Polare/subpolare Zone	0–3 (4)	0 (1)	–	<250	20–24
Boreale Zone	4–5 (3–6)	2–3 (1–4)	0 (1)	250–500	12–20
Feuchte Mittelbreiten	6–12 (5)	5–7 (4)	1–3 (0–5)	500–1000	12–16
Trockene Mittelbreiten	0–4 (5)	5–7	≤ 4 (5)	<400 sommerlich: <200 (250)	–
Winterfeuchte Subtropen	6–9 (5–10)	8–12	4–6	500–1000	9,5–12
Immerfeuchte Subtropen	12	8–12	4–7 (bis 12)	1000–1500	9,5–14,5
Tropisch/subtropische Trockengebiete	0–4 (5)	12 (9–11)	5–12	polwärts: <300 äquatorwärts: <500	–
Sommerfeuchte Tropen	6–9 (5)	–	12	500–1500	12–13
Immerfeuchte Tropen	12	–	12	1000–2000 (4000)	12

[a] Zahlenwerte in Klammern stehen für regionale Sonderfälle, die sich zumeist aus kontinentalen oder maritimen Einflüssen oder unterschiedlichen Breitenlagen (Nord-Süd-Differenzierungen) herleiten. Extreme Ausnahmen bleiben unberücksichtigt.

Für die pflanzliche Produktion ist nicht nur die Länge der Vegetationsperiode von Belang. Sie steigt auch mit den dann verfügbaren Strahlungsenergien und Lufttemperaturen (siehe Kap. 5.4.3). In den Tropen liegen alle Monatsmittel über +18 °C, in den Subtropen noch mindestens vier; an der Polargrenze der Borealen Zone werden gerade noch in einem Monat +10 °C erreicht (Tab. 2.1).
Bedeutsam sind auch die ökozonalen Unterschiede in der täglichen Einstrahlungsdauer (Tageslänge) und deren Veränderungen im Laufe des Jahres oder während der Vegetationsperiode. Allgemein gilt, dass

- in den hohen und mittleren Breiten helle und warme Sommer lichtarmen, kalten Wintern gegenüber stehen,
- in den niederen Breiten hingegen solare und thermische Jahreszeiten nur schwach ausgeprägt sind oder völlig fehlen.

Manche Pflanzenarten können aus diesem Grunde nur in den höheren Breiten vorkommen (Langtagspflanzen), andere nur in den niederen Breiten (Kurztagspflanzen).

Literatur zu Kap. 2.1 und 2.2

Barry, R. G. und Chorley, R. J. (2003): Atmosphere, weather and climate. Routledge, London, 421 S.

Battarbee, R. W., Gasse, F. und Stickley, C. E. (eds.) (2004): Past climate variability through Europe and Africa. Springer, Dordrecht, 638 S.

Blüthgen, J. und Weischet, W. (1980): Allgemeine Klimageographie. De Gruyter, Berlin (3. Aufl.), 887 S.

De Jong, B. (1973): Net radiation received by a horizontal surface at the earth. Delft University Press, Delft, 99 S.

Geiger, R. Aron, R.H. und Todhunter, P. (2003): The climate near the ground. Rowman and Littelfield, Lanham, 584 S.

Häckel, H. (2005): Meteorologie. Ulmer, Stuttgart (5. Aufl.), 447 S.

Henning, I. (1994): Hydroklima und Klimavegetation der Kontinente. *Münstersche Geogr. Arb.* 37. Münster, 143 S.

Hupfer, P. und Kuttler, W. (2006): Witterung und Klima. Eine Einführung in die Meteorologie und Klimatologie. Teubner, Wiesbaden (12. Aufl.), 553 S.

Landsberg, H. E. (ed.) (1970–1986): World survey of climatology. Bde 1–15, Elsevier, Amsterdam.

Lauer, W. und Bendix, J. (2006): Klimatologie. *Das geographische Seminar.* Westermann, Braunschweig (2. Aufl.), 202 S.

Ludwig, K.-H. (2007): Eine kurze Geschichte des Klimas. Von der Entstehung der Erde bis heute. Beck, München (2. Aufl.), 216 S.

Müller, M. J. (1996): Handbuch ausgewählter Klimastationen der Erde. *Forschungsstelle Bodenerosion Univ. Trier* 5, Trier (5. Aufl.), 400 S.

Schönwiese, Ch.-D. (2003): Klimatologie. Ulmer, Stuttgart (2. Aufl.), 440 S.

Storch, H.v., Güss, S. und Heimann, M. (1999): Das Klimasystem und seine Modellierung. Springer, Berlin, 255 S.

Walch, D. und Frater, H. (2004): Wetter und Klima. Springer, Berlin, 225 S.

Walter, H. und Lieth, H. (1960–1967): Klimadiagramm-Weltatlas. Fischer, Jena.

WEISCHET, W. (1996): Regionale Klimatologie, Teil 1: Die Neue Welt. Teubner, Wiesbaden, 468 S.

WEISCHET, W. und ENDLICHER, W. (2000): Regionale Klimatologie, Teil 2: Die Alte Welt. Teubner, Wiesbaden, 626 S.

WEISCHET, W. (2002): Einführung in die Allgemeine Klimatologie. Borntraeger, Berlin (6. Aufl.), 276 S..

ZMARSLY, E., KUTTLER, W. und PETHE, H. (2007): Meteorologisch-klimatologisches Grundwissen. Ulmer, Stuttgart (3. Aufl.), 182 S.

3 Relief und Gewässer

3.1 Morphodynamik

Die Kapitel zum Relief zeigen hauptsächlich, welche **exogenen geomorphologischen Prozesse** (= bei der Morphodynamik ablaufende Vorgänge) jeweils charakteristisch (gegenwärtig wirksam) sind und welche Gestaltelemente der Landoberfläche hierauf zurückgehen. Allenfalls ergänzend werden Angaben zu solchen Landformen angefügt, die entweder durch tektonische Bewegungen (endogene Prozesse wie Krustenbewegungen oder Vulkanismus) und deren Strukturen (z.B. materielle Beschaffenheit der Erdkruste) oder unter früheren morphoklimatischen Bedingungen entstanden sind. Zwar sind derartige Landformen im Relief der Erde zahlreich und durchweg für das Landschaftsbild dominierend, doch entziehen sie sich jeglicher ökozonalen Zuordnung.

Die Morphodynamik unterscheidet sich in den Ökozonen mehr oder weniger eindeutig nach Art, Häufigkeit, Dauer und Intensität der

- **Verwitterung**, die beispielsweise durch Prozesse der Frostsprengung, Temperatursprengung, Salzsprengung, Hadra(ta)tion, Lösung, Oxidation oder Hydrolyse dominiert sein kann, sowie der
- **Abtragung und Ablagerung**, bei denen beispielsweise so verschiedene Faktoren wie Wasser, Eis, Wind oder auch allein Schwerkraft (also fluviale Erosion, marine Abrasion, Glazialerosion, Deflation, Denudation etc.) vorherrschen können.

Welche dieser exogenen Prozesse/Kräfte jeweils besonders zum Zuge kommen, welche Verwitterungsprodukte, Abtragungs- und Ablagerungsformen also jeweils entstehen, hängt letzten Endes vom Niederschlagsregime, Temperaturregime und Windregime ab. Abb. 3.1 zeigt (in stark generalisierter Weise) anhand eines Profils vom Pol zum Äquator, wie sich z.B. der Verwitterungsmantel mit dem Wechsel der Ökozone nach Tiefe, Struktur und chemischen Merkmalen ändert.

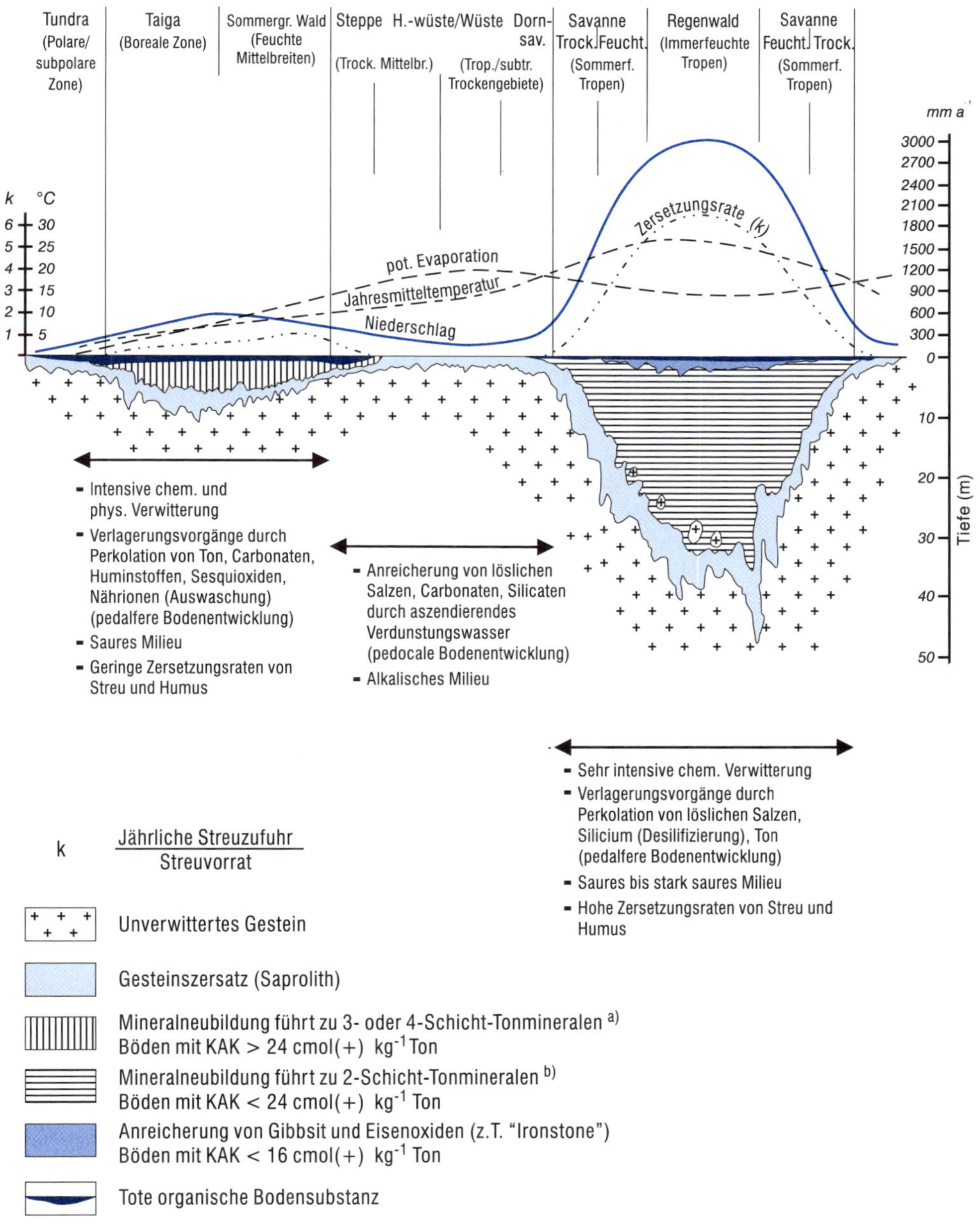

a) High activity clays, z.B. Illit, Chlorit, Smectit
b) Low activity clays, z.B. Kaolinit

Abb. 3.1
Klimazonale Differenzierung des Verwitterungsmantels (Regolith und Saprolith) von der Polaren/subpolaren Zone im Norden bis zu den Sommerfeuchten Tropen auf der Südhemisphäre.

Die Tatsache, dass die den exogenen Prozessen zugrundeliegenden Faktoren (= auf die Morphodynamik einwirkende Bedingungen) zu einem erheblichen Teil klimatischer Art sind, erklärt, dass eine Gliederung der Erde in Regionen gleichartiger Morphodynamik (dynamischer Funktionalbeziehungen, Formungsmechanismen) in großen Zügen der globalen (planetarischen) Klimagliederung folgt und sich daher auch in eine ökozonale Gliederung einfügen lässt (vgl. die Kartierungen von STODDART 1969, BÜDEL 1981, TRICART u. CAILLEUX 1972, HAGEDORN u. POSER 1974).

3.2 Gewässer[1] und Wasserbilanz

Von allen geomorphologischen Prozessen (z.B. glazialen, periglazialen, fluvialen, äolischen) sind die an fließendes Wasser geknüpften Prozesse, also **Flussarbeit** und **Spüldenudation** (Hangabtragung), am wirksamsten. Dies gilt für alle Ökozonen von den hohen Breiten bis zum Äquator, also auch für Permafrostbereiche und Trockenräume. Die einzigen Ausnahmen sind Sandwüsten und Inlandeisgebiete.

Die **geomorphologische Arbeitsleistung** des fließenden Wassers hängt von dessen Volumen und Fließgeschwindigkeit ab, d.h. im Wesentlichen von Abfluss(-menge) und Gefälle. Der Abfluss wiederum ist eine Funktion von Flächengröße des Einzugsgebietes und dessen Wasserbilanz. Er wird in m^3 [oder l] sec^{-1} (*Abflussmenge*) oder in mm a^{-1} (*Abflusshöhe*) angegeben.

Ausgangsgröße für den **Abfluss** ist das über Regen- oder Schneefälle zugeführte Wasser (siehe auch Abb. 4.3). Der Anteil, welcher davon den Flüssen zufließt, lässt sich – als langjähriges Mittel und für ganze Einzugsgebiete oder noch größere Erdräume – aus der Differenz von Niederschlägen und Verdunstung ermitteln (soweit nicht anhaltend in größerer Tiefe gespeichert wird). Für kürzere Zeiträume müssen Vorratsänderungen an Boden-, Grund- und Oberflächenwasser berücksichtigt werden.

Die Tab. 3.1 nennt Richtwerte für die mittleren Abflusshöhen in den einzelnen Ökozonen und zeigt mit den *Abflussverhältnissen* zugleich, aus welchen (prozentualen) Niederschlagsanteilen sie herrühren. Angaben zu ökozonen-typischen Niederschlags- und Verdunstungsmengen sind aus der Tab. 2.1 bzw. aus SCHULTZ (2000a) zu entnehmen.

---

[1] Abfließendes Wasser ist nicht nur Parameter des Wasserhaushaltes, sondern auch wichtiger geomorphologischer Faktor. Darauf gründet sich die Zusammenfassung von Gewässer und Relief zu einem gemeinsamen Kapitel.

Tab. 3.1. Mittlere jährliche Abflusshöhen und Abflussverhältnisse in den Ökozonen (zahlreiche Quellen).

Ökozonen / Pflanzenformationen		Jahresabfluss (mm)	Abflussverhältnis[a] (%)
Polare/subpolare Zone:	Tundra	120	0,55
Boreale Zone:	Taiga	200	0,50
Feuchte Mittelbreiten:	Sommergrüner Laubwald	350	0,47
Trockene Mittelbreiten:	Feuchtsteppe	200	0,40
	Trockensteppe	60	0,12
	Wüste/Halbwüste	< 10	< 0,03
Winterfeuchte Subtropen:	Hartlaubvegetation	300	0,50
Immerfeuchte Subtropen:	Regenwald	650	0,43
Trop./subtrop. Trockengebiete:	Dornsavanne	50	0,08
	Wüste/Halbwüste	< 5	< 0,03
Sommerfeuchte Tropen:	Trockensavanne	250	0,33
	Feuchtsavanne	450	0,45
Immerfeuchte Tropen:	Regenwald	1200	0,52
Weltmittel		**310**	**0,41**

[a] Jahresabfluss (mm)/Jahresniederschlag (mm) x 100. Dies entspricht dem prozentualen Anteil des Jahresniederschlags, der in den Jahresabfluss geht.

Literatur zu Kap. 3

AHNERT, F. (2015): Einführung in die Geomorphologie. Ulmer, Stuttgart (4. Aufl.), 458 S.

BAUMHAUER, R. (2006): Geomorphologie. Wissenschaftliche Buchgesellschaft, Darmstadt, 144 S.

BLUME, H. (1994): Das Relief der Erde. Ein Bildatlas. Enke, Stuttgart (2. Aufl.), 140 S.

BÜDEL, J. (1981): Klima-Geomorphologie. Borntraeger, Berlin (2. Aufl.), 304 S.

BUSCHE, D., KEMPF, J. UND STENGEL, I. (2005): Landschaftsformen der Erde. Bildatlas der Geomorphologie. Primus/Wiss. Buchgesellschaft, Darmstadt, 360 S.

BUTZER, K. W. (1976): Geomorphology from the Earth. Harper and Row, New York, 463 S.

CHORLEY, R. J., SCHUMM, S. A. und SUGDEN, D. E. (1984): Geomorphology. Methuen, New York, 605 S.

HAGEDORN, J. und POSER, H. (1974): Räumliche Ordnung der rezenten geomorphologischen Prozesse und Prozesskombinationen auf der Erde. In: POSER, H. (ed.): Geomorphologische Prozesse und Prozesskombinationen in der Gegenwart unter verschiedenen Klimabedingungen. Vandenhoeck und Ruprecht, Göttingen, 426–439.

HUGGETT, R. J. (2007): Fundamentals of geomorphology. Routledge, London, 458 S.

LOUIS, H. und FISCHER, K. (1979): Allgemeine Geomorphologie. De Gruyter, Berlin (4. Aufl.), 814 S.

OLLIER, C. D. (1984): Weathering. Longman, Edinburgh (2. Aufl.), 270-S.

ROHDENBURG, H. (2006): Einführung in die Klimagenetische Geomorphologie. Catena Verlag, Reiskirchen (3. Aufl.), 350 S.

SCHULTZ (2000a), *s.* Lit. zu Allgemeiner Teil

STODDART, D. R. (1969): Climatic geomorphology: review and reassessment. *Progr. Geogr.* 1, 160–222.

THOMAS, M. F (1994): Geomorphology in the tropics. John Wiley and Sons, Chichester (2. Aufl.), 460 S.

TRICART, J. und CAILLEUX, A. (1972): Introduction to climatic geomorphology. Longman, London, 295 S.

WILHELMY, H., BAUER, B. UND FISCHER, H. (2002): Geomorphologie in Stichworten 2. Exogene Morphodynamik. Abtragung, Verwitterung, Tal- und Flächenbildung. Borntraeger, Berlin (6. Aufl.), 202 S.

WILHELMY, H. UND EMBLETON-HAMANN, CH. (2007): Geomorphologie in Stichworten 3: Exogene Morphodynamik. Karstmorphologie, Glazialer Formenschatz, Küstenformen. Borntraeger , Berlin (6. Aufl.), 164 S.

WIRTHMANN, A. (1994): Geomorphologie der Tropen. Wissenschaftliche Buchgesellschaft, Darmstadt (2. Aufl.), 222 S.

ZEPP, H. (2004): Geomorphologie. UTB (Schöningh), Paderborn (3. Aufl.), 354 S.

4 Böden

Im Vergleich zum Klimafaktor ist der Bodenfaktor von minderer Bedeutung für die naturräumliche Gliederung, kann aber in einer nachgeordneten, kleineren Raumdimension dominierend sein.

4.1 Bodenfruchtbarkeit

Der Begriff **Bodenfruchtbarkeit** bezieht sich vornehmlich auf den *Versorgungszustand des Bodens mit Nährelementen* (Verfügbarkeit von Nährelementen nach Bindungszustand und Quantität), nicht auch auf die in stärkerem Maße klimaabhängigen Wärme-, Luft- und Wasserhaushalte des Bodens, deren Einflüsse auf die *Ertragsfähigkeit* (Produktivität) des Bodens ebenfalls bedeutsam sein können, weithin sogar dominierend sind.

Die Menge an verfügbaren Nährelementen im Boden ergibt sich im Wesentlichen aus der Größe der austauschbaren Fraktion (Abb. 4.1). Diese hängt einerseits mit der **Austauschkapazität** (AK) des Bodens (seiner Fähigkeit, Ionen in austauschbarer Form über negative oder positive Überschussladungen einiger seiner Bestandteile zu adsorbieren) und andererseits mit der **Bilanz aus Nährstoffeinträgen und -austrägen** zusammen. Letztere ist für einen vegetationsbedeckten Standort hauptsächlich eine systemimmanente Größe, die durch die Mineralstoffzufuhr aus Zersetzungsvorgängen organischer Abfälle und deren Entzug durch Einbindung in Biomasse im Zuge des Pflanzenwachstums bestimmt wird. Doch können diverse externe Importe und Exporte hinzukommen (siehe *Zufuhr* und *Entzug* in Abb. 4.2). Und mittel- bis langfristig mag auch die Freisetzung von Nährelementen aus den primären Silikaten (also des Muttergesteins) bedeutsam sein (‚nachschaffende Kraft des Bodens').

Die Austauschkapazität ist an **Menge und Art der Tonminerale und des Humus** (= tote organische Bodensubstanz, *soil organic matter*, SOM) gekoppelt. Die *Kationenaustauschkapazität* (KAK, z.B. für die Nährionen Ca^{++}, K^{+} und Mg^{++}; aber auch für H^{+}) erreicht ihre höchsten Werte mit 200 bis 500 cmol(+) kg^{-1} im Mull. Bei den silikatischen Tonmineralen stehen die dreischichtigen Smectite und Vermiculite mit meist >100 cmol(+) kg^{-1} an der Spitze, gefolgt von dem ebenfalls dreischichtigen Tonmineral Illit mit 20 bis 50 cmol(+) kg^{-1} und dem Zweischicht-Tonmineral Kaolinit mit 5 bis 15 cmol(+) kg^{-1}. Eine extrem niedrige Austauschkapazität (im Wesentlichen *Anionenaustauschkapazität*, (AAK, z.B. für die Nährionen NO_3^-, SO_4^{2-}, PO_4^{3-}) besitzen die unter der Bezeichnung Sesquioxide zusammengefassten Oxide und Hydroxide von Eisen und Aluminium (z.B. Goethit, Hämatit, Gibbsit).

Dementsprechend haben z.B. Vertisole, in deren Tonfraktion Smectite dominieren, eine hohe KAK, tropisch/subtropische Lixisole, Acrisole und Nitisole hingegen, bei denen Kaolinite vorherrschen, eine niedrige KAK (<24 cmol(+) kg^{-1} Ton); extrem niedrige KAK finden sich bei Böden, in denen neben Kaolinit hohe Anteile an Sesquioxiden vorliegen, wie z.B. in manchen Ferralsolen (im Extrem <1,5-cmol(+) kg^{-1} Ton). Bei mitteleuropäischen Böden hält sich die KAK meist zwischen 40 und 60 cmol(+) kg^{-1} Ton.

Im Hinblick auf die Bodenfruchtbarkeit (Nährstoffdynamik) ist es am vorteilhaftesten, wenn

- ein hoher Anteil der KAK von Nährionen abgedeckt ist, also eine hohe Basensättigung besteht,
- die meisten der pflanzlichen und tierischen Abfälle innerhalb von wenigen Jahren mineralisiert und somit die darin enthaltenen Nährelemente für die Pflanzen erneut verfügbar werden und
- als Humusform ein Mull entsteht, bei dem höhere Gehalte an (stark zersetztem und humifiziertem) Feinhumus in inniger Verbindung mit den Tonmineralen vorliegen.

Inwieweit diese oder aber ungünstigere Verhältnisse gegeben sind, hängt davon ab, welche Mengen an abgestorbener organischer Substanz dem Boden zugeführt werden (abhängig von der PP_N), ob die Streu leicht oder schwer zersetzbar ist und welche Zerset-

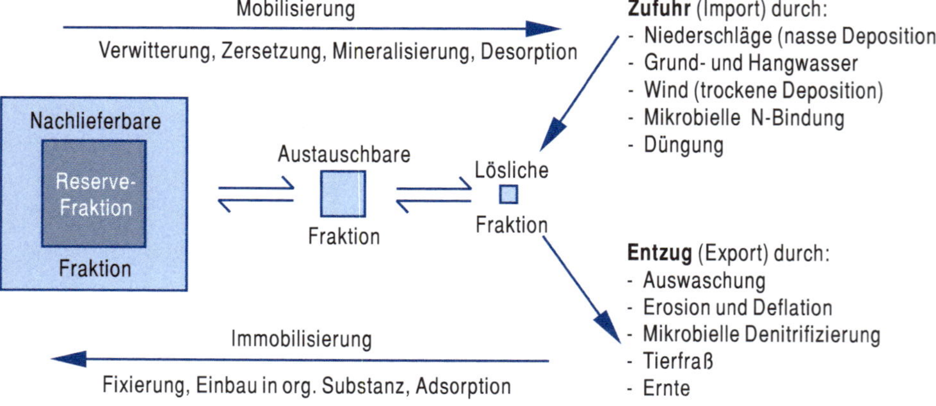

Abb. 4.1 *Nährelement-Fraktionen und beeinflussende Prozesse (SCHROEDER u. BLUM 1992, geringfügig geändert).*

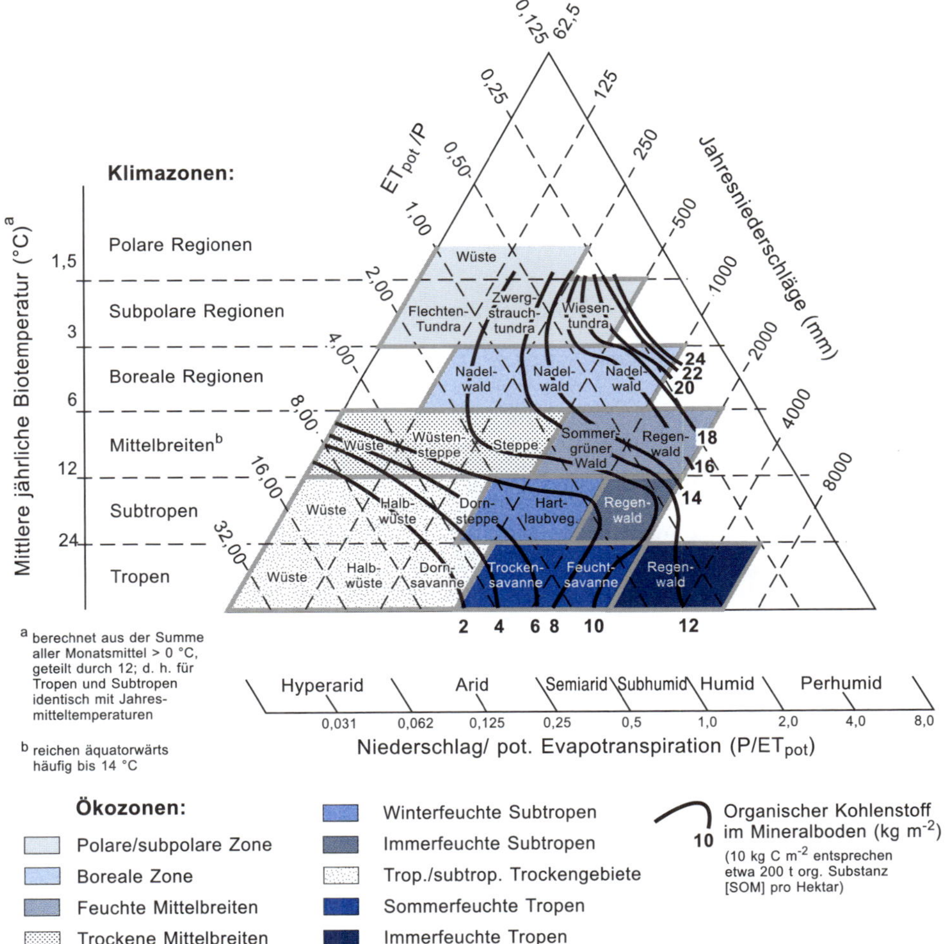

Abb. 4.2
*Die Kohlenstoffvorräte im Mineralboden (also ohne Streuschicht sowie ohne Bestandteile von > 2 mm Durchmesser), in Abhängigkeit von Klima und Vegetation (*Post *et al. 1982). Die Einzeldaten aus insgesamt 2700 Bodenprofilen wurden zunächst nach Pflanzenformationen* **(life zones)** *von* Holdridge *(1947) aufgeteilt und aus diesen Gruppen die mittleren Kohlenstoffdichten berechnet. Diese Mittelwerte wurden dann in das* **Holdridge-Dreiecksschema** *(darin Ökozonen v. Verf. ergänzt[a]) übertragen und daraus Linien gleicher C-Dichte abgeleitet. Deren Verlauf zeigt Anstiege des Boden-C von (1) links nach rechts: entspricht der höheren Produktion an organischer Substanz mit steigenden Niederschlägen, und (2) von unten nach oben: entspricht den abnehmenden Zersetzungsraten mit fallenden Temperaturen. Eine weitergehende Interpretation ist kaum möglich, da die Variationsbreite der jeweils einer Life Zone zugehörigen Daten, wie* Post *et al. schreiben, durchweg sehr groß war. Dies lässt auf erhebliche Wirksamkeit edaphischer, orographischer, bestandsklimatischer etc. Einflüsse schließen. Unter diesen Umständen kann auch eine Erhöhung der Probenanzahl nicht zu besseren Ergebnissen führen. Nötig wäre vielmehr eine Verbesserung der Probenauswahl (für repräsentative Standorte).*

[a] In den äquatorwärtigen Randbereichen der Feuchten und Trockenen Mittelbreiten liegen die Biotemperaturen teilweise um bis zu 2 K über dem von Holdridge für die Abgrenzung zwischen Mittelbreiten und Subtropen gewählten Schwellenwert von 12 °C.

zungsbedingungen (d.h. im Wesentlichen Lebensbedingungen für die Bodenorganismen) bestehen (vgl. Kap. 5.6). Letztere können beispielsweise durch Trockenheit oder Kälte, Bodenacidität oder Sauerstoffmangel (z.B. bei Wassersättigung) mehr oder weniger lange und stark eingeschränkt sein.

Aus diesen Zusammenhängen erklärt sich, warum **Humusgehalte, Humusformen und Nährstoffdynamik in den einzelnen Ökozonen deutlich voneinander abweichen** (Abb. 4.2) (MEENTEMEYER et al. 1985).

4.2 Bodenwasserhaushalt

Der Begriff *Bodenwasserhaushalt* bezeichnet sowohl den Zustand des Bodenwassers nach Verteilung, Menge (Wasserspeicherung) und Bindungsart (Nutzbarkeit für Pflanzen) als auch dessen Veränderungen in der Zeit, also die Wasserbewegungen (Wasser[volumen]fluxe). Unmittelbare Ausgangsgröße ist – abgesehen von den Sonderfällen, in denen eine Wasserzufuhr über Grundwasser erfolgt – **das in den Boden eindringende (= infiltrierende) Wasser**, nicht die Niederschlagsmenge, wie sie beispielsweise von Klimastationen gemessen wird! Letztere kann deutlich höher oder tiefer liegen: So erhalten Böden von vegetationsbedeckten Landoberflächen – infolge von Interzeptionsverlusten – durchweg weniger, die Böden von Trockengebieten mit schütterem oder fehlendem Pflanzenkleid dagegen mancherorts – infolge von oberflächlichem Zufluss oder (in Nebelwüsten) von Kondensation aus der Atmosphäre – mehr Wasser, als über (Freiland-) Niederschläge hereinkommt. Zu den Verteilungswegen des Niederschlagswassers siehe Abb. 4.3.

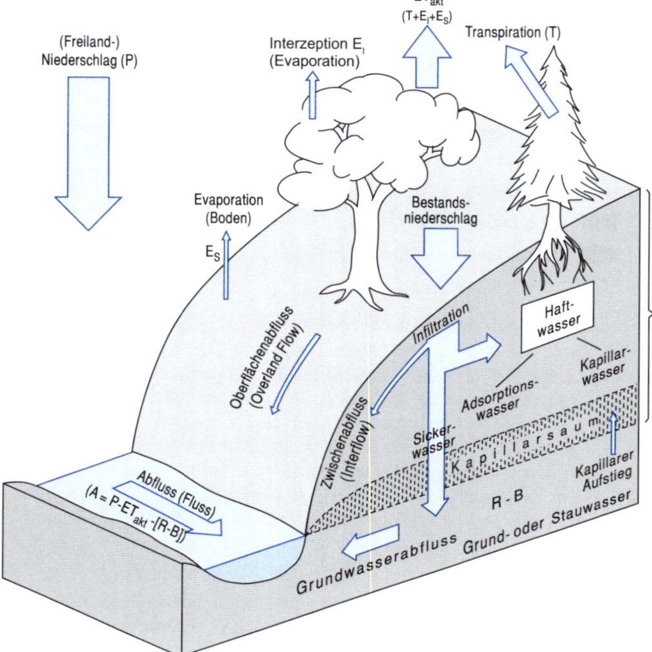

Abb. 4.3 *Verteilung von Niederschlags- und Bodenwasser. Die Pfeilbreiten entsprechen ungefähr den Jahresanteilen, die die einzelnen Verteilungswege in den Feuchten Mittelbreiten besitzen. Die anderen Ökozonen haben jeweils eigene, vielfach extrem voneinander abweichende Aufteilungen (der Jahressummen oder zumindest im Jahresverlauf) (siehe hierzu die entsprechenden Textabschnitte im Regionalen Teil). R-B: Mengenänderung von Speicherwasser (R = Rücklage, z.B. als Haftwasser, Grundwasser oder Schnee; B = Aufbrauch).*

Das in den Boden eindringende Wasser verbleibt im Boden als **Haftwasser** (‚Bodenfeuchte') oder geht als **Sickerwasser** (Sinkwasser, Senkwasser) in das Grundwasser. Die Wassermenge, die von einem Boden bei freier Drainage maximal gehalten werden kann (nach anderer Definition: einschließlich des [in den mittelgroßen Poren von 10 bis 50 µm] langsam versickernden und damit *zeitweise nutzbaren* Wassers; siehe Abb. 4.4) wird als **Feldkapazität (FK)** oder maximale Haftwassermenge bezeichnet. Sie wird in der Regel in Vol.-% angegeben.

In den meisten Ökozonen wird die maximale Haftwassermenge höchstens vorübergehend erreicht und beschränkt sich selbst dann auf einzelne Bodenhorizonte. So kommt es in den Feuchten Mittelbreiten während der sommerlichen Vegetationsperiode zu einem mehr oder weniger weit reichenden **Aufbrauch** (**B**) der im Winter bis zur Feldkapazität aufgefüllten Wasservorräte (**Rücklagen** [**R**]; vgl. z.B. Abb. 9.5). In den Winterfeuchten Subtropen und den Sommerfeuchten Tropen geschieht diese jahreszeitliche Umkehr von Rücklage zu Aufbrauch mit dem Wechsel von Regen- zu Trockenzeiten. Und in den Trockengebieten wird die Feldkapazität, vielleicht abgesehen von einigen Steppengebieten der mittleren Breiten, so gut wie niemals erreicht, jedenfalls nicht im Unterboden. Lediglich in den Immerfeuchten Tropen und Immerfeuchten Subtropen besteht für die meiste Zeit im Jahr eine (fast) maximale Wasserspeicherung; und in der Polaren/subpolaren Zone sowie teilweise auch in der Borealen Zone ist nach der frühsommerlichen Schneeschmelze und während der anschließenden Auftauphase der Böden sogar mit langanhaltender Übernässung (‚freies' *Stauwasser*) zu rechnen, und zwar insbesondere dort, wo Permafrost die Tiefenversickerung dauerhaft verhindert.

Pflanzen können das im Boden mit einer gewissen (im Maße abnehmender Wassergehalte steigenden) Bindungsenergie gehaltene Wasser nur dann nutzen, wenn sie ihrerseits eine höhere **Wurzelsaugspannung** aufbauen, also das **osmotische Potential** in ihren Wurzeln ($\psi_{(\text{Wurzel})}$) auf ein tieferes Niveau absenken, und sie vermögen diese Nutzung nur solange fortzusetzen, wie sie ein Potentialgefälle von der Bodenlösung zum Zellsaft ihrer Feinwurzeln aufrechterhalten können. Sobald es zum Gleichstand kommt, erreichen sie ihren **permanenten Welkepunkt** (**PWP**).

Für die meisten Pflanzen liegt dieser Welkepunkt bei einer Bodenwasserspannung von etwa 15 bar bzw. einem Matrixpotential von −1,5 MPa[1]. Die Bodenwasserspannung (oder Saugspannung) ist eine

---

[1] Matrixpotential, Saugspannung und hydraulische Potentialhöhe hängen folgendermaßen zusammen: Wenn sich über einem Grundwasserspiegel durch Kapillarkräfte in einem offenporigen Boden eine Wassersäule der Höhe H gebildet hat, dann entspricht das Matrixpotenzial derjenigen Energie, die notwendig ist, um eine zusätzliche Einheitsmenge Wasser vom Grundwasserspiegel entgegen der Schwerkraft auf diese Höhe H zu heben. Quantitativ ist das Matrixpotenzial damit die potenzielle Energie dieser Einheitsmenge Wasser über dem Grundwasserspiegel (= Referenzniveau). Zur besseren Anschauung kann das Matrixpotenzial auf das Volumen oder Gewicht der Einheitsmenge Wasser bezogen werden. Bezogen auf das Volumen ergibt sich rechnerische die Größe eines Drucks [$J/m^3 = N/m^2$], welcher – in umgekehrter Richtung – genau der Saugspannung entspricht, weshalb Matrixpotenzial und Saugspannung umgekehrte Vorzeichen erhalten. Das Matrixpotenzial wird oftmals in dieser Form als Druck in MPa ($=10^6$ N/m^2) angegeben oder in Form der Saugspannung in bar (1 bar = 10^5Pa). Wird das Matrixpotential auf das Gewicht der Einheitsmenge Wasser bezogen (Gewicht ist physikalisch eine Kraft mit der Einheit Newton = N), ergibt sich

Fortsetzung nächste Seite →

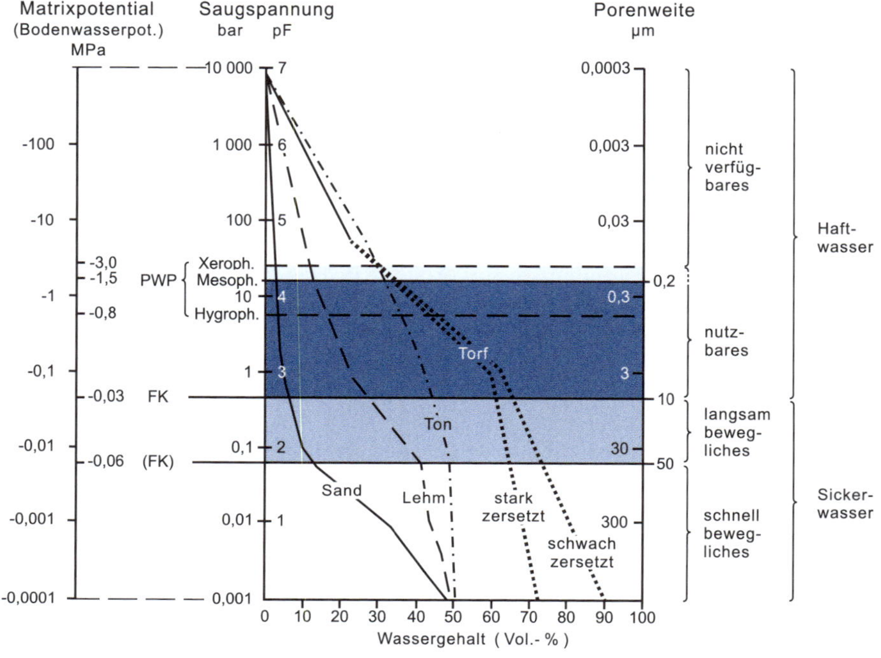

Abb. 4.4
Wasserspannungskurven verschiedener Bodenarten (nach mehreren Autoren). PWP = permanenter Welkepunkt, FK = Feldkapazität, pF = Logarithmus der Saugspannung (Wasserspannung in cm Wassersäule).

Folge der Kapillarkräfte des Bodens und Böden mit feineren, offenen Poren weisen höhere Kapillarkräfte auf. Tiefere Wurzelpotentiale (bis etwa –6 MPa) finden sich bei vielen **Pflanzen in Trockengebieten.**

Feldkapazität und permanenter Welkepunkt bilden die (absoluten) Grenzen für die **nutzbare Feldkapazität (nFK)**. Die Abb. 4.4 und Tab. 4.1 zeigen, dass beide Kenngrößen in Abhängigkeit von der Bodenart (= Körnungsart, definiert nach dem Mischungsverhältnis der Korngrößenfraktionen) **bei deutlich unterschiedlichen Wassergehalten** erreicht werden und somit auch die jeweils maximal möglichen Gehalte an nutzbarem Wasser erheblich voneinander abweichen. Am höchsten (vorteilhaftesten) sind diese Gehalte mit bis zu 20 Vol.-% in Lehmen und Schluffen, noch mäßig hoch (günstig) mit ca.15 Vol.-% in Tonen und am niedrigsten (schlechtesten) mit nurmehr rund 7-Vol.-% in Sanden.

Die den Pflanzen **tatsächlich verfügbare Wassermenge (vFK)** hängt des Weiteren von der **Größe des Wurzelraumes** und der **Intensität der Durchwurzelung** ab. Ihre maximal mögliche Menge heißt **Nutzwasserkapazität**. Sie errechnet sich aus der Wasserge-

---

rechnerisch die Größe einer Länge [J/N = m]. Diese Länge entspricht genau der Höhe H der Wassersäule (= sog. hydraulische Potentialhöhe). Der dekadische Logarithmus dieser Höhe H (in cm) wird oft mit pF abgekürzt und ist gegeben durch: pF = log (H/cm). Saugspannung und Höhe der Wassersäule, H, hängen betragsmäßig folgendermaßen zusammen: Saugspannung = $\delta \cdot g \cdot H$ mit δ der Dichte von Wasser (~ 1g/cm^3) und g der Erdbeschleunigung g=9.81 m/s^2. Damit gilt folgende Umrechnung: Matrixpotential (als Druck, MPa) : Saugspannung (bar) : Potentialhöhe (cm) = -1 : 10 : 10^4 mit g~10m/s^2.

Tab. 4.1. Verfügbares Wasser im Wurzelraum einiger Böden (aus SCHROEDER u. BLUM 1992).

Bodentypen/ Bodenarten	Mittlerer Wassergehalt[a] bei		Nutzbarer Wassergehalt[a] (FK – PWP)	Tiefe des Wurzelraumes	Nutzwasserkapazität[a] im Wurzelraum
	Feldkapazität (FK)	Permanentem Welkepunkt (PWP)			
	Vol.-%	Vol.-%	Vol.-%	dm	mm[b]
Cambisole (sandig)	10	3	7	10,0	70
Chernozeme (schluffig)	30	10	20	15,0	300
Luvisole (lehmig)	35	15	20	7,5	150
Tonböden (Pelosole)	45	30	15	5,0	75

[a] Mittelwert aller Horizonte im Wurzelraum; für eine genaue Berechnung sind Einzelwerte der Horizonte zu bestimmen und die Nutzwasserkapazität je Horizont zu berechnen.

[b] 1 Millimeter Bodenwasser entspricht 1 Vol.-% Wasser in einer 1-dezimetermächtigen Bodenschicht. Die Angabe in Millimetern erfolgt wegen der besseren Vergleichbarkeit mit Niederschlagswerten, die gewöhnlich ebenfalls in dieser Dimension genannt werden. Beispielsweise reichen (theoretisch) beim erstgenannten Sandboden bereits 70 mm Regen, um die Wasservorräte im Wurzelraum vollständig aufzufüllen (wenn die Bodenwassermenge beim PWP als Ausgangswert angenommen wird; sonst 100-mm). Mehr Regen bringt den Pflanzen keinen zusätzlichen Gewinn. Andererseits wird Regen in relativ kurzen Zeitabständen benötigt, da das wenige Speicherwasser schnell aufgebraucht ist. In extremer Weise andere Feuchtebedingungen besitzt der zweitgenannte schluffreiche, für die Langgrassteppen in den Trockenen Mittelbreiten typische Chernozem: Er vermag 300 mm Regenwasser in pflanzenverfügbarer Form zu speichern; entsprechend länger kann eine nachfolgende regenlose Zeit dauern, bevor es zu Dürreschäden bei den Pflanzen kommt.

haltsdifferenz von FK und PWP, multipliziert mit der Tiefe des Wurzelraumes (Tab. 4.1), ggf. unter Beachtung der Durchwurzelungsintensität. Besonders tief wurzeln verständlicherweise die Holzpflanzen in den Trockenen Mittelbreiten, den Tropisch/subtropischen Trockengebieten und – etwas weniger ausgeprägt – den Sommerfeuchten Tropen. Eher flachgründige Wurzelsysteme haben dagegen viele Baumarten in den Immerfeuchten Tropen.

4.3 Bodeneinheiten und Bodenzonen

Die Ordnung und Nomenklatur der Böden folgen dem Klassifikationssystem der „International Union of Soil Sciences" (IUSS) Arbeitsgruppe und sind beschrieben im **World Reference Base for Soil Resources (WRB)**. Es entstand nach jahrelangen Vorarbeiten von Hunderten von Bodenkundlern aus der ganzen Welt auf der Grundlage der (1988 revidierten Legende der) **FAO-UNESCO-Weltbodenkarte** (1974–1981, 18 mehrfarbige Blätter im Maßstab von 1:5 Mio.) – in Kooperation mit der IUSS, dem ISRIC (International Soil Reference and Information Centre) und der FAO (Food and Agriculture Organization of the United Nations). Von diesen drei Institutionen wurde das neue WRB-Klassifikationssystem erstmals 1998 offiziell verkündet und als „the system for soil correlation and international communication" anerkannt[1], d.h. zum offiziellen und quasi weltweit gülti-

[1] Aus dem Vorwort zur Originalausgabe: IUSS Working Group WRB (2006): World Reference Base for Soil Resources. Report 103, FAO, Rom.

gen Bodenklassifikationssystem erklärt. Es basiert allein auf (möglichst im Gelände identifizierbaren) Bodenmerkmalen (beachtet also keine Klimaparameter) und soll als Schirm dienen, unter dem nationale Klassifikationssysteme eingegliedert werden können.

Seit 1998 folgten mehrere Überarbeitungen. Im vorliegenden Fall handelt es sich um die 3. Auflage von 2014. Die 2. Auflage erschien 2006 und eine hiervon elektronisch-veröffentlichte, korrigierte Version wurde 2007 von der Bundesanstalt für Geowissenschaften und Rohstoffe, Hannover, ins Deutsche übertragen. Von dort erhältlich als Download: http://www.bgr.bund.de oder auf dem Postwege.

Danach werden in der *obersten Ebene des hierarchisch gegliederten sog.* **Referenzsystems** insgesamt **32 Referenzbodengruppen (Reference Soil Groups = RSGs)** unterschieden (gegenüber 30 in der ersten Auflage). Gegenüber der 2. Auflage wurde der Bodentyp Albeluvisole durch Retisole mit etwas breiterer Definition ersetzt. Der Kasten 2 nennt die 32 Referenzbodentypen in alphabetischer Reihenfolge, ergänzt von solchen vormaligen Haupteinheiten, die zur FAO-Weltkartenlegende gehören, inzwischen aber durch andere Einheiten ersetzt wurden (grau hinterlegte Zeilen im Kasten 2). Das RSG Klassifizierungssystem ist hierarchisch sortiert, d.h., ein Bodentyp gehört zu der Bodenklasse, dessen Eigenschaften es in der WRB-Liste als erstes erfüllt (= **WRB-Klassifikationssystem**).

Eine präzisere Charakterisierung der Böden erfolgt auf einer zweiten Ebene mittels Adjektiven, den sogenannten Qualifiern. Dabei werden die sog. Hauptqualifier (=principal qualifier) den Namen der RSGs als Präfix vorangestellt und sog. Nebenqualifier (=supplementary qualifier) als Suffix in Klammern hinten angefügt. Diese spezifischen Qualifier beschreiben hierbei Bereiche im Erdboden, sog. diagnostische Horizonte, die sich durch ihre messbar-physischen Eigenschaften wie z.B. Farbe, Textur, Ionenaustauschkapazität etc. auszeichnen. Horizonte müssen sich nicht (wie etwa Schichten) durch ein Material auszeichnen (Sand, Ton), sondern sind vor allem Ergebnis von Bodenbildungsprozessen (Pedogenese). Solche durch Hauptqualifier beschriebene Horizonte sind z.B.

albic Horizont	gebleichter Horizont
argic Horizont	Unterbodenhorizont mit höherem Tongehalt durch Auswaschung aus dem Oberboden
calcic Horizont	H. mit sekundärer Kalkanreicherung
cambic Horizont	H. mit Verwitterungsmerkmalen
chromic Horizont	kräftig gefärbter Horizont
ferralic Horizont	H. mit hohen Sesquioxidanteilen (Fe/Al-Oxide) und Kaoliniten
histic Horizont	Torfhorizont
mollic Horizont	humusreicher Oberbodenhorizont (Mull), Basensättigung > 50%
natic Horizont	Horizont mit hoher Na-Sättigung
plinthic Horizont	Unterbodenh. mit Fe-reicher (‚rostfleckiger') humusarmer Mischung aus Kaolinit und Quarz, verhärtet irreversibel nach wiederholter Austrocknung
salic Horizont	Horizont mit Anreicherungen von leicht löslichen Salzen
spodic Horizont	dunkel gefärbter Unterbodenhorizont, in den Fe/Al und/oder org. Substanzen eingewaschen wurden
umbric Horizont	humoser, dunkler Oberboden, Basensättigung < 50%

Die erlaubten Nebenqualifier sind wie die erlaubten Hauptqualifier für jeden Bodentyp definiert und überdecken sich teilweise mit diesen. Eine dritte Stufe der Charakterisierung erfolgt mithilfe von sog. Specifiern die als Vorsilbe (endo-, epi-, etc.) den Qualifiern vorangestellt werden.

Für viele RSGs werden in den Regionalkapiteln typische Profilfolgen genannt. Die dort verwendeten Buchstabensymbole folgen der deutschen Bodensystematik und sind in folgender Übersicht wiedergegeben.

L Streu, weitgehend unzersetztes organisches Material (von engl. *litter*)
O Organischer Horizont aus mehr oder weniger zersetztem Material, dem Mineralboden aufliegend, ohne Stau- oder Grundwassereinwirkung (Auflagehumus, z. B. Rohhumus)
Of Horizont aus nur mäßig zersetzter (‚fermentierter') organischer Substanz
Oh Horizont aus weitgehend zersetzter (‚humifizierter') organischer Substanz
H Torfhorizont (histic Horizont): Organischer Horizont, unter lange anhaltendem Grund- oder Stauwassereinfluss
A Oberster mineralischer Horizont, meist mit humifizierter organischer Substanz (Oberboden) = Mineralbodenoberfläche; darüber Auflagehumus (O-Horizonte) und Streu,
(A) geringmächtiger A-Horizont (gesprochen: ‚A Klammer')
Ah A-Horizont mit akkumuliertem Humus (z.B. mollic [= Mull] A-Horizont)
E Eluvialhorizont unter O-, H- oder A-Horizont: an Huminstoffen, silikatischem Ton und/oder Eisen- und Aluminiumverbindungen verarmter, meist relativ heller Auswaschungshorizont (Bleichhorizont)
B Mineralischer Horizont unter A- oder E-Horizont (Unterboden); entweder als
Bw mit mäßiger Verwitterung (z.B. Tonmineral-Neubildung, Fe- und Al-Freisetzung), ohne auffällige Verlagerungsprozesse (cambic B-Horizont; *w* von *weathering;* im Deutschen Bv, von *v* = Verwitterung)
Bt mit Tonanreicherung (argic B-Horizont; z.B. bei Luvisolen, Acrisolen)
Bh mit Humusanreicherung (im spodic B-Horizont von Podzolen)
Bs mit Anreicherung von Eisen- und/oder Aluminiumoxiden/ hydroxiden (*s* von Sesquioxid) (z.B. in spodic und in ferralic B-Horizonten)
Bg mit Rostflecken aufgrund von Oxidations- und Reduktionsvorgängen im Grundwasserschwankungsbereich
C Ausgangsgestein, aus dem der Boden entstanden ist (Untergrund)
Ck kalkhaltiger/kalkakkumulierter C-Horizont (kommt auch als Bk vor)

Die **Bodenzonenkarte** (Anhang B) entstand aus einem Vergleich der FAO-UNESCO-Karten mit der Ökozonenkarte. Die Tab. 4.2 zeigt die Entsprechungen zwischen den Bodenzonen und den Ökozonen.

Tab. 4.2. Ungefähre Lageentsprechungen zwischen Bodenzonen, Vegetation und Ökozonen.

Bodenzonen	Weitere Bodentypen (RSGs) der World Reference Base (WRB)[a]	Zonale Vegetation	Ökozonen
Cryosol-Zone	Für Tundren: Gleysole (Gelic), Stagnosole (Gelic), Cambisole (Gelic) und Histosole (Gelic); für Frostschuttgebiete und Wüsten: Leptosole (Gelic) und Regosole (Gelic)	Tundren und Kältewüsten	**Polare/subpolare Zone**
Podzol-Cryosol-Histosol-Zone	Fibric Histosole, Dystric Cambisole (Gelic), Umbrisole, Leptosole, Retisole[c], Luvic Phaeozeme	Nadelwälder	**Boreale Zone**
Luvisol-Zone	Eutric/Dystric Cambisole, Umbrisole, Retisole, Histosole, Fluvisole, Planosole	Sommergrüne Laub- und Mischwälder	**Feuchte Mittelbreiten**
Chernozem-Kastanozem-Phaeozem-Zone	Solonetze, Solonchake	Grassteppen	**Trockene Mittelbreiten:** semi-humide/semi-aride Regionen
Chromic Luvisol-Zone	Chromic und Eutric Cambisole, Calcisole, Luvisole (Haplic)	Hartlaubvegetation	**Winterfeuchte Subtropen**
Acrisol-Zone	Alisole	Subtropische Regenwälder	**Immerfeuchte Subtropen**
Durisol-Calcisol-Zone (vormals: Xerosol[b]-Zone)	Durisole, Calcisole, Regosole, Solonchake, Solonetze, Vertisole	Dornsavannen, Dorn- und Strauchsteppen	**Trockene Mittelbreiten und Tropisch/subtropische Trockengebiete:** semi-aride Randgebiete
Arenosol-Zone (vormals Yermosol[b]-Zone)	Durisole, Calcisole, Gypsisole, Leptosole, Regosole, Solonchake, Solonetze	Halb- und Vollwüsten	**Trockene Mittelbreiten und Tropisch/subtropische Trockengebiete:** aride Kerngebiete
Lixisol-Nitisol-Acrisol-Zone	Vertisole, Alisole	Trocken- und Feuchtsavannen	**Sommerfeuchte Tropen**
Ferralsol-Zone	Plinthosole, Ferralic Cambisole, Ferralic Arenosole, Podzole	Tropische Regenwälder	**Immerfeuchte Tropen**

a Bei einigen RSGs fehlt jegliche zonale Zuordnung. Es sind dies die Andosole, Anthrosole, Fluvisole, Gleysole, Leptosole, Planosole, Regosole und Technosole. Sie werden nur für solche Bodenzonen aufgeführt, in denen sie größere Flächenanteile aufweisen oder ihre Merkmale beschrieben werden.

b Xerosole und Yermosole wurden 1988 aus der Bodenklassifikation, die der FAO-UNESCO-Weltbodenkarte zugrunde liegt, gestrichen. An ihre Stelle traten jeweils mehrere, teils neue Bodeneinheiten (siehe farbige Abb. B im Anhang). Da für deren Verbreitung noch keine kartenmäßige Erfassung vorliegt, müssen weiter die früheren Grenzziehungen übernommen werden.

c Die etwas breiter definierten Retisole ersetzen in der FAO-UNESCO WRB 2014 die Albeluvisole. Weitere Namensänderungen bzgl. der 32 Hauptbodengruppen (RSG) wurden nicht vorgenommen.

RSG Bodenreferenzgruppen (RSGs) der World Reference Base for Soil Resources (WRB 2014) (WRB-Systematik)[1] **2**

Referenzbodengruppen (Reference Soil Groups, RSGs)[2] „Bodentypen“	Kurzbeschreibung	Vergleichbare Bodeneinheiten aus anderen Klassifikationssystemen	Verbreitung in Bezug auf Ökozonen[3]	Buchseite[4]
Acrisole	Stark verwitterte saure Böden mit niedriger Basensättigung und geringer KAK. Tonverlagerung (Lessivierung) führt im Unterboden (Illuvialhorizont: Bt-Hor.) zu höheren Tongehalten (vorwiegend LACs) als im Oberboden; Bildung unter feuchtwarmen Bedingungen	Fersiallite, Red yellow podzolic soils, Red and Yellow earths, Sols ferralitiques fortement ou moyennement désaturés	**IFS,** SFT, IFT	213
Alisole	Lessivierte Böden mit hohen HAC-Gehalten und entsprechend hoher KAKpot, jedoch hohe Al-Sättigung und dementsprechend niedrige Basensättigung	Alfisole, - tiefgründig entbast	**IFS,** SFT, FMB (IFT)	213
Andosole	Schwarze, humusreiche Böden aus vulkanischen Auswurfprodukten (vornehmlich Aschen); Allophane oder Al-Humus-Komplexe; weltweit	Andisole, Volcanic Ash Soils, Black Volcanic Soils	azonal	
Anthrosole	Durch menschliche Aktivitäten, insbesondere ackerbauliche Nutzung (z. B. Düngung, Bewässerung, Pflügen) tiefgreifend umgestaltete Böden; weltweit	Terrestrische anthropogene Böden	azonal	
Arenosole	Meist junge, schwach entwickelte, sandige Böden (z. B. auf Dünen, an Meeresstränden); seltener ältere Böden auf extrem verwitterten, quarzreichen Gesteinen nach fortgeschrittener Tonauswaschung; Humusakkumulation ist generell gering; Einzelkornstruktur	Sandreiche Regosole (azonal)	**TST,** IFT, TMB, SFT	233
Calcisole	Böden mit deutlichen sekundären Kalkanreicherungen; überwiegend in ariden und semi-ariden Tropen/Subtropen	Desert soils, Takyre, Calcids	**TST,** TMB (WFS)	233
Cambisole	Meist ziemlich junge Böden mit schwacher Unterbodenentwicklung, die sich u. a. an einer leichten bräunlichen Verfärbung zwischen dem dunkleren humosen Oberboden und dem helleren (kalkarmen, silicatischen) Ausgangsgestein zeigt	Braunerden, Brown forest soils, Burozems	**FMB,** WFS, TST (PSZ, BZ, TMB, IFS, SFT)	145
Chernozeme	Steppenböden mit mächtigen, sehr dunklen, mollic (Mull) A-Horizonten	(Steppen-)Schwarzerden, Tschernoseme, Calcareous black soils	**TMB,** FMB	171

RSG Bodenreferenzgruppen (RSGs) der World Reference Base for Soil Resources (WRB 2014) (WRB-Systematik)[1] **2**

Referenzbodengruppen (Reference Soil Groups, RSGs)[2] „Bodentypen"	Kurzbeschreibung	Vergleichbare Bodeneinheiten aus anderen Klassifikationssystemen	Verbreitung in Bezug auf Ökozonen[3]	Buchseite[4]
Cryosole	Frostüberprägte Böden: Ständig gefrorener Unterboden mit kryogenen Prozessen im Oberboden; eingeschränkter Wurzelraum durch flachgründig anstehenden Permafrost	Permafrostböden, Frostböden, ...(Gelic), Cryic..., Gelisols, Cryozems, Polar desert soils	**PSZ,** BZ	99
Durisole	Humusarme Böden mit sekundärem, ausgehärtetem SiO2 in Form von plattig-laminaren Krusten (duricrusts, hard pans) oder Knollen; vornehmlich auf alten Landoberflächen in ariden und semi-ariden Gebieten	Durids, Hard pan soils	**TST** (FMB, TMB)	233
Ferralsole	Rote bis gelbe, tiefgründige, intensiv verwitterte, ferrallitische Böden auf alten Landoberflächen in den feuchten Tropen und Subtropen; austauschschwache Tonminerale (Kaolinit, Sesquioxide); Auswaschung von Kieselsäure (Desilifizierung, Ferralisation); niedrige KAK; keine Tonverlagerung: Gegensatz zu Acrisolen	Tropische Roterden, Tropische Gelberden, Ferralitische Böden, Ferralite, Lateritische Böden, Oxisols, Latosols, Weathered ferralitic soils, Sols ferralitiques	**IFT,** IFS, SFT	288
Fluvisole	Junge Böden auf alluvialen Ablagerungen (Schwemmland) in den Überflutungsbereichen von Flüssen, Verlandungszonen von Seen und marinen Gezeitenbereichen; weltweit	Auenböden, alluviale Böden, Schwemmlandböden, Marschen, Alluvial soils	azonal	
Gleysole	Breitere Definition in 2014 Grundwasserbeeinflusste Böden; Reduktionshorizont aufgrund von O_2-Mangel; Segregation von Eisen	Gleye, Gley-Böden,	PSZ, BZ, FMB, IFS, SFT, IFT	101
Greyzeme	*Graue Böden mit Mull A-Horizont und „gebleichten" Aggregatoberflächen im tonangereicherten B-Horizont; 1998 gestrichen; ersetzt durch Phaeozeme; s. dort*	*Graue Waldböden*	*FMB, TMB, IFS*	*171*
Gypsisole	Böden mit einer sekundären Gipsanreicherung; in den trockensten Regionen der Erde	Wüstenböden, Yermosols, Xerosols, Gypsids	**TST,** (TMB, WFS)	233
Histosole	Oberböden aus organischem Material, vornehmlich aus Moostorfen; große Areale in subarktischen und borealen Regionen	Torfböden, Sumpfböden, Moorböden	**BZ,** PSZ, FMB, IFT	124

2

RSG Bodenreferenzgruppen (RSGs) der World Reference Base for Soil Resources (WRB 2014) (WRB-Systematik)[1]

Referenzbodengruppen (Reference Soil Groups, RSGs)[2] „Bodentypen“	Kurzbeschreibung	Vergleichbare Bodeneinheiten aus anderen Klassifikationssystemen	Verbreitung in Bezug auf Ökozonen[3]	Buchseite[4]
Kastanozeme	Steppenböden mit kastanienfarbenem, humusreichem Mull A-Horizont; im Übergangsbereich von Chernozemen zu trockeneren Klimaten	Braune Steppenböden, Kastanienfarbene Böden, Buroseme, Chestnut soils, Brown and dark brown soils	**TMB**, TST, (WFS)	172
Leptosole	Schwach entwickelte, flachgründige Böden über festem Gestein oder extrem steinigem Lockermaterial: eingeschränkter Wurzelraum; weltweit; 1998 neu eingeführte RSG. Ersetzt seitdem die vormalige Einheit Lithosole;	Syroseme, Rohböden, Lithosols; L. auf carbonatfreiem (-armen) Gestein gehören zu den Rankern, jene auf carbonatreichem Gestein zu den Rendzinen	azonal	124
Lithosole	*Fallen seit 1998 unter die RSG Leptosole; s. dort*			
Lixisole	Lessivierte Böden mit niedriger KAK aber hoher Basensättigung; ersteres trennt sie von den Luvisolen, letzteres von den Acrisolen	Fersialite, Feruginous soils, Red-yellow podzolic soils, Sols ferrugineux lessivés	SFT, (IFS, TST IFT, WFS)	264
Luvisole	Lessivierte Böden (HAC-Anreicherung im Unterboden) mit hoher KAK und Basensättigung	Parabraunerden, Lessivés, Alfisols	FMB, TMB, WFS, IFS (BZ, SFT)	145
Nitisole	Tiefgründige, gut drainierte, oft eisenreiche, rote tropische Böden mit Tonen geringer Aktivität, aber aufgrund der stabilen Polyedergefüge (mit glänzenden Aggregatoberflächen) weit produktiver als andere rote tropische Böden	Krasnozems, Sols fersialitiques, Ferrisols, Roterden	SFT, IFS, IFT	264
Phaeozeme	Degradierte Steppenböden mit dunklem, humusreichem (Mull) A-Horizont, über entkalktem Unterboden; ersetzen seit 1998 Greyzeme	Braunerde-Tschernoseme, Parabraunerde-Tschernoseme, Brunizems	TMB, FMB, IFS (BZ, IFT)	171
Planosole	Stauwasserböden mit grob texturierten Oberböden, die scharf (abrupt) an einen tonreicheren Unterboden angrenzen	Pseudogleye und Stagnogleye mit ausgeprägtem Texturwechsel,	BZ, **FMB**, TMB, SFT (WFS, IFS, TST)	146

RSG Bodenreferenzgruppen (RSGs) der World Reference Base for Soil Resources (WRB 2014) (WRB-Systematik)[1] **2**

Referenz-bodengruppen (Reference Soil Groups, RSGs)[2] „Bodentypen“	Kurzbeschreibung	Vergleichbare Bodeneinheiten aus anderen Klassifikationssystemen	Verbreitung in Bezug auf Ökozonen[3]	Buchseite[4]
Plinthosole	Besonders eisenreiche, ferallitische (= LAC-, sesquioxid- und quarzsandreiche sowie humusarme) Böden, in denen es nach wiederholter Austrocknung und Durchfeuchtung zu irreversiblen Verhärtungen („Laterite“) kommen kann	Grundwasserlateritböden, Stauwasserlateritböden	IFT, SFT, IFS	290
Podzole	Böden mit gebleichtem E-Horizont über dunklem B-Horizont mit eingewaschenen organischen Substanzen und Eisenoxiden	Bleicherden, Spodosole	BZ, FMB (IFS, SFT, IFT)	122
Podzoluvisole	*1998 in Albeluvisole umbenannt; 2014 in Retisole umbenannt; s. dort*			
Regosole	Rohböden (sehr schwache Profildifferenzierung) aus tonig-schluffigen Lockersubstraten (außer in fluvialen, marinen oder lakustrinen Überflutungs-/Sedimentationsbereichen; dann Fluvisole; falls Textur sandig: Arenosole, falls Feinerdegehalte <20 Vol.% : Leptosole; falls stark quellfähige Tone: Böden entwickeln sich rasch weiter zu Vertisolen)	Lockersyroseme	azonal	101
Retisole	Lessivierte Böden mit hellem, tonarmem Bleichhorizont (E-Horizont), der zungenförmig („albeluvic glossae“) tief in den dunkleren, Toneinwaschungshorizont (Illuvialhorizont: B-Horizont) mit hohem Anteil an austauschbarem Natrium (und manchmal Magnesium) übergreift; Früherer Name Podzoluvisole (FAO). Retisole ersetzen die Bodenreferenzgruppe Albeluvisole der WRB-Klassifizierung von 2006.	Fahlerden, Sod-podzolic oder podzolic Böden	BZ, FMB	146
Solonchake	Böden mit sehr hohen Gehalten an leicht wasserlöslichen Salzen (durch Evaporation, bei ungenügendem Abfluss; Vorkommen im Wesentlich in den ariden und semi-ariden Klimazonen	Salzböden, Weißalkaliböden, halomorphe Böden	**TMB,** TST (PSZ, WFS)	173
Solonetze	Böden mit hohem Gehalt an austauschbarem Natrium; Tonanreicherung im Unterboden	Alkaliböden, Schwarzalkaliböden, Sodaböden, Natriumböden	**TMB,** TST (BZ, FMB, WFS)	173
Stagnosole	Stauwasser-Böden mit jahreszeitlicher Durchnässung; kein abrupter Bodenartenwechsel im Profil, sonst Planosole; kein tonguing, sonst Albeluvisole (s. dort)	Pseudogleye, Stagnic Luvisole, Stagnic Alisole	BZ, FMB (PSZ, IFS, IFT)	101

RSG Bodenreferenzgruppen (RSGs) der World Reference Base for Soil Resources (WRB 2014) (WRB-Systematik)[1] **2**

Referenzbodengruppen (Reference Soil Groups, RSGs)[2] „Bodentypen“	Kurzbeschreibung	Vergleichbare Bodeneinheiten aus anderen Klassifikationssystemen	Verbreitung in Bezug auf Ökozonen[3]	Buchseite[4]
Technosole	Böden aus Materialien, die von Menschen hergestellt oder an die Erdoberfläche gebracht wurden; z. B. Böden auf Mülldeponien, Abraumhalden oder Klärschlamm	Stadt- oder Bergbauböden	Azonal	
Umbrisole	Relativ junge saure Böden (ohne klare Profildifferenzierung) mit dunklem, humusreichen Oberboden	Humusbraunerden, Umbric Luvisole, Humic Cambisole	BZ, **FMB,** IFT (IFS, SFT)	145
Vertisole	Meist schwärzlich-dunkle, tonreiche Böden mit hohen Anteilen an stark quellfähigen Tonen und entsprechend ausgeprägten Quellungs-/Schrumpfungserscheinungen (Peloturbation); Vorkommen in wechselfeuchten tropischen Klimaten	Pelosole, Smonitzen, Tirs, Black cotton soils, Regur, Cracking clay soils, Grumosols, Black turf soils	**SFT** (FMB, TMB, WFS, TST)	265
Xerosole	*Einheit der FAO-Kartenlegende, wurde bereits 1988 durch Calcisole, Gypsisole, Durisole, Arenosole, Regosole etc. ersetzt.*	*Halbwüstenböden, Buroseme, Sieroseme, Aridisols, Semi-desert soils*	*TST, TMB*	*232*
Yermosole	*Einheit der FAO-Kartenlegende, wurde bereits 1988 durch Calcisole, Gypsisole, Durisole, Arenosole, Regosole etc. ersetzt.*	*(Voll-)Wüstenböden, Desert soils*	*TST, TMB*	*232*

1 Zusammengestellt nach diversen Quellen; u. a. nach: FAO-World Soil Resources Report 106: World Reference Base for Soil Resources 2014., Bundesanstalt für Geowissenschaften und Rohstoffe, Hannover 128 S. (2008): FAO-World Soil Resources Reports 103: World Reference Base for Soil Resources 2006, 1. Update 2007, Deutsche Ausgabe.

2 Alle 32 RSGs in alphabetischer Reihenfolge, Gegenüber der letzten Auflag von 2006 wurden manche Definitionen der RSGs angepasst und die Albeluvisole sind in die breiter definierten Retisole aufgegangen. Mit einem Grauraster unterlegte Zeilen sind weitere „Major soil units“, die in den älteren FAO-Kartenlegenden enthalten sind, die aber in die World Reference Base for Soil Resources (WRB) nicht übernommen wurden oder einen anderen Namen bekamen.

3 Einteilung der Bodenreferenzgruppen zu den Ökozonen nach Zech et al. (2014): Böden der Welt. Springer-Spektrum, Berlin Heidelberg, 2. Aufl., 164 S.

Fettdruck einer Ökozone bedeutet ein dominantes Auftreten des genannten Bodentyps und eine Beschreibung dieses Bodentyps hierin mit erhöhtem Detailierungsgrad. In Klammern gesetzte Ökozonen bedeuten ein untergeordnetes Auftreten des Bodentyps.

Die Abkürzungen bedeuten:

PSZ = Polare/subpolare Zone
BZ = Boreale Zone
FMB = Feuchte Mittelbreiten
TMB = Trockene Mittelbreiten
WFS = Winterfeuchte Subtropen
IFS = Immerfeuchte Subtropen
TST = Tropisch/subtropische Trockengebiete
SFT = Sommerfeuchte Tropen
IFT = Immerfeuchte Tropen

4 Verweist auf die Textstelle, an der detailliertere Informationen zum jeweiligen „Bodentyp“ gegeben werden.

Literatur zu Kap. 4

Blum, W. E. (2007): Bodenkunde in Stichworten. *Hirt's Stichwortbücher*. Borntraeger, Stuttgart (6. Aufl.), 179 S.

Blume, H.-P., Felix-Henningsen, P., Fischer, W. R., Frede, H.-G., Horn, R. und Stahr, K. (eds.) (ab 1996 fortlaufend): Handbuch der Bodenkunde. Ecomed, Landsberg.

Bridges, E. M., Batjes, N. H. und Nachtergaele, F. O. (eds.) (1998): World reference base for soil resources: atlas. Acco, Leuven, 79 S.

Canarache, A., Vintila, I. I. und Munteanu, I. (2006): Elsevier's dictionary of soil science. Elsevier, Amsterdam, 1360 S.

Commission of European Community (1985): Soil Map of the European Communities 1:1.000.000. Luxemburg.

Deckers, J. A., Nachtergaele, F. O. und Spaargaren, O. C. (eds.) (1998): World reference base for soil resources: introduction. Acco, Leuven, 165 S.

Driessen, P. M. und Dudal, R. (eds.) (1991): The major soils of the world. Agric. Univ. Wageningen und Kath. Univ. Leuven, 310 S.

Eitel, B., Faust, D. (2013): Bodengeographie: Das Geographische Seminar, Band 34. Westermann Schulbuch, (4. Aufl.), 296 S.

FAO-UNESCO (1974–1981): Soil Map of the World, Vol. I–X und 18-Karten 1:5 Mio. UNESCO, Paris.

FAO: Revised legend of the FAO-UNESCO Soil Map of the World. World Soil Resources Reports 60, Rom, 2. edition, 1990, 119 S.

– (1994): Soil map of the world – revised legend with corrections. *ISRIC Technical Paper* 20, Wageningen, 140 S.

– (1998): World reference base for soil resources. ISSS, FAO und ISRIC (eds.). *World Soil Resources Reports 84*, Rom, 88 S.

– (2006): Guidelines for soil description, Rome (4. Aufl.) http://www.fao.org/nr/land/soils/guidelines-for-soil-description/en/

Gardi C, Angelini, et al. (Eds) (2014) Atlas de suelos de América Latina y el Caribe. Comisión Europea, Oficina de Publicaciones de la Unión Europea, Luxembourg, Luxemburg.

Holdridge (1947), *s.* Lit. zu Kap. 5.

IUSS WORKING GROUP WRB (2006): World reference base for soil resources. First Update 2007. World Soil Resources Reports 94, FAO, Rome. http://www.fao.org/nr/land/soils/soil/en/. Deutsche Übersetzung von Bundesanstalt für Geowissenschaften und Rohstoffe, Schad P., Hannover, 2008

Jones A. et al. (Eds) (2005) Soil atlas of Europe. European Commission, Publications Office of the European Union, Luxembourg, Luxemburg.

– (2010) Soil atlas of Northern Circumpolar Region. European Commission, Publications Office of the European Union, Luxembourg, Luxemburg.

– (2013) Soil atlas of Africa. European Commission, Publications Office of the European Union, Luxembourg, Luxemburg.

KUNTZE, H., ROESCHMANN, G. und SCHWERDTFEGER, G. (1994): Bodenkunde. Ulmer, Stuttgart (5. Aufl.), 424 S.

MEENTEMEYER, V., GARDNER, J. und BOX, E. O: (1985): World patterns and amount of detrital soil carbon. *Earth Surf. Processes Landforms* 10, 557–567.

PFADENHAUER, J., KLÖTZLI, F (2014): Vegetation der Erde, Springer Spektrum, 643 S.

POST, W. M., EMANUEL, W. R., ZINKE, P. J. und STANGENBERGER, A. G. (1982): Soil carbon pools and world life zones. *Nature* 298, 156–159.

SCHACHTSCHABEL, P., BLUME, H.-P., BRÜMMER, G., HARTGE, K. H. und SCHWERTMANN, U. (2002, 2008): Scheffer/Schachtschabel – Lehrbuch der Bodenkunde. Spektrum, Heidelberg (15. Aufl.), 593 S.

SCHEFFER, F., SCHACHTSCHABEL, P. (Eds), Lehrbuch der Bodenkunde (16. Aufl), 2010, Springer Spektrum, 569 S.

SCHROEDER, D. und BLUM, S. (1992): Bodenkunde in Stichworten. Hirt, Kiel (5. Aufl.), 175 S.

SEMMEL, A. (1993): Grundzüge der Bodengeographie. Teubner, Stuttgart (3. Aufl.), 127 S.

STAHR, K., KANDELER, E., HERRMANN, L. und STRECK, T. (2008): Bodenkunde und Standortlehre. UTB (Ulmer), Stuttgart, 320 S.

USDA Soil Survey Staff (1999): Keys to soil taxonomy. Pocahontas Press, Blacksburg VA (3. Aufl.), 600 S.

WRB (1998): s.o. BRIDGES et al.

ZECH, W., SCHAD, P. UND HINTERMAIER-ERHARD, G. (2014): Böden der Welt. Ein Bildatlas. Spektrum, Berlin Heidelberg, 2. Aufl., 164 S..

5 Vegetation und Tierwelt

Das Pflanzenkleid und – in abgeschwächter Form – auch die Tierwelt spiegeln die ökozonale Differenzierung augenfälliger wider als jedes der anderen landschaftsökologischen Hauptmerkmale (zumindest war dies ursprünglich so, bevor der Mensch die Natur weithin umgestaltete). Dementsprechend haben die Kapitel zur Vegetation und Tierwelt *im regionalen Teil* ein besonderes Gewicht. Mehr als in den anderen Kapiteln geht es in ihnen um eine Synopsis der einzelnen Komponenten (Kompartimente) der zonalen Ökosysteme. Letztlich geschieht dies mit dem Ziel, die Unterschiedlichkeit der naturgegebenen Lebensbedingungen, die in den großen Lebensräumen der Erde für Pflanzen, Tiere und Menschen bestehen, aufzuzeigen und dabei Risiken und Chancen für zukünftige Entwicklungen anzusprechen.

5.1 Strukturmerkmale der Vegetation

Hierzu gehören Merkmale wie Höhe und Dichte der Vegetationsbedeckung (Maßgrößen für die Dichte sind z.B. Blattflächenindex, Stammzahl, Basalfläche), Durchwurzelungstiefe und –intensität, Zusammensetzung nach Arten (Artendiversität = Artenzahl sowie Artendichte = Artenzahl pro Flächeneinheit) und Lebensformen (Wuchsformen) u. a.Dabei interessiert neben der *räumlichen* Differenzierung dieser Merkmale auch die *zeitliche* Dimension, die sich in jahreszeitlichen Aspektwechseln, längerfristigen zyklischen Bestandsänderungen (Alterungs-Verjüngungs-Zyklen) und gerichteten Entwicklungen (Sukzessionen) offenbart. An dieser Stelle soll lediglich auf die Lebensformen und die sich davon herleitenden Pflanzenformationen näher eingegangen werden.

Die Kongruenz, die weithin zwischen globalen Vegetationsgliederungen nach Pflanzenformationen und solchen nach ökologischen Kriterien besteht, gründet sich auf die bemerkenswert **konvergenten Entwicklungen, von äußerlich sichtbaren (physiognomischen) Gestaltmerkmalen,** die überall auf der Welt **bei verschiedenen Sippen** (= Taxa [Einheiten] der botanischen Systematik; z.B.

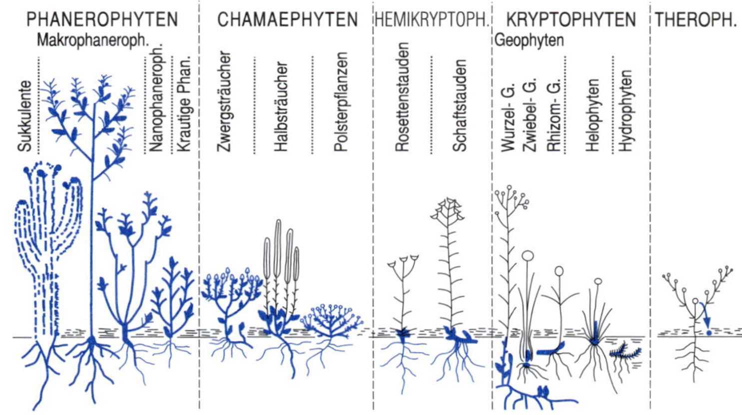

Abb. 5.1
Lebensformen nach Raunkiaer *(Auswahl, hier aus* Schubert *1991). Die blau gezeichneten Pflanzenteile überdauern die ungünstige Jahreszeit (Trockenzeit oder Winter), die übrigen sterben zu deren Beginn ab.*

Arten, Gattungen) **in Anpassung an bestimmte Standortbedingungen** (z.B. Wasser- und Nährstoffmangel, Hitze- und Kältestress) erfolgt sind. Im Laufe der Evolution entstand hierdurch eine (im Vergleich zur Artenvielfalt) kleine Zahl von **Lebens- oder Wuchsformen** (Abb. 5.1), die jeweils – trotz ihrer taxonomischen (genotypischen) Unterschiedlichkeit – durch ähnliches Aussehen und ähnliche Funktion im Ökosystem (Stellenäquivalenz, wie z.B. bei Kakteen in der Neuen Welt und sukkulenten Euphorbien in der Alten Welt) ausgezeichnet sind. Sie bilden damit gleichsam Indikatoren für bestimmte abiotische Umwelteigenschaften[1].

Jeder Pflanzenbestand kann dementsprechend nicht nur über seine *Artenzusammensetzung* beschrieben werden, sondern auch über sein **Lebensformenspektrum** (= Zusammensetzung nach Lebensformen in %-Anteilen [seltener Deckungsgraden] der ihnen jeweils zugehörigen Arten). Während der erste Weg zur Abgrenzung von *Pflanzengesellschaften* (d.h. regelhafte Kombinationen von Arten) führt, sind es beim zweiten **Pflanzenformationen** (Vegetationsformationen). Deren Vorzüge gegenüber den Ersteren liegen darin, dass es sich bei ihnen um **physiognomisch-ökologische Vegetationseinheiten** handelt, d.h. um Abgrenzungen, die über ihre Gestaltmerkmale zugleich (mehr oder weniger zuverlässig) Ausdruck der abiotischen Umweltdifferenzierung sind (zu den klimatischen Bezügen vgl. das Dreiecksschema von Holdridge [1947] in Abb. 4.2), wobei allerdings – in der Praxis -häufig nur die dominanten Arten berücksichtigt werden.

Die räumlich größten Vegetationstypen dieser Art sind die **zonalen Pflanzenformationen**, die sich als Schlussgesellschaften diverser Sukzessionsserien in Anpassung an die globalen Klima- und Bodendifferenzierungen herausbilden. Das sind z.B. die borealen Nadelwälder, sommergrünen Laub- und Mischwälder, niederarktischen Tundren und immergrünen

[1] Dies trifft allerdings nur eingeschränkt zu. Vielen auffällig unterschiedlichen Wuchsformen und einzelnen Gestaltmerkmalen fehlt der eindeutige Bezug zu bestimmten Umweltbedingungen. Beispielsweise sind Zwergsträucher sowohl für die arktischen Tundren als auch für die Halbwüsten der Trockenen Mittelbreiten charakteristisch. Das Merkmal Hartlaubigkeit findet sich nicht nur in den Winterfeuchten Subtropen (wo es zumindest im Mediterranen Bereich bei den Gehölzen dominant ist), sondern auch in den Lorbeerwäldern der Immerfeuchten Subtropen sowie auch auf extrem nährstoffarmen, sauren Böden in allen übrigen Ökozonen, einschließlich der Immerfeuchten Tropen. Unter dieser Mehrdeutigkeit leiden alle bisher erstellten Klassifikationssysteme von (zumeist augenfälligen = physiognomischen) Wuchsformtypen (vgl. hierzu Cornelissen et al 2003, Harrison et al 2010 und Ustin u. Gamon 2010).

Tab. 5.1. Lageentsprechungen zwischen zonalen Pflanzenformationen und Ökozonen.

Zonale Pflanzenformationen (Klimaxformationen)	Ökozonen
Polare Wüste Hocharktische Tundra Niederarktische Tundra	Polare/ subpolare Zone
Waldtundra Flechtenwald Geschlossener borealer Nadelwald – Immergrüner borealer Nadelwald (dunkle Taiga) – Sommergrüner borealer Nadelwald (helle Taiga)	Boreale Zone
Sommergrüner Laub- und Mischwald Temperater Regenwald – Immergrüner Laub- und Mischwald – Temperater Nadelwald	Feuchte Mittelbreiten
Waldsteppe Langgrassteppe Mischgrassteppe Kurzgrassteppe Wüstensteppe Temperate Wüste	Trockene Mittelbreiten
Hartlaubwald und –strauchformation	Winterfeuchte Subtropen
Subtropischer Regenwald Lorbeerwald	Immerfeuchte Subtropen
Winterfeuchte Gras- und Strauchsteppe Sommerfeuchte Dornsteppe und Dornsavanne Tropisch/subtropische Wüste und Halbwüste	Tropisch/subtropische Trockengebiete
Kurzgrassavanne (Trockensavanne) und Trockenwald Hochgrassavanne (Feuchtsavanne) und Feuchtwald	Sommerfeuchte Tropen
Tropischer Regenwald	Immerfeuchte Tropen

Hartlaubwälder, können aber auch **Ersatzgesellschafen** sein, die sich an die durch menschliche Einflüsse veränderten Standortbedingungen anpassen (also nicht die ursprüngliche Vegetation widerspiegeln). Sie sind als sog. *Klimaxformationen der natürlichen Vegetation* (in ihrer Gesamtheit als Klimaxvegetation oder kurz Klimax) zu verstehen. Die Ökozonen werden (oder wurden ursprünglich) jeweils durch eine oder einige wenige dieser Klimaxformationen (zonalen Pflanzenformationen) repräsentiert (Tab. 5.1). Soweit sie heute noch vorhanden sind, spricht man von aktueller (realer), sonst von potentieller natürlicher Vegetation.

Bezieht man die Tierwelt in die Betrachtung ein, so tritt der Begriff *Bioformation* oder kurz **Biom** an die Stelle des Begriffs der Pflanzenformation. Ein Zonobiom ist dann eine zonale Pflanzenformation einschließlich der darin lebenden Tiere. Übergangszonen zwischen verschiedenen Biomen oder verschiedenen Pflanzenformationen werden als **Ökotone**, auf der höchsten räumlichen Gliederungsstufe entsprechend als *Zono-Ökotone* bezeichnet.

Für die **Einteilung der Wuchs- oder Lebensformen** gibt es verschiedene Klassifikationssysteme (z. B. Schmithüsen 1968, Cornelissen et al. 2003, Harrison et al. 2010). Hier soll dem wohl bekanntesten und zugleich einfachsten System gefolgt werden, das Raunkiaer bereits vor über hundert Jahren entwickelte (Abb. 5.1). Die Abb. 5.2 zeigt für die einzelnen Pflanzenformationen im Überblick, welche Lebensformen jeweils charakteristisch sind. Zugleich enthält sie Angaben darüber, wo die Verbreitung der verschiedenen Pflanzenformationen in Abhängigkeit von den Parametern Jahrestemperatur und Jahresniederschlag liegt.

5.2 Ökosysteme und ökozonale Modelle

Ein **natürliches** oder **naturnahes Ökosystem** (ein ‚Bio-Ökosystem') setzt sich aus einer Lebensgemeinschaft aus Pflanzen und Tieren, der **Biozönose**, und deren (abiotischem) Lebensraum, dem **Biotop**[2], zusammen. Zwischen beiden bestehen vielfältige strukturelle und funktionelle Wechselbeziehungen. Unter von außen ungestörten Bedingungen bilden sich dabei bis zu einem gewissen Grade stabile, zur Selbstregulation und Selbstregeneration (‚Reparatur') befähigte Wirkungsgefüge heraus, d.h. die Bestandesumsätze an Stoffen und Energien pendeln sich in Form von *dynamischen Gleichgewichten* ein und die Bestandesvorräte an organischen und mineralischen Stoffen werden konstant.

Da es sich bei Ökosystemen um **dynamische Systeme** handelt, in denen sich die einzelnen Partialkomplexe, wie Vegetation, Tierwelt, Bestandsklima etc. fortlaufend ändern, bestehen derartige dynamische Gleichgewichte und konstante Kompartimente freilich nirgends real. Sie sind vielmehr nur als gemittelte Zustände ableitbar, und zwar entweder als *zeitliche Mittel* aus einem Alterungs-Verjüngungs-Zyklus, wie er an jedem beliebigen Ort eines Ökosystems regelhaft abläuft, oder als *räumliche Mittel* aus den zu jeder Zeit mosaikartig nebeneinander auftretenden, verschieden alten Entwicklungsphasen, wie sie sich in jedem (größeren) Verbreitungsgebiet eines Ökosystems finden.

Alterungs-Verjüngungs-Zyklen sind insbesondere für Waldformationen auffällig, also insbesondere für die Boreale Zone, Feuchten Mittelbreiten, Winterfeuchten Subtropen, Immerfeuchten Subtropen und Immerfeuchten Tropen. Dabei folgt (im Zuge der Überalte-

---

[2] In einer anderen, eher ‚landläufigen' Bedeutung steht der Begriff *Biotop* für die Gesamtheit aus Lebensgemeinschaft und deren Lebensraum. Biotope sind dann z.B. Hochmoore, Tümpel, Küstendünen, Trockenrasen oder Waldsäume.

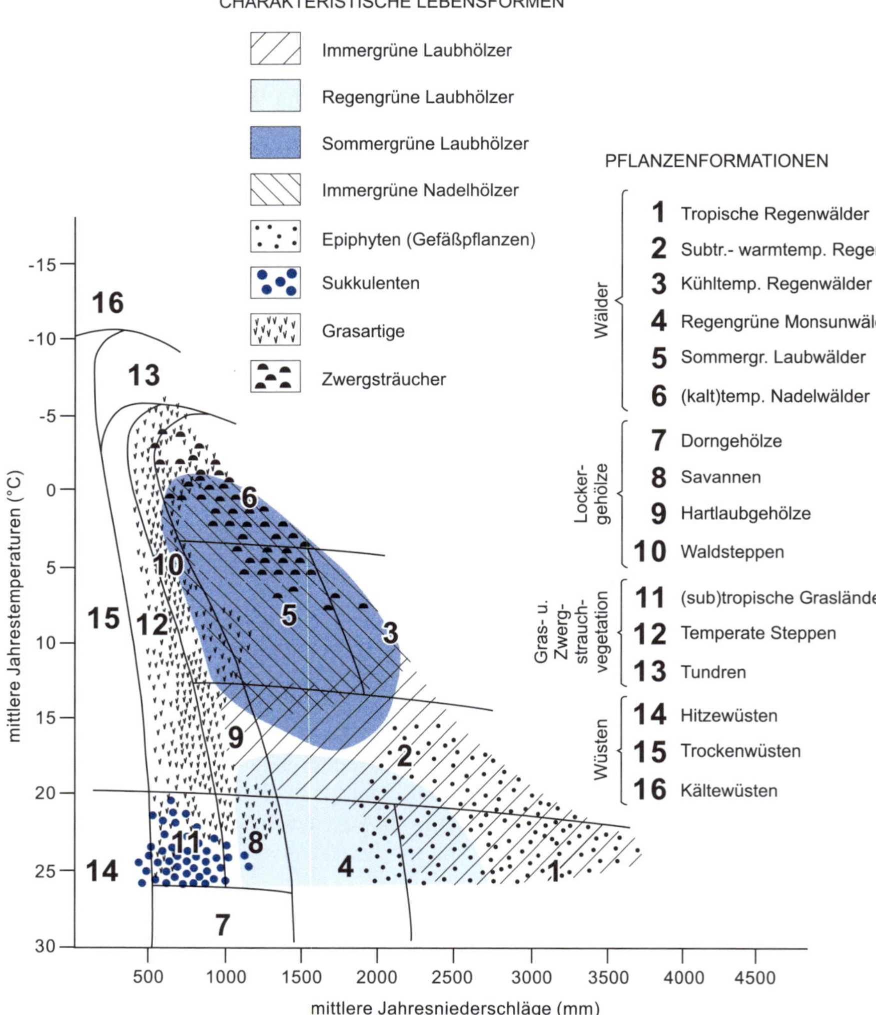

Abb. 5.2
Die Verbreitung der zonalen Pflanzenformationen und der Lebensformen in Abhängigkeit von der Jahrestemperatur und den Jahresniederschlägen (aus BRESINSKY *et al. 2008).*

rung dominanter Pflanzensippen) auf eine *Reife-* oder *Optimalphase*, in der die Primärproduktion höchste Werte erreicht (Abb. 5.3), eine *Alterungs-* oder *Zerfallsphase*, in der absterbende Bäume Umtriebslücken reißen. Die Regeneration auf den frei gewordenen Flächen erfolgt zunächst über nur für diese *Verjüngungs-* oder *Aufbau-(Heranwachs-) phase* charakteristische *Pionierpflanzen*. Erst nach und nach setzen sich wieder die Arten der vormaligen Waldvegetation durch.

Annähernd **stationäre Zustände von einiger Dauer** treten allein dann auf, wenn Pflanzenbestände ihre (späten) Reifestadien erreichen. Diese haben dementsprechend die mit Abstand größten Zeit-

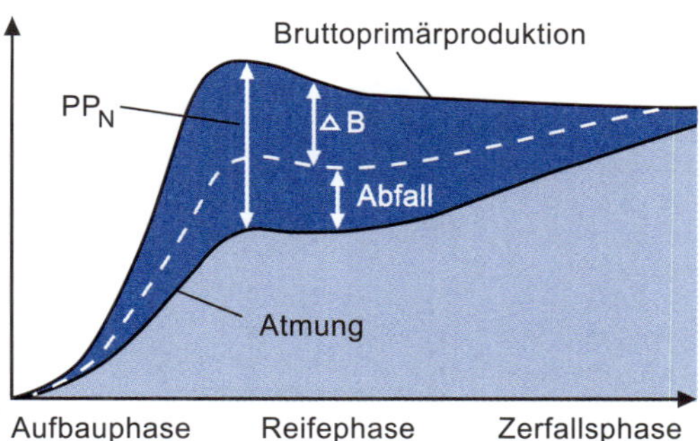

Abb. 5.3

Die Veränderungen von Nettoprimärproduktion, Bestandszuwachs, Abfall und Atmung in einer Waldformation mit fortschreitendem Bestandsalter (KIRA u. SHIDEI 1967). Die höchste Nettoprimärproduktion (PP_N) wird beim Übergang von der Aufbau- zur Reifephase erreicht; dann ist auch der Bestandszuwachs (ΔB) am größten. Danach nimmt die Atmung, da das Verhältnis von produktiven Blättern zu unproduktiven Achsen und Wurzeln immer ungünstiger wird, relativ schneller zu und somit die PP_N wieder ab (in Laubwäldern kommt der Holzzuwachs zum Stehen, wenn der Laubanteil unter 1% der Gesamtmasse absinkt). Da zugleich auch der Abfall anteilig ansteigt, fällt der Rückgang des Bestandszuwachses noch schärfer als der der PP_N aus. In der Alterungsphase schließlich übersteigt die Abfallrate die Nettoproduktionsrate, d.h. die Phytomasse schrumpft. Alle beschriebenen Veränderungen können abgemildert oder aufgehoben sein, wenn die Baumbestände altersmäßig gemischt sind, und demzufolge – auf den gesamten Bestand bezogen – Alterung und Verjüngung ineinander ‚verwoben' (statt zeitlich gestaffelt) ablaufen.

Die Altersabhängigkeit von Bestandesvorräten und -umsätzen bedeutet in der Konsequenz, dass sich die Ergebnisse von Bestandsaufnahmen und stofflichen Bilanzierungen nur dann sinnvoll (also als repräsentativ für die allgemeinen Merkmale eines bestimmten Ökosystemtyps, z.B. des tropischen Regenwaldökosystems oder des temperaten Laubwaldökosystems) interpretieren lassen, wenn erkennbar ist, in welcher Altersphase sich der jeweils untersuchte Wald befand und in welcher Abhängigkeit die erfassten Merkmale und Umsätze von diesem Bestandsalter (der altersbedingten Entwicklungsphase) stehen.

anteile an den altersbedingten Zyklen bzw. höchsten Flächenanteile im Verbreitungsgebiet eines Ökosystems (sie repräsentieren dies am augenfälligsten). Damit ergibt sich eine gewisse Berechtigung für die in der Ökologie gängige und auch in diesem Buch geübte Praxis, die Situation während des Reifestadiums als das eigentliche, ungefähr konstante, (zonen-)typische Ökosystem aufzufassen und hierfür ein **Steady State** anzunehmen, bei dem sich (jedenfalls für eine gewisse Zeit) die Gewinne und Verluste der einzelnen Kompartimente die Waage halten und die Umsätze gleich bleiben.

Das in der Abb. 5.4 vorgestellte Modellschema für zonale Ökosysteme basiert auf einer solchen Steady-State-Annahme. Es findet bei mehreren Ökozonen Anwendung, wobei nicht unbedingt deren mittlere Zustände, vielmehr die für sie natürlicherweise charakteristischen Biome/ Ökosysteme dargestellt werden. Nach den vorausgegangenen Ausführungen versteht es sich von selbst, dass die Mengenangaben lediglich als Richtgrößen zu verstehen sind, um die die tatsächlich im Laufe der Bestandsentwicklung auftretenden Vorratsmengen und Umsatzraten mehr oder weniger weitabständig und langfristig pendeln.

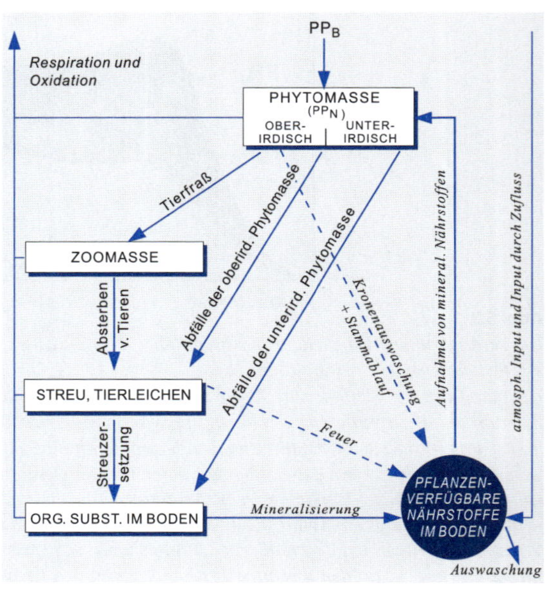

Abb. 5.4
Vereinfachtes Modellschema eines natürlichen oder naturnahen Ökosystems. Zur Anwendung dieses Grundschemas auf einzelne Ökozonen (z.B. Abb. 7.18, 8.12): Die Kastenflächen und Linienbreiten der Pfeile entsprechen den Größen der jeweiligen Vorräte und Umsätze; die Kreisfläche für die pflanzenverfügbaren Nährstoffe im Boden (also im Wesentlichen die an Austauschern adsorbierten Nährstoffionen) spiegelt dagegen lediglich die ungefähre Größenordnung im Vergleich zu den anderen ökozonalen Systemen wider. Die Maßeinheit der organischen Vorräte ist t ha^{-1} und die der Umsätze ist t ha^{-1} a^{-1}, für Mineralstoffumsätze kg ha^{-1} a^{-1}. Die in (mittlerweile recht zahlreichen) Felduntersuchungen tatsächlich gemessenen Werte weichen von den in diesem Buch als repräsentativ für die einzelnen Ökozonen genannten nicht nur deshalb (teilweise erheblich) ab, weil sie sich auf Einzelfälle (eher Sonderfälle) beziehen, sondern auch deshalb, weil Kompartimente wie beispielsweise die unterirdische Phytomasse, tote organische Bodensubstanz und Nettoprimärproduktion von Pflanzenbeständen nur schwer genau messbar sind. Ein gewisses Maß an Unsicherheit bleibt. Das gilt natürlich auch für die in diesem Buch genannten Zahlenwerte.

5.3 Organische Bestandesvorräte im Ökosystem

Der Kasten 3 zeigt im Überblick, welche *organischen* Vorräte zu beachten sind und auf welchen Wegen ihre Umsätze erfolgen. Eine entsprechende Übersicht zu den *mineralischen* Stoffen bringt der Kasten 5.

Die **Phytomasse** (pflanzlicher Bestandesvorrat, Pflanzenmasse) bezeichnet die Gesamtmasse aller *lebenden* Pflanzen (in der Regel ohne Destruenten) einschließlich der mit ihnen verbundenen toten Teile, wie z.B. Holz, Borke und abgestorbene Äste. Vollständig abgestorbene Pflanzen, die noch stehen und daher nicht zur Streu gehören, werden gewöhnlich als **Standing Dead** separat erfasst. Meist wird zwischen ober- und unterirdischer Phytomasse (= Spross- bzw. Wurzelmasse) unterschieden. Die **Zoomasse** (tierischer Bestandesvorrat) umfasst alle lebenden Tiere (ebenfalls ohne Destruenten). Zusammen mit der Phytomasse bildet sie die **Biomasse**, also Gesamtmasse aller Lebewesen. Da die Phytomasse häufig über 99% der Biomasse stellt, findet sich nicht selten und zu Recht eine Gleichsetzung von Phyto- und Biomasse.

Streu und Humus stellen zusammen das *tote organische Material (unmittelbar) auf und in dem Boden*. Problematisch ist hier die Abgrenzung zwischen beiden. Die Bodenkundler entziehen sich dieser Problematik, indem sie die Streu als einen Teil der *toten organischen Bodensubstanz* (oder des *Humus*) definieren, damit also nur einen einzigen Begriff haben. Die Ökologen trennen hingegen durchweg, aber nicht immer einheitlich. So werden neben den organischen Substanzen im Mineralboden (Ah-Horizont) häufig auch die weitgehend

3

Übersicht (Auswahl) der verschiedenen organischen Bestandsvorräte und Umsätze in einem Ökosystem[a]

Bestandsvorräte

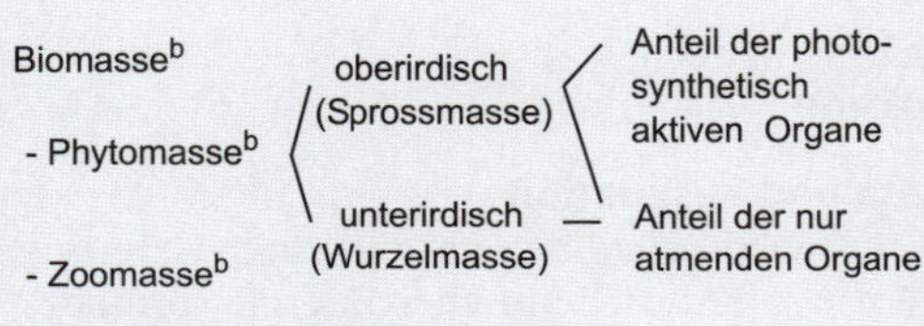

Streu(-vorrat) (L- und O-Horizonte)

Humus im Boden (Ah- und H-Horizonte)

Umsätze

Bruttoprimärproduktion

Nettoprimärproduktion (PP_N)

Tierfraß und Sekundärproduktion

Streuanlieferung (oberirdische Abfälle)

Abfall(-anlieferung) der unterird. Phytomasse (Biomasse)

Streu (Abfall-)zersetzung

Humifizierung

Mineralisierung

Umsatzdauer/-raten[c]

Umsatzdauer/-rate der Vegetation (Produktionsleistung)	$\frac{\text{Phytomasse}}{PP_N}$ (Jahre)	bzw.	$\frac{PP_N \cdot 100}{\text{Phytomasse}}$ (%)
Lebensdauer der Blätter	$\frac{\text{Blattmasse}}{PP_{N\,(\text{Blätter})}}$ (Jahre)	oder	$\frac{\text{Phytomasse der Blätter}}{\text{Blattfall}}$ (Jahre)
Zersetzungsdauer/-rate (k) der Streu	$\frac{\text{Streuvorrat}}{\text{Streuanlieferung}}$ (Jahre)	bzw.	$\frac{\text{Streuanlieferung} \cdot 100}{\text{Streuvorrat}}$ (%)

[a] Als Maßeinheiten werden in diesem Buch vorzugsweise *Tonne* (Trockensubstanz, TS) bzw. *Kilojoule* (Energiegehalt/-flüsse) pro *Hektar* und bei Umsätzen pro *Jahr* verwendet. Die Maßeinheit Tonne bezieht sich dabei ausschließlich auf die Trockensubstanz der Biomasse oder von toten organischen Stoffen, die aus einer Ofentrocknung bei 105°C resultiert. Das Energieäquivalent zu pflanzlichen Substanzen wird pauschal mit 18 kJ (≈4,3 kcal) pro 1g TS angerechnet. Die Kohlenstoffgehalte sind für Phytomassen mit etwa 45%, für Streu mit etwa 50% und für Humus mit bis zu 58% anzusetzen. Die Unterschiede erklären sich daraus, dass sich der Kohlenstoff im Laufe der Zersetzung relativ anreichert.

[b] Falls Standing Dead einbezogen ist, richtiger: Stehende Bio-, Phyto- bzw. Zoomasse *(standing crop)*.

[c] Die **Umsatzdauer** nennt die Zeitspanne (meist in Jahren), innerhalb derer ein Vorrat (z. B. Phytomasse, Zoomasse, Streu oder Humus) im Mittel genau einmal umgesetzt ('ausgetauscht') wird, also die Inputs und Outputs kumulativ die jeweilige Bestandsgröße erreichen. Die **Umsatzrate** meist ausgedrückt in % gibt an, welcher Anteil eines Vorrates innerhalb einer Zeiteinheit umgesetzt wird, also z.B. Im Mittel während eines Jahres durch Primärproduktion, Sekundärproduktion, Streuanlieferung und Humifizierung zugeführt oder durch Abfälle und Tierfraß, durch Absterben von Tieren oder durch Zersetzung verloren geht. Den Angaben liegen immer gleicher Flächen zu Grunde. Berechnet werden kann die Umsatzdauer/-rate entweder für die Flüsse zwischen den einzelnen Bestandsvorräten oder für den gesamten Fluss zwischen Primärproduktion und Mineralisierung (siehe vorstehende Beispiele). Die Umsatzdauer ist umso länger, je größer die Vorräte sind; die Umsatzrate nimmt in dieser Richtung ab.

zersetzte Streu im Oh-Horizont zum Bodenhumus gerechnet. Damit verbinden sich in der Regel weitere Abgrenzungsunsicherheiten, da die Übergänge zwischen den O-Horizonten meist fließend sind und eine eindeutige Trennung daher unmöglich ist. Im vorliegenden Buch wird (falls nicht anders angegeben) der gesamte Auflagehumus, also einschließlich des Oh-Horizontes, zur Streu gerechnet. Torf gehört dagegen immer zum Humus, der ansonsten mit den Gehalten an toten organischen Substanzen im Ah-Horizont identisch ist.

5.4 Primärproduktion

5.4.1 Photosynthese und Respiration

Jedes (naturbestimmte) Ökosystem beginnt mit einer Fixierung von Sonnenenergie in Form latenter chemischer Energie (primärer Energie-Input) durch die grünen Pflanzen (*autotrophe Lebewesen* oder kurz *Autotrophe*) über die **Photosynthese** (Kohlenstoffassimilation), d.i. Aufbau von Kohlenhydraten aus Wasser und Kohlendioxid als Grundstoffe für weitere Synthesen:

Bilanzgleichung der Photosynthese

$$6\ CO_2 + 6\ H_2O + 2897\ kJ/mol \rightarrow C_6H_{12}O_6\ (Glucose) + 6\ O_2\uparrow$$

Die CO_2-Fixierung geschieht auf verschiedenen Wegen. Bei den meisten Pflanzen entstehen als erste Produkte Säuremoleküle mit 3 oder 4 C-Atomen und demnach werden **C_3-Pflanzen** und **C_4-Pflanzen** unterschieden. Ein dritter Weg wird von den **CAM-Pflanzen** beschritten. Sie folgen einem diurnalen Säurerhythmus(-zyklus), bei dem der CO_2-Einbau im Wesentlichen nachts erfolgt, so dass die lichtabhängigen, photochemischen Prozesse tagsüber bei geschlossenen Spaltöffnungen ablaufen können. Dieser Weg ist vorteilhaft für Pflanzen in Trockengebieten, da er die Transpirationsverluste einschränkt. C_4-Pflanzen haben bei mäßiger Trockenheit und höheren Temperaturen bessere Leistungsfähigkeiten (Nettophotosynthesevermögen = Bruttophotosyntheseleistung abzüglich der Atmungsverluste) als C_3-Pflanzen und diese wiederum bessere als CAM-Pflanzen. Die Überlegenheit der C_4-Pflanzen gründet sich insbesondere auf ihre höhere Stickstoff- und Wassernutzungseffizienz, d.h. bei gleichen N-Gehalten der Blätter und

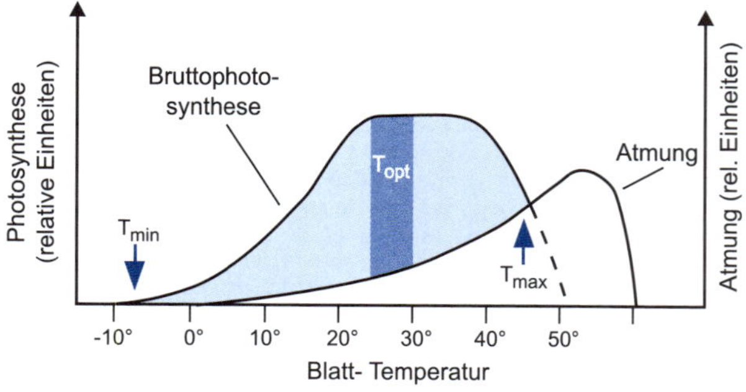

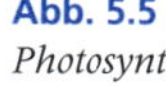
Abb. 5.5
Photosynthese und Respiration in Abhängigkeit von der Temperatur (Larcher 1994). Die Nettophotosynthese (blaue Fläche) ergibt sich als Differenz aus Bruttophotosynthese und Atmung. Im Beispiel erreicht sie zwischen +25 und +30 °C ihren höchsten Wert (dunkelblaue Fläche). Voraussetzung ist allerdings, dass mit der Temperaturerhöhung auch die Lichtintensität ansteigt (was gewöhnlich – tageszeitlich wie auch regional – der Fall ist).

gleichem Wasserverbrauch erreicht ihre Nettophotosynthese deutlich höhere Werte als die der C_3-Pflanzen. Außerdem sind sie in der Lage, höhere Lichtintensitäten zu nutzen und damit ihre Nettophotosynthese (apparente Photosynthese) deutlich über die von C_3-Pflanzen zu steigern. Der für C_3-Pflanzen charakteristische Lichtsättigungspunkt fehlt bei ihnen. Über Atmungsvorgänge (Respiration) geht ein Teil der Photosyntheseprodukte unter Freisetzung von Kohlendioxid wieder verloren. Diese Verluste wachsen mit steigenden Temperaturen (Abb. 5.5), sind also in warmen Zonen größer als in kalten:

Nettobilanzgleichung der Respiration

$$C_6H_{12}O_6 + 6\ O_2 \rightarrow 6\ H_2O + 6\ CO_2 \uparrow + 2826\ \text{kJ/mol}$$

Der verbleibende stoffliche und energetische Zugewinn, der in einem Pflanzenbestand/Ökosystem über die Nettophotosynthese (Bruttophotosynthese abzüglich der Respiration) erzielt wird, heißt dann **Nettoprimärproduktion** (PP_N) oder – kurz – Primärproduktion.

Sowohl der **photosynthetische Gaswechsel** (Aufnahme von CO_2 und Abgabe von O_2) als auch der gegenläufige **respiratorische Gaswechsel** (Aufnahme von O_2 und Abgabe von CO_2) erfolgen über **Spaltöffnungen** (*Stomata, Poren*) auf den Blattflächen (zumeist gehäuft auf deren Unterseiten). Im Wesentlichen denselben Weg nimmt auch die **Transpiration** (*stomatäre Transpiration*). Bei Wassermangel können die Poren durch *Schließzellen* verengt oder sogar geschlossen werden. Entsprechend verringert sich dann auch die Photosynthese oder endet ganz.

5.4.2 Primärproduktion von Pflanzenbeständen

Die Produktionsleistung von Pflanzenbeständen (*crop growth rate*) errechnet sich aus dem Aufbau an organischer Substanz (Produktionsmenge, Nettoproduktionsertrag; in Trockengewicht oder Kohlenstoffmenge) pro Grundflächeneinheit (m^2 oder ha) und Zeiteinheit (Monat, Vegetationsperiode oder Jahr). Hierbei sind für den Betrachtungszeitraum zu berücksichtigen: Der *Bestandszuwachs oder -rückgang* von lebender Phytomasse, ΔB, (B von *biomass*) sowie die *Verluste von lebender Phytomasse durch Absterben* (Umwandlung in Standing Dead und Abfälle),(V_A), *Tierfraß* (V_C) und *Feuer* (V_F), und zwar in allen Fällen jeweils ober- und unterirdisch. Die **ökologische Produktionsgleichung** beschreibt die Aufteilung (Verwertung) des Nettoproduktionsertrages wie folgt:

$$PP_N = \Delta B + V_A + V_C + V_F$$

In manchen Ökosystemen sind die Verluste durch Tierfraß und Feuer generell (oder – mit Bezug auf das Feuer – zumindest für längere Zeitspannen) zu vernachlässigen; die Verluste durch Absterben können für die Dauer der Vegetationsperioden gering sein. Die o.g. Gleichung zur Berechnung der Nettoprimärproduktion von Pflanzenbeständen reduziert sich daher im einfachsten Fall auf die Näherungsform:

$$PP_N \approx \Delta B$$

Verluste durch Absterben (V_A) führen unmittelbar zu einer Zunahme toten pflanzlichen Materials (ΔW, W von *waste*) beim Standing Dead und bei den bodennahen ober- und unterirdischen Abfällen; Das tote pflanzliche Material reduziert sich andererseits durch gleichzeitig ablaufende Zersetzungsvorgänge, D (von *decomposition*) sowohl im Standing Dead als auch am/im Boden. Danach errechnet sich die Änderung des toten pflanzlichen Materials im Betrachtungszeitraum zu:

$$\Delta W = V_A - D$$

Ersetzt man hiermit V_A in der erstgenannten Gleichung und sieht man weiterhin vom Tierfraß (V_C) und Feuer (V_F) ab, so erhält man die folgende Formel zur Bestimmung der PP_N von Pflanzenbeständen:

$$PP_N = \Delta B + \Delta W + D$$

Falls die Standing Dead nur unsicher von der [lebenden] Phytomasse zu unterscheiden ist, kann auch so verfahren werden, dass B als *stehende Phytomasse* (die beides einschließt) und W dementsprechend als *Abfälle* definiert wird. Die Bedeutung von D bleibt hiervon unberührt: In jedem der beiden Verfahren sind die zersetzten Mengen sowohl in der Standing Dead als auch bei den Abfällen zu erfassen.

5.4.3 Produktionsleistungen der Pflanzendecke auf der Erde

Die erheblichen Unterschiede, die weltweit für die (pro Flächeneinheit erzeugte) Primärproduktion gefunden werden (Abb. 5.6), lassen sich nur selten und niemals allein aus ungleichen Assimilationsleistungen (Photosynthesevermögen) der jeweils vorkommenden Pflanzen erklären. Bedeutsamer ist

- welche Größe und Struktur die oberirdischen Phytomassen bzw. (falls viel photosynthetisch inaktives Achsenmaterial vorhanden ist) die Assimilationsflächen aufweisen und
- inwieweit edaphische und klimatische Standortbedingungen das Pflanzenwachstum begünstigen oder erschweren.

Primärproduktion in Abhängigkeit von Phytomasse, Assimilationsfläche und Strahlungsabsorption

Die Produktivität der zonalen Pflanzenformationen liegt im Allgemeinen umso höher, je größer deren **Phytomassen** sind (Abb. 5.6 und 5.7 im Vergleich sowie Abb. 5.8). Dies gilt freilich nicht für *Grasländer* (Steppen, Grassavannen) und algenreiche aquatische Ökosysteme. Sie erbringen hohe Produktionsleistungen bei kleinen Ausgangsgrößen (Biomassen) (z.B. Kap. 10.5.4).

Dies verdeutlicht, dass letztlich nicht die Phytomassen, sondern die **Assimilationsflächen** (Belaubungsdichten) und deren Verhältnis zu unproduktiven Organen entscheidend für die Produktivität eines Pflanzenbestands sind. Denn gewöhnlich sind nur die Blätter an der Kohlenstoffassimilation beteiligt. Ist deren Gesamtfläche über Grund groß (und der Anteil nur atmender Organe gering), so wird unter sonst gleichen Umständen auch die Produktivität hoch liegen (dementsprechend gleichen sich die Produktionsleistungen von einander benachbarten Wiesen und Wäldern).

> Als Maß für die Assimilationsfläche eines Pflanzenbestands dient der **Blattflächenindex** (BFI, oder LAI von ***leaf area index***). Damit wird die Summe aller (einseitigen) Blattflächen pro Grundfläche angegeben, was dem Bodenüberdeckungsgrad der Blätten bei horizontaler Ausrichtung *(projected leaf area)* entspricht.[3] Obwohl eigentlich als Verhältniszahl dimensionslos, wird in der Literatur oftmals die Maßeinheit $m^2\ m^{-2}$ (Blattfläche in m^2 pro 1 m^2 Grundfläche) genannt.

[3] Der LAI gilt in erster Linie als Maß für die Lichtabsorption und damit für die Energieeinnahme der Blätter sowie für die Abnahme der Beleuchtungsintensität im Pflanzenbestand. Er eignet sich aber auch zur Abschätzung von Transpiration und Niederschlagsinterzeption eines Pflanzenbestands: Beide steigen gewöhnlich mit zunehmendem LAI. In der Geomorphologie ist der LAI ein Richtmaß für den Abtragungsschutz, den ein Hang durch seine Vegetationsbedeckung erhält.

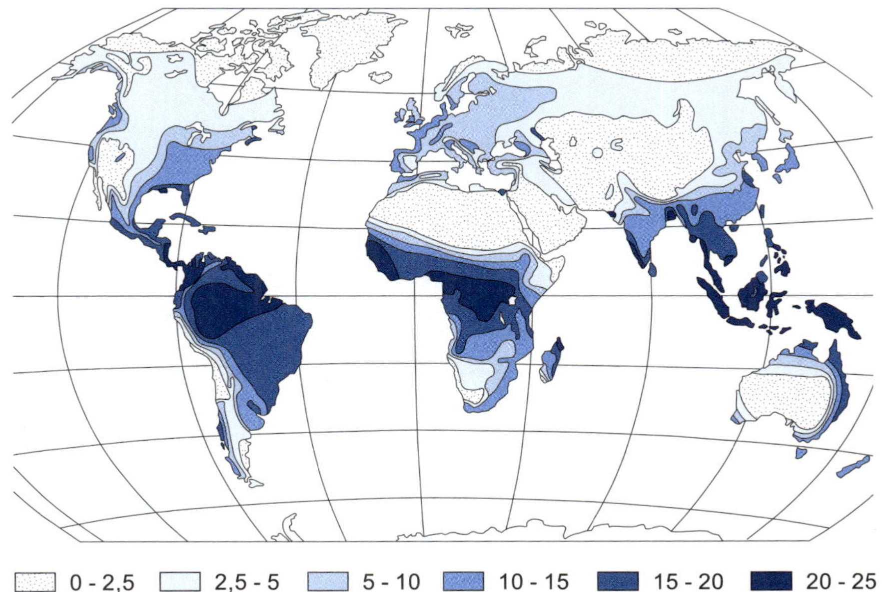

Abb. 5.6 *Jährliche Nettoprimärproduktion (in t ha⁻¹) auf der Erde (LIETH 1964).*

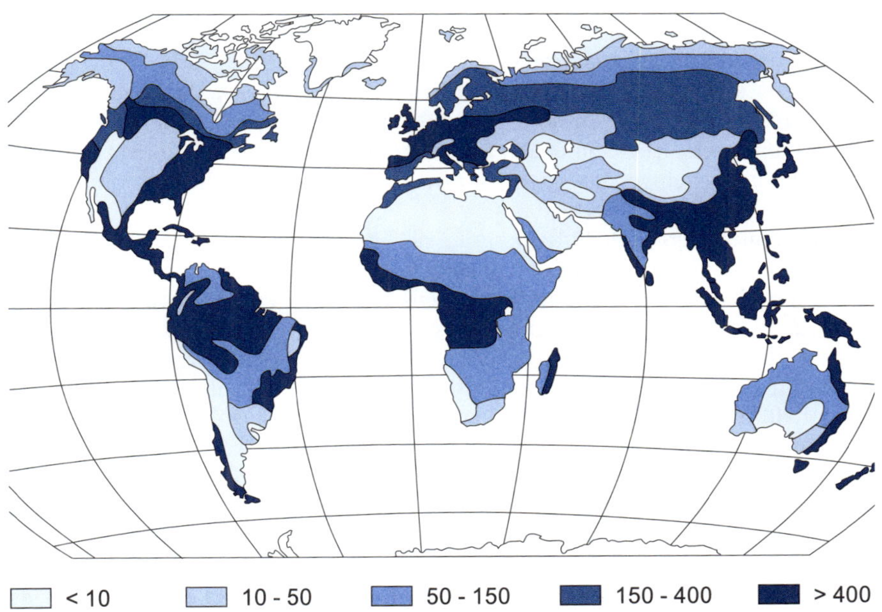

Abb. 5.7 *Verteilung der Phytomasse (oberirdische und unterirdische Pflanzenmasse in t Trockensubstanz pro ha) auf der Erde (BAZILEVICH u. RODIN 1971).*

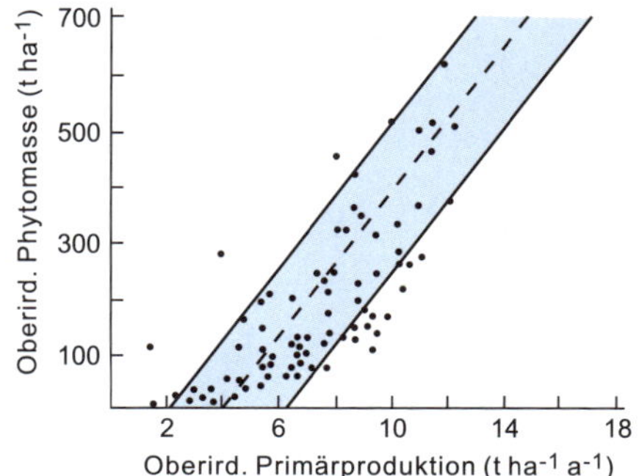

Abb. 5.8
Die Beziehung zwischen oberirdischer Phytomasse und oberirdischer Primärproduktion in Waldformationen (O'Neill u. De Angelis 1981).

In den sommergrünen Wäldern der Feuchten Mittelbreiten liegt dieser Index etwa bei 5 bis 6, in den Regenwäldern der Immerfeuchten Subtropen bei 7 bis 8 und in den Regenwäldern der Immerfeuchten Tropen bei 9 bis 10. Am kleinsten ist er in Trockengebieten: Er nimmt dort etwa in dem Maße ab, in dem die Wasserpotentiale der Böden sinken und der Dürrestress entsprechend steigt.

Die Bestandsproduktion wächst mit steigender Phytomasse und LAI verständlicher Weise nur solange, wie sich hierdurch die **Strahlungsabsorption** (Strahlungsinterzeption) von den grünen Pflanzen(-teilen) erhöht. Zu beachten ist ebenso, dass

- die Leistungsfähigkeit von Blättern zur C-Assimilation unterschiedlich ist, was die Vergleichbarkeit von Pflanzenbeständen/-formationen auf der Basis des LAI einschränkt,
- die Lebensdauer der Blätter für die Produktivität der Pflanzen bedeutsam ist: Ist sie kurz, handelt es sich also um wechselgrüne (sommer- oder regengrüne) Pflanzen, müssen zu jeder neuen (thermischen oder hygrischen) Gunstzeit mit relativ großem Aufwand neue Assimilationsorgane gebildet werden, die für den bleibenden Zuwachs „verlorene Kosten" darstellen. Ist sie dagegen mindestens ganzjährig, so stellt sich die Frage, ob die länger intakten Blätter vielleicht Strukturmerkmale in Anpassung an Ungunstzeiten aufweisen, deren Bildung einerseits mit einem relativ großen Aufwand verbunden ist, andererseits aber nur zu einer eingeschränkten Photosynthese (pro Blattfläche und Jahr) befähigt.

Für die Kosten-Nutzen-Verhältnisse können sich danach recht unterschiedliche Bewertungen ergeben. Doch scheinen die zahlenmäßig hohen Anteile von Immergrünen sowohl in den Trockengebieten und Tundren (mit jeweils kurzen Vegetationsperioden, in denen die Zeit für eine Blattbildung knapp bemessen ist) als auch in den immerfeuchten Tropen und Subtropen (mit jeweils ganzjährigen Vegetationsperioden) dafür zu sprechen dass sie dort mit ihrem mehrjährigen Hartlaub (bis zur Sklerophyllie) bzw. ihrer Meso-, Lauro- oder Malakophyllie (= weiches, ledriges bzw. großes Laub) gegenüber den Wechselgrünen überlegen sind. Jene scheinen hingegen dort im Vorteil zu sein, wo die Vegetationsperioden länger, aber nicht ganzjährig sind, also in den Sommerfeuchten Tropen und den Feuchten Mittelbreiten (Harrison et al 2010).

Primärproduktion in Abhängigkeit von Sonneneinstrahlung und Temperatur

Zu den Außenfaktoren (Habitatgegebenheiten), die die globalen Produktionsleistungen von Pflanzenbeständen in besonderem Maße beeinflussen, gehören während der jeweiligen Vegetationsperiode:

- Tageslängen und jährliche Dauer der Vegetationsperiode (in Monaten),
- Spektrale Verteilung der Sonneneinstrahlung (Anteil von sichtbarem Licht und hochenergetischer Strahlung),
- Lufttemperatur
- Wasserverfügbarkeit,
- Verfügbarkeit von mineralischen Nährstoffen,
- Inter- und Intraspezifische Konkurrenz
- Mechanische Einwirkungen, die beispielsweise durch Wind, Feuer, geomorphologische Vorgänge oder Tierfraß ausgelöst werden.

Die ersten vier dieser Standortbedingungen sind klimabestimmt, die fünfte ist klimabeeinflusst. Entsprechend ändert sich die Produktivität der Vegetation vorrangig mit der breitenzonalen Klimaabfolge. Am höchsten ist sie in den Immerfeuchten Tropen, wo ganzjährig hohe Temperaturen und Niederschläge bei intensiver Sonneneinstrahlung optimal zusammentreffen. (Fast) ähnlich hohe Werte finden sich in außertropischen Regenwäldern (der Immerfeuchten Subtropen und der Feuchten Mittelbreiten).

Die bei weitem wichtigste Energiequelle für die Primärproduktion, die Sonneneinstrahlung, steht weltweit in unterschiedlicher Höhe zur Verfügung (Abb. 2.1). Die Tab. 5.2 zeigt, welche Spannen für die einzelnen Ökozonen charakteristisch sind (vgl. auch Abb. 2.2). Es versteht sich dabei von selbst, dass die Vegetation grundsätzlich nur aus demjenigen Anteil des Strahlungsangebotes Nutzen ziehen kann, der während der (in der Regel thermisch oder hygrisch auf einen mehr oder weniger langen Jahresabschnitt limitierten) Vegetationsperiode am Boden auftrifft. Ausschließlich dieser Anteil bildet das **solare Wachstumspotential** für die (Primärproduktion der) Pflanzendecke (Tab. 5.2, erste und zweite Spalte).

Der hiervon tatsächlich zur Photosynthese genutzte Teil wird als der **Nutzeffekt der Stoffproduktion von Pflanzenbeständen** (Nutzungseffizienz, Strahlungsausnutzung oder Energieausbeute der Primärproduktion, *radiation use efficiency* [oder: *photosynthetic efficiency*] *of net primary production*) bezeichnet. In diesem Buch ist er als *Nettoprimärproduktion (genauer: deren Energiegewinn, -bindung) pro vegetationszeitlicher Globalstrahlung* definiert. Nach den bisher vorliegenden Messungen liegt dieser Wert im langjährigen Mittel von allen zonalen Pflanzenformationen bei etwa 0,5% (oder 1% der PHAR).[4] Damit – und in der Annahme, dass der mittlere Energiegehalt der pflanzlichen Trockensubstanz bei 18 kJ g^{-1} liegt – wurde für jede Ökozone größenordnungsmäßig die Primärproduktion berechnet (Tab. 5.2, dritte und vierte Spalte).

Allerdings bedarf diese Kalkulation für die warmen Klimazonen einer gewissen Korrektur. Denn sowohl die Temperaturabhängigkeit des pflanzlichen Gaswechsels (Abb. 5.5) als auch die Befunde zu den Produktionsraten von tropischen und subtropischen Regenwäldern machen es wahrscheinlich, dass die Energieausbeute äquatorwärts ansteigt[5], und zwar von etwa 0,4% in den höheren Breiten auf etwa 0,8% am Äquator. Unter Anwen-

[4] Gemeint sind die Ausnutzungsraten von zonalen Pflanzenformationen, die sich langfristig, also auch unter Berücksichtigung produktionsschwacher Altersstadien, als Mittel ergeben. Diese Energieausbeuten sind im übrigen so gering, dass hiervon keine nennenswerten Einflüsse auf die Energiebilanzen der Erdoberfläche ausgehen (vgl. Kasten 1).

[5] Möglicherweise ist für diesen Anstieg auch die relative Abnahme von Reflexionsverlusten (wegen geringerer Albedos bei steileren Einstrahlungswinkeln) bedeutsam.

dung dieses gleitenden Ausnutzungskoeffizienten errechnen sich die bereinigten Produktionswerte in der letzten Spalte der Tab. 5.2.

Wird die Nettoproduktion nicht auf die gesamte vegetationszeitliche Sonnenstrahlung bezogen, wie hier vorgenommen, sondern nur auf den davon photosynthetisch nutzbaren Anteil (knapp 50% der Strahlungseinträge von Spalte 1 und 2), definiert den Nutzeffekt der Nettoproduktion von Pflanzenbeständen also – wie das mancherseits

Tab. 5.2. Globalstrahlung und Primärproduktion in den einzelnen Ökozonen.

Ökozonen	Globalstrahlung während einer Vegetationsperiode[a]		Nettoprimärproduktion		
	10^8 kJ ha^{-1}	in % der Jahressummen	Energiefixierung[b] (10^8 kJ ha^{-1} a^{-1})	Trockengewicht[b] (t ha^{-1} a^{-1})	Trockengewicht[c] (t ha^{-1} a^{-1})
Polare/subpolare Zone	50–150[d]	20–50	0,25–0,75	1–4	1–4
Boreale Zone	150–300	50–75	0,75–1,50	4–8	4–8
Feuchte Mittelbreiten	300–400	75–80	1,50–2,00	8–11	8–13
Trockene Mittelbreiten	150–300[e]	25–50	0,75–1,50	4–8	4–10 (3–8)
Winterfeuchte Subtropen	200–300	30–55	1,00–1,50	5–8	6–10
Immerfeuchte Subtropen	500–600	100	2,50–3,00	14–17	19–23
Trop./subtropische Trockengebiete	200–350[f] 100–200[g]	25–50 15–30	1,00–1,75 0,50–1,00	5–10 3–5	7–14 (6–11) 4–6 (3–5)
Sommerfeuchte Tropen	350–550	50–85	1,75–2,75	10–15	14–21
Immerfeuchte Tropen	500–650	100	2,50–3,25	14–18	21–29

[a] Die jeweils aufgeführten Spannen geben die Grenzen an, zwischen denen die meisten Werte liegen.

[b] Annahmen: (a) Mittlerer Nutzeffekt der Stoffproduktion: 0,5 % der vegetationszeitlichen Globalstrahlung; (b) Energieäquivalent der produzierten Pflanzenmasse: 18 kJ g^{-1} TS_{ges} (Trockengewicht einschließlich mineralischer Bestandteile).

[c] Annahme: Nutzeffekte der Stoffproduktion steigen äquatorwärts von 0,4 auf 0,8 % (Erklärung siehe Text). Zahlen in Klammern: Korrekturen für verminderte Strahlungsabsorption in Trockengebieten, da Pflanzendecke nur lückenhaft. Die genannten Zahlenwerte für den Nutzeffekt verdoppeln sich auf 0,8% bzw. 1,6%, wenn man die Nettoprimärproduktion auf die photosynthetisch nutzbare Einstrahlung (knapp 50% der Globalstrahlungsbeträge von Spalte 1) bezieht. Tiefere Werte gelten für (kalte wie heiße) Trockengebiete.

[d] Tundren

[e] Grassteppen

[f] Tropische Dornsavannen

[g] Subtropische Steppen

geschieht – als **Energiebindung von Pflanzenbeständen in Prozent der vegetationszeitlich photosynthetisch nutzbaren Globalstrahlung** (PHAR, s. Kap. 2. Klima), so verdoppeln sich die genannten Zahlenwerte für die Nutzeffekte auf eine Spanne von 0,8% für Tundren bis 1,6% für tropische Regenwälder. An den aufgeführten Werten für Energiefixierung (Spalte 3) und Produktionsmengen (Spalte 5) ändert sich dadurch nichts.

Als Ergebnis bleibt ebenfalls bestehen, dass sich – wie auch die Weltkarten der Abb. 5.6 und 5.7 bestätigen – die einzelnen Ökozonen erheblich nach den Größen ihrer photosynthetischen Leistungsfähigkeit, ihren natürlichen Phytomassen sowie auch deren Produktionsraten unterscheiden. Mit einigem Recht kann man sie daher als Großräume der Erde bezeichnen, die durch eigenständige naturgegebene Produktionspotentiale sowohl für das natürliche als auch das agrare/forstliche Pflanzenwachstum gekennzeichnet sind.

Primärproduktion in Abhängigkeit von Wasser und Nährstoffen
Mit abnehmender Wasser- und Nährstoffverfügbarkeit kann es zu Produktionseinschränkungen für die Vegetation kommen. Bei welchen Feuchte- und Nährstoffgehalten und in welchem Maße dies eintritt, hängt von der Wasser- bzw. Nährstoffnutzungseffizienz der beteiligten Pflanzen ab, d.h. vom Verhältnis zwischen Produktion und Wasserverbrauch bzw. Produktion und Nährstoffbedarf aus dem Boden (= Nährstoffaufnahme).

Das Verhältnis zwischen Produktion und Wasserverbrauch einer *einzelnen Pflanze* kann durch den **Wassernutzungskoeffizienten** der Photosynthese (WUE, von engl. *water use efficiency*) in aufgebauter Masse Trockensubstanz (oder CO_2-Nettoaufnahme) pro Masse (oder Volumen) transpiriertes Wasser ausgedrückt werden. Gelegentlich wird auch der reziproke Quotient, also Wasserverbrauch (= Transpiration) in Litern pro 1 kg TS Produktion gebildet; man spricht dann von **Transpirationskoeffizient**.

Mit Bezug auf *Pflanzenbestände* wird die WUE der Primärproduktion durch das Verhältnis von (in der Regel nur oberirdischer) Produktion einer mit Vegetation bedeckten Fläche (in kg ha^{-1} oder g m^{-2}) zur tatsächlichen (= aktuellen) Evapotranspiration (ET_{akt}; in mm) dieser Fläche bestimmt (Abb. 5.9). Als Zeitraum wird meist die Vegetationsperiode oder das Jahr gewählt.

Anstelle der Evapotranspiration kann in Trockengebieten (unter der Annahme, dass dort alles Regenwasser an Ort und Stelle verdunstet, die Jahressummen von ET_{akt} und Niederschlag also in etwa gleich sind) auch ein Bezug zum Niederschlag hergestellt werden. In diesem Falle spricht man von **Regennutzungs-**

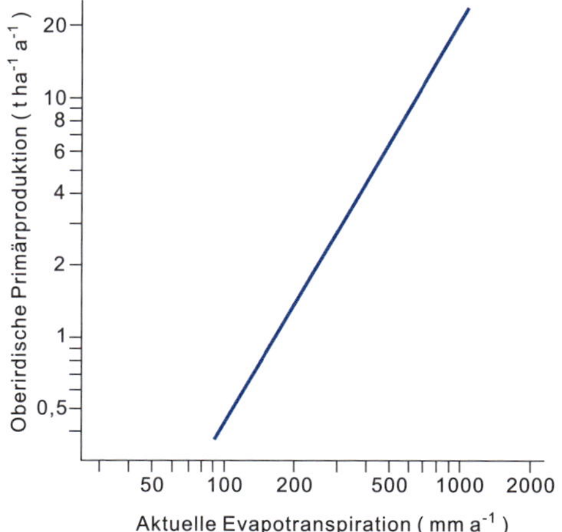

Abb. 5.9
Mittlere Korrelation zwischen oberirdischer Primärproduktion und Evapotranspiration; berechnet aus Einzelerhebungen in verschiedenen Pflanzenformationen der Erde (ROSENZWEIG 1968).

effizienz (RUE, von engl. *rain use efficiency*) oder *Regenfaktor* der Primärproduktion.

Die WUE wächst im Allgemeinen mit der Evapotranspiration (ET_{akt}). Nach dem Diagramm der Abb. 5.9 gelten ungefähr die folgenden Entsprechungen

- bei 100 mm ET_{akt}: 0,5 g TS m^{-2} pro Millimeter ET_{akt}
- bei 1000 mm ET_{akt}: 2,0 g TS m^{-2} pro Millimeter ET_{akt}

Dieser Anstieg hängt damit zusammen, dass sich die Vegetation mit zunehmender ET_{akt}, also besser werdender Wasserversorgung, dichter und höher entwickelt, so dass diejenigen Anteile der Verdunstung, die über Bodenevaporation für die Pflanzen ungenutzt verloren gehen, immer kleiner werden. Zur Korrelation zwischen PP_N und Niederschlägen, wie sie in verschiedenen zonalen Pflanzenformationen festgestellt worden sind, siehe Abb. 10.5, 13.12 und 14.10.

Das Verhältnis von Produktion zu Mineralstoffaufnahme aus dem Boden während einer bestimmten Zeitspanne (z.B. Jahr, Vegetationsperiode) wird als **Mineralstoff-Nutzungseffizienz** (NUE, von engl. *nutrient use efficiency*) bezeichnet und gewöhnlich in kg TS PP_N pro 1 kg Mineralstoffaufnahme ausgedrückt.

Die NUE ist bei Kräutern und Blättern, also kurzlebigen Pflanzen (-teilen), die rasch umgesetzt werden (und damit kurze Mineralstoffkreisläufe haben), durchweg geringer als bei längerlebigen holzigen Pflanzen(-teilen); und generell geringer ist sie dort, wo der Versorgungszustand der Böden mit Mineralstoffen besser ist, höhere ‚Produktionskosten' daher eher zu verkraften sind. Aus diesen Zusammenhängen lassen sich z.B. folgende Reihen für die NUE ableiten: Grassavanne < Waldsavanne < Tropischer Regenwald; Dry Eutrophic Savannas < Moist Dystrophic Savannas; Laub von wechselgrünen Bäumen < Laub von immergrünen Laubbäumen < Nadeln von Koniferen (siehe auch Seite 217f.).

Die NUE lässt sich auch für *einzelne* Nährstoffe berechnen, also z.B. als *Stickstoff-Nutzungseffizienz*.

Die größte Bedeutung kommt der NUE in ganzjährig humiden Regionen zu. Überall dort, wo das Wasserangebot wenigstens vorübergehend ins Minimum gerät, spielt dagegen die WUE eine größere Rolle für die Produktionsleistungen der Vegetation.

5.5 Tierfraß und Sekundärproduktion

Tiere sind **heterotrophe Lebewesen** (oder kurz *Heterotrophe*), die sich direkt oder indirekt von den organischen Produkten der Primärproduzenten ernähren (daher auch die Namen *Verbraucher* oder *Konsumenten*). Entsprechend werden ihre Produktionen als sekundär eingestuft und sie selbst als **Sekundärproduzenten** bezeichnet. Nach ihrer Ernährungsbasis sind dies entweder

- **Herbivore** (Pflanzenfresser, Phytophagen, Primärkonsumenten),
- **Carnivore** (Fleischfresser, ‚Räuber', Zoophagen, Sekundärkonsumenten),
- **Omnivore** (Allesfressr) oder
- **Detrivore** (Abfallfresser, Saprovore, Saprophage).

Von diesen vier Gruppen können die ersten drei zu den **Biophagen** (Lebendfressern) zusammengefasst werden. Sie bilden die *Konsumenten* im eigentlichen Sinne. Die übrigen, auch als **Totsubstanzfresser** bezeichneten Heterotrophen werden in ökologischen Erhebungen meist – zusammen mit den saprobiontischen Pflanzen (Bakterien, Pilze) – zur Gruppe der **Zersetzer** (siehe Kap. 5.6) gezählt, jedenfalls soweit sie zur Mikro- oder Mesofauna des Bodens (bis etwa 2 mm Körpergröße) gehören (Abb. 5.10).

Die **quantitative Bedeutung von Konsumenten** (Biophagen) ist in den meisten Ökosystemen gering. Meist werden nur wenige Prozent (höchstens 10 bis 20%; Remmert 1992) der oberirdischen Phytomasse von Herbivoren gefressen, d.h. der allergrößte Teil der Primärproduktion geht an den Primärkonsumenten vorbei direkt zu den Saprophagen. Einen relativ großen Anteil am Gesamtumsatz haben die Herbivoren in wildreichen Steppen und Savannen, den kleinsten in oligotrophen Mooren der Borealen Zone (siehe Kap 8.5.2).

Der **Stoff- und Energiefluss durch den tierischen Organismus** (oder auch eine Population) lässt sich in eine Reihe von Teilumsätzen gliedern (Kasten 4). Er beginnt mit der *Nahrungsaufnahme* (Konsum, Konsumtion), die einen mehr oder weniger großen Teil

4

Stoff- und Energieflüsse durch einen tierischen Organismus (oder eine Population; nach RICKLEFS 1990) und Berechnung von ökologischen Wirkungsgraden

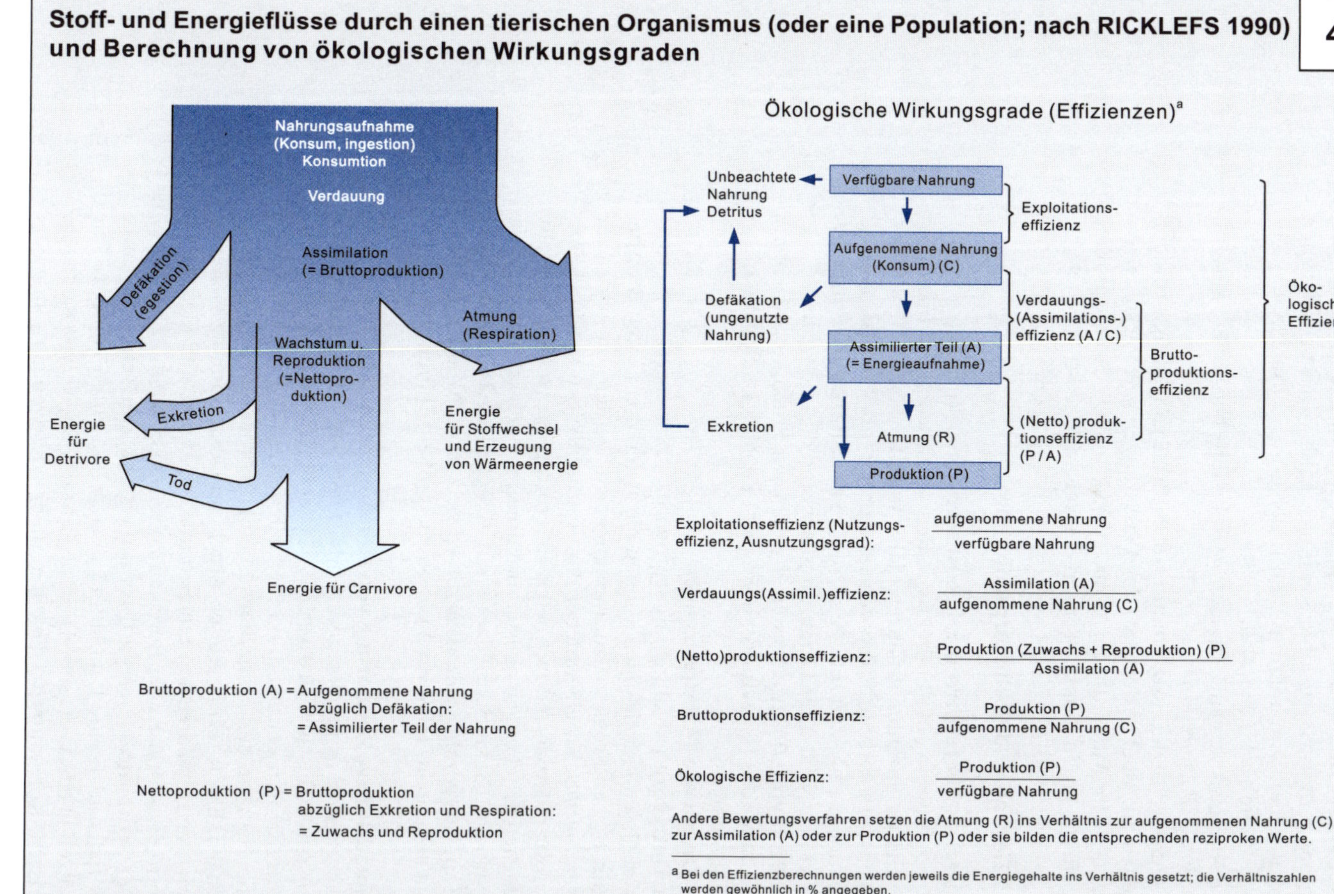

Bruttoproduktion (A) = Aufgenommene Nahrung abzüglich Defäkation:
= Assimilierter Teil der Nahrung

Nettoproduktion (P) = Bruttoproduktion abzüglich Exkretion und Respiration:
= Zuwachs und Reproduktion

Exploitationseffizienz (Nutzungseffizienz, Ausnutzungsgrad): $\frac{\text{aufgenommene Nahrung}}{\text{verfügbare Nahrung}}$

Verdauungs(Assimil.)effizienz: $\frac{\text{Assimilation (A)}}{\text{aufgenommene Nahrung (C)}}$

(Netto)produktionseffizienz: $\frac{\text{Produktion (Zuwachs + Reproduktion) (P)}}{\text{Assimilation (A)}}$

Bruttoproduktionseffizienz: $\frac{\text{Produktion (P)}}{\text{aufgenommene Nahrung (C)}}$

Ökologische Effizienz: $\frac{\text{Produktion (P)}}{\text{verfügbare Nahrung}}$

Andere Bewertungsverfahren setzen die Atmung (R) ins Verhältnis zur aufgenommenen Nahrung (C), zur Assimilation (A) oder zur Produktion (P) oder sie bilden die entsprechenden reziproken Werte.

[a] Bei den Effizienzberechnungen werden jeweils die Energiegehalte ins Verhältnis gesetzt; die Verhältniszahlen werden gewöhnlich in % angegeben.

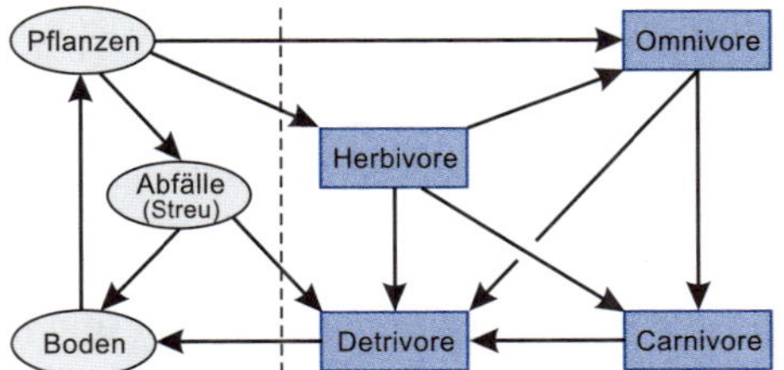

Abb. 5.10
Die vier ökologischen Hauptgruppen der heterotrophen Organismen (blaue Felder). Die Pfeile stehen für Weitergabe (im heterotrophen Bereich: durch Fraß) von organischen Stoffen.

der *verfügbaren Nahrung* erfasst (übriger Teil: *unbeachtete Nahrung*). Bei den *Verdauungsvorgängen* wird ein Teil der aufgenommenen Nahrung unmittelbar zurückgewiesen und als *Faeces* (Kot) ausgeschieden (Defäkation) (= *ungenutzte Nahrung*). Der verbleibende, assimilierte Teil bildet die *Bruttoproduktion,* d.h. die Summe der Stoffe und Energien, die dem Tier für Wachstum/Fortpflanzung (= *Nettoproduktion*) und Respiration zur Verfügung steht.

Die Umsätze laufen bei den einzelnen Tierarten und Tiergruppen mit unterschiedlicher Geschwindigkeit (Umsatzrate) und Effizienz ab. Zur Berechnung der **Effizienz des tierischen Konsums** werden jeweils die *Energiegehalte einzelner Teilumsätze* miteinander ins Verhältnis gesetzt (vgl. z.B. Tab. 14.2).

Warmblütige Tiere assimilieren häufig 80 bis 90% der aufgenommenen Energie, viele **wechselwarme** hingegen nur 20 bis 40%, soweit sie zu den Pflanzenfressern gehören. Andererseits wird bei den Ersteren viel Energie für die Aufrechterhaltung der Körpertemperatur gebraucht. Entsprechend ist bei ihnen derjenige Teil der assimilierten Stoffe, der in die Produktion geht (Nettoproduktionseffizienz) ungleich kleiner als bei den wechselwarmen Tieren. Als Faustregel gilt, dass im Schnitt etwa 10% der von den Konsumenten verzehrten Nahrung in die (Sekundär)Produktion gehen.

5.6 Bestandsabfälle und Zersetzung

Als Ergebnis des oberirdischen Bestandsabfalles (Laub und Achsen) entsteht zunächst eine **Streulage** am Boden. In einem Ökosystem pendelt sich deren Mächtigkeit – sofern Herbivorie, Abbauprozesse in der Standing Dead und Feuer unbedeutend sind – um einen Mittelwert ein, dessen Höhe durch *Streuzufuhr* und *Streuzersetzung* bestimmt wird. Beide Vorgänge differieren ökozonal beträchtlich, entsprechend unterscheiden sich die jeweiligen *Streuvorräte.*

Die **Zersetzung** von Streu und unterirdischen Bestandsabfällen[6] umfasst Vorgänge der mechanischen Zerkleinerung, des chemischen

[6] Zu beachten ist, dass in manchen ökologischen Schriften auch die *unterirdischen* Abfälle und damit die gesamten Bestandsabfälle oder Detritus, zur Streu bzw. Streuanlieferung gerechnet werden. Streuzersetzung ist dann identisch mit Detritus-Zersetzung.

Abbaus (Dissimilation) und der Einarbeitung in den mineralischen Boden. Bei allen drei Vorgängen wirkt die Bodenfauna, bei der chemischen Aufbereitung auch die Bodenflora, maßgeblich mit. Die beteiligten Organismen werden in ihrer Gesamtheit oder entsprechend ihrer besonderen Tätigkeit als Destruenten, Zersetzer, Detrivore, Saprovore, Saprophage (pflanzliche S.: Saprophyten), Reduzenten oder auch Mineralisierer bezeichnet. Viele von ihnen sind mikroskopisch klein (= mikrobielle Zersetzer: Algen, Pilze, Actinomyceten, Bakterien sowie zahlreiche tierische Organismen).

Die **Geschwindigkeit der Zersetzung** hängt von der Zusammensetzung des Detritus (nach Größe [z.B. Grob- und Feinstreu] und chemisch-biologischer Zersetzbarkeit) sowie den klimatischen und edaphischen Bedingungen ab. Sie ist geringer, wenn grobe und holzige Bestandteile (mit hohen Lignin-Gehalten) überwiegen, die Substanzen Cutin, Gerbstoffe und Wachse höhere Anteile haben, die Mineralgehalte niedrig sind (z.B. ungünstige C/N- oder C/P-Verhältnisse[7]) und Trockenheit, Kälte, Staunässe oder Bodenacidität die Abbauprozesse behindern. Hemmnisse dieser Art treten besonders stark in den trockenen und kalten Erdregionen auf. Dort sind die Zersetzungsraten demzufolge am niedrigsten. Sie erhöhen sich – unter sonst gleichen Umständen – mit der Dauer humider Bedingungen und dem Anstieg der Temperaturen. Dementsprechend sind sie in tropischen Regenwaldökosystemen am höchsten (vgl. hierzu Abb. 4.2).

Tab. 5.3. Die Zersetzungsgeschwindigkeit von Laub- bzw. Nadelstreu in verschiedenen Ökozonen (Swift 1979).

Ökozonen	Zersetzungsrate (k)	Zersetzungsdauer (3/k)
	$\frac{\text{jährl. Streuanfall}}{\text{Streuvorrat}}$	Jahre bis zu 95 %iger[a] Zersetzung
Polare/subpolare Zone: Tundra	0,03	100
Boreale Zone	0,21	14
Feuchte Mittelbreiten	0,77	4
Trockene Mittelbreiten: Grassteppe	1,5	2
Sommerfeuchte Tropen	3,2	1
Immerfeuchte Tropen	6,0	0,5

[a] vgl. Olson 1963

[7] Verhältnis zwischen den Gehalten von Kohlenstoff und Stickstoff bzw. Kohlenstoff und Phosphor. Das für den mikrobiellen Abbau günstigste C/N-Verhältnis liegt zwischen 10 : 1 und 30 : 1 (z.B. Laubstreu); Holz hat etwa 100 : 1 (Larcher 2001).

Die **jährliche Zersetzungsrate k** lässt sich über das Verhältnis zwischen den jährlich anfallenden Abfällen und dem mittleren Vorrat an Abfallmasse berechnen (Tab. 5.3). Für Beispiele zu Streufall und Streuvorräten in einzelnen zonalen Pflanzenformationen siehe SCHULTZ (2000a, Seite 106).

5.7 Mineralstoffumsätze

Pflanzen benötigen für ihre sekundäre Stoffproduktion[8] mehrere *mineralische* (= aus dem Boden stammende) *Nährelemente*. Als *Makroelemente* (mit jeweils etwa 0,2 bis 2% TS-Anteilen) sind dies Stickstoff, Kalium, Calcium, Magnesium, Phosphor und Schwefel, als *Mikro-* oder *Spurenelemente* (mit jeweils meist < 0,02% TS-Anteilen) Bor, Molybdän, Chlor, Eisen, Mangan, Zink und Kupfer. Manche Pflanzensippen haben darüber hinausgehende Ansprüche, z.B. an Silicium und Natrium.

Der pflanzliche **Mineralstoffbedarf**, nach Gesamtmenge und Zusammensetzung, ergibt sich aus der Höhe der PP_N und den mineralischen Bestandteilen der jeweils produzierten organischen Substanzen, also der jeweiligen **Mineralstoffinkorporation** (M_{PHYT}) (siehe Kasten 5). Letztere ist nicht nur artspezifisch verschieden, sondern variiert auch bei den einzelnen Organen derselben Pflanze. So haben die *Blätter und Nadeln* von Bäumen mehrfach höhere Mineralstoffgehalte als deren Achsen und Wurzeln.

Die **Mineralstoffaufnahme** (M_{BO}) erfolgt (bei den meisten Höheren Pflanzen) zusammen mit dem Wasser über die Pflanzenwurzeln. Sie ist damit an die Transpiration der Sprosse geknüpft. Wird diese gedrosselt, wie beispielsweise bei Dürrestress durch Schließen der Spaltöffnungen, so verringert sich auch die Mineralstoffaufnahme (siehe Kap. 10.5.2 und Kap. 13.5.2).

Die Aufnahme kann den Bedarf für die PP_N über- oder auch unterschreiten. Der erstere Fall tritt dann ein, wenn ein Teil der Nährstoffe

- an der Sprossoberfläche in mineralischer Form über *Rekretion* (M_R) wieder abgegeben (ausgewaschen) wird (*Kronenauswaschung, foliage leaching*) und dann bei Regenfällen über das *Tropfwasser* und – bei Bäumen – den *Stammabfluss* an den Boden zurückgeht oder aber
- im Laufe der Vegetationsperiode im Zellsaft der Blätter angereichert wird, ohne dass damit Wachstumsvorgänge verbunden sind.

Der letztere Fall ergibt sich, wenn ein Teil der in der organischen Substanz von Blättern bzw. Nadeln inkorporierten Mineralstoffe vor deren Abfallen (bei Stauden: Absterben der oberirdischen Sprossteile) im Herbst oder zu Beginn der Trockenzeit in die bleibenden Spross-

[8] Synthese von diversen Pflanzenstoffen, die an die photochemischen Prozesse anschließen.

Zu Kasten 5:
Der Mineralstoffbedarf für die Primärproduktion wird in den meisten Fällen auf zwei Wegen gedeckt, nämlich durch Aufnahme aus dem Boden (M_{BO}) und durch Rückführung (Resorption, Retranslokation, *internal recycling*) aus den Blättern vor deren Abwurf ($M_{\Delta BL}$). Die Freisetzung der über Streufall, Tierleichen und absterbende Wurzeln etc. in organisch gebundener Form auf oder in den Boden gelangenden Mineralstoffe (M_{VA}) erfolgt über biologisch-chemische Zersetzungsvorgänge. Die Zeitspanne bis zur Mineralisierung kann weniger als 1 Jahr, aber auch mehrere Jahrhunderte umfassen. Die über Kronenauswaschung rückgeführten (M_R) sowie die über Niederschläge von außen zugeführten Mineralstoffe stehen dem Wald hingegen unmittelbar wieder zur Verfügung. Gleiches gilt für die Mineralstoffe des pflanzeninternen Recycling. Man kann daher zwischen mittel- bis langfristigem (indirektem) Recycling (M_{VA}+M_{VC}) und kurzfristigem (direktem) Recycling (M_R+$M_{\Delta BL}$) unterscheiden. Das Erstere kann allerdings durch Feuer (M_{VF}) erheblich verkürzt werden.

Mineralstoffbilanzen von Pflanzenbeständen und Ökosystemen werden gewöhnlich in Kilogramm pro Hektar und Jahr aufgestellt. Unter der Annahme, dass die Mineralstoffrückführung im Wesentlichen über die ober- und unterirdischen Abfälle (M_{VA}) erfolgt (vgl. Ökologische Produktionsgleichung in Kap. 5.4.2), gelten die folgenden (vereinfachten) Entsprechungen:

Mineralstoffaufnahme	$M_{BO} = M_{PHYT} + M_R$	Umsatzfaktor	$k_M = \frac{M_{VA} + M_R}{M_{BO}}$
Mineralstoffinkorporation	$M_{PHYT} = M_{\Delta B} + M_{VA}$	Mineralstoff-Nutzungseffizienz	$\frac{\Delta B + V_A}{M_{BO}}$
(Δ B=Biomassezunahme)			

teile *retransloziert* (resorbiert) und damit für die PP_N (des nächsten Jahres, der nächsten Vegetationsperiode) wieder verfügbar wird. Die Menge der resorbierten Nährstoffe lässt sich über die Mineralstoffdifferenz von reifen und alten (oder gerade abgeworfenen) Blättern ($M_{\Delta BL}$) bestimmen, wobei aber die Auswaschungsverluste (M_R) vorher abzuziehen sind (Kasten 5).

Der Vorgang der *Mineralstoffretranslokation(-resorption)* findet sich insbesondere bei N und K (vgl. Abb. 13.6).

Die **Mineralstoffrückführung** in/auf den Boden erfolgt zum einen in *mineralischer* Form über die genannte *Kronenauswaschung* (M_R) oder *Feuer* (M_{VF}), zum anderen in *organischer* Einbindung über *Streufall* ($M_{VA\ oberird}$), *unterirdische Abfälle* ($M_{VA\ unterird}$) und *Tierfraß* (M_{VC}).

Die **Mineralstofffreisetzung** aus den organischen Abfällen geschieht dann im Wesentlichen durch Pilze, Actinomyceten und Bakterien. Die Zeitspannen (Festlegungsfristen, *residence times*), die dafür gebraucht werden, können sehr unterschiedlich sein. Sie hängen sowohl davon ab, wie fest die Mineralstoffe in die organische Substanz eingebunden sind, als auch von der Geschwindigkeit, in der diese Substanzen zersetzt werden (siehe Kap. 5.6). Im Allgemeinen wird Kalium schneller freigesetzt als beispielsweise Stickstoff und Phosphor. Die beiden Letzteren geraten daher, insbesondere unter den Bedingungen niedriger Mineralisierungsraten, eher ins Minimum und wirken dann limitierend auf das Pflanzenwachstum.

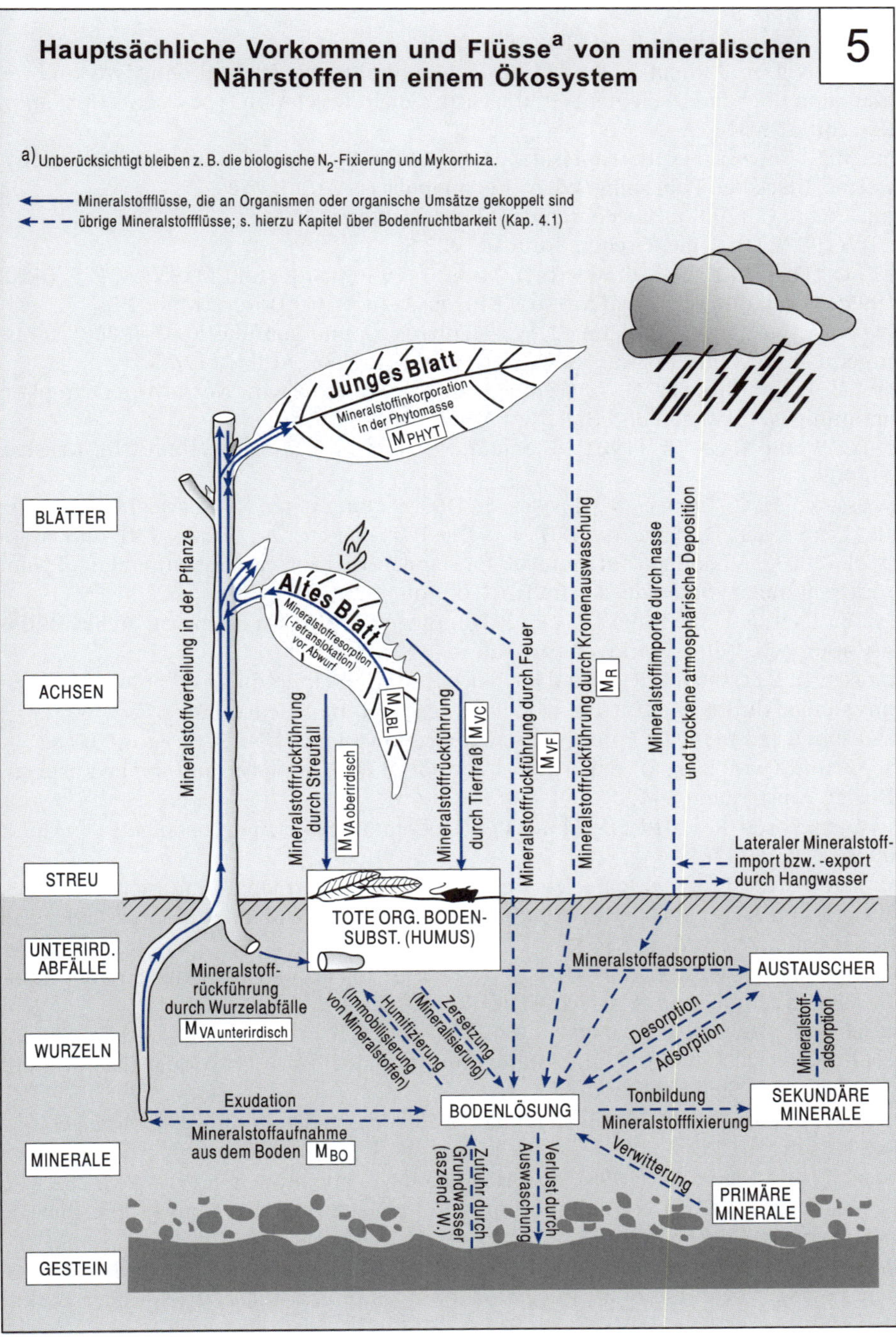

5
Hauptsächliche Vorkommen und Flüsse[a] von mineralischen Nährstoffen in einem Ökosystem
a) Unberücksichtigt bleiben z. B. die biologische N_2-Fixierung und Mykorrhiza.
Mineralstoffflüsse, die an Organismen oder organische Umsätze gekoppelt sind
übrige Mineralstoffflüsse; s. hierzu Kapitel über Bodenfruchtbarkeit (Kap. 4.1)
Junges Blatt
Mineralstoffinkorporation in der Phytomasse
M_{PHYT}
Altes Blatt
Mineralstoffresorption (-retranslokation) vor Abwurf
$M_{\Delta BL}$
BLÄTTER
ACHSEN
STREU
UNTERIRD. ABFÄLLE
WURZELN
MINERALE
GESTEIN
Mineralstoffverteilung in der Pflanze
Mineralstoffrückführung durch Streufall
$M_{VA\,oberirdisch}$
Mineralstoffrückführung durch Tierfraß M_{VC}
Mineralstoffrückführung durch Feuer M_{VF}
Mineralstoffrückführung durch Kronenauswaschung M_R
Mineralstoffimporte durch nasse und trockene atmosphärische Deposition
Lateraler Mineralstoff-import bzw. -export durch Hangwasser
TOTE ORG. BODEN-SUBST. (HUMUS)
Mineralstoff-rückführung durch Wurzelabfälle
$M_{VA\,unterirdisch}$
Humifizierung (Immobilisierung von Mineralstoffen)
Zersetzung (Mineralisierung)
Mineralstoffadsorption
AUSTAUSCHER
Desorption
Adsorption
Mineralstoff-adsorption
Exudation
BODENLÖSUNG
Mineralstoffaufnahme aus dem Boden M_{BO}
Tonbildung
Mineralstofffixierung
SEKUNDÄRE MINERALE
Verwitterung
PRIMÄRE MINERALE
Zufuhr durch Grundwasser (aszend. W.)
Verlust durch Auswaschung

Literatur zu Kap. 5

Archibold (1995), *s.* Lit. zu Kap. Allg. Teil

Bazilevich, N. I. und Rodin, L. Y. (1971): Geographical regularity in productivity and the circulation of chemical elements in the earth's main vegetation types. *Soviet Geography,* New York, 24–53.

Begon, M.E., Townsend, C.R. und Harper, J. L. (2005): Ecology – From individuals to ecosystems. Blackwell Publishing/Wiley, Indianapolis (4. Aufl.), 752 S.

Beierkuhnlein, C. (2007): Biogeographie. Ulmer, Stuttgart, 397 S.

Bick, H. (1989): Ökologie. Fischer, Stuttgart, 327 S.

Box, E. O., Peet, R. K., Masuzawa, T., Yamada, I, Fujiwara, K. und Maycock, P. F. (eds.) (1995): Vegetation science in forestry. Kluwer Acad. Publ., Dordrecht, 663 S.

Bresinsky, A., Körner, C., Kadereit, J. W., Neuhaus, G. und Sonnewald, U. (2008): Strasburger. Lehrbuch der Botanik. Spektrum, Heidelberg (36. Aufl.), 1176 S.

Chabot, B. F. und Mooney, H. A. (1985): Physiological ecology of North American plant communities. Chapman and Hall, New York. 351 S.

Cole, D. W. und Rapp, M. (1981): Elemental cycling in forest ecosystems. In: Reichle, 341–409.

Cornelissen, J. H. C., Lavorel. S., Garnier, E., Diaz, S., Buchmann, N., Gurvich, D. E., Reich; P. B., Ter Steege , H., Morgan, H. D., Van Der Hejden, M. G. A., Pausas, J. G. und Poorter, H. (2003): A handbook of protocols for standardized and easy measurement of plant functional traits worldwide. Australian J. of Botany 51, 335–380.

Cox, C. B., Ladl, R.J. and Moore, P. D. (2016): Biogeography. An ecological and evolutionary approach. Wiley-Blackwell (9. Aufl), 448 S.

De Angelis, D. L., Gardner, R. H. und Shugart, H. H. (1981): Productivity of forest ecosystems studied during the IBP: the woodlands data set. In: Reichle, 567–672.

Duvigneaud, P. (ed.) (1971): Productivity of forest ecosystems. UNESCO, Paris, 707 S.

Esser, G. und Overdieck, D. (eds.) (1991): Modern ecology: basic and applied aspects. Elsevier, Amsterdam, 844 S.

Frey, W. und Lösch, R. (2014): Lehrbuch der Geobotanik. Spektrum, Heidelberg (3. Aufl.), 600 S.

Glawion, R. (2012): Biogeographie. Das Geogr. Sem. 18, Westermann, Braunschweig, 400 S.

Griffiths, H. und Jarvis, P. G. (eds.) (2005): The carbon balance of forest biomes. Taylor and Francis Group, New York, 356 S.

Gurewitch, J., Schreiner, S. M.und Fox, G. A. (2006): The ecology of plants. Sinauer Associates Publ., Sunderland, Massachusetts, (2. Aufl), 518 S.

Harrison, S. P., Prentice, I. C., Barboni, D., Kohlfeld, K. E., Ni, J. und Sutra, J. P. (2010): Ecophysiological and bioclimatic foundations for global plant functional classification. J. of Vegetation Sience 21, 300–317.

Härdtle, W., Ewald, J. und Nölzel, N. (2004): Wälder des Tieflandes und der Mittelgebirge. Ulmer, Stuttgart, 252 S.

Heinrich, D. und Hergt, M. (1998): dtv-Atlas Ökologie. dtv, München (5. Aufl.), 288 S.

Holdridge, L. R. (1947): Determination of world plant formations from simple climatic data. *Science* 105, 367–368.

Johnson, D. W. und Lindberg, S. E. (eds.) (1992): Atmospheric deposition and forest nutrient cycling; a synthesis of the integrated forest study. *Ecol. Studies* 91. Springer, Berlin, 707 S.

KEDDY, P. A. (2007): Plants and Vegetation. Cambridge Univ. Press, New York, 683 S.

KIRA, T. und SHIDEI, T. (1967): Primary production and turnover of organic matter in different ecosystems of the Western Pacific. *Jap. J. Ecol.* 17, 70–87.

KLINK, H.-J. und GLAWION, R. (1998): Vegetationsgeographie. *Das Geographische Seminar.* Westermann, Braunschweig (3. Aufl.), 278 S.

KNAPP, R., Pflanzengesellschsften und Vegetationseinheiten von Cylon und Teilen von Ost- und Centralafrika, Geobot. Mitt. (Giessen) 33:1–31. (1965)

KNAPP, R., Die Vegetation von Afrika: Unter Berücksichtigung von Umwelt, Entwicklung, Wirtschaft, Agrar- und Forstgeographie (1973), 626 Seiten, Fischer

KRATOCHWIL, A. und SCHWABE, A. (2001): Ökologie der Lebensgemeinschaften. Ulmer, Stuttgart, 756 S.

KUTTLER, W. (ed.) (1995): Handbuch zur Ökologie. Analytica, Berlin (2. Aufl.), 524 S.

LARCHER, W. (1994, 2001): Ökophysiologie der Pflanzen (früher ‚Ökologie der Pflanzen', 1984). Ulmer, Stuttgart (6. Aufl.), 408 S.

LIETH, H. (1964): Versuch einer kartographischen Darstellung der Produktivität der Pflanzendecke auf der Erde. *Geogr. Taschenbuch 1964/65.* Steiner, Wiesbaden, 72–80.

– und WHITTAKER, R. H. (eds.) (1975): Primary productivity of the biosphere. *Ecol. Studies* 14. Springer, Berlin, 339 S.

LONG, S. P., JONES, M. B. und ROBERTS, M. J. (eds.) (1992): Primary productivity of grass ecosystems of the tropics and subtropics. Chapman and Hall, London, 267 S.

MARTIN, K. (2007): Ökologie der Biozönosen. Springer, Heidelberg. 325 S.

O'NEILL, R. V. und DE ANGELIS, D. L. (1981): Comparative productivity and biomass relations of forest ecosystems. In: REICHLE, 411–450.

PFADENHAUER, J. S. UND KLÖTZLI, F. A. (2014): Vegetation der Erde. Springer Spektrum, Berlin Heidelberg, 643 S.

POLUNIN, N. (ed.) (1986): Ecosystem theory and application. John Wiley and Sons, Chichester, 445 S.

POMEROY, L. R. und ALBERTS, J. J. (eds.) (1988): Concepts of ecosystem ecology. *Ecol. Studies* 67. Springer, Berlin, 384 S.

POTT, R. und HÜPPE, J. (2007): Spezielle Geobotanik. Pflanzen-Klima-Boden. Springer, Berlin, 330 S.

PRENTICE, I. C., BONDEAU, A., CRAMER, W. et al. (2007): Dynamic global vegetation modelling: qunatifying terrestrial ecosysteme responses to large-scale environmental change. In J. Canadell, L. Pitelka & D. Pataki (eds), Terrestrial ecosystemes in a changing world. Springer, Berlin pp 175–192.

REICHLE, D. E. (ed.) (1981): Dynamic properties of forest ecosystems. *Intern. Biol. Progr.* 23. Cambridge Univ. Press, Cambridge, 683 S.

REMMERT, H. (ed.) (1991): The mosaic-cycle concept of ecosystems. *Ecol. Studies* 85. Springer, Berlin, 363 S.

– (1992): Ökologie. Springer, Berlin (5. Aufl.), 363 S.

RICHTER, M. (1997): Allgemeine Pflanzengeographie. Teubner, Stuttgart, 256 S.

– (2001), siehe Literatur „Allgemeiner Teil"

RICKLEFS, R. E. (1990): Ecology. Freeman and Company, New York (3. Aufl.), 896 S.

ROSENZWEIG, M. L. (1968): Net primary productivity of terrestrial communities: prediction from climatological data. *Am. Naturalist* 102, 67–74.

Roy, J., Saugier, B. und Mooney, H. A. (eds.) (2001): Terrestrial global productivity. Academic Press, San Diego, 573 S.

Ruiter, P. de, Wolters, V. und Moore, J. (2006): Dynamic food webs. Elsevier, Amsterdam, 608 S.

Schäfer, M. (2003): Wörterbuch der Ökologie. Spektrum, Heidelberg (4. Aufl.), 452 S.

Schmithüsen, J. (1968): Allgemeine Vegetationsgeographie. De Gruyter, Berlin (3. Aufl.), 463 S.

Schroeder, F.-G. (1998): Lehrbuch der Pflanzengeographie. Quelle und Meyer, Wiesbaden, 459 S.

Schubert, R. (1991): Lehrbuch der Ökologie. Fischer, Jena (3. Aufl.), 657 S.

Schultz (2000a), siehe Literatur „Allgemeiner Teil“

Schulze, E.-D. (ed.) (2000): *s.* Lit. zu Kap. 9.

Schulze, E.-D., Beck, E. und Müller-Hohenstein, K. (2005): Pflanzenökologie. Spektrum, Heidelberg, 846 S. (Schulze E-D, Beck E, Müller-Hohenstein K. (2006) Plant Ecology. Springer Verlag, Heidelberg, Germany)

Sitte, P. et al. (eds.) (1991, 1998, 2002): Lehrbuch der Botanik. Spektrum, Heidelberg (33., 34. bzw. 35. Aufl.), zuletzt 1124 S.

Steinhardt, U., Blumenstein, O., Barsch, H. (2005): Lehrbuch der Landschaftsökologie. Spektrum, Heidelberg, 294 S.

Swift, M. J. (1979): Decomposition in terrestrial ecosystems. Blackwell, Oxford, 372 S.

Tischler, W. (1990): Ökologie der Lebensräume. Fischer, Stuttgart, 356 S.

– (1993): Einführung in die Ökologie. Fischer, Stuttgart (4. Aufl.), 528 S.

Townsend, C. R., Harper, J. L. und Begon, M. E. (2005): Ökologie. Springer, Berlin (2. Aufl.), 647 S.

Ustin, S. L. und Gamon, J. A. (2010): Remote sensing of plant functional types. New Phytologist 186, 795–816.

Walter und Breckle (1983–1994), *s.* Lit. zu Kap. Allg. Teil.

– (1999), *s.* Lit. zu Kap. Allg. Teil.

Waring, R. (2007): Forest ecosystems. Elsevier, Amsterdam, 440 S.

Whittaker, R. H. und Likens, G. E. (1975): The biosphere and man. In: Lieth und Whittaker, 305–328.

6 Landnutzung

Die Landnutzung durch den Menschen hat zu einer **weitreichenden Umgestaltung der Naturlandschaften** geführt (Abb. 6.1).

Damit wird aber die ökozonale Differenzierung nicht aufgehoben, vielmehr lediglich in einigen ihrer ursprünglich charakteristischen Merkmale verändert. Zwar beruhen die Formen der jeweils praktizierten agraren oder forstlichen Landnutzung auf menschlichen Entscheidungen, die nicht selten weit in die Geschichte und damit andere Lebensumstände zurückreichen. Doch erfolgten diese Entscheidungen gewöhnlich in enger Abstimmung mit den naturgegebenen Möglichkeiten und blieben ihnen auch angepasst, als technische Fortschritte Wege zu neuartigen Nutzungssystemen öffneten oder sogar erzwangen. Das hat letztlich dazu geführt, dass die vormalige Vegetation durch eine ebenfalls naturangepasste Agrarlandschaft ersetzt worden ist, die (fast) ebenso wie die Erstere die ökozonale Differenzierung (und deren Unterteilungen – vgl. z.B. JÄTZOLD 1984)

Abb. 6.1
Naturbelassene Erdräume, Stand 1988 (McCLOSKEY u. SPALDING 1989).

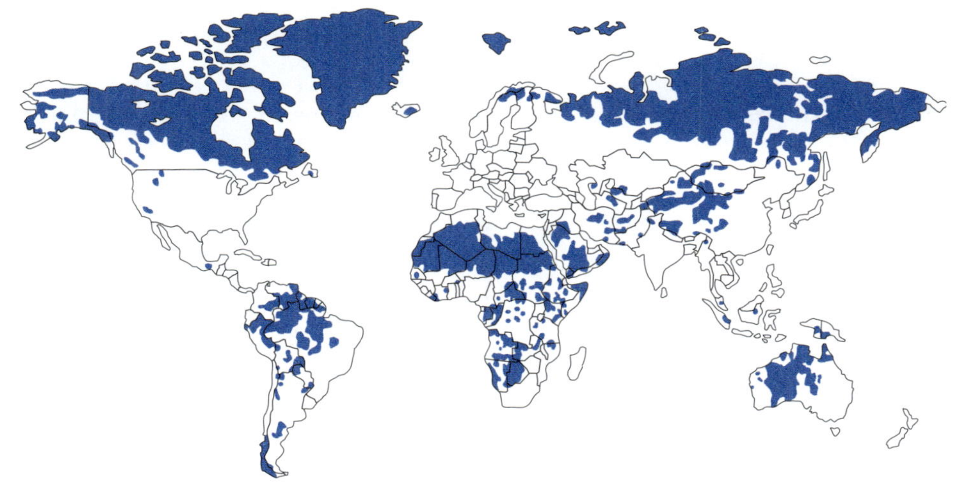

Tab. 6.1. Ungefähre Entsprechungen zwischen Agrarregionen und Ökozonen.

Agrarregionen	Ökozonen[a]
Extensive Wanderwirtschaft und Oasenwirtschaft der Trockenräume	**Tropisch/subtropische Trockengebiete**, Trockene Mittelbreiten und **Winterfeuchte Subtropen**: jeweils nur Alte Welt
– Nomadismus, Halbnomadismus	– Wüsten und Halbwüsten
– Transhumanz	– Dornsavannen, subtropische Steppen, Winterfeuchte Subtropen
Extensive Wanderweidewirtschaft der kalten Klimate (Rentiere)	**Polare/subpolare Zone** und Boreale Zone: Tundren und nördliche Taiga; jeweils nur Alte Welt
Extensive stationäre Weidewirtschaft (Ranching)	**Trockene Mittelbreiten** der Neuen Welt und Tropisch/subtropische Trockengebiete von Lateinamerika, Australien und dem südlichen Afrika, jeweils semi-aride Randgebiete; außerdem in siedlungsärmeren Teilgebieten der Sommerfeuchten Tropen von Lateinamerika, Australien und Afrika; in S-Amerika auch in den Immerfeuchten Tropen
Intensive Grünlandwirtschaft	**Feuchte Mittelbreiten:** Jeweils küstennahe Regionen von Europa, N-Amerika und Australien
Traditionelle Agrarwirtschaft der wechselfeuchten Tropen	**Sommerfeuchte Tropen** (teilweise übergreifend auf Dornsavannen der Tropisch/subtropischen Trockengebiete und Waldgebiete der Immerfeuchten Tropen): Afrika, Indien (soweit nicht Nassreisbau), Lateinamerika (soweit nicht Ranching)
Bewässerungswirtschaft mit Nassreis	**Sommerfeuchte Tropen**, Immerfeuchte Subtropen und Immerfeuchte Tropen, jeweils in SE-Asien
Acker- und Dauerkulturwirtschaft der Winterregengebiete	**Winterfeuchte Subtropen**
Großbetriebliche Getreidewirtschaft	**Trockene Mittelbreiten (Steppen)**, und Tropisch/subtropische Trockengebiete (Steppen) von S-Amerika und Australien
Spezialisierte Ackerwirtschaft (Farmwirtschaft)	**Immerfeuchte Subtropen** (mit Ausnahme von SE-Asien)

Tab. 6.1. Ungefähre Entsprechungen zwischen Agrarregionen und Ökozonen. (Fortsetzung)

Agrarregionen	Ökozonen[a]
Intensive gemischte Landwirtschaft der gemäßigten Breiten	**Feuchte Mittelbreiten**
Tropische Feucht- und Regenwaldregionen mit Sammelwirtschaft, Wanderfeldbau und Dauerkulturwirtschaft	**Immerfeuchte Tropen**, Sommerfeuchte Tropen (Feuchtsavannen). Sammelwirtschaft auch in Dornsavannen der Tropisch/subtropischen Trockengebiete von Süd- und Ostafrika sowie von Australien
Waldregionen der mittleren und hohen Breiten mit kleinbetrieblichem Getreide-, Hackfrucht- und Futterbau	**Boreale Zone** und Feuchte Mittelbreiten (temperate Regenwälder)
Anökumene	**Polare/subpolare Zone:** Eiswüsten und polare Wüsten, in Nordamerika auch Tundren; **Trockene Mittelbreiten** und **Tropisch/subtropische Trockengebiete**: Sand- und Steinwüsten; Hochgebirgsregionen

[a] Halbfettdruck: Ökozone mit der besten Lageentsprechung; in den zugehörigen regionalen Kapiteln werden Beschreibungen der betreffenden Agrarregion gegeben.

widerspiegelt. Zur Verdeutlichung dieser Koinzidenz mögen der Anhang C und die Tab 6.1 dienen.

Die **ökozonalen Eigenheiten wirken sich in der agraren und forstlichen Landnutzung sowohl qualitativ als auch quantitativ aus**, indem sie Grenzen für mögliche Nutzungsarten setzen und den Rahmen für die natürlichen Produktionspotentiale stellen. Sie geben außerdem Hinweise,

- auf welche Art Wachstumssteigerungen auf den Anbauflächen zu erreichen sind, die über die Primärproduktion der ökozonalen Pflanzenformation hinausgehen (z.B. durch bessere Ausnutzung der naturgegebenen Produktionszeit oder deren künstliche Verlängerung mittels Bewässerung oder durch den Bau von Glashäusern)
- und welcher Aufwand an pflanzenbaulichen Maßnahmen hierfür erforderlich ist (z.B. Düngung, Pflanzenschutz, Verwendung leistungsfähiger Sorten).

Bei allen Intensivierungen in der agraren Landnutzung ist allerdings zu beachten, dass sie nur unter ständig höherem Einsatz von Technik und Energie (aus fossilen Energieträgern) möglich sind. Dies hat u.-a. dazu geführt, dass sich das Verhältnis von zugeführter Energie pro Energiegehalt der Ernteerträge erheblich verschlechtert hat.

Literatur zu Kap. 6

ANDREAE, B. (1983): Agrargeographie. De Gruyter, Berlin (2. Aufl.), 504 S.

ARNOLD, A. (1997): Allgemeine Agrargeographie. Klett-Perthes, Gotha, 247 S.

DOPPLER, W. (1991): Landwirtschaftliche Betriebssysteme in den Tropen und Subtropen. Ulmer, Stuttgart, 216 S.

GRIGG, D. B. (1974): The agricultural systems of the world. Cambridge University Press, Cambridge, 358 S.

JÄTZOLD, R. (1984): Das System der agro-ökologischen Zonen der Tropen als angewandte Klimageographie mit einem Beispiel aus Kenia. *44. Dt. Geogr. Tag*. Steiner, Stuttgart, 85–93.

LAST, F. T. (ed.) (2001): Tree crop ecosystems. *Ecosystems of the World* 19. Elsevier, Amsterdam, 504 S.

MARTIN, K. und SAUERBORN, J. (2006): Agrarökologie. UTB (Ulmer), Stuttgart, 297 S.

MCCLOSKEY, J. M. und SPALDING, H. (1989): A reconnaissance-level inventory of the amount of wilderness remaining in the world. *Ambio* 18, 221–227.

PEARSON, C. J. (ed.) (1992): Field crop ecosystems. *Ecosystems of the World* 18. Elsevier, Amsterdam, 576 S.

REHM, S. (ed.) (1986): Grundlagen des Pflanzenbaues in den Tropen und Subtropen. *Hdb. der Landwirtschaft und Ernährung in den Entwicklungsländern* 3. Ulmer, Stuttgart (2. Aufl.), 478 S.

RUTHENBERG, H. (1980): Farming systems in the tropics. Clarendon Press, Oxford (3. Aufl.), 318 S.

SCHULTZ, J. (1984): Agrargeographie. In: GAEBE, W. et al. (eds.): Sozial- und Wirtschaftsgeographie Bd. 3. Harms Handbuch der Geographie. List, München, 22–112.

SICK, W. D. (2002): Agrargeographie. *Das Geographische Seminar*. Westermann, Braunschweig (3. Aufl.), 208 S.

World Atlas of Agriculture (1969), Instituto Geografico de Agostini, Novara, 62 Karten.

Regionaler Teil

Die einzelnen Ökozonen

7 Polare/subpolare Zone

7.1 Verbreitung und subzonale Differenzierung

Die Verbreitung ist bipolar (Abb. 7.1); im Festlandsbereich endet sie äquatorwärts an den polaren Baumgrenzen (siehe Kap. 8.5.3). Fast alle Teilgebiete liegen in der kontinuierlichen Permafrostzone. Die Gesamtfläche umfasst 22 Mio. km² (davon 14 Mio. km² in der Antarktis) oder knapp 15% des Festlandes der Erde.

Rund drei Viertel dieser Fläche sind ständig mit Eis bedeckt und gehören damit zu den **polaren Eiswüsten**. Diese umfassen – abgesehen von kleinen Landflächen am Rande des antarktischen Kontinents und einiger Inseln (BEYER und BÖLTER 2002) – das gesamte südhemisphärische Teilgebiet.

Das arktische Teilgebiet ist hingegen, sieht man einmal von Grönland und einigen weiteren polnahen Inseln ab, größtenteils (gletscher-)eisfrei.

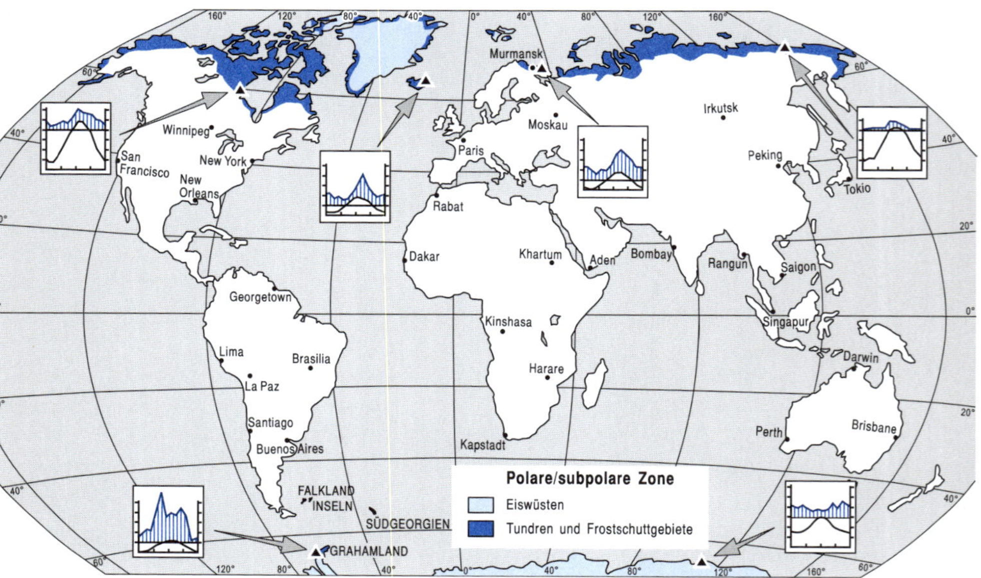

Abb. 7.1 *Polare/subpolare Zone. Die Verbreitung ist bipolar. Zwei Drittel der Zone, überwiegend Eisklimate, liegen in der Antarktis. In den arktischen Teilgebieten dominieren Tundren und Frostschuttgebiete.*

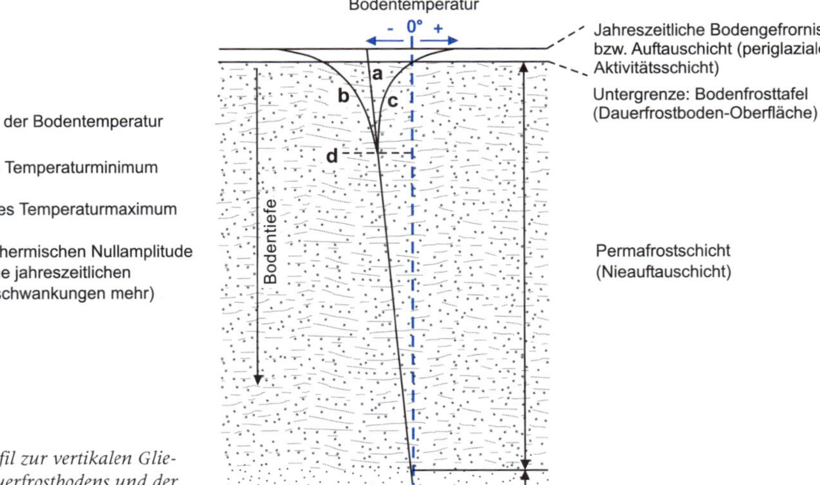

a Jahresmittel der Bodentemperatur

b Winterliches Temperaturminimum

c Sommerliches Temperaturmaximum

d Niveau der thermischen Nullamplitude (ab hier keine jahreszeitlichen Temperaturschwankungen mehr)

Abb. 7.2
Temperaturprofil zur vertikalen Gliederung des Dauerfrostbodens und der jahreszeitlichen Bodengefrornis (Karte 1979, Sugden 1982).

Die Grenze zwischen eisbedeckten und eisfreien Gebieten folgt in großen Zügen der **klimatischen Schneegrenze**: polwärts von ihr fällt im Mittel vieler Jahre mehr Schnee als im Sommer abschmilzt, äquatorwärts schmilzt der Schnee hingegen normalerweise in jedem Sommer weg. Schnee- und Vereisungsgrenze stimmen dort nicht überein, wo Eisloben (Gletscherzungen) über ihr Nährgebiet hinaus äquatorwärts vordringen.

Nach den Temperaturbedingungen und der in Anpassung daran differenzierten Vegetation können die eisfreien Gebiete weiter in eine **Frostschuttzone** und eine **Tundrenzone** unterteilt werden. Im Unterschied zu den polaren Eisklimaten, wo Wasser so gut wie ausschließlich in fester Form vorkommt, ist für den periglazialen Bereich der jahreszeitliche Wechsel zwischen Bodeneis und Bodenwasser (in oberflächennahen Bodenschichten) bzw. zwischen Schneefall und Regen charakteristisch. Der Dauerfrostboden besitzt hier dementsprechend eine mehr oder weniger tiefreichende *sommerliche Auftauschicht* (Abb. 7.2). Mit den Frostwechseln verbinden sich geomorphologische Prozesse (frostdynamische Prozesse), die zu charakteristischen Oberflächenformen führen (siehe Kap. 7.3). Der unterhalb dieser Aktivitätsschicht verbleibende (also ganzjährig anhaltende) Dauerfrost wirkt wasserstauend, engt den Wurzelraum für die Pflanzen ein und hemmt die Zersetzung der organischen Bodensubstanz. Andererseits fördert er die Moorbildung. Allerdings bleiben die Torfauflagen wegen der generell eingeschränkten Primärproduktion durchwegs flacher als in der Borealen Zonen.

7.2 Klima

7.2.1 Lufttemperaturen, Tageslängen, Niederschläge

Für die Tundrenzone gilt in der Regel, dass die Temperaturmittel im wärmsten Monat zwischen +6 °C und +10 °C liegen und sich während maximal drei – in Ausnahmefällen vier – Monaten über +5 °C halten; polwärts sinken die höchsten Monatsmittel spätestens mit

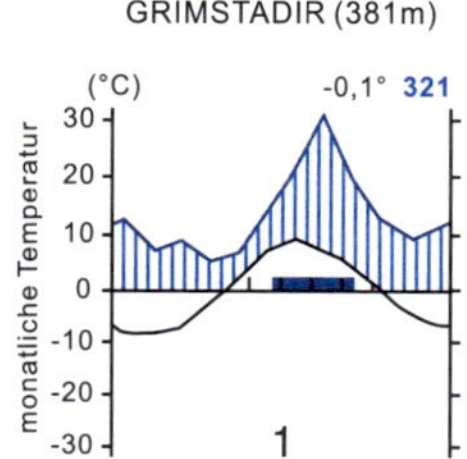

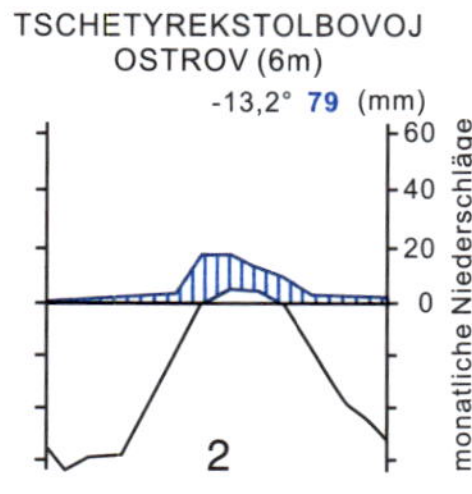

Abb. 7.3
Klimadiagramme aus den polaren und subpolaren Gebieten. Die isländische Station (1) zeigt die subpolar-ozeanischen Verhältnisse: geringe jährliche Temperaturamplitude, relativ hohe Niederschläge. Die sibirische Station (2) verdeutlicht demgegenüber die hochpolar-kontinentalen Verhältnisse: Die Temperaturamplitude wächst infolge starker winterlicher Abkühlung beträchtlich an, die Niederschläge liegen nurmehr bei einem Viertel derjenigen von Grimstadir auf Island.

Erreichen der Frostschuttzone unter +6 °C, mit Erreichen der polaren Wüsten, die den kältesten Bereich der Frostschuttzone einnehmen, unter +2 °C.

Die *winterliche Abkühlung* ist in den subpolar-ozeanischen Teilgebieten gering, nimmt aber pol- und kontinentalwärts beträchtlich zu. Die jährlichen Temperaturamplituden wachsen in dieser Richtung von <10 K auf >50 K (= Differenz aus höchsten und tiefsten Monatsmitteln; Abb. 7.3). Die *tageszeitlichen* Temperaturunterschiede sind dagegen überall und über das ganze Jahr gering.

Mit Annäherung an die Pole heben sich auch die tageszeitlichen Beleuchtungsunterschiede mehr und mehr auf. An die Stelle des täglichen Tag-/Nachtwechsels tritt der *halbjährliche Wechsel von Polarnacht zu Polartag*. Es herrscht also nicht nur ein **thermisches**, sondern auch ein **solares Jahreszeitenklima**.

Der lange Tagbogen und der hohe Anteil diffuser Himmelsstrahlung (in der Arktis rund 50% der Globalstrahlung) mindern die Einflüsse der **Exposition** grundsätzlich stärker als in jeder anderen Ökozone. Beim durchweg niedrigen Sonnenstand ist die *Neigung eines Hanges* von größerer Bedeutung für den Strahlungsgenuss als dessen Lage zur Himmelsrichtung.

Die jährlichen Niederschläge bleiben – als Folge ihrer (temperaturbedingt) geringen Ergiebigkeit, nicht als Folge seltener Niederschlagsereignisse – normalerweise unter 200, zumindest aber (abgesehen von einigen küstennahen Vorkommen) unter 300 mm. Demzufolge erreicht die winterliche Schneedecke, obwohl der größte Teil der Niederschläge als Schnee fällt, kaum mehr als 20–30 cm Mächtigkeit.

7.2.2 Jährlicher Temperaturgang im Boden und in der bodennahen Luftschicht

Im Winter schützt der **Schnee** die von ihm bedeckten Pflanzen und den Boden vor der tiefen Abkühlung, die um diese Zeit in der Atmosphäre auftritt (Abb. 7.4, vgl. Temperaturgradient vom 10. Feb.). Andererseits verhindert der Schnee im Frühjahr, dass es im Boden zu einem der allgemeinen Lufterwärmung entsprechenden Temperaturanstieg kommt (vgl. Temperaturgradient vom 1. Juni).

Erst nach der **Schneeschmelze** (Schnee-Ablation) kehren sich diese Verhältnisse wieder ins Positive: Die nunmehr direkt auf die Bodenoberfläche treffende Sonnenstrahlung führt dort zu einer Erwärmung, die deutlich (häufig um 3 bis 5 K) über die der darüber liegenden Luftschichten hinausgeht. Damit beginnt das Auftauen des Bodens, und die bis dahin weitgehend in Winterruhe erstarrte Lebewelt erhält einen kräftigen Temperaturschub; die eigentliche *Vegeta-*

tionsperiode beginnt. Der Zeitpunkt dieses Wachstumsbeginns kann kleinräumig bis zu mehreren Wochen variieren, wenn infolge von winterlichen Schneeverwehungen örtlich Schneemächtigkeiten von mehreren Metern, anderswo fast schneefreie Landoberflächen entstehen und dementsprechend der Abschmelzvorgang unterschiedlich lange braucht.

Die **Temperaturgunst des bodennahen Bereiches** bleibt über den ganzen Sommer bestehen (vgl. Temperaturgradienten vom 19.-Juli und 1. August), und selbst zum Herbstanfang halten sich dort die Temperaturen zunächst noch über dem Gefrierpunkt, wenn in der Normhöhe einer Mess-Station oder selbst in einem Meter über Grund bereits einige Minusgrade gemessen werden (vgl. Temperaturgradient vom 1. September). Die tatsächliche Vegetationsperiode endet daher erst später, als nach den Messergebnissen der Wetterdienste zu erwarten ist.

Das erneute **Gefrieren des Bodens** beginnt von der Oberfläche her. Der Unterboden (bis zur Permafrosttafel) verbleibt noch für längere Zeit ungefroren (Abb. 7.5). Mit Fortschreiten der Gefrierfront bauen sich Drucke zwischen der gefrorenen Bodenoberfläche und der Permafrosttafel auf, die zu Frostaufbrüchen (z.B. *nichtsortierte Feinerdekreise*) führen können.

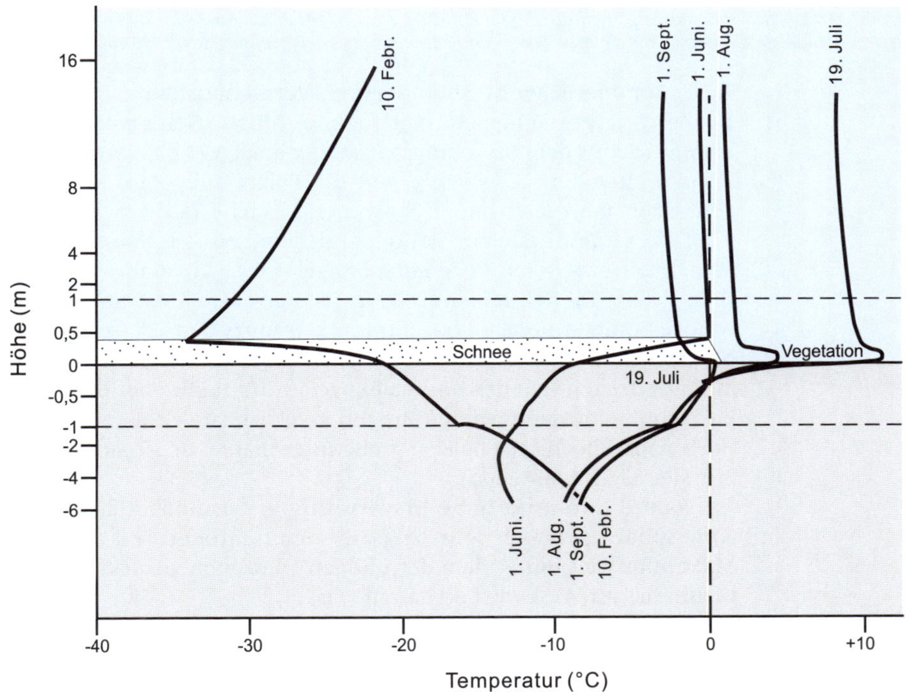

Abb. 7.4
Vertikale Temperaturgradienten in der Tundra von Barrow, Alaska (71°-N), zu fünf charakteristischen Zeitpunkten (Weller u. Holmgren 1974). Die dünne Schneedecke schützt die Bodenoberfläche nur mäßig vor den tiefen winterlichen Lufttemperaturen, verzögert aber deutlich die Bodenerwärmung im Frühsommer. Nach der Schneeschmelze in der zweiten Sommerhälfte liegen die Temperaturen der bodennahen Luftschichten deutlich über denen der höheren Luftschichten. Zu beachten: Der Höhenmaßstab ist in der bodennahen Luftschicht und im oberen Solum gespreizt!

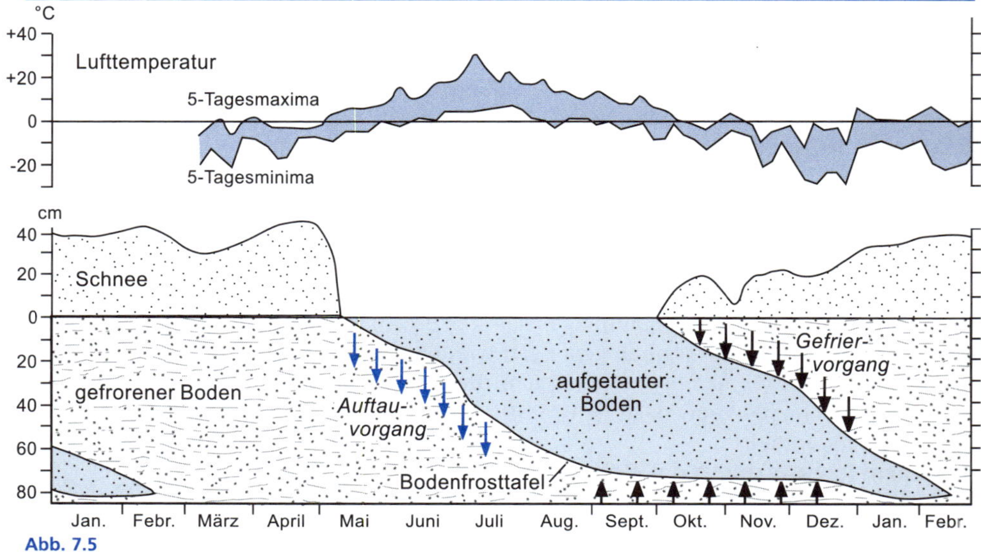

Abb. 7.5

Der Jahresgang der Lufttemperaturen (200 cm über Grund), Schneebedeckung und Bodengefrornis bei Stordalen (Abisko), Nordskandinavien (SKARTVEIT et al. 1975). Bemerkenswert ist, dass ab Oktober Wasser und Luft zwischen der Permafrosttafel und der von der Oberfläche her erneut einsetzenden Bodengefrornis eingeschlossen werden. Der frostfreie Bereich verschmälert sich in den folgenden Monaten, kann aber (unter den gegebenen maritimen Klimabedingungen) in Resten bis ins nächste Jahr bestehen bleiben. Der beim fortschreitenden Gefrieren von oben und unten hydraulisch übertragene kryostatische Druck kann zu Frosthub (Frostaufbrüchen, Auffrierformen) an der Bodenoberfläche und Brodelbewegungen im Solum führen, die die Ausbildung von Bodenhorizonten vereiteln und damit Cryosole (Kap. 7.4) entstehen lassen.

7.2.3 Sommerlicher Strahlungs- und Wärmehaushalt

Der beschriebene Temperaturverlauf und Auftau-/Gefriervorgang erklären sich aus dem Strahlungshaushalt wie folgt (Abb. 7.6):

Im weltweiten Vergleich erhält die Polare/subpolare Zone die geringsten Jahresmengen an Solarenergie (siehe Tab. 5.2 und Abb. 2.1); die Strahlungsbilanz ist nur in der kurzen Zeit von April bis September bzw. – auf der Südhalbkugel – von November bis Februar positiv. Da sich andererseits fast die gesamte Einstrahlung auf wenige Sommermonate konzentriert, kommt es dann zu relativ hohen täglichen Strahlungsbeträgen (siehe Abb. 2.2). Diese erreichen in Spitzenzeiten (auf der Nordhalbkugel im Juni) mit über $60 \cdot 10^8$ kJ ha^{-1} mon^{-1} eine den niederen Breiten vergleichbare Größenordnung (wenn auch höchstens halb so große Intensitäten, da sie sich auf 24 Stunden täglich verteilen).

Wenn die **sommerliche Erwärmung** von Landoberfläche und Atmosphäre dennoch sehr langsam voranschreitet und auch ihr Maximum weit hinter dem der übrigen Ökozonen zurückbleibt, so beruht das im Wesentlichen darauf, dass

- die Strahlungsabsorption bei durchweg tiefstehender Sonne und langanhaltender Schneebedeckung während der ersten Hälfte der sommerlichen Strahlungsperiode niedrig ist,

- die Bodenerwärmung infolge der hohen Wärmekapazitäten und -leitfähigkeiten der meist wasser(eis-)reichen Böden auch nach der Schneeschmelze gering bleibt,
- viel Energie als latente Wärme[1] (Schmelzen, Verdunstung, Sublimation) in das Ökosystem abfließt.

7.3 Relief und Gewässer in den Periglazialgebieten

Abtragung durch fließendes Wasser

Trotz der fast überall geringen Jahresniederschläge und dementsprechend geringen Abflussspenden dominieren gewöhnlich **linienhafte fluviale Prozesse** (*Erosion*) und **flächenhafte Hangabtragungsprozesse** (*Spüldenudation*). Dies hängt damit zusammen, dass **sehr hohe Niederschlagsanteile in den Abfluss** gehen (50 bis 70%) und die **Abflussspenden stoßweise** auftreten (Abb. 7.7): 80 bis 90% des gesamten Abflusses fallen innerhalb von zwei bis drei Wochen an, wenn im Juni oder Juli der Schnee schmilzt und ein großer Teil des Schmelzwassers auf dem dann noch bis fast zur Oberfläche gefrorenen und somit undurchlässigen Boden selbst auf schwach geneigten Hängen flächenhaft zu den Flüssen abfließt. Dabei können erhebliche Mengen an Feinmaterial abgetragen werden, sobald die oberste Bodenschicht aus der Bindung durch Gefrornis befreit ist (**periglaziale Spüldenudation**). In den Flüssen kommt es in dieser Zeit kurzfristig zu mächtigen Hochwassern, die, unterstützt von mitgeführten Eisschollen, erhebliche erosive Leistungen vollbringen. Allerdings beginnt der glaziofluviale Angriff erst, wenn die schützenden Eisauskleidungen (*Aufeisbildungen*) auf den Talsohlen bis auf die Schottersohlen durchstoßen sind.

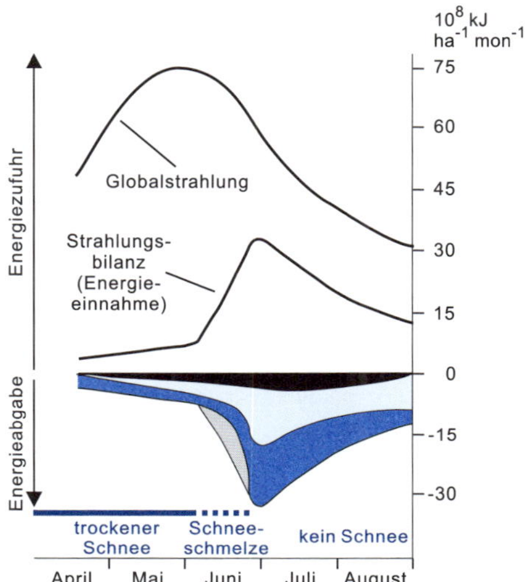

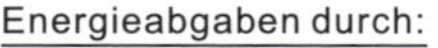

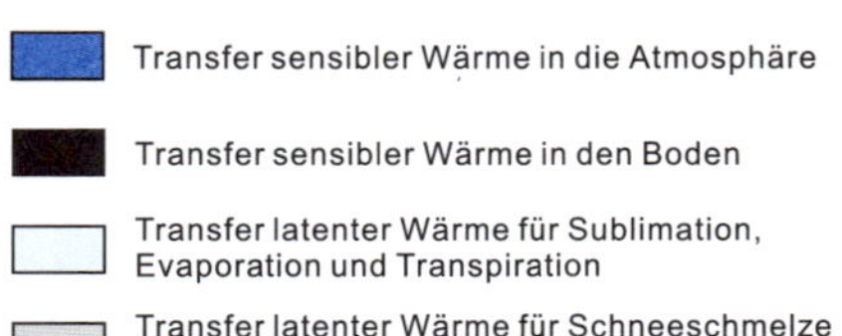

Abb. 7.6 *Sommerlicher Strahlungs- und Wärmehaushalt in der Tundra; nach Messungen auf Axel Heiberg Island, Kanada (79° N, 90° W) (Ohmura 1984).*

Frostdynamische Prozesse und ihre Formen

In besonderer Weise zonentypisch sind die mit Frostwechseln verknüpften frostdynamischen Prozesse, die auf Volumenänderung beim Gefrieren und Auftauen des Wassers im Boden und Gestein (um jeweils rund 10%) zurückgehen (z.B. Frostsprengung, Kryoturbation,

---

[1] Mit einem latenten Wärmefluss (=Energiefluss) ist keine Temperaturveränderung verbunden. Zugeführte Wärme wird bei gleichbleibender Temperatur allein z.B. zum Schmelzen von Eis benutzt. Findet dagegen bei Wärmezufuhr eine mess- oder spürbare Temperaturerhöhung statt (z.B. Erwärmung von Wasser) so spricht man von einem sensiblem Wärmefluss.

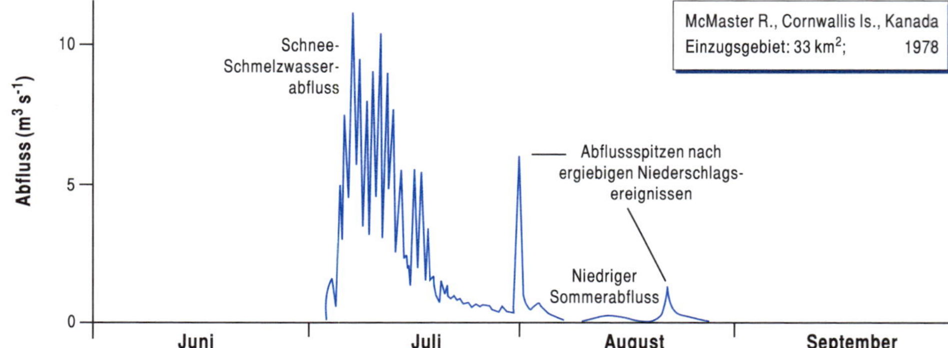

Abb. 7.7 *Abflussgang eines Flusses in der Polaren/ subpolaren Zone unter Permafrostbedingungen (aus* PROWSE *1994). Der Abfluss beschränkt sich auf wenige Sommermonate.*

Gelifluktion; vgl. hierzu FRENCH 1976, KARTE 1979, SCHUNKE 1986, STÄBLEIN 1987, SUGDEN 1982, WASHBURN 1979). Ihre Wirksamkeit ist eine Funktion der *Frostwechselhäufigkeit* und des *Wassergehaltes im Regolith* (= Lockermaterialdecke über unverwittertem festem Gestein). Zu ihren Formungsergebnissen gehören die folgenden:

- **Frostschutt**. Die **Frostsprengung** kann selbst mächtige Gesteinsblöcke zerlegen (*Kernsprünge*) und mehr oder minder große Gesteinsscherben vom anstehenden Fels ablösen. Der so entstehende scharfkantige Frostschutt tritt insbesondere in den polaren Wüsten und den nördlichsten Gebieten der hocharktischen Tundren auffällig in Erscheinung (daher der Name *Frostschuttzone* für diese Regionen), und zwar in Form von in situ gebildeten (autochthonen) *Frostschuttfeldern* (Blockschuttfeldern, Blockmeeren) auf flachem Gelände oder in Form von denudativ entstandenen (allochthonen) *Frostschutthalden* am Fuß von steilen Hängen oder Felswänden.
- **Frostmuster- oder Strukturböden** (*patterned ground*). Bei ihnen handelt es sich um räumliche **Bodenmuster** auf flachem oder höchstens schwach geneigtem, vegetationsfreiem oder -armem Gelände, die auf **vertikale und horizontale Materialsortierung** *(Auffriersortierung)*, in inhomogenem, ursprünglich gemischtem Material zurückgehen. An der Bodenoberfläche treten die Strukturböden als Steinringe, Steinpolygone, Steininseln, Feinerdeinseln, Steinstreifen oder Feinerdestreifen in Erscheinung. Steinringe und -polygone fügen sich oft zu ausgedehnten Steinnetzen zusammen (Abb. 7.8). Besonders auffällig werden diese Reliefmuster, wenn sich der Pflanzenbewuchs – nach Menge und Art – entsprechend differenziert verteilt (VONLANTHEN et al. 2008)
- **Eiskeile** bilden sich nach und nach in Frostspalten, die durch Tieffrost-Kontraktion (bei wenigstens -15 bis -20 °C)[2] entstehen und den Permafrostboden (in der Aufsicht) in polygonale

[2] Der Tieffrostschwund (*frost cracking, thermal contraction*) beträgt pro Kelvin etwa 0,05 mm m⁻¹ Eissäule. In eisreichen Bodensubstraten können sich bereits bei einem Temperaturabfall von 4 K erste Risse bilden. Ihre Entstehung wird von hohen Raten des Temperaturabfalls begünstigt.

Netze ‚zerlegen', deren Maschenweiten gewöhnlich bei 10 bis 40 m liegen. Die von wulstartigen Anhebungen des Deckmaterials über den Eiskeilrändern eingerahmten Polygonfelder füllen sich, ebenso wie die zwischen den Wulsten gelegenen Furchen über den Eiskeilen, meist flach mit Wasser (Abb. 7.9 und 7.10). Eine Moorbildung kann sich anschließen und führt dann zur Entstehung von *Netzmooren* (*polygonal mires*).

- **Thufure** (*Hummocks, Erdbülten*) sind mit einer Höhe von höchstens einem halben Meter die kleinsten **Auffrierhügel**. Sie treten gewöhnlich in dichter Scharung auf, tragen eine geschlossene Vegetationsbedeckung, sind überwiegend aus feinem, minerogenem Material aufgebaut und besitzen keinen perennierend gefrorenen Kern aus Bodeneis. Stattdessen unterstützt die Bildung von **Eislinsen** (ice segregation), die auf eine Schmelzswasserzufuhr aus dem frühsommerlich von der Oberfläche her auftauenden Boden in den (dann noch) kälteren Unterboden herrührt, den Vorgang des Auffrierens (frost heave).
- **Palsas** (Palsen) sind demgegenüber deutlich größer (bis 10 m steil aufragend), bestehen aus Torf und enthalten einen Kern aus (ständig)

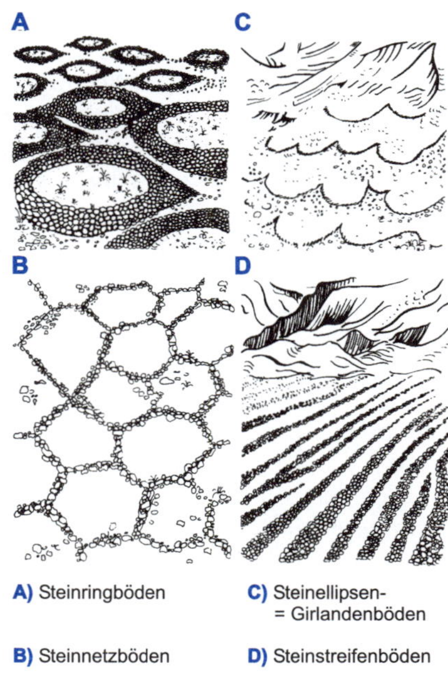

Abb. 7.8
Frostmusterböden (aus Ganssen *1965). Die mit einer Material(Korngrößen-)sortierung verbundene Bodenmusterung entsteht durch Einwirken frostdynamischer Prozesse (bei Girlanden- und Streifenböden auch durch schwerkraftbedingte Massenbewegungen).*

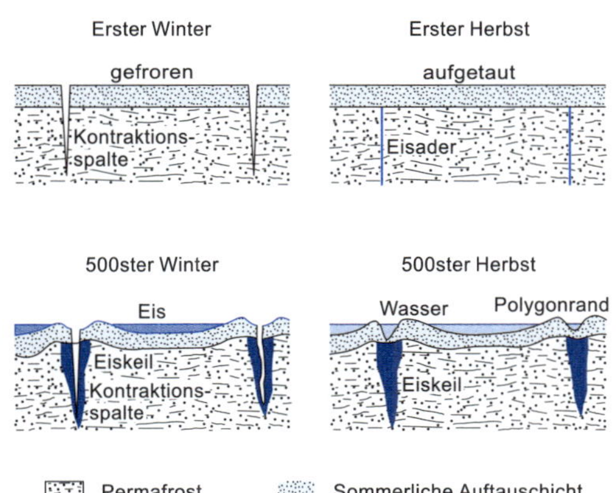

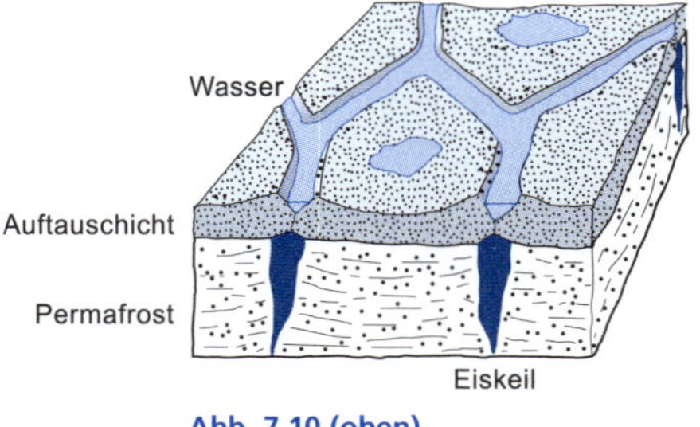

Abb. 7.10 (oben)
*Blockbild von Eiskeilpolygonen im Sommer (*Butzer *1976).*

Abb. 7.9 (links)
Entstehung von Eiskeilen (aus Sugden *1982). In den bei tiefen Frosttemperaturen entstehenden Kontraktionsspalten sammelt sich sommerlich Schmelzwasser, das (spätestens) im nächstfolgenden Winter zu Eisadern gefriert. Durch jahrhundertelange Wiederholungen dieser Vorgänge können sich aus Eisadern schließlich mächtige Eiskeile entwickeln, die sich in der Aufsicht zu polygonalen Strukturen zusammenfügen (Abb. 7.10).*

gefrorenem Substrat, in dem gewöhnlich *Segregationseis* in Form von Eislinsen vorkommt. Sie treten meist scharenweise auf (*Palsenmoore*) und sind auch in den Waldtundren eine weitverbreitete zonale Erscheinung.

- **Pingos** (*Eiskernhügel, Hydrolakkolithe*) bilden mit maximal etwa 50 bis 100 m die höchsten Auffrierhügel. Sie unterscheiden sich von den Palsas außerdem dadurch, dass sie mächtigere und eher geschlossene Eiskörper aufweisen und keine organogenen Deckschichten besitzen. Zur Entstehung siehe Abb. 7.11.
- **Abschmelzhohlformen** entstehen bei einer Degradation von eisreichen Dauerfrostböden oder beim Auftauen von Bodeneiskörpern (wie z.B. in Eiskeilpolygonen, Pingos oder Palsas) infolge von Setzungserscheinungen. Wegen ihres karstähnlichen Aussehens werden sie auch als *Kryo-* oder *Thermokarst* bezeichnet (siehe auch *Alasse*, Kap. 8.3). Ihre Größe kann einige 100, selten über 1000 m im Durchmesser erreichen. Gewöhnlich sind sie wasserüberstaut (*Thermokarstseen*) mit einer Wassertiefe von weniger als 1 m bis höchstens 3 oder 4 m. Sie verlanden nach einiger Zeit und Pingos mögen entstehen (s.o.).

  Abschmelzhohlformen (wie auch Auffrierformen) können nur entstehen, wenn das *thermische Gleichgewicht*, in dem sich sonst ein Permafrostboden mit seiner Umgebung befindet, lokal gestört ist. Solche Störungen treten beispielsweise bei Veränderungen in der (isolierend wirkenden) Vegetationsdecke auf, wie sie sich als Folge von Überweidung, Wasserüberstauung oder Abbrennen einstellen.

  Das Ausmaß der abschmelzbedingten Geländeabsenkung hängt dann – neben der Auftautiefe – von dem Gehalt an **Excess-Ice** im auftauenden Permafrostboden ab (Abb. 7.12). Damit ist jener Volumenanteil von Bodeneis gemeint, der beim Abtauen überschüssiges, also vom Boden nicht mehr aufnehmbares Wasser freisetzt. Bei Feinböden ist das jene Eismenge, die 40 bis 50 Vol.-% des Bodens übersteigt, bei gröberen Böden auch deutlich weniger.
- **Gelifluktionsdecken** (Wanderschuttdecken, -stufen). Im Unterschied zu den bisher beschriebenen Vorgängen und Formen handelt es sich bei der **Gelifluktion** (*periglaziale Solifluktion*) um eine hangabwärtige (klinotrope) langsame Massenbewegung von was-

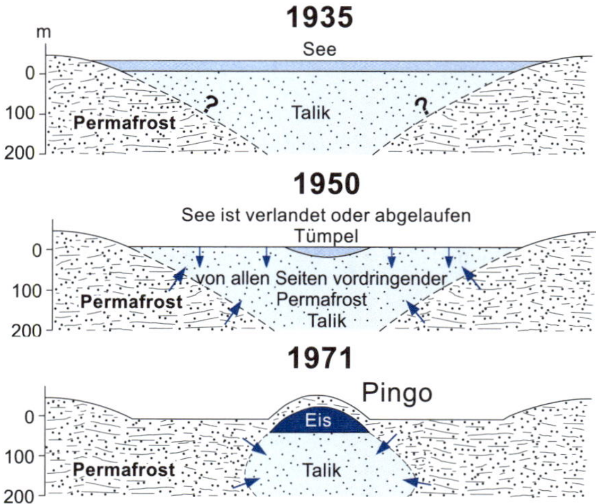

Abb. 7.11
Entstehung eines Pingos (Mackay 1972, verändert). Nach Verlandung eines Sees beginnt der darunter befindliche Talik (Intrapermafrostwasser) von allen Seiten zu gefrieren. Die damit verbundene Volumenzunahme führt zu einer Aufwölbung des Geländes. In dieser Aufwölbung bildet sich an der nach unten vordringenden Gefrierfront Segregationseis (Eiskern).

sergesättigtem Lockermaterial, an deren Zustandekommen neben *frostdynamischen Prozessen* (Expansions- und Kontraktionsbewegungen) auch die *Gravitation* nach Richtung und Größe beteiligt ist. Ihr Einfluss auf die Abtragung und Formung der Landoberfläche ist weit größer und zumeist auch auffälliger als die der vorstehend beschriebenen Auffrier- und Abschmelzformen.

Zu den Voraussetzungen für gelifluidale Bewegungen gehört, dass genügend Feinmaterial (und damit viel Speicherwasser) im Regolith vorhanden ist und die Hangneigung mindestens zwei bis drei Grad beträgt.

Die Gelifluktion führt langfristig zu einer Tieferschaltung und Verflachung der Hänge, ein Vorgang, der als **Kryoplanation** bezeichnet wird. Die dabei entstehenden periglazialen Verebnungsflächen können sowohl Abtragungs- als auch Akkumulationsformen sein, also *Kryoplanations-* bzw. *Gelifluktionsterrassen*.

Die Wirksamkeit der Gelifluktion ist andererseits geringer als die Häufigkeit der durch sie geschaffenen Formen dies vermuten lässt. Die Tatsache, dass die Hänge durchweg mit Lockermaterial bedeckt sind und in diesem meist auch eine Bodenentwicklung stattgefunden hat, zeigt, dass die Abtragungsrate noch kleiner sein muss, als die schon relativ niedrige Verwitterungsrate. In den meisten Fällen dürfte sie nur einige Zentimeter pro Jahr betragen.

7.4 Böden

Die für Permafrostregionen typischen zonalen Böden werden neuerdings – unabhängig von ihren sonstigen Eigenschaften – unter dem Namen **Cryosole** (griech. *kryos* = Kälte, Frost, Eis) zusammengefasst (Osawa et al. 2010, Kimble 2004). Sie definieren sich also allein nach thermischen Kriterien: Es handelt sich um Böden in Permafrostgebieten, auf deren sommerliche Auftauschicht zweierlei Gefrierfronten einwirken, nämlich eine von oben (seitens der Landoberfläche nach Abkühlung der darüber befindlichen Luftschicht unter den Gefrierpunkt)

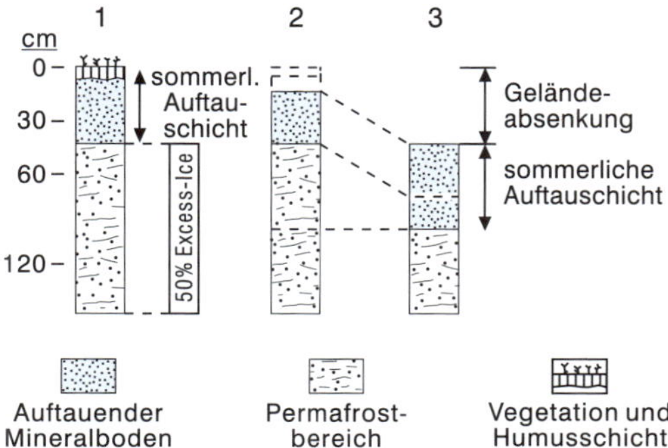

Abb. 7.12
Folgen einer Zerstörung der Tundrenvegetation über eisreichem Permafrostboden (FRENCH 1981). Für den ungestörten Zustand (Säule 1) mit intakter Vegetations- und Humusschicht, wird eine 45 cm tiefreichende sommerliche Auftauschicht und für den darunter befindlichen Permafrostboden ein Gehalt von 50 % Excess-Ice (siehe Text) angenommen. Werden nun beispielsweise 15 cm der thermisch besonders gut isolierenden Pflanzendecke und Humusschicht entfernt (Säule 2) so steigt – so hier die Annahme – die Dicke der sommerlichen Auftauschicht auf 60 cm an. Davon liegen 30 cm innerhalb der ursprünglichen Auftauschicht. Die anderen 30 cm ergeben sich aus 60 cm zusätzlich aufgetauter Permafrostschicht, aus der überschüssiges Schmelzwasser, äquivalent zu 30 cm Bodentiefe, freigesetzt worden ist. Nach einem ursprünglichen Abtrag von 15 cm senkt sich also das Gelände um weitere 30 cm.

und die andere von unten (seitens der Permafrosttafel) (vgl. Abb. 7.5). Die folgenden *Faktoren* und *Prozesse* der *Pedogenese* (Bodenbildung) sind für Cryosole bedeutsam:

1. Pedogenetische Prozesse beschränken sich auf die sommerliche Auftauschicht, laufen also nur während weniger Monate im Jahr ab und reichen höchstens einen Meter tief; nur in grobkörnigen (d.h. in der Regel eisarmen) Substraten kann der Boden noch tiefer auftauen.
2. Die sich in der Auftauschicht jährlich wiederholenden Frostwechsel (vgl. Abb. 7.5) verhindern, dass sich mit der Tiefe unterschiedliche Bodenhorizonte ausbilden können: *Kryogene Prozessse* lassen stattdessen im gesamten Bodenprofil (oberhalb der Permafrosttafel) Verwürgungen, Durchmischungen und Korngrößen-Sortierungen von Bodenmaterial (Kryoturbationen) entstehen. Und sie bewirken auch, dass tote organische Substanz im gesamten Bodenprofil verteilt („frost mulching") und damit in gewissem Umfange vor der Zersetzung, bewahrt, also angereichert wird.
3. Der unterhalb dieser kryogen geprägten Auftauschicht verbleibende ganzjährig gefrorene Untergrund *(= cryic Horizont; diagnostisch für Cryosole)* verhindert das Ein-/Versickern des Schmelz-/Regenwassers; es kann zur Vernässung im aufgetauten Oberboden kommen.
4. Mit höheren Bodenwassergehalten steigt die Wirksamkeit kryogener und gelifluidaler Prozesse,
5. Die vorherrschend kryoklastische Verwitterung (Frostsprengung) lässt vornehmlich grobkörnige Bodentexturen entstehen. Dies gilt in besonderem Maße für aride Kältewüsten.
6. Luft und Wärmemangel behindern chemische und biologische Umsetzungen; Humusabbau und damit Freisetzung der darin enthaltenen mineralischen Nährstoffe erfolgen daher, wie auch die Tonmineralbildung, äußerst langsam. Es kann zu erheblichen Streu- und Humusanreicherungen kommen (Abb. 7.13).

Mit der Einführung der Cryosole als übergeordnete RSG „verschwanden" manche der vormals für die Polare/subpolare Zone als typisch genannten Bodeneinheiten. So „verschwanden" auch die meisten der

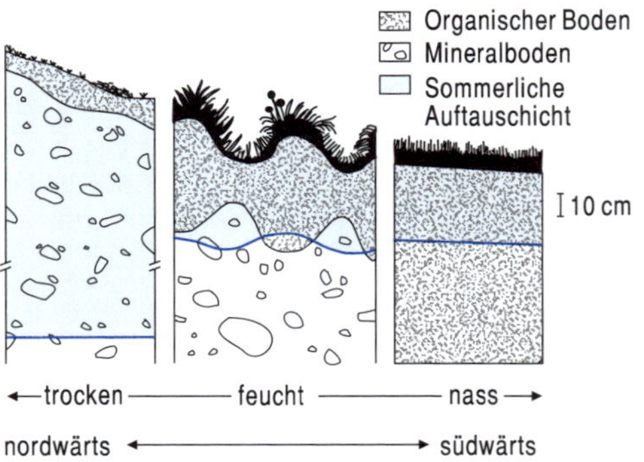

Abb. 7.13
Primär feuchteabhängige Differenzierungen von arktischen Tundrenböden (NADELHOFFER et al. 1992). Die gezeigte Sequenz kann mit Einschränkungen auch auf den (im Wesentlichen thermisch begründeten) Nord-Süd-Wandel von Bodenmerkmalen angewendet werden. Folgende allgemeingültige Aussagen lassen sich ableiten:
1. Die organische Bodensubstanz (inkl. Streu) wächst mit zunehmender Bodenfeuchte (bzw. südwärts) von sehr geringen Mengen auf gut drainierten (bzw. kalttrockenen) Standorten bis zu außerordentlich großen Mengen auf ständig wassergesättigten (bzw. relativ warmen) Standorten.
2. Mit den dickeren Humus(Streu-)Schichten und der dichteren Vegetation verringert sich (aufgrund der damit ansteigenden thermischen Isolation) die sommerliche Auftautiefe über Permafrost. Tiefere humose (oder organische) Lagen gelangen damit in Bereiche anhaltender Bodengefrornis, was sie (fast völlig) vor weiterer Zersetzung bewahrt.

in der Legende der FAO-Weltbodenkarte aufgeführten **Gleysole (Gelic)** (russ. *gley* = schlammige Bodenmasse) *(Tundrengleyböden)*, die sich in Niederungen mit anhaltend hochstehendem Grundwasser gebildet haben. Bei ihnen folgen auf torfige Oberböden (histic [H-] Horizonte von bis zu 40 cm Mächtigkeit) ziemlich abrupt blaugraue lehmige Gley-Horizonte (Bg-Horizonte = Reduktionshorizonte als Folge von O_2-Mangel), deren obere gefleckte Abschnitte (durch Segregation von Fe) dem Stand des sich in der sommerlichen Auftauschicht bildenden Grundwassers entsprechen.

Desweiteren sind die folgenden Bodeneinheiten, ungeachtet ihrer möglicherweise neuerlichen Zuordnung zu den Cryosolen, als charakteristisch für die Polare/subpolare Zone zu nennen (definitionsgemäß würden sie alle als eigenständige RSGs genannt, falls die cryic Horizonte verschwänden oder die Permafrosttafeln in größere Tiefen absänken und damit ihren Einfluss auf die Bodenbildung verlören):

Auf schlecht drainierenden Standorten kann es unter dem Einfluss von Stauwasser zur Bildung von **Stagnosolen (Gelic)** (von lat. *stagnare* = stehen) kommen.

Böden, die zumindest im Spätsommer frei von Grund- und Staunässe sind, gehören, wenn die Pedogenese relativ fortgeschritten ist, zu den **Cambisolen (Gelic)** (lat. *cambiare* = wechseln) *(Arktische Braunerden)*, bei denen auf einige Zentimeter mächtige A-Horizonte dunkelbraune Bw-Horizonte folgen. Durch Wühltätigkeit von Lemmingen (und anderen Wühlmausarten) kann es örtlich zu erheblichen Durchmischungen kommen. Nach WALTER und BRECKLE(1999–2004) befördern Lemmingpopulationen bei ihren sommerlichen Bauten bis zu 250 kg ha^{-1} Erde an die Oberfläche.

Histosole (Gelic) mit histic Horizonten von größerer (als der o.g.) Mächtigkeit sind eher selten, da sich mächtigere Torfe erst dann bilden können, wenn die Vegetation dafür ausreichend produziert. Polwärts werden sie immer seltener, bis sie schließlich in den polaren Wüsten gänzlich fehlen.

In der **Frostschuttzone** ist die Pedogenese wegen klimatischer Ungunst, aber auch wegen denudativer Umlagerungen (Gelifluktion), Kryoturbation, Abspülung bei der Schneeschmelze etc. fast nie über Rohbodenstadien hinausgelangt. Bei flachgründiger oder steinreicher Entwicklung über festem Gestein oder auf steinreichem Lockermaterial handelt es sich dabei um **Leptosole (Gelic)** (griech. *leptos* = dünn), sonst um **Regosole (Gelic)**(griech. *rhegos* = Decke). Die Ersteren sind durchweg skelettreich bis grobkörnig, die Letzteren dagegen tonig bis lehmig. Beide Bodentypen stimmen darin überein, dass die A-Horizonte bestenfalls schwach entwickelt sind (auch kein Auflagehumus in Form von Rohhumus oder Torf), Vergleyungen fehlen und die pH-Werte in alkalischem (Kanada, Grönland) oder neutral/schwachsaurem (Russland) Bereich liegen (ALEKSANDROVA 1988) – im Gegensatz zu den anderen Bodentypen der Polaren/subpolaren Zone, die durchweg sauer bis sehr sauer reagieren.

Die Vorkommen der Cryosole reichen bis weit in die Boreale Zone hinein, am weitesten in Ostsibirien, wo auch die Ausdehnung des Permafrostes ihren südlichsten Punkt findet (siehe Abb. 8.2).

7.5 Vegetation und Tierwelt der Tundren und polaren Wüsten

Nur wenige Gefäßpflanzenarten können unter den extrem schwierigen ¬Lebensbedingungen der Tundren und polaren Wüsten – kurze und kühle Vegetationsperioden, vernässte oder austrocknende Standorte, nährstoffarme Böden sowie kryoturbate und gelifluidale Umlagerungen – existieren. Im arktischen (= nordhemisphärischen) Teilgebiet der Polaren/subpolaren Zone sind es gerade einmal um die 2.000, im antarktischen nur sehr wenige (Kappen und Schroeter 2002). Unter allen Ökozonen gilt die Polare/subpolare Zone als die an Gefäßpflanzen artenärmste.

Rund 80 % aller Gefäßpflanzenarten kommen sowohl in der Neuen als auch in der Alten Welt vor. Das heißt, unter jeweils ähnlichen Standortbedingungen gleichen sich die Floren selbst auf Artniveau überall in einmaliger Weise. Die Grenzen der Polaren/subpolaren Zonen zur südwärts anschließenden Borealen Zone sind weitgehend kongruent mit denen der zirkumpolaren Florenregion.

Entsprechend zur geringen Artenzahl sind auch die **Pflanzengesellschaften** durchweg artenarm In den meisten Fällen wird die Phytomasse der Gefäßpflanzen zu über 90% von weniger als 10 Arten gestellt (Chapin III u. Körner 1995).

Die meisten Gefäßpflanzenarten gehören zu den **Chamaephyten** und (häufiger noch) **Hemikryptophyten** (siehe Abb. 5.1). Etwa 10 bis 20% können **Kryptophyten** sein. Annuelle Arten (Therophyten) fehlen fast ganz, da die Sommer für die lange Entwicklung von der Keimung vorjähriger Samen bis zur erneuten Samenbildung zu kurz sind. Die Wuchshöhe der Chamaephyten bleibt meist unter 30 cm. Sie entspricht gewöhnlich der Höhe der spätwinterlichen Schneedecke. Da sich auch die Wurzeln wegen des Permafrostes kaum in die Tiefe entwickeln können, ist die **vertikale Erstreckung der Biosphäre einzigartig gering** (‚dünn'). Im Extrem umfasst sie nur wenige Zentimeter oder noch weniger (z.B. bei Krustenflechten-Gemeinschaften, deren Lebensraum sich auf wenige Millimeter an der relativ warmen Boden-[Gesteins-]oberfläche beschränkt).

Nach Artenzahl und Biomasse bedeutsam (bedeutsamer als in jeder anderen Ökozone) sind hingegen Moose und Flechten, und zwar in allen Teilregionen der Polaren/subpolaren Zone. Zur Dominanz gelangen sie (zusammen mit Cyanobakterien und Mykorrhiza-Pilzen) in den **hocharktischen** Wüsten, wo Gefäßpflanzen kaum noch vertreten sind, beispielsweise Sauergräser (Seggen, Wollgräser), Torfmoose (Sphagnum spp.) und Zwergsträucher vollständig fehlen und auch die sonst hohen Gehalte an organischer Bodensubstanz gegen Null gehen. Der Kryptogamen-Bewuchs beschränkt sich gewöhnlich auf feuchtere Standorte (mit Schmelzwasserzulauf) oder relativ warme Gesteinsoberflächen. Im ersten Fall bedeckt er den Boden krustenartig flach (< 1 cm) (GOLD und BLISS1995), im zweiten tritt er zumeist in Gestalt von wenige Millimeter hohen Krustenflechten-Gemeinschaften auf. Auf geneigten Landoberflächen bietet ein krustenförmiger Bewuchs Schutz vor Erosion und Gelifluktion.

Auch die Wuchshöhe der Chamaephyten in den **Tundren** bleibt (in Anpassung an die spätwinterliche Schneedecke, die sie von Frosttrocknis schützt) mit zumeist unter 30

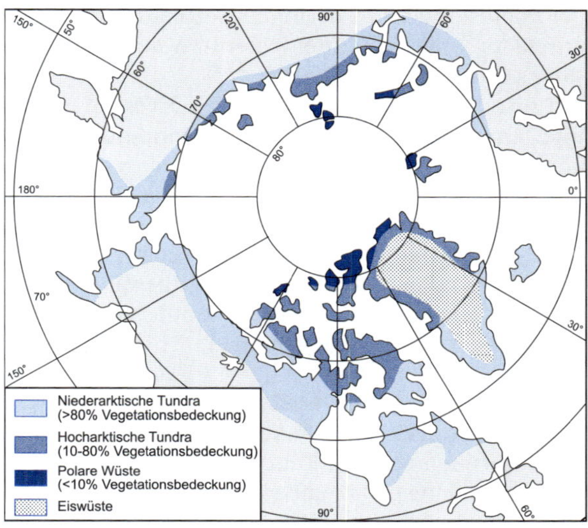

Abb. 7.14 *Gliederung der Polaren/subpolaren Zone nach dem Grad der Vegetationsbedeckung (Ives u. Barry 1974).*

cm gering. Und da sich auch die Wurzeln wegen des Permafrostes kaum in die Tiefe entwickeln können, ist die **vertikale Erstreckung der Biosphäre** auch hier **einzigartig gering** (‚dünn').

Die **Überlegenheit der Chamaephyten und Hemikryptophyten** gegenüber anderen Lebensformen beruht zum einen (gegenüber höherwüchsigen L.) darauf, dass sich ihr Wachstum in der temperaturbegünstigten bodennahen Luftschicht abspielt (vgl. Abb. 7.4). Zum anderen verbinden sich bei ihnen *Frostschutz* und *fortgeschrittene vegetative Entwicklung* optimal miteinander. Die winterliche Schneedecke schützt die Sprosse bzw. die bodennahen Sprossteile vor den (1) extremen Kältetemperaturen, (2) der Windschur (durch vom Wind bewegte Eiskristalle) und (3) der Austrocknung während der frühsommerlichen Erwärmung (wenn der Boden noch gefroren ist und damit der Wassernachschub fehlt). Für die sommerliche Wiederaufnahme des Wachstums, die bereits bei geringer Erwärmung beginnt, steht zumindest ein intaktes Wurzelsystem, bei den zumeist sommergrünen Chamaephyten sogar ein Sprosssystem bereit. Beide Lebensformen können daher ohne allzu großen ‚Kraftaufwand' und Zeitverlust Blätter zur Assimilation bilden. Für diese neuen Blätter ist charakteristisch, dass sie bereits bei relativ schwachem Licht ihre volle Photosyntheseleistung erreichen, d.h. ihre Photosynthese zeichnet sich neben der Temperaturtoleranz auch durch einen niedrigen Lichtkompensationspunkt aus (verhält sich in dieser Hinsicht also ähnlich wie Schattenpflanzen in wärmeren Klimaten).

Noch besser sind die **immergrünen Pflanzen** gestellt: Mit ihren mehrjährigen frostresistenten Blättern sind sie anderen Lebensformen auch deshalb überlegen, weil ihr Mineralstoffbedarf niedriger ausfällt (siehe Kap. 7.5.4). Entsprechend steigt ihr Anteil mit der geographischen Breite. In den hocharktischen Gebieten behalten sogar viele krautige Pflanzen ihre Blätter über den Winter.

Manche der immergrünen Pflanzen vermögen im Frühjahr sogar unter dem Schnee mit

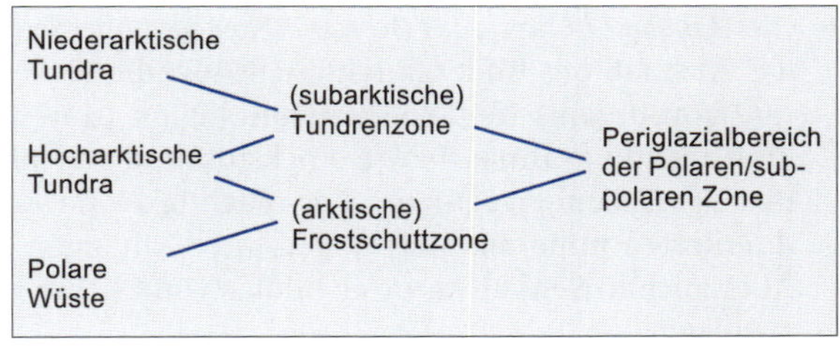

Abb. 7.15 *Sub-ökozonale Gliederung der Polaren/subpolaren Zone (nur Periglazialbereich) nach vegetationsgeographischen und klimamorphologischen Gesichtspunkten.*

der Photosynthese zu beginnen, sobald die abschmelzende Schneedecke genügend Licht durchlässt und die Lufttemperaturen in Hohlräumen über den Gefrierpunkt ansteigen (Starr und Oberbauer 2003).

Doch die Spitzenposition nehmen Flechten und Moose ein: Ihre Bedürfnisse für Licht und Temperatur sind durchweg die geringsten überhaupt, und als poikilohydre Pflanzen können sie die wechselnden Lebensbedingungen besser ertragen als die homoiohydren Phanerogamen. Dies mag erklären, dass sie in fast allen polaren/subpolaren Pflanzenformationen nach Artenzahl und Mengenanteil weit überdurchschnittlich vertreten sind.

So gut wie alle Lebensformen besitzen (zusätzlich zur sexuellen Reproduktion) die Fähigkeit zur vegetativen Vermehrung (beispielsweise durch Ausläufer). Damit sichern sie sich für solche Jahre ab, in denen sie aufgrund ungünstiger Bedingungen zu keiner Blütenbildung oder Samenreife kommen.

7.5.1 Gliederung der Vegetation

In den südlich gelegenen Tundren ist die Pflanzendecke noch geschlossen. In Richtung Pol, also mit zunehmendem Kälte- und vielerorts auch (saisonalem) Dürrestress, löst sie sich mehr und mehr auf, bis schließlich nur noch an einigen begünstigten Stellen Pflanzen auftreten, die immer weniger Arten angehören. Augenfällig ist auch, dass die Holzgewächse in dieser Richtung niederwüchsiger werden bis sie schließlich ganz fehlen (Callaghan et al. 2004).

Entsprechend diesem **Nord-Süd-Wandel** lässt sich der periglaziale Bereich der Arktis/Subarktis in mehrere (im Wesentlichen) **zirkumpolare Zonen** unterteilen. Geschieht dies nach dem Deckungsgrad der Gefäßpflanzen, so lautet das Gliederungsergebnis beispielsweise *niederarktische Tundra, hocharktische Tundra* und *polare Wüste* (Abb. 7.14; siehe auch Abb. 8.9). Die Grenze zwischen der Tundren- und der Frostschuttzone, die eher nach klimamorphologischen Gesichtspunkten festgelegt wird, liegt im Bereich der hocharktischen Tundren (Abb. 7.15).

Die breitenabhängige Zonierung wird von einer **kleinräumigen Vegetationsgliederung** überlagert, die in enger Beziehung zur **Hanglage** und zum **Bodensubstrat** steht, letztlich in beiden Fällen aber auf *Unterschieden im Wärme- und Feuchtehaushalt* beruht:

- Von der *Hanglage in Bezug auf Wind* hängen Mächtigkeit und Dauer der winterlichen Schneebedeckung ab, woraus ein unterschiedlicher Kälte-/Dürrestress im Winter/Frühsommer und ein besonders früher oder aber verspäteter Beginn der Vegetationsperiode im Sommer resultieren können. Exponierte Hangpartien unterliegen der Gefahr, dass das Pflanzenkleid durch Eispartikel geschädigt und Feinmaterial ausgeweht wird.
- Die *Hanglage in Bezug auf die Strahlung* begünstigt bzw. verzögert oder reduziert die Erwärmung von Wurzelraum und bodennaher Luftschicht, ist aber in den Tundren wegen der Rundumbesonnung (bei ständig flach stehender Sonne) von nachgeordneter Bedeutung.
- Die *Hanglage in Bezug auf Overland Flow und Interflow* sowie das *Bodensubstrat* beeinflussen das Ausmaß der Bodendurchfeuchtung, die Tiefe des Auftaubodens, die Zersetzungsrate von organischen Bodenbestandteilen (und damit die Freisetzung von vielerorts limitierender Nährstoffe wie Stickstoff und Phosphor) und die Wirksamkeit frostdynamischer Bodenbewegungen. Die Mächtigkeit der sommerlichen Auftauschicht ist in gut drainierten mineralischen Böden auf Südhängen am größten (siehe auch Abb. 7.13). Aber auch in Senken kann sie infolge von Energiegewinnen durch zufließendes Wasser ansteigen.

Auf windexponierten (also schneearmen und daher extrem winterkalten, später besonders trockenen) Standorten herrschen vielfach Flechten (Flechtentundren) oder extrem niederwüchsige, skleromorphe und immergrüne, am Boden aufliegende Spaliersträucher („kriechende" Zwergsträucher; **Windheiden**) vor, auf extrem lange schneebedeckten (spät ausapernden) Flächen in Leelage und in Senken (Schneeböden, -tälchen) eher Moose (**Moostundren**, **Schneetälchengemeinschaften**); im Schutz ausreichend mächtiger aber frühzeitig abtauender Schneelagen finden viele der weniger winterharten aufrecht wachsenden Zwergsträucher ihre günstigsten Wachstumsbedingungen (**Zwergstrauchtundren**). Auf nassen Standorten überwiegen meist niederwüchsige Weiden (**Weidengebüsch-Gesellschaften**), oder Gräser und Seggen bilden eine wiesenartige Vegetation (**Niedermoorwiesen**, **Wiesentundren**).

In den wenigen eisfreien Küstengebieten des antarktischen Kontinents („Antarktika") besteht die karge Vegetation fast nur aus Moosen und Flechten (antarktische Moos- und Flechtentundra). Reicher an Gefäßpflanzen sind die subantarktischen Inseln wie Südgeogien, Macquarie und Kerguelen.

Eine Kartierung aller eisfreien Regionen der Polaren/subpolaren Zone mittels Satellite Remote Sensing (mit einem AVHRR = Advanced Very High Resolution Radiometer) erbrachte als Ergebnis eine detaillierte digitalisierte Karte im Maßstab 1 : 7,5 Mio (CAVM = Circumpolar Arctic Vegetation Map), die u.a. auch Rückschlüsse auf oberirdische Biomassen und Böden zulässt und zugleich Möglichkeiten eröffnet, über entsprechende Erhebungen zeitliche Veränderungen zu erfassen (CAVM Team 2003, Walker et al 2005).

7.5.2 Phytomasse und Primärproduktion

Die **Phytomasse** wächst im Allgemeinen mit abnehmender geographischer Breite und abnehmender Höhenlage (also mit steigenden Lufttemperaturen und länger werdenden Vegetationsperioden) bis auf etwa 30 t ha^{-1}. Parallel hierzu vergrößert sich der *Blattflächenindex* auf über 1.

Während der kurzen Vegetationsperiode (in der niederarktischen Tundra meist Juni bis August [3]) läuft die Photosynthese rund um die Uhr und zwar, abgesehen von stark bewölkten Nächten und gegen Ende der Vegetationsperiode, mit ständig positivem Ergebnis (d.h. die Bruttoprimärproduktion ist zu jedem Zeitpunkt größer als der Atmungsverlust; vgl. hierzu Abb. 5.5).[4] Doch vermag dies die Nachteile der kurzen kühlen Vegetationsperiode und der ungünstigen Bodeneigenschaften nicht auszugleichen: Die **Primärproduktion** ist daher mit 1 bis 2 t ha^{-1} a^{-1} (max. etwa 4 t ha^{-1} a^{-1}) gering (die geringste von allen humiden Regionen der Erde). Höhere Werte (max. etwa 4 t ha^{-1} a^{-1}) erzielen die Strauchtundren in den südlichen Randgebieten der Polaren/subpolaren Zone. Doch bleiben sie auch dort erheblich niedriger, wenn die Böden nährstoffarm sind. Gegen Null gehen sie in den hocharktischen Tundren und polaren Wüsten.

Die schwachen Wachstumsleistungen erklären, dass selbst zwergwüchsige Gehölze oftmals ein hohes Alter (von vielleicht 100, im Extrem 200 Jahren) aufweisen. Eine vollstän-

---

[3] Die Vegetationsperiode beginnt frühestens ab der zweiten Hälfte der sommerlichen Strahlungsperiode, wenn die winterliche Schneedecke mit ihrer hohen Albedo (von ungefähr 80 %) abgeschmolzen ist (danach ca. 20 %) Das heißt, zu einem Zeitpunkt, zu dem die Pflanzendecke noch unterentwickelt ist und von dem ab die Sonneneinstrahlung – nach Intensität und täglicher Dauer – ständig abnimmt.

[4] Tundrenpflanzen haben niedrige Lichtkompensations- und Lichtsättigungspunkte, verhalten sich also ähnlich wie Schattenpflanzen in wärmeren Klimaten.

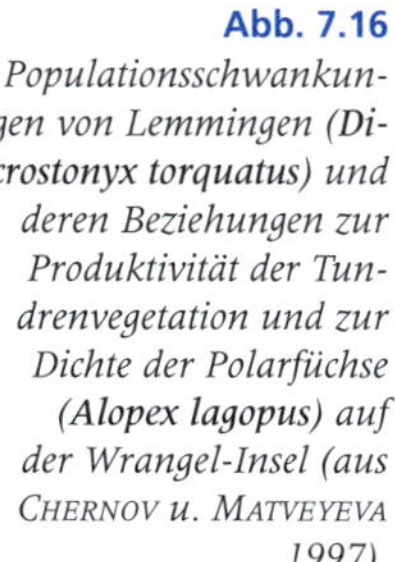

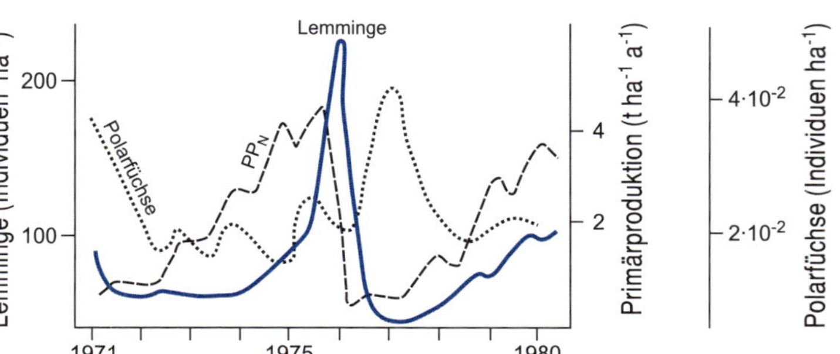

Abb. 7.16 *Populationsschwankungen von Lemmingen (**Dicrostonyx torquatus**) und deren Beziehungen zur Produktivität der Tundrenvegetation und zur Dichte der Polarfüchse (**Alopex lagopus**) auf der Wrangel-Insel (aus* CHERNOV *u.* MATVEYEVA *1997).*

dige **Regeneration der Vegetation nach einer Störung** beansprucht daher lange Zeiträume. Insofern muss die Pflanzenformation der Tundra als empfindlich (REMMERT 1980) gelten. Anders sieht diese Beurteilung aus, wenn die Erholung nicht als Regeneration des ursprünglichen Artenbestands und der ursprünglichen Alterszusammensetzung definiert wird, sondern als *Wiederherstellung der vormaligen Produktionsleistung*. Mehrere Untersuchungen bestätigen, dass dies, z.B. nach einem Feuerdurchgang, sehr rasch erfolgt (siehe auch das folgende Kapitel, insbes. die Fußnote 6 auf Seite 107).

7.5.3 Tierwelt und Tierfraß

Der Anteil, den Herbivore, insbesondere Säuger und Vögel, im Mittel vieler Jahre an der Umsetzung der Phytomasse haben, liegt in der Größenordnung von 5 bis 10% der PP_N. Das ist im Vergleich mit anderen Ökozonen hoch (nur in Savannen und Steppen kann die ökologische Bedeutung von Pflanzenfressern noch größer sein). Herbivorie fällt in den Tundren auch insofern besonders ins Gewicht, als die mikrobielle Zersetzung in vielen Böden mit der Anlieferung von Vegetationsabfällen nicht Schritt hält. Die Herbivoren tragen damit wesentlich zur **Erhaltung des Mineralstoffkreislaufes** bei. Die Pflanzen sind demzufolge ebenso auf die Konsumenten angewiesen, wie diese auf die Pflanzen, die sie fressen.

Am wichtigsten sind – wie auch in den tropischen und temperaten Grasländern – Ungulaten (Huftiere, hier z.B. Rentiere, Karibus und Moschusochsen), Rodentia (Nagetiere, z.B. Lemminge) und Lagomorpha (Hasen, Kaninchen). Eine ebenfalls bedeutsame Rolle spielen Schneehühner und einige Wasservögel, insbesondere Wildgänse. Wirbellose sind für Umsätze durch Tierfraß unerheblich.

Für die kleineren Tierarten sind **extreme zyklische Schwankungen der Populationsgrößen** innerhalb weniger Jahre charakteristisch. Sie erweisen sich damit als *r-Strategen*, die sich bei günstigen Bedingungen rasch vermehren[5] und auf diese Weise die „Gunst der Stunde" besser (schneller) nutzen können als große Tiere, die als *K-Strategen* langsamer auf Änderungen ihrer Umwelt reagieren, aber ungünstige Bedingungen eher überstehen (REMMERT 1992). Gewöhnlich sind die von Jahr zu Jahr wechselnden Nahrungsangebote die unmittelbare Ursache für die Dichteschwankungen, wobei die darauf mit Vermehrung oder Rückgang

[5] Massenvermehrungen sind kurzfristig möglich, da kurze Tragzeiten mehrere Würfe pro Jahr (mit jeweils mehreren Jungen) erlauben (*Lemmus sibiricus* z.B. bei einer Tragzeit von 21 Tagen bis zu neun Würfe mit durchschnittlich sieben Jungen; BATZLI 1981) und die Nachkommen schnell geschlechtsreif werden. Nach 20-jährigen Beobachtungen bei Barrow, Alaska, stieg die Dichte der Lemmingpopulation alle drei bis sechs Jahre auf 150 bis 225 Individuen pro Hektar; dazwischen fiel sie auf 1 bis 5 Individuen ab (BLISS 1997).

Tab. 7.1. Primärproduktion und Zersetzung im Vergleich von Tundren und tropischen Regenwäldern.

Pflanzenformationen	Größenordnungen der	
	Primärproduktion ($t\ ha^{-1}\ a^{-1}$)	Zersetzungsdauer (Jahre)
Tundra	2	100 bis 1000
Tropischer Regenwald	20	1

reagierenden Tiere wie Lemminge (und andere Wühlmausarten) und Schneehühner meist selbst (jedenfalls teilweise) Ursache dieser Angebotsveränderungen sind: Der steile Anstieg ihrer Populationsdichten nach reicherem Nahrungsangebot führt über kurz oder lang zu einer Nahrungsverknappung und erzwingt damit einen (meist ebenso abrupten) Rückgang der Populationen; erst danach kann sich die Vegetation und damit das Futterangebot wieder erholen und so ein neuer Vermehrungszyklus beginnen (siehe Abb. 7.16). In Jahren höchster Dichte übertrifft die Herbivorie den vorgenannten Durchschnittswert um ein Mehrfaches.

Die Erholung der Vegetation fällt in eine Phase mit erhöhtem Mineralstoffangebot im Boden. Sie kommt daher, trotz der voraufgegangenen Störung durch übermäßigen Tierfraß, rasch voran und führt zu relativ mineralreicher Phytomasse.[6] Die Ursachen für das erhöhte Mineralstoffangebot liegen vor allem im voraufgegangenen Tierfraß selbst, da dies den Abbau (Mineralisierung) der organischen Substanzen erheblich beschleunigte und somit einen **Düngereffekt** herbeiführte.

7.5.4 Zersetzung und Mineralstoffumsätze

Die ökologische Benachteiligung der Tundren bei der Primärproduktion wird von der Benachteiligung bei der Zersetzung organischer Abfälle noch übertroffen: Gegenüber dem tropischen Regenwald liegt die PP_N bei nur etwa 1/10; dagegen dauert die Zersetzung rund 100 bis 1000 Jahre länger als dort (Tab. 7.1).

Die niedrigen Zersetzungsraten erklären, warum Tundrenökosysteme (insbesondere in der Niederarktis) **hohe Streuauflagen und Humusgehalte** haben. Im Verhältnis zur (geringen) Phytomasse hat keine der übrigen Ökozonen ähnlich hohe Mengenanteile an toter organischer Substanz: Vielfach umfassen sie weit über 90% der gesamten organischen Substanz (= Biomasse + Streu + Humus) und auch absolut liegt die tote organische Substanz mit bis zu 300 bis 600 $t\ ha^{-1}$ im Spitzenbereich, den sonst nur noch boreale Waldökosysteme erreichen (deutlich höhere Mittelwerte ergeben sich für die Boreale Zone allerdings dann, wenn die dort häufigen Torfmoore einbezogen werden; siehe Kap. 8.5.2 und 8.5.6).

Hemmfaktoren für die Zersetzung sind Wärmemangel, das ungünstige C/N-Verhältnis der meisten Streubestandteile sowie das saure und häufig – aufgrund verbreiteter Staunässe – sauerstoffarme Milieu. Davon ist der zuletzt genannte Faktor am bedeut-

[6] Einen extremen Fall aus der kanadischen Tundra beschreiben Henry u. Gunn (1991). Dort waren 1987 im Sommer 500 bis 1000 Karibus auf einer 40 km^2 großen Insel nach Abschmelzen des Meereises eingeschlossen worden. Alle Tiere verhungerten schließlich, nachdem sämtliche Pflanzen abgefressen waren. Doch bereits im folgenden Jahr hatte sich die Vegetation von der exzessiven Überweidung erholt: Sowohl die Artenzusammensetzung als auch die Produktionsleistungen entsprachen den in normalem Umfange beweideten Tundrenflächen auf dem benachbarten Festland.

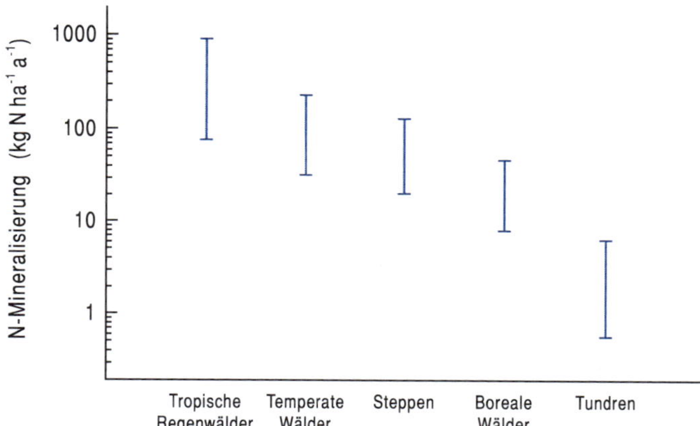

Abb. 7.17 *Stickstoff-Mineralisierungsraten in verschiedenen zonalen Ökosystemen (*NADELHOFER *et al. 1992, verändert). Gemeint ist die Netto-Mineralisierungsrate, d.i. die Differenz aus Stickstofffreisetzung (Mineralisierungsprozesse = Zersetzung von organischer Substanz zu mineralischem Stickstoff wie NH^{4+}, NO^{3-}) und erneuter org. Bindung (=Immobilisierung) durch Mikroben und Pflanzen und Verlusten durch beispielsweise durch Denitrifikation. Weitere Erläuterungen im Text.*

samsten, während die Temperaturen (sowie auch die Lichtverhältnisse) eine relativ unwichtige Rolle spielen. Dementsprechend sind die Mengen an toter organischer Bodensubstanz dort am größten, wo die Zersetzung am stärksten gehemmt ist (nicht dort, wo die Primärproduktion Höchstwerte erreicht).

Als Folge der Humus- und Streuanreicherung ist ein großer Teil der Nährstoffe in einer für die Pflanzen unerreichbaren Form festgelegt, d.h. die akkumulierende organische Substanz bildet nicht nur eine Kohlenstoffsenke (s.u.), sondern auch eine **Nährstoffsenke**. Die Nährstoffimmobilisation wirkt sich insbesondere auf die *Stickstoffversorgung* nachteilig aus. Nach NADELHOFFER et al. (1992) werden jährlich nur etwa 1 bis 6 kg N pro Hektar mineralisiert – gegenüber 15 bis 200 kg in borealen und temperaten Ökosystemen und bis zu 900-kg in tropischen Regenwäldern (Abb. 7.17).

Die erheblichen Schwierigkeiten bei der Mineralstoffversorgung erfordern von den Tundrenpflanzen besondere Anpassungen. Dazu zählt, dass viele von ihnen – ohne die Mithilfe von Mykorrhiza –**hohe Mineralstoff-Nutzungseffizienzen** entwickelt haben. Das heißt, mit geringen Mengen an Mineralstoffen können sie relativ viel produzieren! Dies bedeutet aber auch, dass die Mineralstoffkonzentrationen in den Pflanzengeweben niedrig sind und damit die Zersetzbarkeit nach dem Absterben eingeschränkt ist.

Die *sommergrünen* Chamaephyten und Hemikryptophyten erreichen ihre hohen Nutzungseffizienzen dadurch, dass sie einen Großteil des Bedarfs an Mineralstoffen (insbesondere von N, K und P) und Kohlenhydraten aus Reserven in den überdauernden Sprossteilen bzw. unterirdischen Organen decken, die dort im Vorjahr über Retranslokation aus absterbenden Organen gebildet wurden. Sie sind insbesondere für das Sprosswachstum zu Beginn der Vegetationsperiode bedeutsam, wenn die allgemeine Erwärmung schon fortgeschritten, der Boden aber größtenteils noch gefroren ist.

Die *Immergrünen* sind insofern besser gestellt, als bei ihnen die grundsätzlich mineralstoffbedürftige Blattproduktion entfällt.

7.5.5 Modell eines Tundrenökosystems

Das Ökosystemmodell (Abb. 7.18) geht – wie üblich – von Steady-State-Bedingungen aus. Dies ist im Falle der Tundren allerdings fragwürdiger als sonst: Viele Untersuchungsergebnisse machen nämlich unwahrscheinlich, dass sich hier auch unter ungestörten Verhältnissen überall ein Gleichgewichtszustand einpendelt. An manchen Orten der Tundren dürfte die **PP_N beständig größer als die Zersetzungsrate** ist, sich daher der Bestand an toter organischer Substanz laufend vergrößert. Dies ist mit Sicherheit bei allen Mooren der Fall. Nach Erhebungen mehrerer Autoren steigen dort die Kohlenstoffmengen der Böden jährlich um 0,3 bis 1,2 t ha^{-1}; in den gut drainierten Zwergstrauchtundren beträgt der Anstieg im Mittel immer noch 0,23 t ha^{-1}. Dies entspricht einer Zunahme an organischer Trockensubstanz von etwa 0,7 bis 2,7 t bzw. 0,5 t pro Hektar (vgl. hierzu Kap. 8.5.6).

Der in den **Böden der eisfreien Regionen** (= rund 5,5 Mio km^2; nach anderen Quellen: 3,5–5,6 Mio km^2) **gespeicherte organische Kohlenstoff** wird auf über 450 Gt in Torfen und 400 Gt in pleisto-/holozänen Löss-Ablagerungen geschätzt (GORHAM 1991 und SMITH et al. 1991 bzw. ZIMOV et al 1996)[7], die durchschnittliche jährliche Zunahme für die

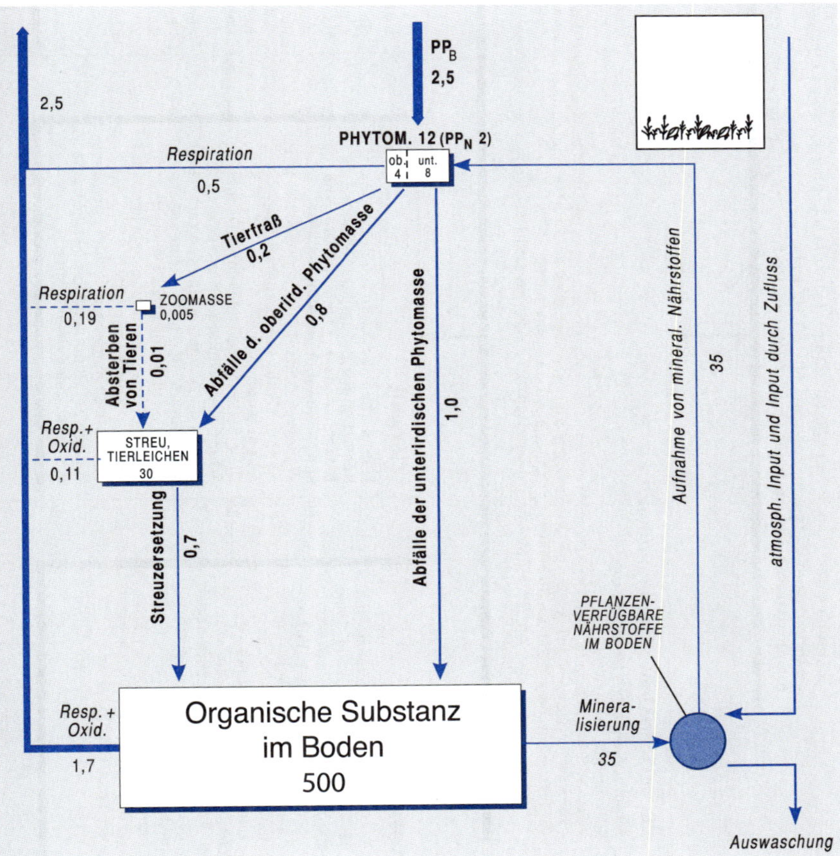

Abb. 7.18
Vereinfachtes Ökosystem-Modell einer Zwergstrauchtundra auf einem einem dystric Gleysol (Gelic), zusammengestellt nach Angaben aus BLISS *et al. 1981,* TIESZEN *1978,* WIELGOLASKI *1975 und 1997. Zum Modellschema siehe Kap. 5.2. Auffallend ist der vor allem im Vergleich zur kleinen Phytomasse riesengroße Vorrat an organischer Substanz im Boden (hauptsächlich Rohhumus oder Torf). Die Tundra stellt demnach ein im Wesentlichen* **belowground ecosystem** *dar (*OECHEL *et al. 1997).*

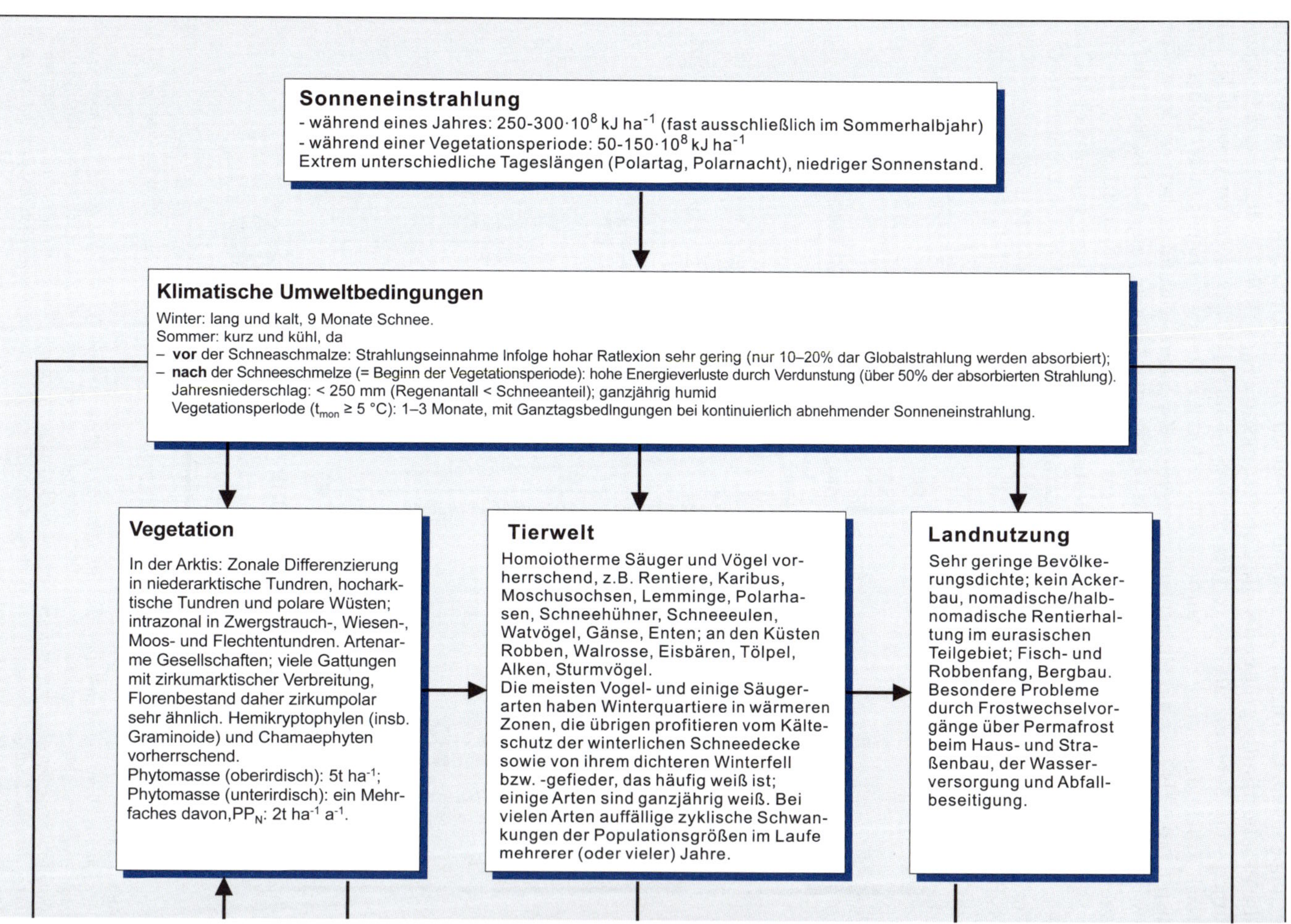

Sonneneinstrahlung
- während eines Jahres: 250-300·10^8 kJ ha^{-1} (fast ausschließlich im Sommerhalbjahr)
- während einer Vegetationsperiode: 50-150·10^8 kJ ha^{-1}
Extrem unterschiedliche Tageslängen (Polartag, Polarnacht), niedriger Sonnenstand.
Klimatische Umweltbedingungen
Winter: lang und kalt, 9 Monate Schnee.
Sommer: kurz und kühl, da
– vor der Schneaschmalze: Strahlungseinnahme Infolge hohar Ratlexion sehr gering (nur 10–20% dar Globalstrahlung werden absorbiert);
– nach der Schneeschmelze (= Beginn der Vegetationsperiode): hohe Energieverluste durch Verdunstung (über 50% der absorbierten Strahlung).
Jahresniederschlag: < 250 mm (Regenantall < Schneeanteil); ganzjährig humid
Vegetationsperlode ($t_{mon} \geq 5$ °C): 1–3 Monate, mit Ganztagsbedlngungen bei kontinuierlich abnehmender Sonneneinstrahlung.
Vegetation
In der Arktis: Zonale Differenzierung in niederarktische Tundren, hocharktische Tundren und polare Wüsten; intrazonal in Zwergstrauch-, Wiesen-, Moos- und Flechtentundren. Artenarme Gesellschaften; viele Gattungen mit zirkumarktischer Verbreitung, Florenbestand daher zirkumpolar sehr ähnlich. Hemikryptophylen (insb. Graminoide) und Chamaephyten vorherrschend.
Phytomasse (oberirdisch): 5t ha^{-1};
Phytomasse (unterirdisch): ein Mehrfaches davon,PP_N: 2t ha^{-1} a^{-1}.
Tierwelt
Homoiotherme Säuger und Vögel vorherrschend, z.B. Rentiere, Karibus, Moschusochsen, Lemminge, Polarhasen, Schneehühner, Schneeeulen, Watvögel, Gänse, Enten; an den Küsten Robben, Walrosse, Eisbären, Tölpel, Alken, Sturmvögel.
Die meisten Vogel- und einige Säugerarten haben Winterquartiere in wärmeren Zonen, die übrigen profitieren vom Kälteschutz der winterlichen Schneedecke sowie von ihrem dichteren Winterfell bzw. -gefieder, das häufig weiß ist; einige Arten sind ganzjährig weiß. Bei vielen Arten auffällige zyklische Schwankungen der Populationsgrößen im Laufe mehrerer (oder vieler) Jahre.
Landnutzung
Sehr geringe Bevölkerungsdichte; kein Ackerbau, nomadische/halbnomadische Rentierhaltung im eurasischen Teilgebiet; Fisch- und Robbenfang, Bergbau. Besondere Probleme durch Frostwechselvorgänge über Permafrost beim Haus- und Straßenbau, der Wasserversorgung und Abfallbeseitigung.

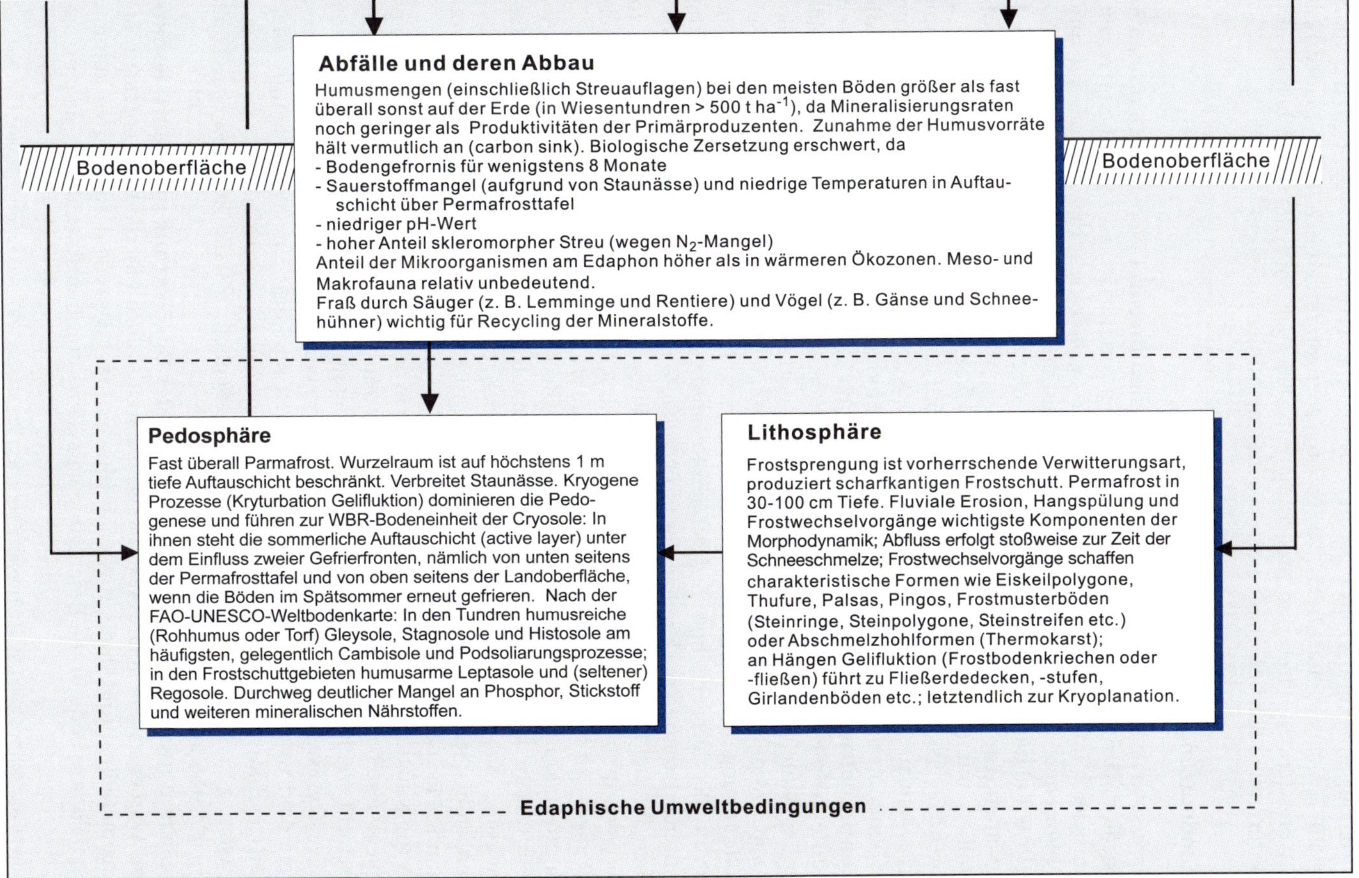

Abb. 7.19 *Zusammenfassendes Schaubild der Tundra.*

letzten 10.000 Jahre auf 0,17 bis 0,28 t ha^{-1} (Bliss und Matyeveva 1992, Soegaard 2002, Wookey 2002, Corradi et al. 2005). Die größten Mengen finden sich in den niederarktischen Zwergstrauchtundren und Niedermooren. Aber auch die Halbwüsten bergen aufgrund ihrer hohen Flächenanteile noch beachtliche Kohlenstoffvorräte.

7.6 Landnutzung

Die Polare/subpolare Zone ist ganz **überwiegend siedlungsfrei** (von allen Ökozonen ist sie die siedlungsärmste). Einzig in den subarktischen Tundren ist es zu einer nennenswerten, wenngleich immer noch spärlichen Besiedlung gekommen. Heute leben hier rund 2 Mio. Menschen. Der einheimische Bevölkerungsanteil umfasst etwa 90.000 Eskimos (Inuit) in Grönland und im nördlichen Amerika (wenige im Nordosten von Sibirien), 35.000 Samen (Lappen) in Nordeuropa sowie eine größere Zahl von Angehörigen sibirischer Völkerstämme wie Samojeden, Jakuten, Ostjaken, Tschukschen etc.

Während die Eskimos traditionell als **hochspezialisierte Fischer und Jäger**, meist mit Schwergewicht auf Fisch-, Robben- und Walfang in Küstengewässern, leb(t)en, betreiben die Bewohner im nördlichen Eurasien seit altersher eine **nomadische bis halbnomadische Rentierhaltung**, bei der die Herden zwischen Tundren (oder tundren-ähnlichen Höhenstufen von Bergländern) im Sommer und südlicher (bzw. tiefer) gelegenen Waldgebieten im Winter wechseln. Gegenwärtig gibt es dort auf einer Fläche von rund 3 Mio. km^2 knapp 3 Mio. Rentiere. Bei modernem Management (z.B. geregelter Weidewechsel, Stickstoffdüngung, Aussaat perennierender Grasarten) könnten, überall angewendet, die Tundren zu wichtigen fleischproduzierenden Regionen der Welt werden (so die Meinung optimistischer Experten nach einigen ermutigenden Versuchen – z. B. bei Vorkuta in der russischen Tundra: Kimble 2004). Dabei sind allerdings die Risiken einer Überweidung zu beachten, was in manchen Fällen nicht genügend geschah und – wie auch bei industriellen Vorhaben – zu erheblichen Umweltschäden geführt hat (Forbes et al. 2004).

Hoffnungen knüpfen sich auch an eine Domestizierung von **Moschusochsen**. Bei ihnen kann sowohl das Fleisch als auch die Wolle genutzt werden. Da die Moschusochsen Weidenbüsche (*Salix* spp.; in hocharktischen Tundren: Riedgräser) als Futterpflanzen bevorzugen, stehen sie kaum in Futterkonkurrenz mit Rentieren und Karibus, die sich von Gräsern und Flechten ernähren.

Moderne Nutzungsformen stoßen auf einige **naturbedingte Schwierigkeiten**. So gibt es beispielsweise besondere Probleme beim Haus- und Straßenbau: Da die sommerliche Auftauschicht weithin (wenn auch längst nicht überall) wasserübersättigt und dann von morastiger Konsistenz ist, müssen die **Fundamente von Bauten** zwar im Permafrostbereich verankert werden, aber zugleich so beschaffen sein, dass eine Wärmeleitung nach unten ausgeschlossen bleibt. Andererseits kann auch die Gefahr des Hochfrierens bestehen, wenn z.B. die Unterkonstruktion beim Straßenbau zu stark isoliert ist und damit den Permafrostboden hochwachsen lässt.

Besonders aufwendig ist auch die **Versorgung der Bevölkerung mit Nahrungsmitteln und Wasser**, da die polare Ackerbaugrenze weit südlich innerhalb der borealen Nadelwaldgebiete liegt und Bodenwasser weithin nur in gefrorenem Zustand vorkommt. Und ebenfalls schwierig ist die Beseitigung von Haus- und Industrieabfällen, da eine na-

[7] Das ist mehr, als sich weltweit in der Biomasse befindet (Schlesinger 1997, Schulze et al. 2005).

türliche Zersetzung kaum erfolgt. **Bodensackungen** mit nachfolgenden Vernässungen können sich aus Zerstörungen der Tundrenvegetation herleiten, wie sie im Umland von modernen Siedlungen verbreitet auftreten (VIRTANEN 2002; siehe Abb. 7.12 [Thermokarst] sowie Seite 119 [Alasse]).

Literatur zu Kap. 7

ALEKSANDROVA, V. D. (1988): Vegetation of the Soviet polar desert. Cambridge Univ. Press, Cambridge. (Übers.).

BATZLI, G. O. (1981): Populations and energetics of small mammals in the tundra ecosystem. In: BLISS et al., 377–396.

BEYER, L. und BÖLTER, M. (eds.) (2002): Geoecology of Antarctic ice-free coastal landscapes. *Ecol. Studies* 154. Berlin Springer, 427 S.

BLISS, L. C., HEAL, O. W. und MOORE, J. J. (eds.) (1981): Tundra ecosystems: a comparative analysis. *Intern. Biol. Progr.* 25. Cambridge University Press, Cambridge, 813 S.
– (1997): Arctic ecosystems of North America In: WIELGOLASKI, 551–683.

BLÜMEL, W. D. (1999): Physische Geographie der Polargebiete. Teubner, Stuttgart, 239 S.

BUTZER (1976), *s.* Lit. zu Kap. 3.

CALLAGHAN, T. V., BJÖRN, L. O., CHERNOV, Y., CHAPIN, T., CHRSTENSEN, T. R., HUNTLEY, B., IMS, R. A., JOHANSSON M., JOLLY, D., JONASSON, S., MATVEYEVA, N., PANICOV, N., OECHEL, W., SHAVER, G. und HENTTONEN, H. (2004): Effects on the structure of Arctic ecosystems in the short- and long-term perspectives. Ambio 33, 436–447.

CAVM TEAM (2003): Circumpolar Arctic vegetation map (scale 1:7,5 Mio). Conservation of Arctic flora and fauna (CAFF). Map no. 1, US Fish and Wildlife Service, Anchorage, AK, US.

CHAPIN III, F. S., JEFFERIES, R. L, REYNOLDS, J. F., SHAVER, G. R. und SVOBODA J. (eds.) (1992): Arctic ecosystems in a changing climate: an ecophysiological perspective. Academic Press, New York, 469 S.
– und KÖRNER, C. (eds.) (1995): Arctic and alpine biodiversity. *Ecol. Studies* 113. Springer, Berlin, 332 S.

CHERNOV, Y. I. und MATVEYEVA, N. V. (1997): Arctic ecosystems in Russia. In: WIELGOLASKI, 361–507.

CORRADI, C., KOLLE, O., WALTERS, K., ZIMOV, S. A. und SCHULZE, E.-D. (2005): Carbon dioxide and methane exchange of north-east Siberian tussock tundra. Global Change Biology 11, 1910–1925. Doi 10.1111/j.1365-2486.2005.01023.x

EPSTEIN, H. E., RAYNOLDS, M. K., WALKER, D. A., BHAT, U. S., TUCKER, C. J. und PINZON J. E (2012): Dynamics of aboveground phytomass of the circumpolar Arctic tundra during the past three decades. *Environ Research Letters* 7, 12 S.

FORBES, B. C., FRESCO, N., SHIVIDENKO, A., DANELL, K, und CHAPIN III, F. S. (2004): Geographic variations in anthropogenic drivers that influence the vulnerability and resilience of social-ecological systems. *Ambio* 33, 377–382.

FRENCH, H. M. (2007, 1. Aufl. 1976): The periglacial environment. Wiley, Chichester (3. Aufl.), 458 S.
– (1981): Permafrost and ground ice. In: GREGORY, K. J. und WALLING, D. E. (eds.): Man and environmental processes. Butterworths, London, 144–162.

GOLD, W. G. und BLISS, L. C. (1995): Water limitations and plant community development in a polar desert. *Ecology* 76, 1558–1568.

GUTMAN, G. und REISSEL, A. (EDS.) (2011): Eurasian Arctic land cover and land use in a changing climate. Springer, Dordrecht, 306 S.

HENRY, G. H. R. und GUNN, A. (1991): Recovery of tundra vegetation after overgrazing by Caribou in arctic Canada. *Arctic* 44, 38–42.

IVES, J. D. und BARRY, R. G. (eds.) (1974): Arctic and alpine environments. Methuen, London, 999 S.

JOLY, K., JANDT, R. R. und KLEIN, D.R. (2009): Decrease of lichens in Arctic ecosystems: the role of wildfire, caribou, reindeer, competition and climate in north-western Alaska. Polar Research 28, 433–442.

KAPPEN, L. und SCHROETER (2002): Plants and lichens in the Antarctic, their way of life, and their relevanche to soil formaion: In: BEYER und BÖLTER, S. 327–373.

KARTE, J. (1979): Räumliche Abgrenzung und regionale Differenzierung des Periglaziärs. *Bochumer Geogr. Arb.* 35. Schoeningh, Paderborn, 211 S.

KIMBLE, J. M. (ed.) (2004)): s. Lit. zu Kap. 5

MACKAY, J. R. (1972): The world of underground ice. *Ann. Ass. Am. Geogr.* 62, 1–22.

NADELHOFFER, K. J., GIBLIN, A. E., SHAVER, G. R. und LINKINS, A. E. (1992): Microbial processes and plant nutrient availability in arctic soils. In: CHAPIN III et al., 281–300.

OECHEL, W. C., CALLAGHAN, T., GILMANOV, T., HOLTEN, J. I., MAXWELL, B., MOLAU, U. und SVEINBJÖRNSSON, B. (eds.) (1997): Global change and arctic terrestrial ecosystems. *Ecol. Studies* 124. Springer, Berlin, 493-S.

OHMURA, A. (1984): Comparative energy balance study for arctic tundra, sea surface, glaciers and boreal forests. *GeoJournal* 8, 221–228.

PROWSE, T. D. (1994): Environmental significance of ice to streamflow in cold regions. *Freshwater Biology* 32, 241–259.

ROY, J., SAUGIER, B. und MOONEY, H. A. (EDS) (2001): s. Lit. zu Kap. 5

REMMERT, H. (1980): Arctic animal ecology. Springer, Berlin, 250 S.

– (1992), *s.* Lit. zu Kap. 5.

SCHUNKE, E. (1986): Periglazialformen und Morphodynamik im südlichen Jameson-Land, Ost-Grönland. *Abh. Akad. Wiss. Göttingen* 36. Vandenhoeck u. Ruprecht, Göttingen, 142 S.

SITCH, S., MCGUIRE, A. D., KIMBALL, J., GEDNEY, N., GAMON, J., ENGSTROM, R., WOLF, A., ZHUANG, Q., CLEINN, J. und MCDONALD, K. C. (2007): Assessing the carbon balance of circumpolar Arctic tundra using remote sensing and process modeling. *Ecolological Applications* 17, 213–234.

SKARTVEIT, A., RYDEN, B. E. und KÄRENLAMPI, L. (1975): Climate and hydrology of some Fennoscandian tundra ecosystems. In: WIELGOLASKI, Bd. 16, 41–53.

STÄBLEIN, G. (1987): Periglaziale Mesoreliefformen und morphoklimatische Bedingungen im südlichen Jameson-Land, Ost-Grönland. *Abh. Akad. Wiss. Göttingen* 37. Vandenhoeck u. Ruprecht, Göttingen, 114 S.

STARR, G. und OBERBAUER, S. F. (2003): Photosynthesis of Arctic evergreens under snow: Implications for tundra ecosystem carbon balance. *Ecology* 84, 1415–1420.

SUGDEN, D. (1982): Arctic and Antarctic. Blackwell, Oxford, 472 S.

THANNHEISER, D. und WÜTHRICH, Ch. (2002): Die Polargebiete. Das Geographische Seminar, Westermann, Braunschweig, 299 S.

TIESZEN, L. L. (ed.) (1978): Vegetation and production ecology of an Alaskan arctic tundra. *Ecol. Studies* 29. Springer, Berlin, 686 S.

VIRTANEN, T., MIKKOLA, K., PATOVA, E. und NIKULA, A. (2002): Satellite image analysis of human caused changes in the tundra vegetation around the city of Vorkuta, north-European Russia. *Environmental Pollution* 120, 647–658.

VONLANTHEN, C. M., WALKER, D. A., RAYNOLDS, M. K., KADE, A., KUSS, P., DANIELS, F. J. A. und MATVEYEVA, N. V. (2008): Patterned-ground plant communities along a bioclimate gradient in the high Arctic, Canada. *Phytocoenologia* 38, 23–63.

WALKER, D. A., RAYNOLDS, M. K., DANIELS, F. J. A., EINARSSON, E., ELVEBAKK, A., GOULD, W. A., KATENIN, A. E., KHOLOD, S. S., MARKON, C. J., MELNIKOV, E. S., MOSKALENKO, N. G., TALBOT, S. S., YURTESEV, B. A., and THE OTHER MEMBERS OF THE CAVM TEAM (2005): The circumpolar Arctic vegetation map. J. *Vegetation Science* 16, 267–282

WALTER und BRECKLE (1999–2004): s. Lit. zu Kap. Allg. Teil.

WASHBURN, A. L. (1979): Geocryology: a survey of periglacial processes and environments. Arnold, London, 406 S.

WEISE, O. (1983): Das Periglazial. Geomorphologie und Klima in gletscherfreien tiefen Regionen. Borntraeger., Berlin, 199 S.

WELLER, G. und HOLMGREN, B. (1974): The microclimates of the arctic tundra. *J. Applied Meteorol.* 13, 854–862.

WIELGOLASKI, F. E. (ed.) (1975): Fennoscandian tundra ecosystems. *Ecol. Studies* 16 und 17. Springer, Berlin, 366 S. und 336 S.

– (ed.) (1997): Polar and alpine tundra. *Ecosystems of the World* 3. Elsevier, Amsterdam, 920 S.

8 Boreale Zone

8.1 Verbreitung

Die Boreale Zone kommt als einzige von allen Ökozonen **nur auf der Nordhemisphäre** vor. Ihre Verbreitung ist dort erdumspannend mit einer Nord-Süd-Breite von wenigstens 700 km; maximal werden in Nordamerika 1500 km und in Eurasien 2000 km erreicht (Abb. 8.1). Die folgenden Erdregionen gehören, sieht man einmal von den Tundren ab, ganz oder überwiegend zur Borealen Zone: Kanada, Alaska, Skandinavien, das nördliche Russland und Sibirien

Die Teilvorkommen addieren sich auf eine Gesamtfläche von knapp 20 Mio. km^2 oder rund 13% des Festlandes der Erde. Die Boreale Zone gehört damit, wie die vorstehend beschriebenen polaren und subpolaren Gebiete, zu den größeren Ökozonen. Eine eindeutige Spitzenstellung besitzt sie im Vergleich mit den anderen (ursprünglichen) *Waldzonen* der Erde (also den Feuchten Mittelbreiten, Immerfeuchten Subtropen und Immerfeuchten Tropen). Und auch der Flächenanteil, den Moore in ihr haben, ist einzigartig hoch, und zwar sowohl im Verhältnis zu ihrer Gesamtfläche als auch im Vergleich mit allen Mooren der Erde: Von diesen dürften mehr als die Hälfte in der Borealen Zone (und – mit einem weitaus kleineren Anteil – in der Polaren/subpolaren Zone) liegen.

8.2 Klima

Die Zahl der Monate mit Mitteltemperaturen von ≥5 °C (Vegetationsperiode) beläuft sich auf 4 bis 5, seltener auch 6 Monate. Mitteltemperaturen von ≥10 °C treten in wenigstens 1 und maximal 3 (selten 4) Monaten auf. Lediglich in hochkontinentalen Räumen kann sich die Vegetationsperiode auf 2 bis 3 Monate verkürzen, deren Temperaturen dann aber alle relativ hoch sind (meist >10 °C).

Die sich unter den genannten Bedingungen einstellende zonale Pflanzenformation ist der auch heute noch weithin erhaltene **boreale Nadelwald**.

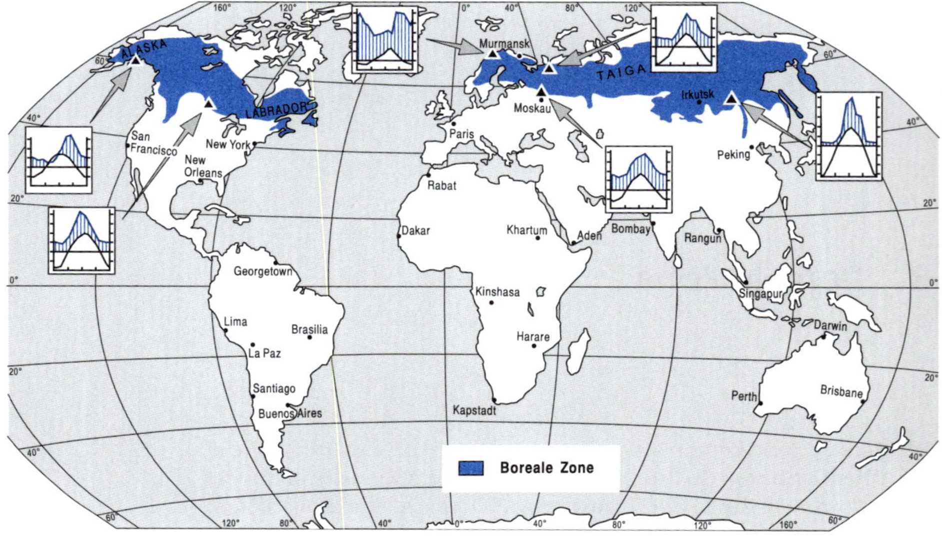

Abb. 8.1

Boreale Zone. Die Verbreitung ist nordhemisphärisch-zirkumpolar. Die Südgrenze reicht an den Ostseiten der Kontinente bis etwa 50° N, an den Westseiten infolge warmer Meeresströmungen (Golfstrom bzw. Kuro-Schio) nur bis etwa 60° N. Unter hochkontinentalen Bedingungen schließen unmittelbar Steppen (der Trockenen Mittelbreiten) an, sonst sommergrüne Wälder (der Feuchten Mittelbreiten). Die Nordgrenze zu den Tundren (der Polaren/subpolaren Zone) folgt der polaren Baumgrenze. Ihre nördlichsten Punkte erreicht sie in Eurasien mit 72° 30' (Taimyr Halbinsel) und in Nordamerika mit 69° (NW-Kanada).

Im Süden folgen ab etwa 4 Monaten mit $t_{mon} \geq 10$ °C und 1 Monat mit $t_{mon} \geq 18$ °C sowie einer mindestens 6-monatigen Vegetationsperiode sommergrüne Laubwälder (Feuchte Mittelbreiten), sonst Steppen und Halbwüsten (Trockene Mittelbreiten).

Nach Norden schließen jenseits der **polaren Baumgrenze** Tundren (Polare/subpolare Zone) an. Der Verlauf der Baumgrenze stimmt weithin recht gut mit der 10 °C-Juli-Isotherme überein (Abb. 8.2). Zu weiteren Lagebeziehungen und Ursachen der Baumgrenze siehe Kap. 8.5.3. Keine Korrelation besteht zur Verbreitung des Permafrostes (siehe Kap. 8.3), die in Zentralasien weit in die borealen Waldgebiete hineinreicht.

Die jährlichen **Niederschläge** sind mit 250 bis 500 mm (in einigen Gebieten bis etwa 800 mm)[1] zwar höher als in der Tundra, aber im Vergleich mit den anderen humiden Erdregionen immer noch niedrig (z.B. erhalten die Feuchten Mittelbreiten etwa doppelt so viel). Die Niederschlagsmaxima liegen im Sommer.

Ein großer Teil der Niederschläge fällt als **Schnee**, doch ist der *Regen*anteil zumeist größer. Die winterliche Schneebedeckung ist mit 30 bis 100 cm mächtiger als in der Tundra, andererseits mit etwa 6 bis 7 Monaten Dauer kürzer als dort.

Während der Vegetationsperiode herrschen Langtags- bis Dauertagsbedingungen: Zur Zeit des Sommersolstitium erreichen

[1] Wesentlich höhere (stellenweise weit über 1000 mm) Niederschläge fallen in den westlichen und östlichen Küstensäumen und auf den vorgelagerten Inseln von Eurasien und Nordamerika.

Abb. 8.2
Verlauf von 10 °C-Juli-Isotherme und polarer Baumgrenze auf der Nordhalbkugel (Stäblein 1987).

die Tageslängen an der Südgrenze mindestens 16 Stunden und in den nördlichsten Vorkommen 24 Stunden. Dadurch werden – ähnlich wie in der Tundra – Nachteile, die aus der gegenüber niederen Breiten geringeren Intensität der Sonneneinstrahlung herrühren, wenigstens für einige Zeit kompensiert. So steigt die **Globalstrahlung** in den Monaten Mai bis Juli auf Spitzenwerte von rund $60 \cdot 10^8$ kJ ha^{-1} mon^{-1} oder sogar mehr und liegt damit ähnlich hoch wie in den äquatornäheren Ökozonen zur selben Zeit (Abb. 2.2).

Trotzdem bleiben die **Lufttemperaturen** auch dann niedriger als dort, da – ähnlich (wenn auch nicht so extrem ausgeprägt) wie in Tundren – große Strahlungsanteile während der lange anhaltenden Schneebedeckung reflektiert und später über die Verdunstung des Schmelzwassers in latente Wärme transferiert werden. Und vor allem ist natürlich von Bedeutung, dass die Zeitspanne höherer Einstrahlungsbeträge und positiver Strahlungsbilanzen relativ kurz ist und die zunächst gefrorenen, später – nach dem Auftauen – für einige Zeit

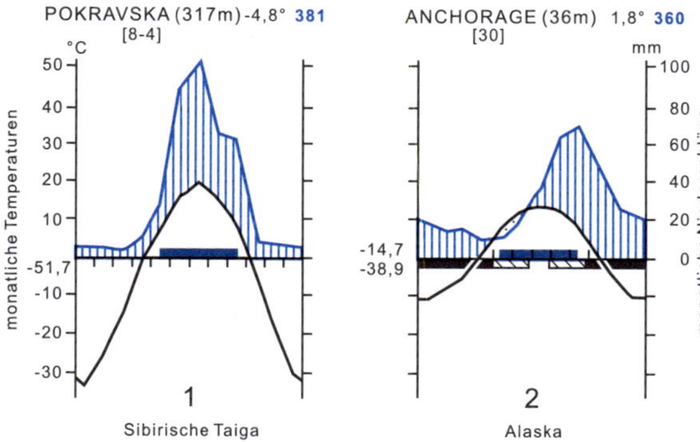

Abb. 8.3 *Klimadiagramme des kalt-kontinentalen (1) und des kalt-ozeanischen (2) Klimatyps der Borealen Zone. Mit zunehmender Kontinentalität vergrößert sich die jährliche Temperaturamplitude und wächst der sommerliche Niederschlagsanteil.*

wassergesättigten Böden hohe Wärmekapazitäten und -leitfähigkeiten aufweisen, daher nur langsam erwärmen.

Regionalklimatische Differenzierungen folgen in erster Instanz dem sich sowohl in Eurasien als auch – weniger ausgeprägt – in Nordamerika **west-östlich ändernden Grad der Kontinentalität/Ozeanität**. So werden die Temperaturunterschiede zwischen Sommer und Winter im Wesentlichen davon bestimmt, wie weit der ausgleichende Einfluss der Ozeane auf die Kontinente reicht.

Für die Extreme mögen die beiden Klimadiagramme (Abb. 8.3) stehen. Das erste von ihnen (aus dem zentralen Sibirien) zeigt den **kalt-kontinentalen Klimatyp**: Außerordentlich kalten Wintern mit absoluten Minima, die im Extrem bis auf -70 °C absinken, stehen warme, aber kurze Sommer gegenüber, deren absolute Maxima +30 °C übersteigen können. Entsprechend sind die jährlichen Temperaturamplituden sehr hoch (höher als in jeder anderen Ökozone) und die Jahresmitteltemperaturen sehr niedrig (meist unter -5 °C). Die Winter sind vergleichsweise schneearm. Der Boden ist ab einer gewissen Tiefe immer gefroren.

Das zweite Diagramm (aus dem südlichen Alaska) zeigt den **kalt-ozeanischen Klimatyp**: Bei ihm bleiben die Sommer etwas kühler, die Winter aber wesentlich milder. Die jährlichen Temperaturamplituden sind demzufolge viel kleiner und die Jahresmitteltemperaturen höher (um 0 °C). Die winterliche Schneebedeckung ist mächtiger, Permafrost tritt nur diskontinuierlich bis sporadisch auf oder – seltener – fehlt ganz.

8.3 Relief und Gewässer

Wie die polaren und subpolaren Gebiete, so waren auch weite Teile der Borealen Zone während der **pleistozänen Kaltphasen** mehrfach von Inlandeis bedeckt (in Sibirien allerdings nur das Mittelsibirische Bergland und die ostsibirischen Gebirge). Die heutige Oberflächengestalt ist daher weithin auch das Ergebnis einer relativ jungen Entwicklung. Das gilt auch für das Bodenalter, das in den ehemals vereisten Gebieten höchstens 12 000 Jahre umfasst.

Im Unterschied zu den Feuchten Mittelbreiten lagen die meisten Gebiete der Borealen Zone eher im Zentrum der pleistozänen Inlandvereisungen. Dementsprechend dominierten Vorgänge der **Glazialerosion**, die Felsflächen, Rundhöcker und (heute seengefüllte) Felsbecken entstehen ließen. Glaziale oder glaziofluviale Aufschüttungen waren dagegen unbedeutend. Wo sie dennoch vorkommen, handelt es sich zumeist um Ablagerungen aus den letzten Abschmelzphasen des Inlandeises.

Frostdynamische Prozesse und ihre Formen

In Eurasien fallen weite Teile der Borealen Zone in das Verbreitungsgebiet des **kontinuierlichen Permafrostbodens**, (fast) alle übrigen Bereiche – dort wie in Nordamerika – gehören zumindest zum Gebiet des **sporadischen Dauerfrostbodens**. Das heißt, wie für die Polare/subpolare Zone sind auch für die Boreale Ökozone frostdynamische Vorgänge und deren Formen charakteristisch (Abb. 8.4). Und wie dort spielen sie sich in der sommerlichen Auftauschicht ab. Allerdings reicht diese in der Borealen Zone (in offenem Gelände mit sandigem Bodensubstrat) bis zu drei Meter tief und damit erheblich tiefer als in der Polaren/subpolaren Zone. Zu den frostdynamischen Formen in der Borealen Zone zählen insbesondere organogene Bildungen wie Palsas und Strangmoore; doch sind auch (minerogene) Erdbülten noch ziemlich häufig. Als Abschmelzhohlformen treten Alasse (s.u.) auffällig in Erscheinung.

Strangmoore (Aapamoore) sind oligotrophe Moore auf geneigten Landoberflächen, bei denen lange schmale Wülste (‚Stränge') aus Torfmoosen, die von Zwergsträuchern besiedelt sein können, streifen-, seltener netzförmige Muster bilden. Die dazwischen liegenden tieferen Bereiche sind meist wassergefüllt. Die Stränge verlaufen girlandenförmig quer zum Hang und entstehen wahrscheinlich dadurch, dass die Vegetationsdecke beim Bodenfließen in kurzen Abständen aufreißt.

Alasse bilden oftmals kilometerweite flache Senken, die beim lokal verstärkten Auftauen von eisreichem Permafrostboden und dem damit einhergehenden Zusammensacken entstehen (Abb. 8.5). Es handelt sich bei ihnen also um *Abschmelz-* oder *Thermokarstformen*, wie sie bereits für die Tundren beschrieben wurden (Kap. 7.3).

Die Auftauvorgänge sind häufig an kleinere fossile Frostbodenkörper gebunden (so meist im Bereich des sporadischen oder des diskontinuierlichen Permafrostes). Sie können sich aber auch auf lokalklimatische Änderungen gründen, wie sie sich beispielsweise nach Waldbränden oder Rodungen einstellen (so im Bereich des kontinuierlichen Permafrostes). Denn mit der Entfernung des Waldes verlagert sich die Strahlungsabsorption vom Kronenraum auf die Bodenoberfläche und führt dort zu trockeneren und wärmeren Bedingungen als zuvor. Eine größere Auftautiefe im Permafrostboden ist die unmittelbare Folge. Daraus wiederum können, hoher Eisgehalt im Boden vorausgesetzt, beträchtliche Sackungen der Geländeoberfläche resultieren.

Die so entstehenden Senken füllen sich dann zumeist mit Wasser, was zunächst (über eine erhöhte Strahlungsabsorption und einen er-

Abb. 8.4 *Schematisches Blockbild zur Formengesellschaft der boreal-periglazialen Zone* (KARTE 1979).

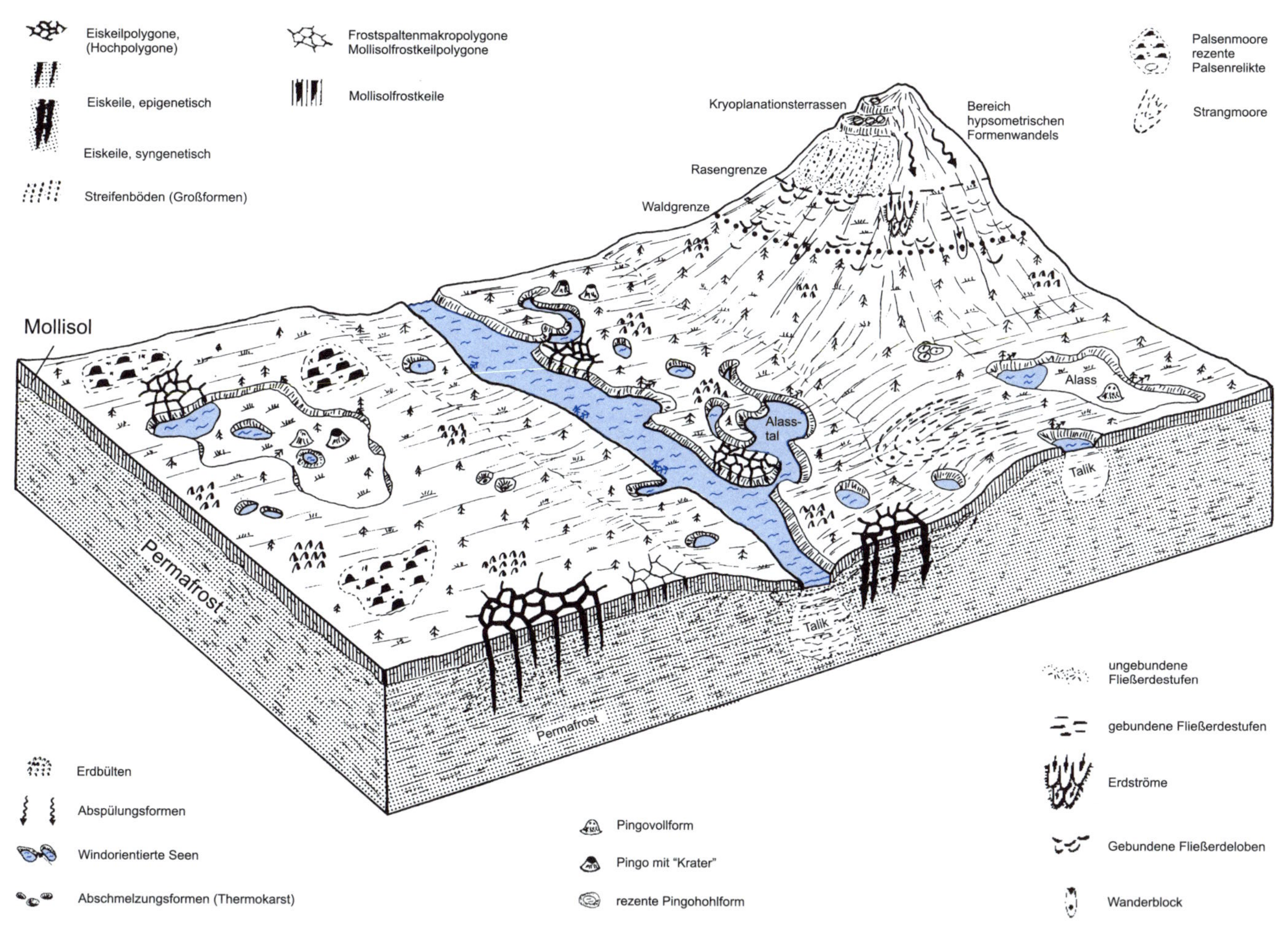

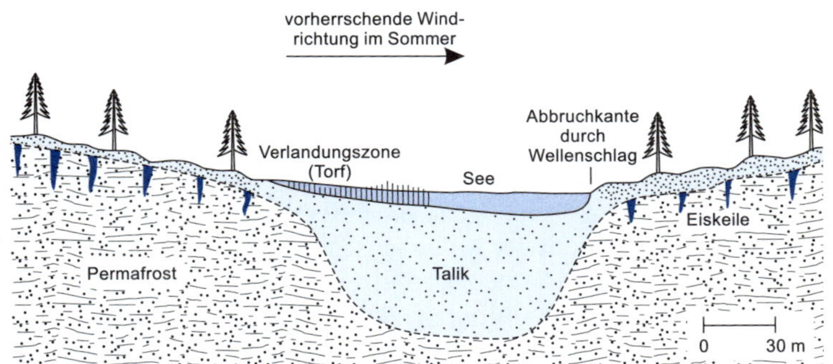

Abb. 8.5
Abschmelz- oder Thermokarstsenke (Thermokarstsee) (Butzer 1976). Absenkung der Geländeoberfläche durch Bodensackungen steht im Zusammenhang mit lokal verstärkten Auftauvorgängen.

höhten Wärmefluss in den Boden) den Auftauvorgang verstärkt und somit die Abschmelzhohlform vertieft. Dieser Vorgang kann weiter unterstützt werden durch eine Intensivierung der Zersetzung toter organischer Bodensubstanz, die zuvor im Permafrostbereich konserviert war. Das heißt, es kommt zu mehreren positiven Rückkoppelungen (Selbstverstärkungseffekten) in den Wirkungsbeziehungen (Abb. 8.6).

Die Bedingungen kehren sich um, wenn die die Abschmelzhohlformen einnehmenden Seen oder Tümpel verlanden: Die im Zusammenhang hiermit hochkommende Vegetationsdecke wirkt wieder isolierend, so dass der sommerliche Wärmefluss in den Boden abgebremst wird. In der Folge können sich größere Bodeneiskörper bilden, die die Oberfläche hochwölben.

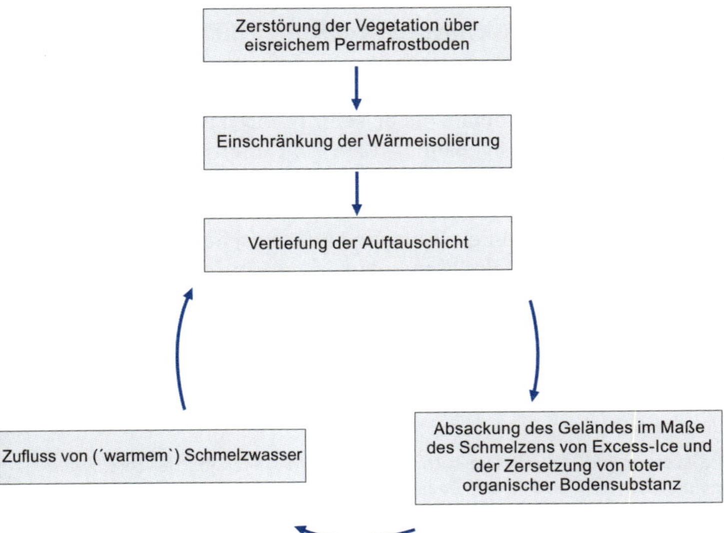

Abb. 8.6
Entstehung einer Abschmelzhohlform.

Fließgewässer

Die **Wasserführung der Flüsse** ist sehr unausgeglichen. Im April oder Mai, wenn der gesamte Schnee innerhalb weniger Wochen und in allen Teilen der Einzugsgebiete (zumindest kleinerer Flüsse) ziemlich gleichzeitig über noch gefrorenem Boden abschmilzt, kommt es zu **extremen Abflussspitzen**. In den Tälern überströmen diese Frühjahrsschmelzwässer die anfangs noch zugefrorenen Flüsse und suchen sich *epigenetisch* neue Flussbetten in den Talauen. Dabei kommt es häufig zu *Breitenverzweigungen*.

Nach dem Ende der Schneeschmelze geht der Abfluss rasch zurück. Die sommerlichen Regenfälle, ohnehin nicht sehr hoch, tragen kaum zur Abflussspeisung bei, da die Verdunstungsabgaben um diese Zeit ähnliche Größenordnungen erreichen. Erst im Herbst, wenn mit sinkenden Lufttemperaturen auch die Verdunstung abnimmt, können die Niederschläge wieder ein nennenswertes Übergewicht bekommen und damit auch die Wasserstände in den Flüssen erneut leicht ansteigen. Dieser Trend kehrt sich um, sobald die winterlichen Schneefälle einsetzen. Der ab jetzt nurmehr grundwassergespeiste Abfluss erreicht sein Minimum unmittelbar vor der Schneeschmelze im nächsten Frühjahr. Bei Einzugsgebieten, die vollständig im kontinuierlichen Permafrostbereich liegen, hört der Abfluss gänzlich auf, sobald die sommerliche Auftauschicht wieder bis zur Permafrosttafel gefroren ist.

8.4 Böden

Für alle Böden der Borealen Zone gilt: Die schwere Zersetzbarkeit der harzreichen Koniferennadeln und der ericoiden Blätter (= harte Kleinblätter; abgeleitet von *Erica* spp.) vieler Zwergsträucher (z.B. von *Calluna, Vaccinium, Erica, Andromeda*), die hohe Acidität von Streu- und Mineralboden, sowie die zumindest über einen langen Zeitraum des Jahres vorherrschende Kälte und Nässe sowie die geringe biologische Aktivität erklären, dass sich mächtige Streuschichten aufbauen (manchmal mächtiger als der darunter folgende Ah-Horizont). Unter den Bedingungen langanhaltender Stau- oder Grundwassereinwirkungen bis zur Bodenoberfläche entsteht dabei **Torf**, sonst **Rohhumus**. Beide Humusformen sind entsprechend ihrer geringen Mineralisierungsraten außerordentlich nährstoffarm und liegen dem Mineralboden weitgehend unvermischt (als *Auflagehumus*) auf.

Die häufigsten Böden gehören zu den Cryosolen, Podzolen und Histosolen. Die Vorkommen der erstgenannten sind identisch mit denen der aus den Tundren weit in die bewaldete Boreale Zone hineinreichenden Permafrostgebiete (s. Kap. 7.4), sofern der Dauerfrosthorizont (Permafrosttafel) nicht tiefer als etwa 1 Meter unterhalb der Geländeoberfläche liegt.

Ansonsten herrschen hier wie auch auf anderen, hinreichend drainierten Standorten, **Podzole**[2] vor. In deren sandig-saurem Milieu führt die biochemische Zersetzung von toten organischen Substanzen zu niedermolekularen organischen Säuren (Fulvosäuren), die wasserlöslich sind und mit dem einsickernden Wasser im Bodenprofil abwärts wandern. Mit ihnen werden auch die (bei der Silikatverwitterung entsehenden) Al- und Fe-Oxide (=Sesquioxide) ausgewaschen. Erst in einer tieferen Bodenschicht kommt es zur Ausfällung dieser Stoffe (Immobilisierung).

---

[2] Die deutsche Schreibweise ist meist *Podsol*. In diesem Buch wird die international übliche Schreibweise bevorzugt, da sie dem etymologischen Sonderfall dieses Bodennamens besser gerecht wird: Er leitet sich von russ. *pod zola* = unter Asche ab; bei allen anderen Böden, die auf *-sol* enden, wie z.B. bei Cambisol, Arenosol und Luvisol, liegt die Herkunft dieses Wortteils dagegen bei lat. *solum* = Boden.

O : Saurer Auflagehumus (Rohhumus) : meist auffallend mächtig entwickelt und differenziert in L-, Of - und Oh- Horizonte

Ah : Mineralischer Oberboden, mit Humusstoffen durchmischt

E : Fahler Eluvialhorizont : Bleichhorizont (verarmt an Huminstoffen sowie Eisen- und Aluminium- Verbindungen)

Bhs: Illuvialhorizont
- Bh : Schwärzlicher Illuvialhorizont (angereichert mit Huminstoffen)
- Bs : Bräunlicher Illuvialhorizont (angereichert mit Fe- und Al- Oxiden)

} Orterde, falls verhärtet: Ortstein

C : Ausgangsgestein (z.B. Geschiebesand)

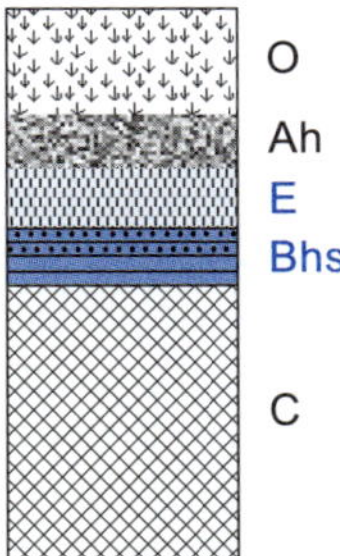

Abb. 8.7
Schema eines Podzolprofils.

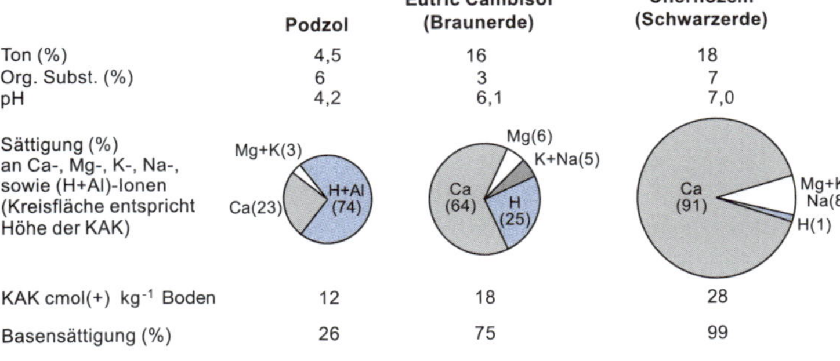

Abb. 8.8
Kationenaustauschkapazität (KAK), Zusammensetzung des Kationenbelags und Basensättigung eines Podzols im Vergleich mit einem Eutric Cambisol und einem Chernozem (SCHROEDER u. BLUM 1992). Der Podzol schneidet in allen Merkmalen am ungünstigsten ab. Seine KAK ist um ein Drittel kleiner als die des Cambisols und um mehr als die Hälfte kleiner als die des Chernozems. Nur ein Viertel (26%) der KAK wird beim Podzol durch Nährionen abgedeckt; auf sie entfallen also nur 3-cmol(+) kg^{-1}. Beim Cambisol sind dies drei Viertel von 18, also 13,5-cmol(+) kg^{-1} und beim Chernozem praktisch die gesamte KAK (99%), also 28-cmol(+)-kg^{-1}. Das heißt, in austauschbarer Form besitzt der Cambisol 4mal und der Chernozem 9mal soviel Nähr-Kationen wie der Podzol. Bei Beachtung der jeweiligen Bodentiefen (Durchwurzelungstiefen) werden die Angebote an verfügbaren Nährstoffen gewöhnlich noch unterschiedlicher. Der relativ hohe Anteil an organischer Substanz beim Podzol, 6% gegenüber 7% beim Chernozem und nur 3% beim Cambisol, bedeutet keinen Vorteil; es handelt sich hierbei um biologisch inaktiven Rohhumus, in dem kaum zersetzte Pflanzenreste überwiegen.

Bei diesen Verlagerungsvorgängen, die als Podzolierung (Chevuviation) bezeichnet werden, verbinden sich auffällige Horizontabfolgen.

So entstehen im Oberboden unter dem schwarzgrauen Ah-Horizont ein heller, aschgrauer, 20 bis 60 cm mächtiger **Bleich-** oder **Eluvialhorizont** (Ae- oder E-Horizont) und darunter ein durch Anreicherung der ausgewaschenen Stoffe gekennzeichneter, etwa 10 bis 30 cm mächtiger **Illuvialhorizont** *(= spodic B-Horizont)*. Letzterer kann im oberen Teil infolge stärkerer Huminstoffakkumulation braunschwarz gefärbt (Bh-Horizont), im unteren Teil hingegen – infolge vorherrschender Sesquioxidakkumulation – eher rostbraun gefärbt sein (Bs-Horizont). Bei starker Fe-Anreicherung kann es hier zur Bildung von **Ortstein** kommen. Doch bleibt gewöhnlich auch dann noch ein hoher Anteil grober Poren erhalten. Der Ortstein wirkt daher nur selten als Staukörper für die Perkolation, behindert aber die Wurzelentfaltung.

Die beschriebene Horizontabfolge ist diagnostisch für **Podzole** (Abb. 8.7). Diese stellen in weiten Teilen der Borealen Zone den vorherrschenden und damit für diese Ökozone außerordentlich charakteristischen (zonalen) Bodentyp dar. Neben den Cryosolen sind sie die wichtigste Komponente der *Cryosol-Podzol-Histosol-Bodenzone* (siehe Abb. B, Farbige Karte der Bodenzonen), die weitgehend kongruent mit der Borealen Zone ist.

Histosole (griech. *histos* = Gewebe) nehmen insbesondere in den flachen Tieflandregioinen von Westsibirien und einigen Gebieten des mittleren Kanada weite Flächen ein. Unter den Bedingungen ungenügender Drainage ist es hier zur Ausbildung von mächtigen Torfhorizonten (=H-Horizonte; histic H.) gekommen. Diese sind diagnostisch für Histosle, sofern ihre Mächtigkeit mindestens 40 cm beträgt. Im Bereich der Borealen Zone gehören hydromorphe Böden dieser Art durchweg zu den Gelic oder (außerhalb des Permafrostbereichs) zu den *Fibric Histosolen.*

In den ausgesprochen kontinentalen Räumen von Zentral- und Ostsibirien sowie in den kanadischen Rocky Mountains herrschen demgegenüber **Cambisole** (siehe Kap. 9.4) vor, wobei es sich im Dauerfrostgebiet meist noch um Cambisole (Gelic), sonst um Cambisole (Dystric) oder (seltener) Cambisole (Eutric) handelt. In den Bergregionen kommen hauptsächlich **Umbrisole** (siehe Kap. 9.4) und **Leptosole** (griech. *leptos* = dünn) vor. Cambisole, Umbrisole und Leptosole sind Böden (nur) mäßig fortgeschrittener bzw. sehr schwacher Entwicklung (nur Bw-Horizonte zwischen Ah- und C-Horizonten bzw. nur (A)C-Profile).

Im südlichen Grenzbereich der Borealen Zone zu den Feuchten Mittelbreiten treten **Retisole** auf (siehe Kap. 9.4), im Grenzbereich zu den Trockenen Mittelbreiten **Luvic Phaeozeme** (siehe Kap. 10.4.1). Ähnlich wie die Podzole haben auch alle vorgenannten Böden außerordentlich geringe natürliche Leistungsvermögen. Sie sind alle (mit Ausnahme der Eutric Cambisole) stark sauer und arm an Pflanzennährstoffen. Meist sind auch die physikalischen Eigenschaften unvorteilhaft.

8.5 Vegetation und Tierwelt

Trotz der gewaltigen Ausdehnung der Borealen Zone sind regionale Abweichungen vergleichsweise unbedeutend. Überall dominieren (oder dominierten ursprünglich) floristisch ähnliche **immergrüne Nadelwälder** (aus Kiefern, Fichten und Tannen; dunkle Taiga) oder – wie in Zentral- und Ostasien – **sommergrüne Nadelwälder** (aus Lärchen; helle Taiga), die von zahllosen, teilweise vermoorten Seen (Seenplatten) und (meist) oligotrophen **Mooren** (Torfmooren) durchsetzt sind. An der nördlichen Grenze bilden **Waldtundren** ein breites Ökoton zu den Tundren. Nur in geringer Ausdehnung finden sich **Sommergrüne Laubwälder** im Wesentlichen aus Birken. Ihre Vorkommen beschränken sich auf die äußersten westlichen und östlichen Ränder Eurasiens.

Alle Pflanzenformationen stimmen darin überein, dass sie durchweg artenarm sind (wenngleich artenreicher als die Mehrzahl der Tundrengesellschaften). Floristische Gemeinsamkeiten zwischen den eurasischen und nordamerikanischen Vorkommen bestehen in großer Zahl auf der Stufe der Pflanzen***gattungen,*** nicht aber auf der der Pflanzen***arten*** wie in den Tundren. (PFADENHAUER und KLÖTZLI 2014)

8.5.1 Boreale Nadelwälder

In der **Baumschicht** der Wälder dominieren Fichten (*Picea* spp.), Kiefern (*Pinus* spp.) oder Tannen (*Abies* spp.), davon häufig über Tausende von Quadratkilometern nur eine einzige Art. Nur im hochkontinentalen (also extrem winterkalten, regen- und schneearmen) Ostsibirien jenseits des Jenissei dominieren mehrere Arten von *winterkahlen Lärchen* (*Larix* spp.) auf einer Fläche von gut 2 Mio km^2. In Anpassung an den kontinuierlichen Permafrost in ihrem Verbreitungsgebiet haben sie flach ausstreichende Wurzelsysteme entwickelt. Die daraus erwachsende Wurzelkonkurrenz mit den Nachbarbäumen erklärt letztlich den lichten Stand, der für die Lärchenwälder typisch ist. Der größere Lichteinfall zum Boden, der sich daraus (sowie aus der jahreszeitlich späten Nadelbildung) ergibt, erlaubt einen reicheren Unterwuchs (in der Strauch- und Feldschicht) als in der dunklen Taiga.

Die Überlegenheit der Lärchen gegenüber den sonst vorherrschenden immergrünen Koniferen mag sich – neben den besonders schwierigen klimatischen Bedingungen ihre Standorte – auch aus ihrer Feuertoleranz (wohl nur gegenüber Fichten und Tannen) erklären: Die Stämme der Lärchen sind von einer dicken Borke umhüllt, die das darunter liegende Kambium vor übermäßiger Hitzeeinwirkung schützt.

Der Gewinn, den die **immergrünen Nadelbäume** aus der Mehrjährigkeit ihrer Nadeln ziehen, liegt insbesondere darin, dass ihr jährlicher Mineralstoffbedarf gegenüber Bäumen mit jährlichem Laubwechsel deutlich reduziert ist (siehe Kap. 9.5.4). Insofern ist die Mehrjährigkeit von Nadeln eher als Anpassung an die Mineralstoffarmut der Böden und den durch Permafrost nach unten eingeengten Wurzelraum zu verstehen (als an die winterliche Kälte und Frosttrocknis). Die erschwerte Nährstoffversorgung drückt sich auch im lichten Stand der Bäume (infolge der Wurzelkonkurrenz) sowie in der – gegenüber Fichten und Tannen der Mittelbreiten – auffällig schlankeren Wuchsform aus.

Abb. 8.9
Die großräumige (subzonale) Gliederung der Borealen Zone und der Polaren/subpolaren Zone in Nordamerika (Elliott-Fisk 1989). Auf geschlossene Nadelwälder im Süden folgen in nördlicher Richtung zunächst offene Flechtenwälder und dann, jenseits der polaren Waldgrenze, Waldtundren. Letztere werden an der polaren Baumgrenze, die die Boreale Zone von der Polaren/subpolaren Zone trennt, von den Tundren abgelöst. Die Unterteilung der Polaren/subpolaren Zone folgt der von Bliss et al. (1981).

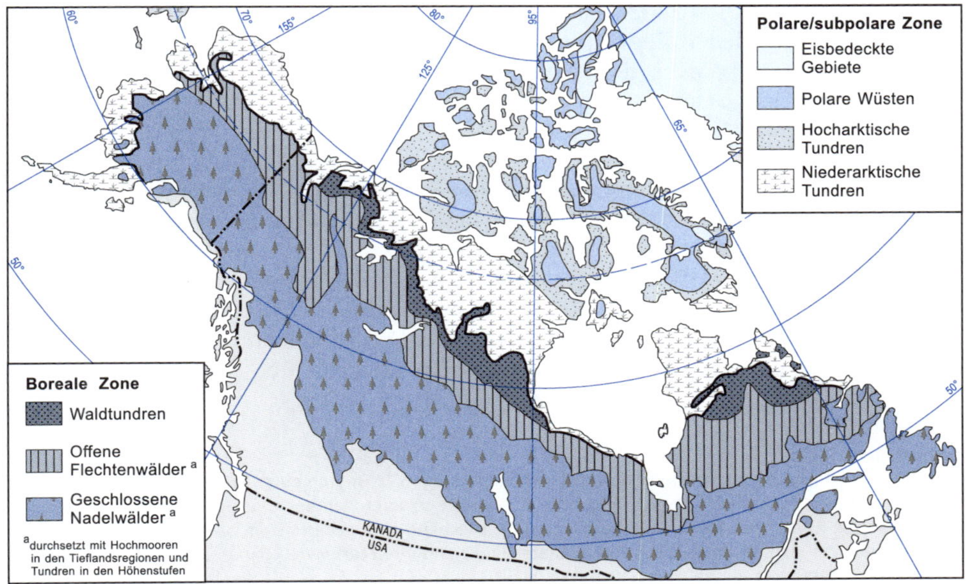

Und auch sonst ist das Erscheinungsbild deutlich anders als das von Nadelforsten in den Mittelbreiten. So sind gewöhnlich sowohl die Strauch- als auch die Krautschicht reich entwickelt. In der Ersteren finden sich häufig Laubholzarten wie Birken (*Betula* spp.), Pappeln (*Populus* spp.), Weiden (*Salix* spp.), Ebereschen (Vogelbeeren; *Sorbus spp.*), Erlen (*Alnus* spp.) und Eschen (*Fraxinus* spp.), in der Letzteren dominieren zumeist *Flechten* und (bei dichterem Baumbestand) *Moose*. In keiner anderen Ökozone (außer in Tundren der Polaren/subpolaren Zone) sind diese beiden Niederen Pflanzengruppen ähnlich auffällig vertreten.

Daneben können aber auch – Sommer- und immergrüne – *Zwergsträucher* hohe Anteile aufweisen. Viele von ihnen leben in Symbiose mit Pilzen (Mykorrhiza), was ihnen den Zugang zur nährstoffarmen und sauren Streu erlaubt. Nicht zu finden sind dagegen die in den Wäldern der Feuchten Mittelbreiten bis zur Dominanz auftretenden Buchen (*Fagus* sp.), Ahorne (*Acer* spp.) und Eichen (*Quercus* spp.).

Großräumige (subzonale) Differenzierungen der Wälder folgen dem nord-südlichen Klimawandel. In Russland werden gewöhnlich eine *nördliche, mittlere* und *südliche Taiga* unterschieden, in Nordamerika eine nördliche Zone *offener Flechtenwälder* von einer südlichen Zone *geschlossener Wälder* (Abb. 8.9).

Auffällige **kleinräumige Differenzierungen** sind beispielsweise an Wechsel von Bodenfeuchte und Strahlungsexposition geknüpft, oder – was häufiger der Fall ist – repräsentieren *verschieden alte Regenerationsstadien*. Das gilt beispielsweise für viele der sommergrünen Laubwaldstücke, auf die man in den Nadelwäldern immer mal wieder trifft: Bei ihnen handelt es sich um Pionierstadien der Waldverjüngung, die nach lokalen Störungen durch Waldbrände, Insektenfraß, Windbrüche oder Überschwemmungen den Beginn der Walderneuerung einleiten.

Zusammen mit den nachfolgenden Altersphasen entsteht so ein mosaikartiges Gefüge aus physiognomisch und bis zu einem gewissen Grad auch floristisch unterschiedlichen Verjüngungs-, Reife- und Zerfallsstadien. Ein Steady State im Sinne eines sich über lange Zeit selbst erhaltenden Waldes fehlt.[3] Das *Mosaik aus verschieden alten Teilbeständen* verschiebt sich vielmehr ständig, doch das Gesamtökosystem bleibt dabei aber über Jahrtausende konstant (*shifting mosaic steady state*).

8.5.2 Torfmoore

Fast 90 % aller Moore liegen innerhalb der Borealen Zone (sowie – gleichsam grenzüberschreitend und weitaus weniger bedeutsam – in den unmittelbar benachbarten subarktischen Gebieten der Polaren/subpolaren Zone) (Wieder und Vitt 2006). Sie stellen damit ein charakteristisches Merkmal dieser Ökozone dar. In den meisten Gegenden ihrer Verbreitung nehmen Torfmoore mindestens 10 % der Fläche ein, vielfach sogar deutlich mehr. Sie treten in der Landschaft primär als waldfreie (zumindest baumarme) Areale augenfällig in Erscheinung, deren Flora aus (extrem) wenigen Arten von Moosen, Hartgräsern (*Carex* spp., *Eriophorum* spp.), Kräutern und Zwergsträuchern besteht.

---

[3] Altersbedingte Änderungen eines Pflanzenbestandes erfolgen zu Beginn einer Regeneration rasch, in ihrem weiteren Verlauf aber immer langsamer. Späte Altersstadien haben daher (in Bezug auf die Zeit) eine gewisse Konstanz und im Waldmosaik dementsprechend eine gewisse Dominanz. Von ihnen wird daher am ehesten der Anspruch eines Steady State erfüllt und ihre Merkmale können als die im eigentlichen Sinne *zonentypischen* gelten (siehe auch Kap. 5.2).

Die Entwicklung dieser Torfmoore begann erst vor etwa 9.000 Jahren im Atlantikum, der ersten nacheiszeitlichen Wärmeperiode. Seitdem übersteigen ihre Produktionsraten an Biomasse die Zersetzungsraten, so dass sich Jahr für Jahr totes organisches Material in Form von Torf anreichert.

Die besondere Fähigkeit der (an der Torfbilung hauptsächlich beteiligten) *Sphagnum*-Moose zur Wsserspeicherung erlaubt, dass die Moore über den anfänglichen Stauwasserspiegel hinaus hochwachsen und somit zu *Hochmooren* werden. Deren Mineralstoffversorgung erfolgt dann nur noch über atmosphärische Depositionen.

Der Grad der Aufwölbung *(bog convexity)* steigt mit der Gunst für Torfmoorbildung; entsprechend ist er unter maritimen Klimabedingungen küstennaher Regionen größer als in kontinentalen Räumen mit heißen und trockenen Sommern.

Die in borealen und subarktischen Mooren insgesamt (nacheiszeitlich) **festgelegten Kohlenstoffvorräte** schätzt GORHAM (1991) auf 455 Gt (davon 98,5% im Torf).[4] Das ist fast ein Viertel des weltweit auf dem Festland in lebender und toter organischer Substanz festgelegten Kohlenstoffs (vgl. Abb. 8.13). Als durchschnittliche Zuwachsrate (*net sink*) während der Nacheiszeit nennt GORHAM 0,096 Gt a^{-1}, für die Gegenwart noch 0,076 Gt a^{-1} oder 23 g a^{-1} pro Quadratmeter Moorfläche. Dies entspricht einem jährlichen Torfzuwachs (in Trockengewicht) von rund 0,5 t pro Hektar.

Mittlerweile gibt es weitere Ermittlungen von jährlichen Torfmoor-Zuwachsraten. Sie beziehen sich teils auf Untersuchungen in einzelnen Mooren, teils nennen sie (mittlere) Spannen, die aus den Raten mehrerer Moore abgeleitet wurden. Davon liegen die niedrigsten Werte zwischen 0,26 und 0,40 t Torf ha^{-1} (13 – 20 g C m^{-2}) und die höchsten zwischen 1,40 und 3,80 t Torf ha^{-1} (19 – 69 g C m^{-2}).

Abb. 8.10
Wald- und Baumgrenze im Übergangsbereich zwischen borealem Nadelwald und Tundra (HUSTICH 1966).

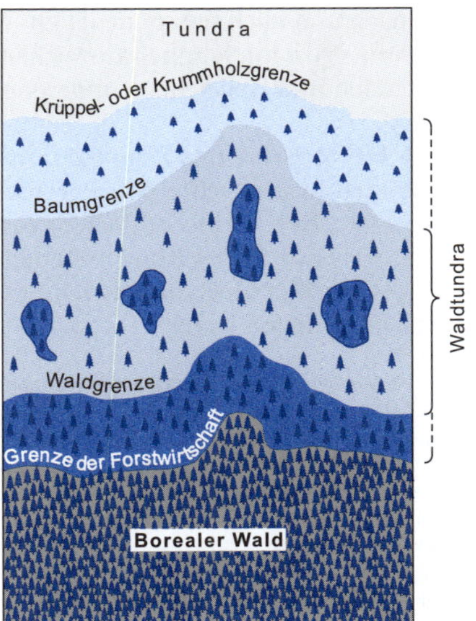

8.5.3 Waldtundra, polare Wald- und Baumgrenze

Der Grenzbereich zwischen Tundra und borealem Nadelwald wird in einer Breite von 10 bis 50 km, maximal 300 km, vom Zono-Ökoton der **Waldtundra** eingenommen (Abb. 8.9). In ihr ist der Baumbestand weitabständig bis vereinzelt oder – typischer – Tundra und Wald durchdringen sich mosaikartig, wobei sich die Flächenanteile polwärts zunehmend zugunsten der Tund-

---

[4] Beruht auf den folgenden Annahmen: gesamte Moorfläche 3,42 Mio. km^2, mittlere Torfmächtigkeit 2,3 m, Raumgewicht 0,122 g cm^{-3} und Kohlenstoffgehalt 51,7%.

ren, äquatorwärts zugunsten des Waldes ändern (Abb. 8.10). Die gedachte Verbindungslinie der nördlichsten Vorkommen einzelner Bäume[5] oder von Baumgruppen wird als **polare** (oder nördliche) **Baumgrenze**, die Nordgrenze der (im Wesentlichen) geschlossenen Waldverbreitung[6] als **polare** (oder nördliche) **Waldgrenze** bezeichnet. Es sind überwiegend Koniferen (nur in Russland östlich des Urals: sommergrüne Lärchen), die den Waldgrenzgürtel einnehmen; nur unter den ausgesprochen ozeanischen Klimabedingungen von Skandinavien, Island, Grönland und Kamtschatka treten hier Birken auf.

Für den **Verlauf der polaren Baumgrenze** (Abb. 8.2) sind *Dauer und Ausmaß der sommerlichen Erwärmung* entscheidend: Sinkt die Vegetationsperiode im Mittel unter vier Monate oder bleibt sie sehr kühl (kein Monat mit $t_{mon} \geq 10$ °C)[7], so gelingt es selbst den bestangepassten Baumarten nicht mehr, die Bildung ihrer neuen Triebe und Assimilationsorgane bis zum Ende der sommerlichen Wachstumszeit so weit abzuschließen, dass sie der Belastung durch winterliche *Frosttrocknis* standhalten.

Für viele von ihnen endet außerdem die *Verjüngungsfähigkeit:* In der Waldtundra können keimfähige Baumsamen nur während weit überdurchschnittlich warmer Sommer (oder sogar nur während einer mehrjährigen Abfolge solcher Sommer) gebildet werden, oder die für eine Keimung erforderlichen höheren Mindesttemperaturen (insbesondere in den Böden) werden nur während weniger Sommer erreicht.[8] Mit Annäherung an die Baumgrenze sinkt die Häufigkeit solcher Ausnahmesommer gegen Null.

Andererseits besitzen so gut wie alle Gehölze der Waldtundra die Fähigkeit, sich (mittels Polykormonen) vegetativ zu vermehren, indem sie aus Zweigen, die dem Boden aufliegen, Wurzeln und dann neue Sprosse (Stämme) bilden.

Die sommerliche Bodenerwärmung wird auch von örtlichen Gegebenheiten, beispielsweise der Exposition (gegenüber Sonne und Wind), Bodenfeuchte und Vegetationsbedeckung, beeinflusst. So wird sie gemindert, wenn ein geschlossener Baumstand oder eine dichte Feldschicht (z. B. aus Strauchflechten und Moosen) die Bodenoberfläche abschirmt. Das kann dazu führen, dass sich Waldinseln und Krummholzgruppen ihre Lebensgrundlage nach und nach selbst entziehen, wenn ihre Beschattung zunehmend verhindert, dass der Permafrost im Sommer ausreichend tief und lange auftaut. Das heißt, sie werden verschwinden und vielleicht an anderen Stellen neu entstehen.

8.5.4 Phytomasse und Primärproduktion

Die **Phytomassen** reifer borealer Nadelwälder liegen in den nördlichen Vorkommen bei etwa 150 t ha^{-1}, in den südlichen rund doppelt so hoch. Der N/S-Gradient, augenfällig durch die nach Süden hin zunehmend höheren und dichter stehenden Bäume, spiegelt die in dieser Richtung klimatisch günstigeren (länger anhaltenden und wärmeren) Wachstumsbedingungen wider.

---

[5] Meist werden nur solche Bäume einbezogen, die eine eindeutig baumförmige (nicht krüppelwüchsige) Gestalt und eine Mindesthöhe von beispielsweise fünf Metern aufweisen.

[6] Nach der Definition von LARSEN (1989) endet der Wald und beginnt die Waldtundra dort, wo der Flächenanteil der Waldbedeckung unter 75% sinkt. Standorte, die aus edaphischen Gründen waldfrei sind (z.B. Moore) bleiben unberücksichtigt.

[7] Als weitere klimatische Mindestwerte, die den Verlauf der Baumgrenze recht gut beschreiben sollen, werden z. B. genannt: 105 bis 110 Tage mit Tagesmitteln von ≥5 °C oder Wärmesumme von 600 [Summe aus allen Tagesmitteln >0 °C]).

[8] Die meisten Bäume der Waldtundren gehören daher wenigen Jahrgängen (Altersgruppen) an, deren Alter jeweils auf solche Gunstjahre hinweisen.

Die **Primärproduktion** der Pflanzendecke wird insbesondere durch die überall (auch in den südlichsten Vorkommen noch) bestehende *klimatische Ungunst* limitiert, unterliegt aber auch (und zwar teilweise beträchtlichen) Einschränkungen aus *Engpässen in der mineralischen Nährstoffversorgung*. Entsprechend erzeugen die Wälder unter natürlichen Bedingungen (im Mittel vieler Jahre) kaum mehr als 4 bis 8 t ha^{-1} an Phytomasse, wobei die höheren Werte auf nährstoffreicheren und wärmeren Böden südexponierter Hänge und in der wärmeren südlichen Taiga erreicht werden.

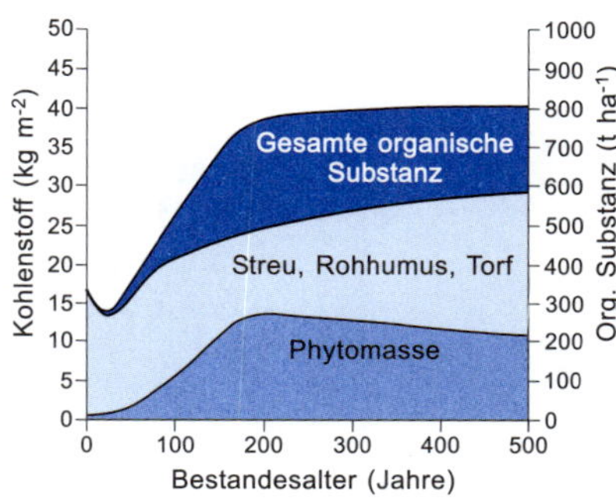

Abb. 8.11
*Mengenänderungen von Phytomasse und toter organischer Bodensubstanz (SOM) mit zunehmendem Bestandesalter in borealen Nadelwäldern (*KASISCHKE *et al. 1995). Infolge der äußerst geringen Zersetzungsrate reichert sich organischer Kohlenstoff über viele Jahrzehnte, möglicherweise viele Jahrhunderte am Boden an, ehe vielleicht (siehe Kap. 8.5.6) auf sehr hohem Niveau ein Gleichgewicht zwischen Anlieferung und Zersetzung erreicht wird. Im gezeigten Diagramm ist dies selbst nach 500 Jahren noch nicht der Fall. Das heißt, dieser Wald verhält sich auch weiterhin als Nettosenke für Kohlenstoff. Die Zunahme der Phytomasse kommt dagegen bereits nach knapp 200 Jahren und auf einem viel niedrigeren Niveau zum Stillstand (im Schema bei etwa 300-t ha⁻¹). Danach kehrt sich die Entwicklung in eine leichte Abwärtsbewegung um. Entsprechend kulminiert auch die PPN früh, wohl schon nach 50 bis 150 Jahren.*

8.5.5 Zersetzung, organische Bodensubstanz und Mineralstoffvorräte[9]

Die *biologische* **Zersetzung** von organischen Abfällen erfolgt außerordentlich langsam (um ein Vielfaches langsamer als in sommergrünen Wäldern der Feuchten Mittelbreiten). Das liegt an der geringen Menge und Artenzahl von Destruenten, was sich wiederum aus dem sauren, kalt-nassen Bodenmilieu und der schweren Zersetzbarkeit der toten organischen Substanz erklärt. Eine insgesamt wichtigere Rolle für die Zersetzung spielt das *Feuer*.[10] Dem entspricht, dass die jeweils vorhandenen Mengen an toter organischer Bodensubstanz umso größer sind, je weiter der letzte Waldbrand zurückliegt. Maximal – also in alten Beständen nach langen Feuerpausen – können die Streuauflagen am Boden über einen halben Meter mächtig werden und bis auf 1000 t ha^{-1} ansteigen. Damit übertreffen sie die lebende organische Substanz (Phytomasse) der Vegetation bei Weitem (Abb. 8.11). Im Extremfall erreicht die gesamte tote organische Substanz, also Streu, Rohhumus und Humus, das Drei- bis Fünffache der lebenden Sprossmasse. Infolge der langsamen Zersetzung abgestorbener Pflanzen(teile) sind neben Kohlenstoff auch **große Mengenanteile von mineralischen Nährstoffen für lange Zeit gebunden**; durch Torfbildung geht ein Teil hiervon sogar permanent dem Stoffkreislauf verloren. Betroffen sind insbesondere die verfügbaren Vorräte an Phosphor und Calcium, weniger die von Kalium.

---

[9] Für weitere Angaben siehe Kap. 9.5.4.

[10] Feuer ist ein wesentliches Element borealer Ökosysteme. Für viele Waldgebiete liegen die mittleren Wiederkehrzeiten für Waldbrände bei nur 50 bis 100 Jahren. Auslöser sind gewöhnlich Blitzschläge (im Unterschied zu den ebenfalls häufigen Flächenbränden in Savannen und tropischen Regenwäldern, die zumeist von Menschen gelegt werden). Die Waldregeneration auf den abgebrannten Flächen profitiert sowohl vom Mineralstoffschub durch das Feuer als auch von der stärkeren und tiefer reichenden Erwärmung des Bodens, was dort die Permafrosttafel absenkt und die Zersetzungsprozesse beschleunigt. Dementsprechend werden die ersten Regenerationsstadien von relativ üppigen Strauchformationen gestellt, in denen anspruchsvollere Laubhölzer wie z.B. Pappeln und Birken dominieren und auch die Tierwelt nach Arten- und Individuenzahl reicher vertreten ist.

Mängel, die aus dem ungenügenden *Stickstoff-Recycling* herrühren, werden teilweise dadurch wettgemacht, dass

- zwischen 30 und 40% des Stickstoffbedarfs – sozusagen auf kürzestem Wege – über *Retranslokation* (aus den eigenen Nadeln/Blättern vor deren Abwurf) gedeckt werden,
- die Stickstoff-Nutzungseffizienz mit über 200 sehr hoch liegt: Das heißt, für gut 200 kg an jährlichem Holzzuwachs und der Bildung

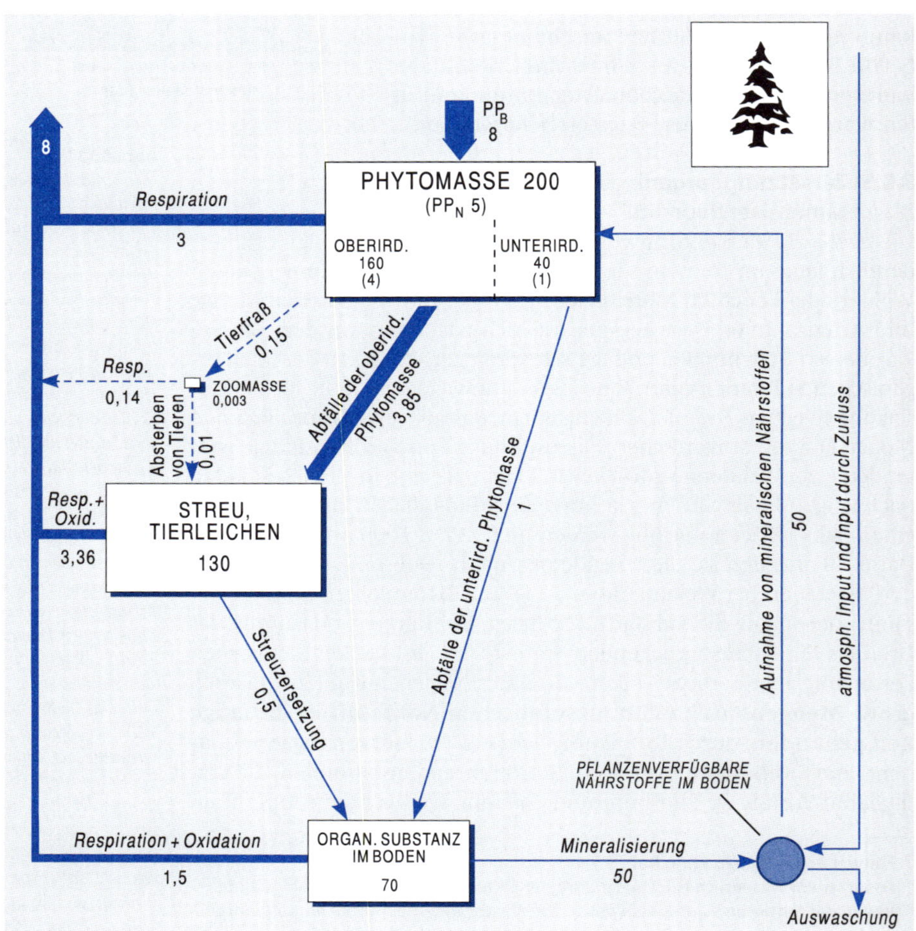

Abb. 8.12

Vereinfachtes Ökosystem-Modell eines borealen Nadelwaldes (zusammengestellt nach Zahlenangaben von Persson *1980,* Shugart *et al. 1992 u.a.). Zum Modellschema siehe Kap. 5.2. Charakteristisch für den borealen Nadelwald ist, dass die Vorräte an toter organischer Substanz am/im Boden (Streu und Humus) die gleiche Größenordnung wie die Vorräte an lebender Substanz erreichen. Besonders bemerkenswert ist, dass zwei Drittel davon zur Streuauflage gehören. Dies erklärt sich aus der mit knapp 3% pro Jahr außerordentlich niedrigen Zersetzungsrate der Streu. Der Tierbestand ist gering, Waldbrände sind für das Nährstoff-Recycling weit wichtiger als Tierfraß. Die Menge an pflanzenverfügbaren Mineralstoffen im Boden ist klein.*

neuer Nadeln wird gerade einmal 1 kg Stickstoff benötigt (die Laubbäume der Feuchten Mittelbreiten benötigen dafür etwa die vierfache Mange an Stickstoff)

- und die N_2-Fixierung durch Blaualgen signifikant zur Nachlieferung von anorganischem Stickstoff (Ammonium) beiträgt.

Auch für andere Mineralstoffe bestehen hohe Nutzungseffizienten. Das gilt selbst für die sklerenchym-reichen Nadeln. Entsprechend sind sie extrem mineralstoffarm. So liegen beispielsweise ihre P-Gehalte bei nur einem Viertel von sommergrünen Blättern.

Mit Blick auf die schwierige Nährstoffsituation ist auch die einmalig lange Lebensdauer der Nadeln von immergrünen borealen Koniferen als Anpassung zu werten. Am längsten ist sie bei der Fichtenart *Picea mariana* mit 25 Jahren. Ansonsten liegt sie meistens zwischen 5 und 10 Jahren, ist damit aber immer noch die längste unter allen Blattorganen von Bäumen.

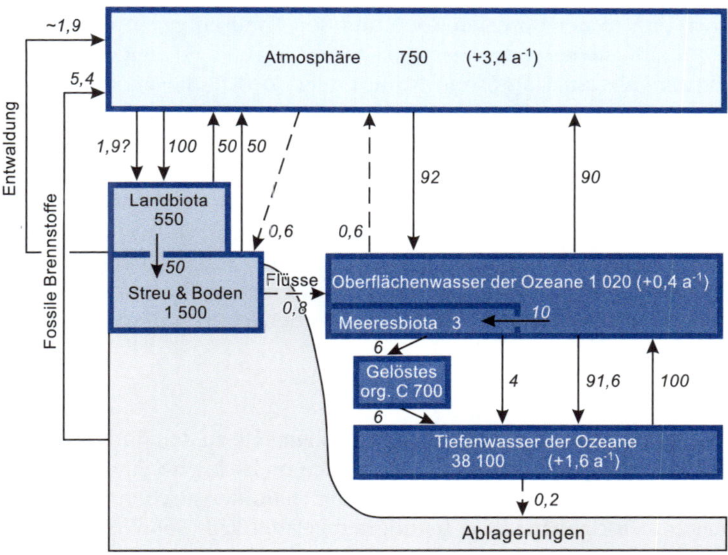

Abb. 8.13

Globaler Kohlenstoffkreislauf (Siegenthaler u. Sarmiento 1993). Die Vorräte und Flüsse werden in Gt C (= 10^{15} g C) bzw. Gt C a^{-1} angegeben; die Zahlen beziehen sich auf den Zeitraum 1980 bis 1989. Die anthropogen bewirkten CO_2-Emissionen (im Wesentlichen durch Verbrennen fossiler Brennstoffe [5,4 Gt a^{-1}] und Rodungen tropischer Wälder [1,9 Gt a^{-1}]) belaufen sich auf schätzungsweise 7,0 ± 1,1 Gt C a^{-1}. Davon wird knapp die Hälfte (3,4 Gt a^{-1}) von der Atmosphäre aufgenommen (deren Gehalte dementsprechend laufend steigen). 2,0 ± 0,6 Gt a^{-1} gehen in die Weltmeere (im Wesentlichen in die Tiefsee). Unklar ist, wo der Rest von 1,9 Gt a^{-1} bleibt und auch, ob er tatsächlich so groß ist. Vermutlich ‚verschwindet' ein Teil in den Böden der borealen Wälder und Moore sowie der subpolaren Tundren. Wahrscheinlich ist aber auch, dass die rodungsbedingten CO_2-Freisetzungen geringer sind (siehe auch Fußnote 1 auf Seite 292) und Anteile des überschüssigen CO_2 in einer sich möglicherweise vergrößernden Phytomasse (siehe Kap. 2.3.4) festgelegt werden. Und außerdem ist nicht auszuschließen, dass Aufforstungen und Feuerschutzmaßnahmen in manchen, insbesondere den nordamerikanischen Waldgebieten zu einem Anstieg der Holzmasse geführt haben. Damit könnte sich die ***missing sink*** *auf eine Größenordnung reduzieren, die für die borealen/subpolaren Senken als realistisch anzusetzen ist. Die in der Literatur für diese Kohlenstoffsenke zumeist genannten Schätzungen liegen zwischen 0,5 und 0,8 Gt a^{-1}.*

Alle borealen Gehölze und viele der krautigen Pflanzen bedienen sich bei der Wasser- und Nährstoffaufnahme der Mithilfe von Pilzen, mit denen sie in Symbiose leben (Mykorrhiza).

8.5.6 Boreale Nadelwaldökosysteme

Das Modell der Abb. 8.12 versucht, die mittleren Vorräte und Umsätze borealer Nadelwaldökosysteme unter Steady-State-Bedingungen darzustellen. Allerdings ist diese Annahme hier unrealistischer als sonst: Vermutlich zusammen mit den Tundren (siehe Kap. 7.5.5) bilden die borealen Wälder und Moore nämlich insofern bemerkenswerte Sonderfälle, als sie (mit großer Wahrscheinlichkeit) **dauerhaft Überschüsse an organischer Substanz** produzieren (Apps u. Price 1996) (vgl. auch Abb. 8.11), während alle übrigen zonalen Ökosysteme (mittelfristig) ausgeglichene Stoffbilanzen aufweisen. Eine Bestätigung für diese Vermutung fanden z.B. Bird et al. (1996) anhand von C^{13}- und C^{14}-Messungen. Waldböden der hohen Breiten fungieren danach als Nettosenken (*net sinks*) für CO_2. Apps et al. (1993) schätzen die jährliche Netto-Speicherung von Kohlenstoff für die Boreale Zone auf 0,7 Gt und für die Tundren auf 0,17 Gt.

Dies hat dazu geführt, dass in der Borealen Zone und den Tundren gegenwärtig über 400 Gt (Waelbroeck 1993), möglicherweise sogar 700 Gt (Apps et al. 1993) an **Kohlenstoff in der organischen Bodensubstanz** (als Streu, Humus oder Torf) festliegen – gewaltige Mengen, wenn man sie mit den auf insgesamt 1.500 Gt geschätzten Weltvorräten an org. C in Böden und den gegenwärtig ungefähr 750 Gt von anorg. C (als CO_2) in der Atmosphäre vergleicht (Abb. 8.13).

Der in den hohen Breiten insgesamt, also in der toten organischen Bodensubstanz **und** in der Phytomasse[11] festgelegte (gespeicherte) Kohlenstoff umfasst etwa ein Drittel der auf dem Festlandsbereich der Erde vorhandenen Vorräte (Price u. Apps 1995), bei einem Flächenanteil von nur einem Sechstel. Im Hinblick auf den globalen Kohlenstoffhaushalt ist daher der Schutz der borealen Wälder mindestens ebenso wichtig wie der Schutz tropischer Wälder.

8.6 Landnutzung

Obwohl reich an Bodenschätzen, gehören die borealen Waldgebiete zu den dünnbesiedelten (in den meisten Gebieten <5 Einwohner km^{-2}) und durch menschliche Einwirkungen insgesamt relativ wenig veränderten Räumen der Erde. Die charakteristischen Nutzungsarten sind Holzeinschlag und Torfabbau sowie traditionell Pelztierjagd (Zobel, Silberfuchs u. a.) und Sammeln von Wildbeeren. Die agrare Nutzung spielt dagegen eine vergleichsweise untergeordnete Rolle. Gewisse Hoffnungen knüpfen sich an Wildbewirtschaftung und Tourismus – und natürlich an die Exploitation von Rohstoffen (Erdöl, Erdgas u. a.).

Der **Holzeinschlag** deckt etwa 90% des Papier- und Schnittholzbedarfs der Erde. So

[11] Für die Vegetation (stehende Phytomasse) nehmen Apps et al. (wie auch Waelbroeck) nur etwa 100 Gt an. Unter der Annahme, dass die Tundren und borealen Waldgebiete zusammen etwa 25 Mio. km^2 umfassen und 1 g org. C durchschnittlich einer Phytomasse von 2,2 g (Trockengewicht) entspricht, errechnen sich daraus knapp 100-t Phytomasse pro Hektar. Für Wälder liegt dieser Wert mit Sicherheit unter dem tatsächlichen (siehe Kap. 8.5.4), dürfte aber in Hinblick auf die phytomassen-armen Tundren (siehe Kap. 8.5.2) und Moore (die beide zusammen, grob geschätzt, etwa 10 Mio. km^2 von der Gesamtfläche einnehmen) als Mittelwert realistisch sein.

beachtlich diese Produktionsbeiträge auch sind, sie müssen in Relation zur riesigen Waldfläche gesehen werden, aus der sie kommen.[12] Dann wird auch ohne Kenntnis der genauen Zahlen deutlich, dass die **forstwirtschaftliche Flächenleistung gering** ist. Zu den **Problemen der kommerziellen Holznutzung**, deren Schwere in der Regel von Süden nach Norden zunimmt, gehören:

- Abgelegenheit, d.h. lange Transportwege zu den Zentren der Verarbeitung und des Verbrauchs (Flüsse fließen nordwärts, können daher für den Holztransport, wie sonst vielfach üblich, nicht benutzt werden), Arbeitskräfte sind lokal kaum vorhanden.
- Tiefe Temperaturen und hohe Schneedecken im Winterhalbjahr.
- Geringe nutzbare Holzmasse pro Fläche und geringe Holzqualität: relativ lichter Baumbestand, bei kleinen Wuchshöhen. Holz vielfach nur für Papierherstellung oder als Brennmaterial geeignet.
- Niedrige Wuchsleistungen: nachwachsender Wälder und Aufforstungen brauchen viel länger als bei uns, ehe erneut ein Holzeinschlag möglich ist.

Zur Erhaltung der Holzreserven ist es nötig, dass die weithin noch immer geübte Praxis der bloßen Exploitation von planmäßigen *Aufforstungen* begleitet wird.

Der **Torfabbau** ist insbesondere im eurasischen Teil der Borealen Zone bedeutsam (Paavilainen u. Päivänen 1995). 1989 wurden weltweit 217,5 Mio. t abgebaut. Fast neun Zehntel davon dienten in der Landwirtschaft zur Bodenverbesserung, der Rest wurde überwiegend als Brennstoff für Kraftwerke oder zu Heizzwecken in abgelegenen Wohngebieten verwendet.

Ein **Ackerbau** ist im Verbreitungsgebiet des Permafrostes erst möglich, wenn die sommerliche Auftauschicht mindestens einen Meter tief reicht. Doch ist die natürliche Bodenfruchtbarkeit hier wie auch im gesamten Verbreitungsgebiet der Podzole gering.

Zu den ungünstigen Eigenschaften gehören die saure Bodenreaktion, niedrige Austauschkapazität, sehr geringe Basensättigung, sowie die Einzelkornstruktur im (quarz-) sandigen und tonarmen A-Horizont (daher geringes Wasserhaltevermögen) sowie die Ortsteinbildung im B-Horizont (Abb. 8.8) Andererseits lassen sich insbesondere im Hackfruchtbau durch richtige Düngung und gegebenenfalls Bewässerung trotzdem gute Erträge erzielen.

Im Allgemeinen bleibt die **polare Ackerbaugrenze** um 5 bis 10 Breitengrade hinter der Waldgrenze zurück. Die nördlichste Getreideart ist *Sommergerste*, die noch mit 90 bis 95 Vegetationstagen auskommt. In Nordeuropa liegt ihre polare Anbaugrenze bei 70° N. Als nächste Getreidearten folgen *Sommerhafer* und *-roggen*; beide stellen geringe Ansprüche an den Boden und eignen sich daher auch für den Anbau auf nährstoffarmen Podzolen. Von den Hackfrüchten dringt die *Kartoffel* am weitesten nordwärts vor (in Skandinavien ebenfalls bis 70° N).

In Eurasien werden die nördlichsten Waldgebiete und die Tundren als **Rentierweide** genutzt (Kap. 7.6). Im Sommer wandern die Herden aus den Waldgebieten, wo die Tiere hauptsächlich von den reichen Angeboten an Strauchflechten leben, über meistens Hunderte von Kilometern nach Norden in die Waldtundra und Tundra. Auch dort suchen sie ihr Futter selbst unter den natürlich wachsenden Pflanzen. Das heißt, an beiden Standor-

[12] Die borealen Wäldern bergen schätzungsweise drei Viertel der globalen Weichholz-Wachstumsreserven.

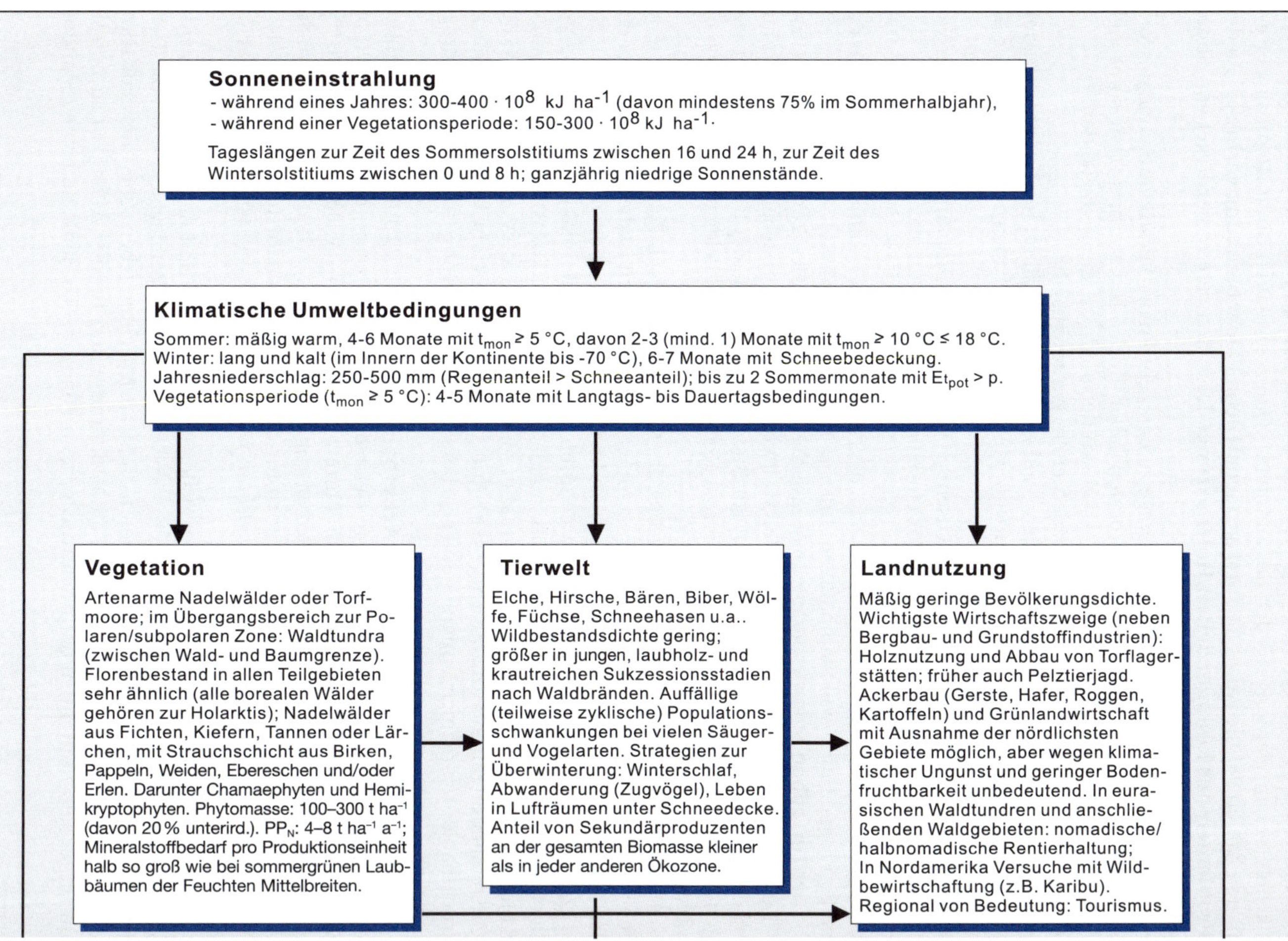
Sonneneinstrahlung
- während eines Jahres: 300-400 · 10^8 kJ ha^{-1} (davon mindestens 75% im Sommerhalbjahr),
- während einer Vegetationsperiode: 150-300 · 10^8 kJ ha^{-1}.
Tageslängen zur Zeit des Sommersolstitiums zwischen 16 und 24 h, zur Zeit des Wintersolstitiums zwischen 0 und 8 h; ganzjährig niedrige Sonnenstände.
Klimatische Umweltbedingungen
Sommer: mäßig warm, 4-6 Monate mit $t_{mon} \geq 5$ °C, davon 2-3 (mind. 1) Monate mit $t_{mon} \geq 10$ °C ≤ 18 °C.
Winter: lang und kalt (im Innern der Kontinente bis -70 °C), 6-7 Monate mit Schneebedeckung.
Jahresniederschlag: 250-500 mm (Regenanteil > Schneeanteil); bis zu 2 Sommermonate mit $Et_{pot} > p$.
Vegetationsperiode ($t_{mon} \geq 5$ °C): 4-5 Monate mit Langtags- bis Dauertagsbedingungen.
Vegetation
Artenarme Nadelwälder oder Torfmoore; im Übergangsbereich zur Polaren/subpolaren Zone: Waldtundra (zwischen Wald- und Baumgrenze). Florenbestand in allen Teilgebieten sehr ähnlich (alle borealen Wälder gehören zur Holarktis); Nadelwälder aus Fichten, Kiefern, Tannen oder Lärchen, mit Strauchschicht aus Birken, Pappeln, Weiden, Ebereschen und/oder Erlen. Darunter Chamaephyten und Hemikryptophyten. Phytomasse: 100–300 t ha^{-1} (davon 20 % unterird.). PP_N: 4–8 t ha^{-1} a^{-1}; Mineralstoffbedarf pro Produktionseinheit halb so groß wie bei sommergrünen Laubbäumen der Feuchten Mittelbreiten.
Tierwelt
Elche, Hirsche, Bären, Biber, Wölfe, Füchse, Schneehasen u.a.. Wildbestandsdichte gering; größer in jungen, laubholz- und krautreichen Sukzessionsstadien nach Waldbränden. Auffällige (teilweise zyklische) Populationsschwankungen bei vielen Säuger- und Vogelarten. Strategien zur Überwinterung: Winterschlaf, Abwanderung (Zugvögel), Leben in Lufträumen unter Schneedecke. Anteil von Sekundärproduzenten an der gesamten Biomasse kleiner als in jeder anderen Ökozone.
Landnutzung
Mäßig geringe Bevölkerungsdichte. Wichtigste Wirtschaftszweige (neben Bergbau- und Grundstoffindustrien): Holznutzung und Abbau von Torflagerstätten; früher auch Pelztierjagd. Ackerbau (Gerste, Hafer, Roggen, Kartoffeln) und Grünlandwirtschaft mit Ausnahme der nördlichsten Gebiete möglich, aber wegen klimatischer Ungunst und geringer Bodenfruchtbarkeit unbedeutend. In eurasischen Waldtundren und anschließenden Waldgebieten: nomadische/halbnomadische Rentierhaltung; In Nordamerika Versuche mit Wildbewirtschaftung (z.B. Karibu). Regional von Bedeutung: Tourismus.

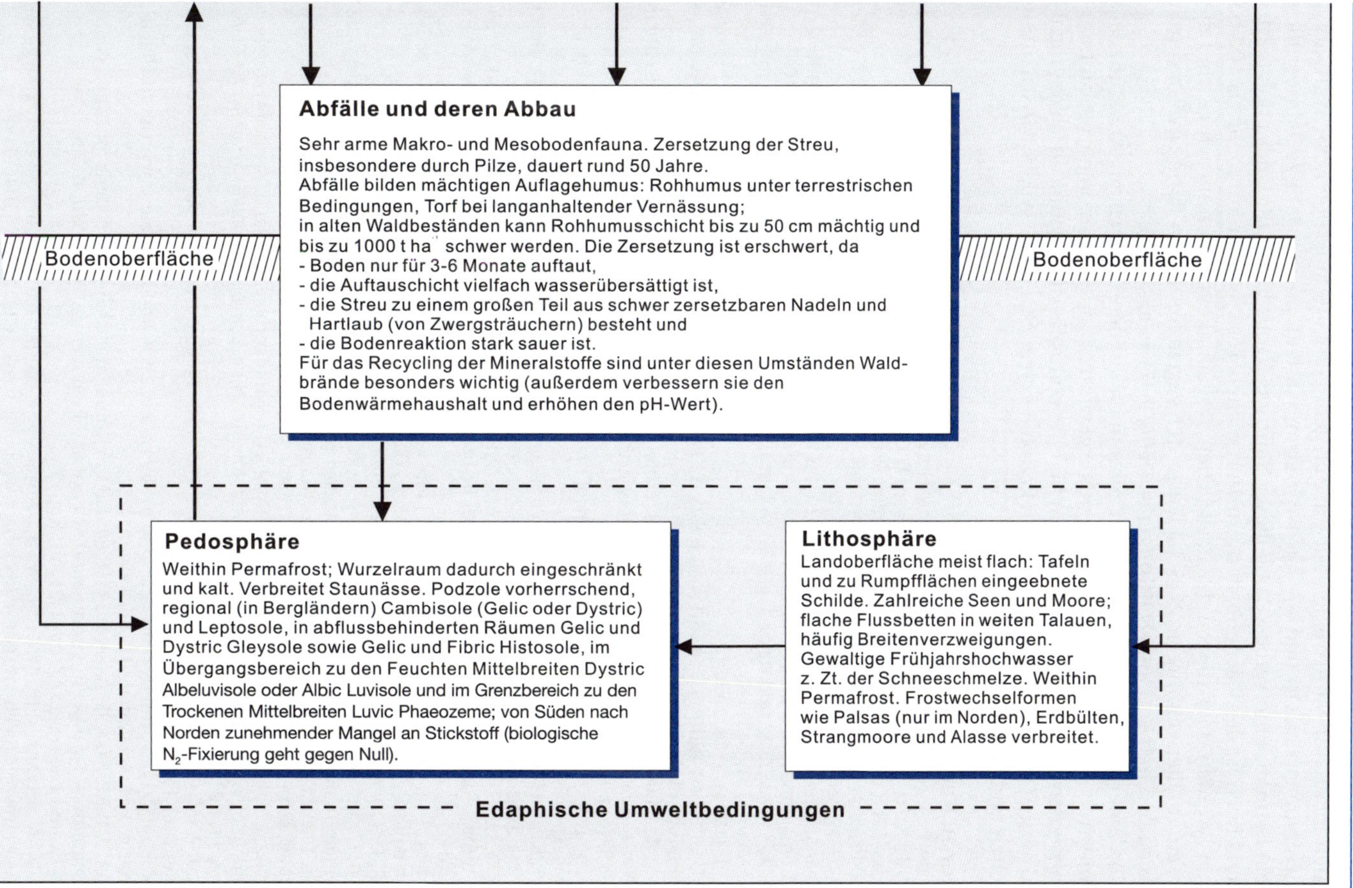

Abb. 8.14 *Zusammenfassendes Schaubild der Borealen Zone.*

ten stehen ihnen nur Naturweiden mit generell geringen Futterangeboten zur Verfügung, die zudem von Ort zu Ort und – je nach Witterungsverläufen – von Jahr zu Jahr deutlich wechseln können. Eine Verbesserung dieser Naturweiden ist bisher nirgends erfolgt. Entsprechend hoch ist der Flächenbedarf pro Tier; mancherorts wird er auf mehr als 100 ha geschätzt. Werden die Grenzen der natürlichen Tragfähigkeiten nicht beachtet, sind die Risiken einer Überweidung groß. Schäden in der Vegetation treten dann sowohl durch Fraß als auch durch Tritt auf (FORBES et al. 2006, JOLY et al. 2009).

In Nordamerika gehören Waldtundren zusammen mit den Tundren zur Anökumene.

In Anbetracht der niedrigen Agrarpotentiale gewinnen andere Nutzungsarten an Interesse. So werden in Amerika die Aussichten für eine kontrollierte Nutzung durch das nichtdomestizierte **Karibu** geprüft. Hoffnungen knüpfen sich auch an eine Wildbewirtschaftung von Elchen und Wapitihirschen.

Literatur zu Kap. 8

ANDERSSON, F. A. (ed.) (2006): Coniferous forests. *Ecosystems of the World* 6. Elsevier, Amsterdam, 646 S.

APPS, M. J., KURZ, W. A., LUXMOORE, R. J., NILSSON, L. O., SEDJO, R. A., SCHMIDT, R., SIMPSON, L. G. und VINSON, T. S. (1993): Boreal forests and tundra. *Water, Air, and Soil Pollution* 70, 39–53.

– und PRICE, D. T. (eds.) (1996): Forest ecosystems, forest management and the global carbon cycle. *NATO ASI Ser./G* 40. Springer, Berlin, 452 S.

BALSHI, M. S., MCGUIRE, A. D., DUFFY, P. et al. (2009): Vulnerability of Carbon storage in North American Boreal forests to wildfires during the 21st century. *Global Change Biology* 15, 1491–1510.

BIRD, M. J., CHIVAS, A. R. und HEAD, J. (1996): A latitudinal gradient in carbon turnover times in forest soils. *Nature* 381, 143–146.

BLISS et al. (1981), *s.* Lit. zu Kap. 7.

BONAN, G. B., CHAPIN III, F. S. und THOMPSON, S. L. (1995): Boreal forest and tundra ecosystems as components of the climate system. *Climatic Change* 29, 145–167.

BURTON, P. J., PARISIEN, M.-A., HICKE, J. A. et al. (2008): Large fires as agents of ecological diversity in the North American boreal forests. International Journal of Wildland Fire 17, 754–767.

BUTZER (1976), *s.* Lit. zu Kap. 3.

CRITTENDEN, P. D. (2000): Aspects of the ecology of mat-forming lichens. *The Tenth Arctic Ungulate Conference, Rangifer* 20 (2–3), 127–139.

DANBY, R. K. and HIK, D. S. (2007): Variability, contingency and rapid change in recent subarctic alpine tree line dynamics. Journal of Ecology 95, 352–363.

DONATO, D. C., CAMPBELL, J. L. and FRANKLIN, J. F. (2012): Multiple succesional pathways and precocity in forest development: can some forests be born complex? Journal of Vegetation Science 23, 576–584.

ELLIOTT-FISK, D. L. (2000): The taiga and boreal forest. In: BARBOUR, M. G. und BILLINGS, W. D. (eds.), North American Terrestrial Vegetation. 2nd edn. Cambridge Univ. Press, Cambridge, UK.

FINLEY, R. D. (2004): Mycorrhizal fungi and their multifunctional roles Mycologist 18, 91–96.

FORBES, B. C., BÖLTER, M., MÜLLE-WILLE, F., GUNSLAY, N. und KONSTANTINOV (eds.) (2006): Reindeer management in northernmost Europe. Ecol. Studies 184. Berlin, Springer, 397 S.

GAMACHE, I. and PAYETTE, S. (2004): Height growth response of tree line black spruce to recent climate warming across the forest-tundra of eastern Canada. Journal of Ecology 92, 835–845.

GAVRILENKO, I. V., ABAIMOV A. P. et al. (2006): Dissolved organic carbon in upland forested watersheds underlain by continuous permafrost in Central Siberia. *Mitigation and Adaptation Strategies for Global Change* 11, 223–240.

GORE, A. J. P. (ed.) (1983): Mires: swamp, bog, fen and moor. *Ecosystems of the World* 4A und 4B. Elsevier, Amsterdam, 440 S.

GORHAM, E. (1991): Northern peatlands: role in the carbon cycle and probable responses to climatic warming. *Ecol. Applications* 1, 182–195.

GROISMAN, P. Y., GUTMAN, G. (eds)(2013): Regional Environmental Changes in Siberia and Their Global Consequences, Springer Environmental Science and Engineering, Dordrecht, 357 S.

GUTMAN, G. und REISSWELL, A. (2011): s. Lit. Kap. 5

HARSCH, M. A., HULMPE, P. E., MCGLONE, M. S., DUNCAN, R. P. (2009): Are treelines advancing? A global meta-analysis of treeline response to climate warming. Ecology Letters 12, 1040–1049.

HOLTMEIER, F. K. (1985): Die klimatische Waldgrenze – Linie oder Übergangssaum (Ökoton)? *Erdkunde* 39, 271–285.

HUSTICH, I. (1966): On the forest tundra and the northern tree-lines. *Ann. Univ. Turku A II* 36, 7–47.

JONSSON, B. G. und KRUYS, N. (eds.) (2001): Ecology of woody debris in boreal forests. *Ecological Bulletin* 49, Campbell Publishing/Wiley, Indianapolis/USA, 280 S.

JOLY, K., JANDT, R. R. und KLEIN, D. R. (2009): Decrease of lichens in arctic ecosystems: the role of wildfire, caribou, reindeer, competition and climate in north-western Alaska. Polar Research 28, 433–442.

JOOSTEN, H. and CLARKE, D. (2002): Wise Use of Mires and Peatlands. International Mire Conservation Group / International Peat Society, Finland, 304 pp.

KAJIMOTO, T., OSAWA, A., Usoltsev, V. A. et al. (2010): Biomass and productivity of Siberian Larch Forest Ecosystems. In Osawa, A., Zyryanova, O. A., Matsuura, Y. et al (eds), Permafrost Ecosystems. Siberian Larch Forests. Ecological Studies 209, 9–122.

KARTE (1979), *s.* Lit. zu Kap. 7.

KASISCHKE, E. S., CHRISTENSEN Jr., N. L. und STOCKS, B. J. (1995): Fire, global warming, and the carbon balance of boreal forests. *Ecol. Applications* 5, 437–451.

– und STOCKS, B. (eds.) (2000): Fire, climate change and carbon cycling in the boreal forest. *Ecol. Stud.* 138. Springer, Berlin, 461 S.

KASISCHKE, E. S. (2000): Boreal Ecosystems in the Global Carbon Cycle. In Kasischke, E. S. and Stocks, B. J. (eds), Fire, Climate Change, and Carbon Cycling in the Boreal Forest. Ecological Studies 138, 19–30.

KHARUK, V. I., RANSON, K. and DVISKAYA, M. (2007): Evidence of evergreen conifer invasion into larch dominated forests during recent decades in central Siberia. *Eurasian Journal of Forest Research* 10, 163–171.

KIMBLE, J. M. (ed.) (2004): Cryosols; Permafrost affected soils. Springer, Berlin, 726 S.

KOLCHUGINA, T. P. und VINSON, T. S. (1993): Climate warming and the carbon cycle in the permafrost zone of the former Soviet Union. *Permafrost and Periglacial Processes* 4, 149–163.

KURZ, W. A., STINSON G., RAMPLY, G. J. et al. (2008): Risc of natural disturbances makes future contribution of Canada's forests to the global carbon cycle highly uncertain. Proceedings of the National Academy of Sciences of the United States of America 105, 1551–1555.

LARSEN, J. A. (1980): The boreal ecosystems. Academic Press, New York, 500 S.

– (1982): Ecology of northern lowland bogs and conifer forests. Academic Press, New York, 307 S.

– (1989): The northern forest border in Canada and Alaska. *Ecol. Studies* 70. Springer, Berlin, 255 S.

MARKOV, V. D. und KHOROSHEV, P. I. (1986): The peat resources of the USSR and prospects for their utilization. *Int. Peat J.* 1, 41–47.

MARTIKAINEN, P. J., NYKÄNEN, H., ALM, J. und SILVOLA, J. (1995): Change in fluxes of carbon dioxide, methane and nitrous oxide due to forest drainage of mire sites of different trophy. *Plant and Soil* 168–169, 571–577.

Masing, V., Botch, M. and Läänelaid, A. (2010): Mires of the former Soviet Union, Wetlands Ecological Management, 18, 397–433.

OHTA, T., MAXIMOV, T. C. DOLMAND, A. J. et al. (2008) Interannual variation of water balance and summer evapotranspiration in an eastern Siberian larch forest over a 7-Year period (1998–2006). *Agricultural and forest Meteorology* 148, 1941–1953

PAAVILAINEN, E. und PÄIVÄNEN, J. (1995): Peatland forestry. *Ecol. Studies* 111. Springer, Berlin, 248 S.

PAN, Y., BIRDSEY, R. A., FANG, J. et al. (2011): A large and persistent carbon sink in the world's forests, Science 333, 988–993.

PERSSON, T. (ed.) (1980): Structure and function of northern coniferous forests – an ecosystem study. *Ecol. Bull.* 32, Swedish Nat. Sci. Res. Council, Stockholm, 609 S.

PRICE, D. T. und APPS, M. J. (1995): The boreal forest transect case study: global change effects on ecosystem processes and carbon dynamics in boreal Canada. *Water, Air and Soil Pollution* 82, 203–214.

PROSKUSHKIN, A. S., KNORRE, A. A., KIRDYANOV, A. V. and SCHULZE, E. D. (2006): Productivity of Mosses and Organic Matter Accumulation in the Litter of Sphagnum Larch Forest in the Permafrost Zone. *Russian Journal of Ecology* 37, 225–232.

READ D. J., LEAKE J. R. and PEREZ-MORENO J. (2004): Mycorrhizal fungi as drivers of ecosystem processes in heathland and boreal forest biomes. Canadian Journal of Botany-Revue Canadienne De Botanique 82, 1243–1263.

ROCHEFOR, L., LODE, E. (2006): Restauration of degraded boreal peatlands. Ecological Studies 188, 381–422.

SCHERER-LORENZEN, M., KÖRNER, C. und SCHULZE, E.-D. (eds.) (2005): Forest diversity and function. Temperate and boreal systems. *Ecol. Studies* 176. Springer, Berlin, 400 S.

SCHROEDER und BLUM (1992), *s.* Lit. zu Kap. 4.

SCHULZE, E.-D. et al. (1999): Productivity of forests in the Eurosibirian boreal region and their potential to act as a cabon sink – a synthesis. *Global Change Biol.* 5, 703-722.

SCHULZE, E.-D. (ed.) (2000): *s.* Lit. zu Kap. 9.

SCHULZE, E.-D., WIRTH, C., MOLLICONE, D. und ZIEGLER, W. (2005): Succession after stand replacing disturbances by fire, wind throw, and insects in the dark Taiga of Central Siberia. *Oecologia* 146, 77–88.

SCHULZE, E.-D., WIRTH, C., MOLLICONE, D., LÜPKE, N. VON, ZIEGLER, W., AHARD, F., MUND, M., PROKUSHKIN, A. und SCHERBINA, S. (2012): Facfors promoting larch dominance in Central Siberia: fire versus growth performance and implications for carbon dynamics at the boundary of evergreen and deciduous conifers. *Biogeosciences* 9, 155-181.

SHAVER, G. R., BILLINGS, W. D., CHAPIN III, F. S., GIBLIN, A. E., NADELHOFFER, K. J., OECHEL, W. C. und RASTETTER, E. B. (1992): Global change and the carbon balance of arctic ecosystems. *BioScience* 42, 433–441.

SHUGART, H. H., LEEMANS, R. und BONAN, G. B. (eds.) (1992): A systems analysis of the global boreal forest. Cambridge University Press, Cambridge, 565 S.

SIEGENTHALER, U. und SARMIENTO, J. L. (1993): Atmospheric carbon dioxide and the ocean. *Nature* 365, 119–125.

SMITH, L. C., MACDONALD, G. M., VELICHKO, A. A. et al. (2004): Siberian peatlands: a net carbon sink and global methane source since the early Holocene. Science 303, 353–356.

STÄBLEIN (1987): Periglazial und Permafrost in Polargebieten. *Münchener Geogr. Abh.* Reihe B, 4, München, 97–107.

STINSON, G., KURZ, W. A., SMYTH, C. E., et al (2011): An inventory-based analysis of Canada's managed forest carbon dynamics, Global Change Biology 17, 2227–2244.

STOCKS, B. J., MASON, J. A., TODD, J. B. et al (2002): Large forest fires in Canada, 1959–1997. Journal of Geophysical Research 108, Issue D1, p. FFR 5–1, FFR 5–12.

SUGIMOTO, A., YANAGISAWA, N., NAITO, D., et al (2002): Importance of permafrost as a source of water for plants in east Siberian taiga. Ecological Research 17, 493–503.

TARNOCAI, C., CANADEL, J.G., SCHUUR, E. A. G., KUHRY, P., MAZHITOVA, G. und ZIMOV, S. (2009): Soil organic carbon pools in the northern circumpolar permafrost region. Global Biogeochem Cycles 23 (2) GB2023, doi:10.1029/2008GB003327

THANNHEISER, D. (1994): Die Vegetationsvielfalt des kanadischen borealen Nadelwaldes. *Essener Geogr. Arb.* 25. Schöningh, Paderborn, 1–21.

TRETER, U. (1993): Die borealen Waldländer. *Das Geographische Seminar*. Westermann, Braunschweig, 210 S.

TUHKANEN, S. (1984): A circumboreal system of climatic-phytogeographical regions. *Acta. Bot. Fennica* 127, 1–50.

TURUNEN, J., TOMPOO, E., TOLONEN, K., REINIKAINEN, A. (2002): Estimating carbon accumulation rates of undrained mires in Finland – application to boreal and subarctic regions. Holocene 12, 69–80.

VAN CLEVE, K., CHAPIN III, F. S., FLANAGAN, P. W., VIERECK, L. A. und DYRNESS, C. T. (eds.) (1986): Forest ecosystems in the Alaskan taiga. *Ecol. Studies* 57. Springer, Berlin, 230 S.

VALENTINI, R. (ed.) (2003): *s.* Lit zu Kap. 9.

VENZKE, J.-F. (1990): Beiträge zur Geoökologie der borealen Landschaftszone. Geländeklimatologische und pedologische Studien in Nord-Schweden. *Essener Geogr. Arb.* 21. Schöningh, Paderborn, 254 S.

VITOUSEK, P. M., ABER, J. D., HOWARTH, R. W., LIKENS, G. E., MATSON, P. A., SCHINDLER, D. W., SCHLESINGER, W. H. und TILMAN, G. D. (1997): Human alteration of the global nitrogen cycle: sources and consequences. *Ecol. Applications* 7, 737–750.

WAELBROECK, C. (1993): Climate-soil processes in the presence of permafrost: a systems modelling approach. *Ecol. Modelling* 69, 185–225.

WALTER, K. M., SMITH, L. C. und CHAPIN III, F. S. (2007): Methane bubbling from northern lakes. Present and future contributions to the global methane budget. Phil Trans R. Soc A 365:1657–1677; doi:10.1098/rsta.2007.2036

WALTER, H., BRECKLE, S.-W., s. Lit zu Kap. 7

WEBER, M. G., VAN CLEVE, K. (2005): The boreal forests of North america. In: Goodall, D. W. (ed) Ecosystems of the World 6 Coniferous Forests. Elsevier, Amserdam, pp 101–130.

WIEDER, R. K. und VITT, D. H. (eds.) (2006): Boreal peatland ecosystems. *Ecol. Studies* 188. Springer, Berlin, 435 S.

WIRTH, C. (2005): Fire regime and tree diversity in boreal forests: implications for the cabon cycle. In: Scherer-Lorenzen, M. Körner, C., Schulze E.-D. (eds) Forest Diversity and function: temperate and boreal systems. *Ecological Studies* 176, Springer, Berlin, 309–344.

ZIMOV, S. A., SCHUUR, E. A. G. und CHAPIN III, F. S. (2006): Permafrost and the global carbon content budget. Science 312 (5780): 1612-1613, doi: 10.1126/science.1128908.

9 Feuchte Mittelbreiten

9.1 Verbreitung

Die Breitenlage der Feuchten Mittelbreiten (von anderen Autoren auch als *nemorale Zone* bezeichnet) hält sich zwischen 35° und 60° (Abb. 9.1). Die größten Vorkommen liegen in der Nordhemisphäre jeweils an den Ost- und Westseiten der nordamerikanischen und eurasischen Landmassen, nur kleinere, aber ebenfalls küstennah, auf der Südhalbkugel in Südamerika (im Wesentlichen Südchile), Australien (SE-Australien und Tasmanien) und Neuseeland (Südinsel) sowie auf den subantarktischen Inseln. Dementsprechend haben alle Teilgebiete ein maritim beeinflusstes **temperates Klima:** Nicht zu heiße Sommer sowie milde Winter.

Alle Teilvorkommen addieren sich auf rund 14,5 Mio. km^2 oder 9,7% der Festlandsfläche der Erde.

Auf der Nordhemisphäre grenzen die Feuchten Mittelbreiten polwärts an die Boreale Zone. Äquatorwärts folgen an den Westseiten der Kontinente die Winterfeuchten, an den Ostseiten die Immerfeuchten Subtropen. In den hochkontinentalen Bereichen der Nordhemisphäre fehlen die Feuchten Mittelbreiten entweder ganz, d.h. auf die borealen Nadelwaldgebiete folgen unmittelbar die winterkalten Steppen, oder sie nehmen nur schmale Übergangssäume zwischen diesen beiden ein.

9.2 Klima

Ähnlich wie die beiden vorgenannten Zonen besitzen auch die Feuchten Mittelbreiten noch einen ausgesprochen **saisonal differenzierten Jahresgang der Temperatur**. Die Tiefst- und Höchsttemperaturen halten sich allerdings zwischen den winterlichen Kältegraden und den sommerlichen Hitzegraden, die normalerweise in den polwärts bzw. in den äquatorwärts folgenden Ökozonen erreicht werden. Auch die tageszeitlichen Temperaturschwankungen – größer als in der Polaren/subpolaren und der Borealen Zone, aber kleiner als in den Trockenen Mittelbreiten und den Ökozonen der subtropischen und tropischen Breiten – nehmen eine Art Mittelstellung ein. So ge-

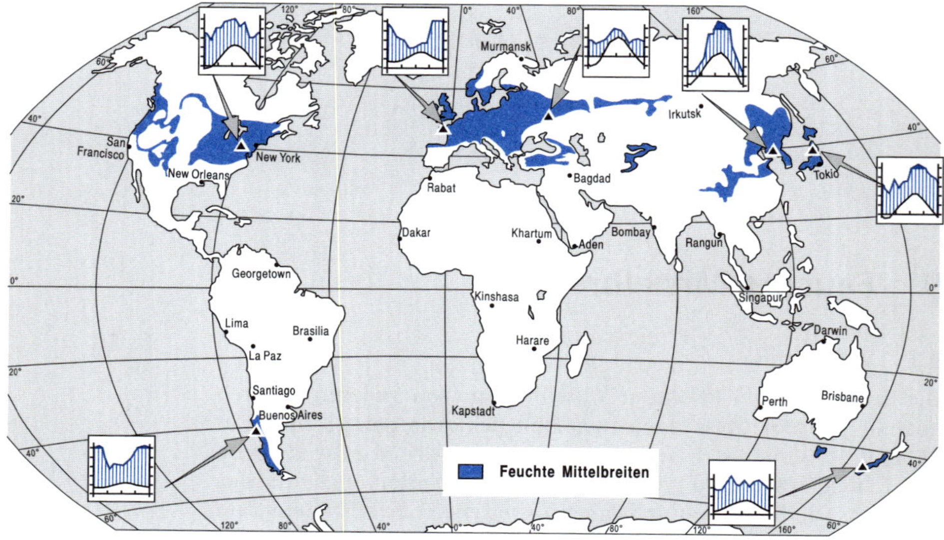

Abb. 9.1
Feuchte Mittelbreiten. Die Verbreitung ist fragmentiert, mit Schwerpunkten auf der Nordhemisphäre.

sehen lassen sich die thermischen Bedingungen der Feuchten Mittelbreiten als *gemäßigt* oder *temperat* einstufen, wie dies beispielsweise mit der geläufigen Klimabezeichnung für diese Zone, nämlich *kühlgemäßigte Klimate*, oder in Verbindung mit Vegetationsbezeichnungen, z.B. *temperate Regenwälder*, geschieht.

Die innerhalb der Feuchten Mittelbreiten bestehenden **regionalen Temperaturunterschiede** sind (noch deutlicher als in der Borealen Zone) durch einen west-östlichen Wandel geprägt, der sich aus dem Wechsel ozeanischer und kontinentaler Einflüsse herleitet (Abb. 9.2)[1]. In *hochkontinentalen Lagen* ist die **Vegetationsperiode** nur halbjährig und die winterliche Abkühlung sinkt bis unter -30 °C. In den *ozeanisch beeinflussten Klimagebieten* dauert die Vegetationsperiode länger, in einigen küstennahen Lagen ist sie ganzjährig: die Mitteltemperaturen des kältesten Monats halten sich über +2 °C, in wenigen Gebieten

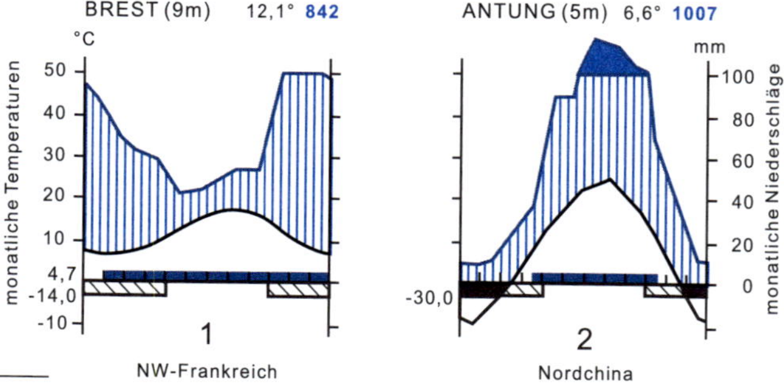

Abb. 9.2
Klimadiagramme des ozeanischen (1) und des kontinentalen (2) Klimatyps der Feuchten Mittelbreiten. Unter ozeanischem Einfluss sind die Winter mild (im Extrem: ganzjährige Vegetationsperiode) und die Sommer kühl; die Niederschläge fallen zum größten Teil im Winter. Unter kontinentalem Einfluss werden die Sommer heißer und die Winter kälter (die Vegetationsperiode verkürzt sich bis auf sechs Monate); die Niederschläge fallen zum größten Teil im Sommer.

[1] Zur klimatischen Abgrenzung der Feuchten Mittelbreiten gegenüber der Borealen Zone siehe auch Kap. 8 Boreale Zone, 8.2 Klima.

sogar über +5 °C. Andererseits bleibt hier die sommerliche Erwärmung mit <15 °C (Mittel des wärmsten Monats) hinter der in kontinentalen Gebieten (höchste Monatsmittel durchweg ≥18 °C) zurück. Entsprechend ergeben sich regional sehr unterschiedliche *Jahresamplituden* von bis zu 40 K in kontinentalen Räumen gegenüber nur 10 K in ozeanischen (jeweils im Vergleich der Monatsmittel). Die Sommer mancher Küstengebiete bleiben so kühl, dass Getreide nicht mehr ausreifen würde. Unter hochkontinentalen Bedingungen können die Spitzenwerte von $t_{mon} \geq 18$ °C dagegen über drei Monate anhalten (ab vier Monaten: Subtropen). Als *Jahresmittel* ergeben sich allerdings überall ähnliche Werte: Sie liegen zumeist zwischen 6 und 12 °C.

Auch in Bezug auf die **Tageslängen** nehmen die Feuchten Mittelbreiten eine Mittelstellung ein: Ihr Winterminimum liegt bei etwa 8 und ihr Sommermaximum bei etwa 16 Stunden. Von der sommerlichen Einstrahlung gelangen etwa 70% direkt (im Winter nur etwa 50%) an die Erdoberfläche. Da der Tagbogen auch im Sommer nicht übermäßig lang ist (bei 50° N maximal 240°), erhalten **Südhänge** deutlich höhere Strahlungsbeträge als nordexponierte Hänge. Ihre relative Temperaturgunst zeigt sich z.B. augenfällig in der einseitigen Rebflächenverbreitung deutscher Weinbaugebiete.

Im Unterschied zum Temperaturverlauf gibt es beim **Niederschlag** keine markanten jahreszeitlichen Abweichungen. Auch die Abweichungen von Jahr zu Jahr halten sich in Grenzen, zumindest was die Jahressummen anbetrifft. Mindestens 10 Monate sind mit p [mm] >2 t [°C] humid (vgl. Abb. 2.3). Die landwirtschaftliche Nutzung profitiert also von einem hohen Maß an **Regenverlässlichkeit**. Das schließt aber nicht aus, dass gelegentlich längere Trockenperioden vorkommen und dann eine ergänzende Beregnung der Felder zweckmäßig sein kann.

In den meisten Gebieten liegen die **jährlichen Niederschlagssummen** zwischen 500 und 1000 mm und damit, nach den feuchten Tropen/Subtropen, am zweithöchsten unter allen Ökozonen, wenngleich nur halb so hoch wie dort. Ein kleiner Teil der Niederschläge fällt regelmäßig als **Schnee**. Da die regenbringenden Zyklonen mit zunehmender Distanz von den Ozeanen an Wirksamkeit verlieren, verringern sich in dieser Richtung durchweg auch die Niederschlagsmengen.

Einige **bestandsklimatische Besonderheiten** lassen sich aus der Abb. 9.3 entnehmen. Danach ergibt sich folgendes Bild (vgl. auch Abb. 9.4).

Die Strahlungsabsorption erfolgt im **Sommer** größtenteils an der Oberfläche des Kronendachs (A und B). Hier kommt es dementsprechend tagsüber zu den höchsten Temperaturen und dem stärksten Rückgang der relativen Luftfeuchte (jeweils im Vergleich mit den Werten in der darüber folgenden Luftschicht und der innerhalb des Stammraumes). Andererseits ist das Kronendach auch dasjenige Stratum des Pflanzenbestandes, an dem die nächtlichen Ausstrahlungs-

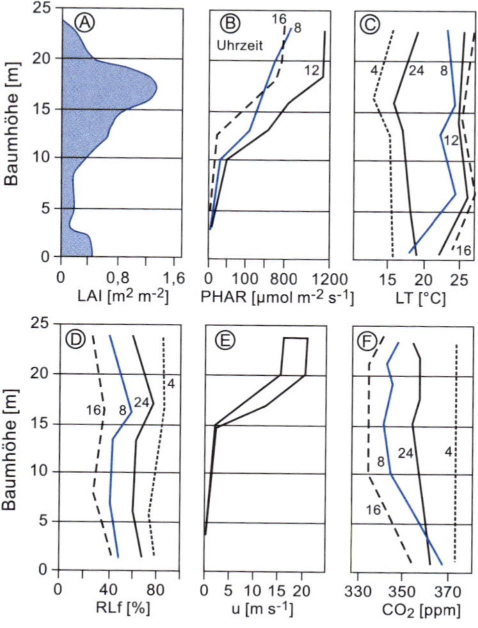

Ⓐ Geschichteter Blattflächenindex

Ⓑ Photosynthetisch aktive Strahlung

Ⓒ Lufttemperatur

Ⓓ Relative Luftfeuchte

Ⓔ Windgeschwindigkeit

Ⓕ CO_2-Konzentration der Luft

Abb. 9.3
Vertikalprofile klimatischer Parameter in einem mitteleuropäischen Mischwald während des Sommers (Eliáš et al. 1989).

verluste besonders groß sind. Demzufolge ergibt sich nachts eine Umkehr der genannten Vertikalgradienten.

Daraus folgt weiter, dass die Amplituden beider Klimaparameter mit der Höhe im Bestand anwachsen (C und D): Im Bestandsinneren ist das Klima ausgeglichener, feuchter und wärmer und die Frostgefährdung geringer; im Kronendach kann ein erheblicher Dürrestress und ggf. auch Kältestress auftreten. Dies gilt insbesondere für Tage mit hoher Sonneneinstrahlung bzw. hoher nächtlicher Ausstrahlungsverluste.

Auch Wind ändert an diesem Rhythmus nichts, solange dichter Pflanzenstand die turbulenten Luftbewegungen unterbindet, die aerodynamischen Ausgleichsvorgänge vielmehr über Diffusion erfolgen (E). Unter diesen Bedingungen kommt es dann auch – als Folge der Bodenatmung – zu einem nächtlichen Anstieg des CO_2-Gehaltes in der bodennahen Luftschicht (F). Tagsüber ist dieser Anstieg wieder rückläufig, wenn die Pflanzen erneut CO_2 für die Photosynthese aufnehmen.

Im **Winter**, wenn der Wald entlaubt ist, fehlen die genannten vertikalen Differenzierungen oder sind nur schwach ausgebildet.

9.3 Relief und Gewässer

Die Feuchten Mittelbreiten gelten als **Zone gemäßigter morphologischer Aktivität**. Sowohl Verwitterungsprozesse als auch Abtragungsvorgänge laufen vergleichsweise langsam (retardiert) ab. So sind beispielsweise viele der in den pleistozänen Kaltphasen entstandenen glazialen und glaziofluvialen Abtragungs- und Ablagerungsformen und selbst tertiäre Rumpfflächen (in Resten) bis heute erhalten.

Verwitterung

Bei der Verwitterung von Mineralen spielt die **Hydration** (auch Hydratation genannt) eine wichtige Rolle. Hierbei handelt es sich um die Anlagerung von H_2O-Dipolen an überschüssige Ladungen von Grenzflächenkationen, die von der Randzone des Gesteins nach innen fortschreitet. Die damit verbundene Quellung (= Bildung von Hydrathüllen um die Grenzflächenionen) führt zu einer Sprengwirkung, die das Gesteinsgefüge lockert.

Wohl immer gleichzeitig mit der Hydration erfolgen chemische Umsetzungen durch die **Hydrolyse**. Hierbei treten die durch Dissoziation von Wasser entstandenen H^+-Ionen mit den Kationen von Gesteinsmineralen in Austausch, was ebenfalls zur Auflockerung und schließlich Zersetzung der Kristallgitter führt. Der Umfang dieser Reaktion wächst mit steigender H^+-Konzentration, also abnehmendem pH-Wert des Bodens, sowie höheren Temperaturen. Hydration und Hydrolyse können zu Abschuppungen und zur Vergrusung von festem Gestein führen.

Bei der Verwitterung von Kalkstein und Dolomit steht die **Kohlensäureverwitterung** im Vordergrund. Kohlensäure entsteht im Boden durch Reaktion von CO_2 der Bodenluft (dessen Anteil hier infolge von Wurzelatmung und Respiration des Edaphons höher als in der Atmosphäre liegt) und Wasser. Die Intensität der Lösungsvorgänge wächst mit dem CO_2-Gehalt des Wassers und wird durch niedrige (!) Temperaturen begünstigt. In festem Gestein führt die Kalkverwitterung zu **Karstformen** (z.B. Karren, Dolinen, Höhlen mit Tropfsteinbildungen), in Lockermaterial (z.B. Moränen, Löss) und Böden (z.B. Chernozemen) zur (von der Oberfläche nach unten fortschreitenden) **Entkalkung**.

Im Gegensatz zur mechanischen Verwitterung kann die chemische Verwitterung (in humiden Klimaten) dank der tiefreichenden Wasserbewegungen im Boden und Gestein auch entsprechend tief unter der Oberfläche wirken. Die Böden der Feuchten Mittelbreiten sind daher durchweg tiefgründiger als die in den beiden vorgenannten Ökozonen. Sie sind andererseits flacher als dort, wo die chemische Verwitterung aufgrund ganzjährig höherer Temperaturen intensiver abläuft, wie – im extremsten Fall – unter tropischem Regenwald (siehe Kap. 15.3.1).

Abfluss und Abtragung

Etwa ein Drittel des Niederschlages geht in den Abfluss, gegenüber knapp 50% in der Borealen Zone und über 50% in der Tundra. Da aber die Niederschlagsmengen höher als dort sind, ist die absolute Wassermenge, die pro Flächeneinheit abfließt (also die **Abflussspende**), in der Regel dennoch größer (vgl. Tab 3.1 und Abb. 4.3).

Aufgrund der meist relativ groben Bodentexturen und stabilen Bodengefüge (und somit hohen Infiltrationskapazitäten für einsickerndes Regenwasser) sowie der geschlossenen Vegetationsbedeckung[2] erfolgt der Abfluss von den Landflächen (zu den Flüssen) im We-

[2] Im Winter, wenn der Schutz durch die Vegetation weitgehend entfällt, wird die Bodenoberfläche (abgesehen von Feldern) durch eine mehrschichtige Blatt-/Krautstreu geschützt.

sentlichen über Interflow und Grundwasser (Niederschlagsereignisse, deren Intensität die maximal mögliche Infiltrationsrate übersteigen, sind selten). Entsprechend gering ist die Wirkung der Spüldenudation, und regenbedingte Abflussspitzen in den Flüssen folgen gewöhnlich erst mehrere Tage nach den verursachenden Niederschlagsereignissen.

Die **Flussdichte** ist hoch, alle Flüsse sind perennierend; der Abfluss hält auch im Winter, in kontinentalen Gebieten gegebenenfalls unter einer Eisdecke, an. Der **Abflussgang** wird in weit geringerem Maße als in den beiden vorgenannten Ökozonen durch winterlichen Frost und Schneeschmelze im Frühjahr bestimmt. Von größerem Einfluss sind die Niederschlagsverteilung über das Jahr und die relativ hohen sommerlichen Verdunstungsabgaben. Das sommerliche Abflussminimum ist daher meist deutlicher ausgeprägt als das durch Frost und Schnee bedingte winterliche. Die Jahreshöchststände folgen den saisonalen Niederschlagsmaxima, liegen also in ozeanischen Klimaten eher im Frühjahr, in kontinentalen im Herbst. Trotz temporärer Erosionsbelebungen bleibt die **morphologische Wirksamkeit der Flüsse** bescheiden, die lineare Tiefenerosion entsprechend gering.

9.4 Böden

Im Vergleich zu allen anderen Waldklimaten haben die Feuchten Mittelbreiten überwiegend **günstige Bodenentwicklungen**. Dazu gehört, dass ihre *Versauerung geringer* ist. Gegenüber der Borealen Zone treten mit *Mull und Moder* bessere Humusformen auf als der dort vorherrschende Rohhumus. Mit Blick auf die Sommerfeuchten Tropen und Immerfeuchten Tropen/Subtropen fällt insbesondere die *günstige Tonmineralbildung* ins Gewicht. Statt der sorptionsschwachen Zweischicht-Tonminerale aus der Kaolinitgruppe, die in den zonalen Böden jener Zonen vorherrschen, kommt es unter den gemäßigt kühlfeuchten Bedingungen dieser Zone zur Bildung von sorptionsstärkeren Drei- und Vierschicht-Tonmineralen aus der Gruppe der Illite und Chlorite, Vermiculite und Smectite, die den Böden weit höhere Kationenaustauschkapazitäten verleihen. Bei einer generell nur schwach sauren Reaktion haben die meisten Böden daher relativ hohe mineralische Nährstoffgehalte, und Düngergaben, die der Landwirt in den Boden bringt, können in größeren Mengen (als beispielsweise in den Feuchten Tropen) adsorbiert und von den Kulturpflanzen nach und nach, ihrem Bedarf entsprechend, eingetauscht werden.

Von allen Bodentypen, die in den Feuchten Mittelbreiten vorkommen, haben Haplic (in Nordamerika auch Albic) *Luvisole* (Lessivés, Parabraunerden) sowie Dystric und Eutric *Cambisole* (Braunerden) die weiteste Verbreitung. Sie treten oftmals in enger Nachbarschaft auf. Dabei überwiegen Luvisole (bei hoher Durchfeuchtungsintensität) auf $CaCO_3$-reichem Substrat (kommen aber auch auf $CaCO_3$-freiem

Substrat vor). Cambisole finden sich hingegen häufiger auf ärmeren und trockeneren Ausgangsgesteinen in Hanglagen, wo die Abtragung verhindert, dass die Böden ältere Entwicklungsstadien erreichen.

Cambisole (lat. *cambiare* = wechseln) haben einen dunklen humosen A-Horizont, der nach unten allmählich in einen meist braunen Bw-Horizont (in situ verwittert, *cambic B-Horizont*) übergeht, auf den, wiederum ohne scharfe Grenze, der C-Horizont (Ausgangsgestein) folgt. A- und B-Horizont können zusammen bis zu anderthalb Meter mächtig werden. Sie haben meist stabile Strukturen mit günstigem Wasser- und Lufthaushalt. Die Verbraunung im Bw geht auf freie Fe-Oxide/Hydroxide (vor allem Goethit) zurück, die aus dem bei der Verwitterung der primären Minerale freiwerdenden Eisen entstehen. Je nach Basensättigung können die fruchtbaren *Eutric Cambisole* (>50% Basensättigung) von den nährstoffärmeren *Dystric Cambisolen* (<50% Basensättigung) unterschieden werden. Die Ersteren entwickeln sich beispielsweise auf Basalt und Geschiebelehm, die Letzteren auf Granit und Sanden. Die weitere Entwicklung kann zu Luvisolen bzw. Podzolen oder Retisolen führen.

Unter den extrem kalten und nassen Bedingungen von Gebirgen können sich auf Silikatgestein über den Bw-Horizonten (oder auch direkt über C-Horizonten) mächtige, dunkelbraune Ah-Horizonte entwickeln, die im Unterschied zu mollic Horizonten sauer reagieren, Basensättigen unter 50% aufweisen und oligotroph sind (= umbric Horizonte). Diese früher auch als Humusbraunerden bezeichneten Böden werden seit 1998 zu einer eigenen Bodeneinheit, den **Umbrisolen** (lat. umbra = Schatten), gestellt. Sie treten wie die Cambisole weltweit (auch in tropischen und subtropischen Gebirgen) auf, allerdings mit Schwerpunkten in den Feuchten Mittelbreiten und der Borealen Zone. Ihre hohen Gehalte an organischer Substanz hängen mit ihrer geringen biologischen Aktivität zusammen: Das Edaphon kann sich bei der klimatischen Ungunst (zu kalt, zu nass) und der sauren Bodenreaktion kaum entfalten; entsprechend niedrige fallen die Zersetzungsraten aus.

Luvisole (lat. *luere* = auswaschen) sind durch Verlagerungen von Ton (Lessivierung) aus den A- in die B-Horizonte (*argic* B-*Horizonte*= Bt) charakterisiert. Entsprechend zeigen die Profile die Horizontfolgen Ah-E-Bt-C. Bei den *Haplic (früher Orthic)* Luvisolen sind der an Ton verarmten E-Horizonte etwas heller (bei den *Albic L.* weißlich) als die schwärzlichen, weil humosen Ah-Horizonte und die mit Ton angereicherten tiefbraunen Bt-Horizonte. Ah- und E-Horizonte können zusammen bis zu etwa einem halben Meter, die Bt-Horizonte bis zu mehreren Metern mächtig sein. Als nur mäßig ausgewaschene Böden weisen Luvisole generell mittlere bis hohe Basensättigungen auf (Tendenz zu höherer Sättigung auf trockeneren Standorten): In den Unterböden liegen sie gewöhnlich – bei (fast) neutraler Bodenreaktion – über 50 %. Die oft sandreichen Oberböden, in denen Lessivierungen zu relativen Zunahmen an gröberem Korn geführt haben, sind dagegen leicht sauer, und ihre Basensättigungen liegen durchweg unter 50 %.

Mit Fortschreiten der deszendenten Verlagerungsvorgänge unter kühleren und feuchten Bedingungen kommt es zu einer starken Ausbleichung des E-Horizonts. Damit entstehen **Retisole** (lat. *rete* = Netz; Fahlerden; früher als Podzoluvisole bezeichnet, in FAO 2006 noch als Albeluvisole bezeichnet). Häufig ist dies in den Übergangsbereichen zur Borealen Zone der Fall, wo neben Podzolen insbesondere Eutric Retisole (von lat. *eluere* = auswaschen) (siehe Kap. 8.4) große Flächen einnehmen. Deren auffälliges Merkmal ist das „albeluvic tonguing", das zungenförmige Vordringen des hellen eluvialen Horizontes (E) in den darunter anschließenden dunkleren tonreichen argic B-Horizont (Bt). Der Ah-Horizont ist eher humusarm, gewöhnlich unter Moder, die Bodenreaktion sauer, die natürliche Fruchtbarkeit gering.

Am unteren Ende von Reliefsequenzen folgen, ähnlich wie in vielen anderen Ökozonen, Böden, die unter dem Einfluss von Stau- oder Grundwasser stehen. Die Tab 9.1 gibt eine Übersicht dieser hydromorphen Böden und der Umstände ihrer Entstehung. Histosole (siehe Kap. 8.4) finden sich so gut wie nur in den mittleren und höheren Breiten, Gleysole (siehe Kap. 7.4) und Fluvisole vornehmliche in allen humiden Ökozonen; Planosole kommen auch in allen wechselfeuchten und ariden Ökozonen vor.

Die **Fluvisole** (lat. *fluvius* = Fluss) sind junge Böden (nur A-C-Profil) in Flussauen und Marschen, an Seeufern und unter Mangroven. Ihre Eigenschaften werden wesentlich von der Art des bei jeder Überflutung neu (und zwar in Schichten) abgelagerten Sedimentationsmaterials bestimmt und variieren entsprechend stark. In den Auenböden (von Flusstälern) fehlen - im Unterschied zu den Gleysolen – redoximorphe Merkmale. Rostfleckige Bg-Horizonte können höchstens in größerer Tiefe auftreten.

Bei den **Planosolen** (lat. *planus* = flach), zu denen die Pseudogleye der deutschen DBG-Bodensystematik gehören, handelt es sich um temporär stauwasserbeeinflusste Böden auf tonigen Sedimenten in durchweg flachem Gelände, in deren Profilen auf einen gebleichten E-Horizont ein dunklerer, tonreicherer (durch Lessivierung), wasserstauender B-Horizont folgt. Diagnostisch ist der abrupte Bodenartenwechsel zwischen diesen beiden Horizonten.

9.5 Vegetation und Tierwelt

Nach den klimatischen Gegebenheiten sind die Feuchten Mittelbreiten insgesamt **natürliche Waldstandorte („Zone der sommergrünen Laubwälder").** In den nordhemisphärischen Vorkommen wurden die Naturwälder allerdings durch Holzeinschlag, Brandrodungen, Waldweide etc. nahezu vollständig zerstört und gewöhnlich nur dort, wo keine landwirtschaftlichen oder anderen Interessen bestanden, durch Wirtschaftswälder ersetzt. Die Feuchten Mittelbreiten sind heute – im Vergleich zu früher und zu den anderen Waldklimaten (abgesehen von den Immerfeuchten Subtropen) – waldarm.

Während die nordhemisphärischen Vorkommen einem gemeinsamen Florenreich, nämlich der **Holarktis** angehören, liegen die drei kleinen südhemisphärischen alle im Florenreich der **Antarktis** oder jedenfalls in dessen Randbereich. Das bedeutet, dass die nördlichen und südlichen Vorkommen im Vergleich zueinander weitestgehend eigenständige Floren (und Faunen) aufweisen, jedoch untereinander – trotz der jeweils beträchtlichen (west-östlichen) Abstände – floristisch (und faunistisch) ähnlich sind.

Nach den **vorherrschenden Lebensformen der Baumschicht** handelt(e) es sich bei den heutigen (bzw. früheren) Naturwäldern zumeist um *sommergrüne Laubwälder* oder

Tab. 9.1 Hydromorphe Bodentypen der Feuchten Mittelbreiten (Schroeder u. Blum 1992).

Prägender Faktor	**Stauwasser** *mit Wechsel von nassen und trockenen Phasen*	**Grundasser (GW)** *mit unterschiedlichem Stand des GW-Spiegels und variierender Amplitude der GW-Spiegelschwankung*				
		Mineralische Böden			*Organische Böden*	
		mit Überflutung		*ohne Überflutung*	*GW oberhalb Mineralkörper*	
Art der Entwicklung	temporär periodisch	mit großer Amplitude (in Flusstälern) und seltener Überflutung	mit mittlerer Amplitude (im Gezeitenbereich) und häufiger Überflutung	mit kleiner Amplitude innerhalb des Solums	als relativ nährstoffreiches Grundwasser (topogen)	als nährstoffarmes Grundwasser (ombrogen)
Prozesse	periodisch wechselnde Redox-Prozesse; Diffusions-Vorgänge in allen Richtungen in nasser Phase	Sedimentation; periodisch wechselnde Redox-Prozesse; Oxidations-Prozesse vorherrschend; schwache Diffusions-Vorgänge, vorwiegend vertikal	Sedimentation; periodisch wechselnde, räumlich differenzierte Redox-Prozesse, starke Diffusions-Vorgänge, vorwiegend vertikal; Sulfat-Carbonat-Metabolik	intensive, räumlich scharf differenzierte Redox-Prozesse; starke Diffusions-Vorgänge, vertikal und horizontal	Akkumulation von vorwiegend eutropher org. Substanz, Reduktions-Prozesse vorherrschend	Akkumulation von vorwiegend oligotropher org. Substanz, Reduktions-Prozesse vorherrschend
Merkmale	Marmorierung, Fleckigkeit; keine Oxidations- und Reduktions-Horizonte	Schichtung, meist kein Reduktions-Horizont	Schichtung, Oxidations-Horizont über schwarz-blauem Reduktions-Horizont	Oxidations-Horizont über Reduktions-Horizont	Schilf- und Seggentorf-Horizonte über Mudden	Sphagnumtorf-Horizonte
Bodentyp	Pseudogley	Aue	Marsch	Gley	Niedermoor	Hochmoor
WRB-Systematik	**Planosol**	**Fluvisol**		**Gleysol**	**Eutric Histosol**	**Fibric Histosol**

um *Mischwälder* aus sommergrünen Laubbäumen und immergrünen Nadelhölzern; seltener um reine *Nadelwälder* (wie in der pazifischen Nordwestregion Nordamerikas) oder um *Regenwälder* aus immergrünen Laubhölzern (wie in den meisten südhemisphärischen Teilgebieten sowie früher auch in einigen küstennahen Teilgebieten von Westeuropa). Davon haben die sommergrünen Laub- und Mischwälder als die eigentliche (potentielle) zonale Pflanzenformation der Feuchten Mittelbreiten zu gelten; sie stehen dementsprechend im Vordergrund bei den Darstellungen zur Vegetation. Typisch für diese etwa 10-20 m hohen Wälder ist, dass sie mehrschichtig sind, wobei insbesondere die im zeitigen Frühling arten- und blumenreiche Feldschicht aus Kräutern (Hemikrypto- und Geophyten) und/oder Zwergsträuchern (Chamaephyten) ins Auge sticht und die relativ kurzlebigen Blätter der Laubbäume makrophylle Formen aufweisen. Nur in besonders wintermilden Klimaten überdauern sie die Zeitspanne von 6 Monaten. Die Winterknospen werden durch Schuppen vor Wasserentzug und Frost geschützt. Epiphyten und Lianen fehlen – mit Ausnahme von Efeu *(Hedera helix)* und Waldrebe *(Clematis spp.)* – so gut wie ganz.

9.5.1 Saisonalität sommergrüner Wälder

Die an den Jahresgang der Temperatur geknüpfte klimatische Saisonalität drückt sich in **auffälligen Aspektwechseln** der Vegetation aus. Grundsätzlich finden sich solche Aspektwechsel auf der Erde überall dort, wo deutlich (hygrisch oder thermisch) unterschiedliche Jahreszeiten miteinander abwechseln; d.h. in allen Ökozonen außer den Immerfeuchten Tropen, Immerfeuchten Subtropen und den extremen Hitzewüsten der Tropisch/subtropischen Trockengebiete. Allerdings sind die saisonalen Aspektwechsel dort relativ unauffällig, wo die Floren hohe Anteile von immergrünen Arten enthalten, also in den Winterfeuchten Subtropen, der Borealen Zone und den Tundren der Polaren/subpolaren Zone, oder wo die Vegetation infolge arider Bedingungen zurücktritt, wie in allen Wüsten und Halbwüsten. Damit werden sie, trotz ihrer weiten Verbreitung, zu einem eher zonenspezifischen Merkmal, charakteristisch für die Mittelbreiten (hier insbesondere die Feuchten Mittelbreiten) und die Sommerfeuchten Tropen. In den Mittelbreiten lassen sich die folgenden vier Jahreszeiten unterscheiden.

Frühjahr

Das Frühjahr ist die Zeit, in der

- die Samen aus dem voraufgegangenen Jahr keimen,
- Bäume und Sträucher neue Triebe, Blätter und Blüten bilden,
- Stauden ihre Sprosse austreiben,
- Tiere aus dem Winterschlaf (Winterstarre) erwachen, aus Überwinterungsstadien schlüpfen (bei vielen Insekten), geschützte Winterquartiere (häufig im Boden) verlassen und zu einem aktiven Leben

in den Stammraum und das Kronendach wechseln,
- Zugvögel aus wärmeren Erdzonen zurückkehren,
- der Gesang vieler Singvogelarten besonders vielfältig erklingt und
- für die meisten Tierarten Paarung und Jungenaufzucht erfolgen.

Das **Wiedererwachen des Lebens beginnt am Waldboden**. Aufgrund des um diese Zeit (vor dem Blattaustrieb der Holzpflanzen) noch kaum behinderten Lichteinfalles (Abb. 9.4) kommt es in der Laubstreu und obersten Bodenschicht zu einer viel rascheren Erwärmung als in den Strauch- und Baumkronenschichten. Auffallendster Hinweis für diesen anfänglichen Vorteil sind die zahlreichen *krautigen Frühlingsblüher*, die aus intakten Wurzelsystemen von der Bodenoberfläche (bei den Hemikryptophyten) oder aus Überdauerungsorganen wie Knollen, Zwiebeln oder Wurzelstöcken im Boden (Geophyten mit geringer Wurzeltiefe) austreiben. Im weiteren Verlauf verlagert sich die strahlungsabsorbierende Schicht immer mehr nach oben, über die Blattentfaltung der Sträucher und des Jungwuchses bis zur (wiederum etwas späteren) Laubbildung der Baumkronen.

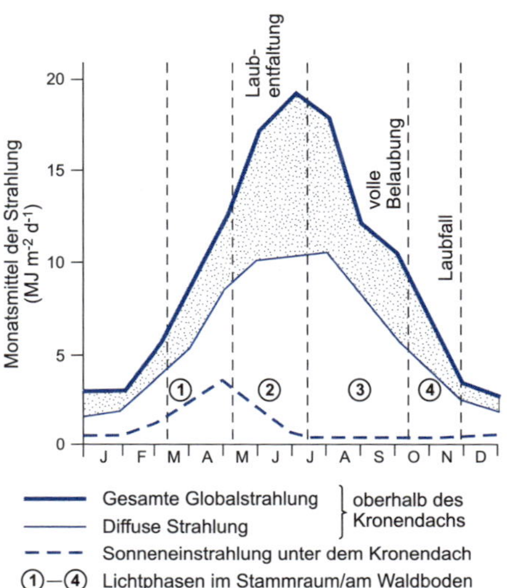

Abb. 9.4
Jahresgang des Strahlungsangebotes und der Beleuchtungsintensität in einem Laubwald bei Cambridge/England in Abhängigkeit vom Belaubungszustand (aus LARCHER 1994). Die folgenden Lichtphasen lassen sich für den Stammraum und den Waldboden unterscheiden (WALTER u. BRECKLE 1983): 1 Frühlings-Lichtphase (vor der Belaubung), 2 Übergangsphase (vom Öffnen der Knospen bis zum Beginn der vollen Belaubung, 3 Sommer-Schattenphase, 4 Helle Herbstphase nach dem Laubfall. In den immergrünen Nadelwäldern der Borealen Zone fehlen die verschiedenen Lichtphasen am Waldboden.

Sommer

Der Sommer ist die Zeit voller Belaubung, in der das Dickenwachstum von Stamm- und Astholz stattfindet und die Frucht- und Samenreife erfolgen. In Wäldern mit engem Kronenschluss gelangt in dieser Zeit so wenig Licht in den Stammraum und auf den Waldboden (im Extrem nur etwa 10% des Außenlichtes), dass dort nur noch Schattenpflanzen mit geringer Primärproduktion zu gedeihen vermögen.

Herbst

Im Herbst kommt es – meist innerhalb weniger Wochen – durch das Ablösen von Laub, Samen und Früchten bei den Holzpflanzen und das Absterben der oberirdischen Triebe von Krautpflanzen zu einer **Rückführung des größten Teils der sommerlichen Produktion** in/auf den Boden. Vor dem Entlauben erfolgt ein Abbau von organischen Substanzen und eine teilweise *Resorption* (Retranslokation) der Elemente N, Fe, P und K in die Zweige und den Stamm (s.u.). Damit geht eine Entfärbung (grün zu fahlgelb, wie z.B. bei Erlen, Eschen und Weiden) oder aber eine kräftige Verfärbung (zu roten bis gelben Farbtönen, wie z.B. bei Ahornen und Birken) einher, die den herbstlichen Wäldern ein einzigartig farbenprächtiges Aussehen (bunte

Herbstverfärbung, in Nordamerika als „Indian Summer" bezeichnet) verleihen kann.

Bereits im Frühherbst (teilweise schon im Spätsommer) – also lange vor dem Laubfall und dem ‚Einziehen' der krautigen Vegetation – ziehen die meisten der insektenfressenden Zugvögel fort. Andererseits treffen zahlreiche Brutvogelarten aus höheren Breiten als Durchzügler oder Wintergäste ein.

Winter

Während der Wintermonate wird die Photosynthese eingestellt, verlangsamen sich die biologisch-chemischen Bodenprozesse, halten viele Säuger Winterruhe (Dachs, Eichhörnchen) oder Winterschlaf (Igel, Siebenschläfer). Fast alle oberirdisch lebenden wechselwarmen Tiere wie Amphibien, Schnecken, Insekten und Spinnen, verfallen in eine Kältestarre oder – so bei den meisten Insekten und Spinnen – die Imagines sterben ab, und nur Eier, Larven oder Puppen überdauern beispielsweise unter der Rinde von Bäumen oder im Boden.

Die überwinternden Vogelarten (Stand- und Strichvögel) und Wintergäste (Zugvögel) bilden ein dichteres Gefieder, die aktiv bleibenden Rehe, Hirsche, Wildschweine, Füchse, Wiesel etc. legen sich ein dichteres Winterfell zu.

9.5.2 Wasserbilanz von Wäldern

Auch die Wasserbilanz von **sommergrünen Waldgebieten** weist einen **auffälligen jahreszeitlichen Wechsel** auf: Winterlichen Überschüssen, die die Rücklagen im Boden bis zur Wassersättigung erhöhen und einen wachsenden Grundwasserabfluss speisen (Tiefensickerung), steht ein sommerlicher Aufbrauch gegenüber, der zu mehr oder weniger großen Wasserdefiziten führen kann (Abb. 9.5). Während des Frühjahrs ist der Bodenwasserhaushalt in den meisten Jahren ausgeglichen ($\Delta W_s = 0$), d.h. der Boden bleibt für diese Zeit wassergesättigt.

Von den in der Abb. 9.5 veranschaulichten Verhältnissen weichen **immergrüne Nadelwälder** in mehrfacher Hinsicht ab. So ist der *Stammablauf* bei Kiefern viel geringer, bei Fichten praktisch gleich Null, da die hängenden Äste das Wasser vom Stamm wegführen. Auch ist die *Interzeption* in der Fichtenkrone während des Sommers und – da immergrün – erst recht während des Winters größer als bei sommergrünen Laubbäumen. Bei den im Rahmen des Solling-Projektes (Ellenberg et al. 1986) untersuchten Fichten betrug sie im Jahresdurchschnitt 27,2% des Freilandniederschlages, mehr als das Anderthalbfache des bei den Buchen gefundenen Wertes von 17,1%. Letzterer Wert stimmt gut mit den in der Abb. 9.5 genannten Anteilen überein.

Beim Vergleich der Transpirationsverluste während der Vegetationsperiode in Bezug auf die während dieser Zeit erzeugten Pflanzensubstanzen ergab sich als weiterer Unterschied, dass die Fichten 220 Liter Wasser pro kg TS, die Buchen aber nur 180 Liter für dieselbe Menge brauchten, also eine deutlich höhere Wassernutzungseffizienz (einen geringeren *Transpirationskoeffizienten*) aufwiesen (zum Vergleich: krautige Pflanzen brauchen etwa 300 bis 400 Liter pro kg erzeugter Trockensubstanz).

9.5.3 Phytomasse und Primärproduktion, Zuwachs und Streufall

Die **Phytomasse** wächst zunächst über viele Jahrzehnte – wie in anderen Wäldern auch – mit dem Bestandsalter. Das Maximum wird – je nach Lebensdauer der beteiligten Baumarten – nach etwa 100 bis 200 Jahren erreicht. In den meisten Fällen liegt es dann zwischen

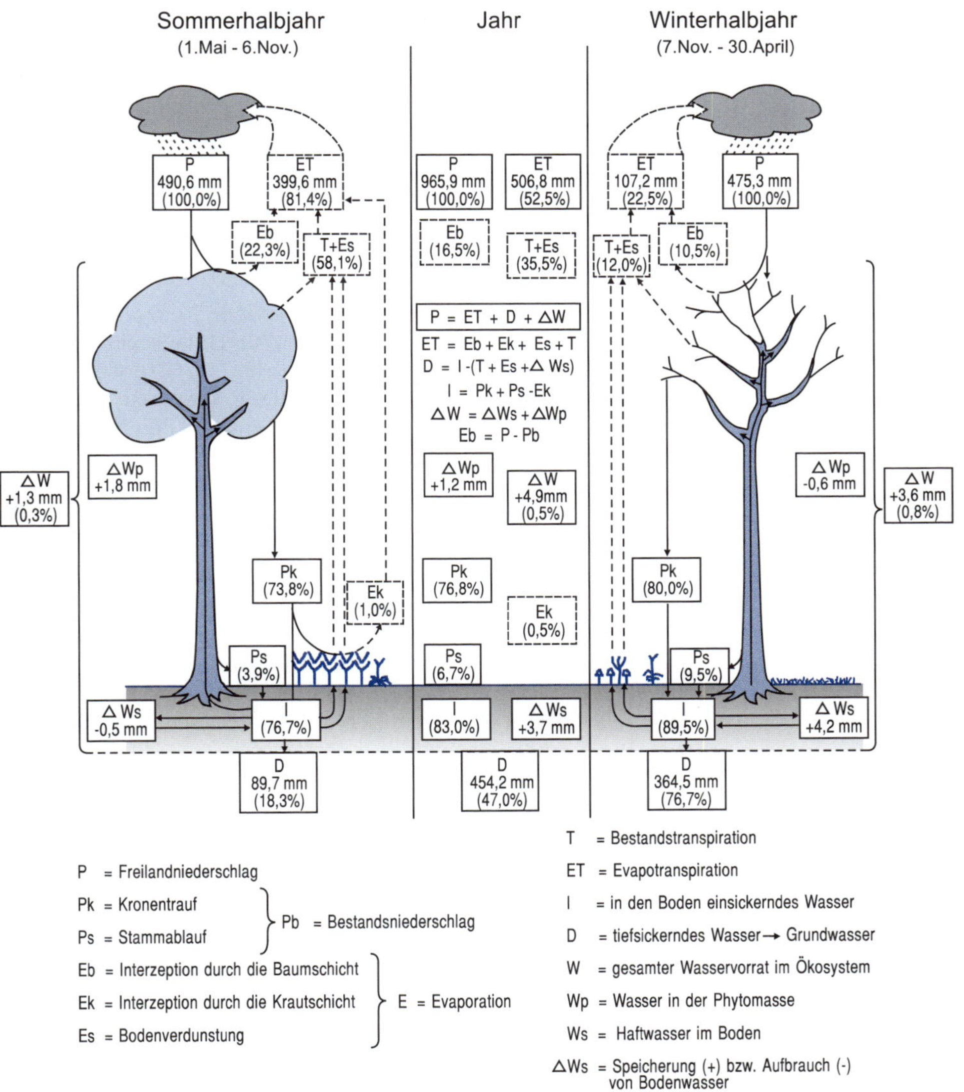

Abb. 9.5

Wasserbilanz eines belgischen Eichenwaldes in belaubtem und in winterkahlem Zustand (SCHNOCK 1971, geringfügig verändert). Im Jahresdurchschnitt (1964 bis 1968) fallen 965,9-mm Niederschlag. Davon verdunsten 506,8 mm (52,5%), 454,2 mm (47,0%) gehen in den Abfluss und 4,9 mm (0,5%) werden in der Biomasse gespeichert. Sommer- und Winterhalbjahr erhalten etwa gleich viel Niederschläge. Ihre Wasserbilanzen unterscheiden sich dennoch grundlegend: Im Laubwald sind die sommerlichen Interzeptionsverluste und Wasserabgaben durch Transpiration etwa viermal so hoch wie im Winterhalbjahr (399,6 mm gegenüber 107,2 mm). Dementsprechend sickert im Winter sehr viel mehr Wasser in den Boden (364,5 mm gegenüber 89,7 mm). Die Abflussspende ist dann entsprechend höher. Die Bodenverdunstung ist infolge der isolierenden Streuauflage (im Sommer auch der Beschattung) zu jeder Jahreszeit gering.

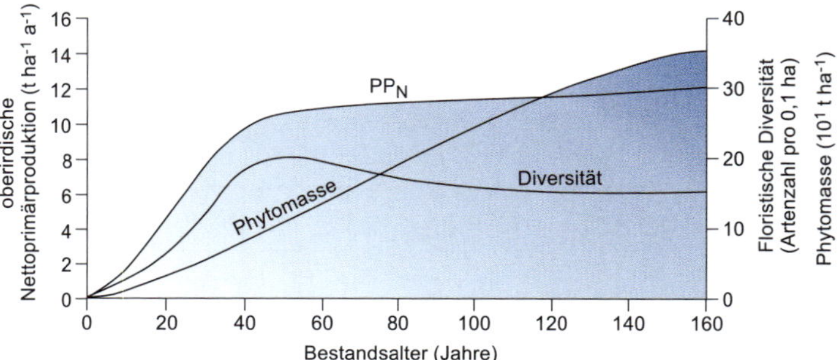

Abb. 9.6
Änderungen der Primärproduktion, Phytomasse und Artenvielfalt in einem Eichen-Kiefernwald in den östlichen USA, in Abhängigkeit vom Bestandsalter (WHITTAKER 1970).

200 und 400 t ha^{-1}, wovon etwa 20% zur Wurzelmasse gehören. Die Primärproduktion steigt zunächst stetig an und erreicht dann einen etwa konstanten Scheitelwert – im gezeigten Beispiel nach 40 bis 55 Jahren mit etwa 11 t ha^{-1} a^{-1} (Abb. 9.6). Um diese Zeit ist auch die Vielfalt an Gefäßpflanzen am größten, da noch Arten aus den jüngeren Entwicklungsphasen anwesend sind.

Die Aufteilung der Primärproduktion in **Zuwachs** und **Streufall** (oder gesamten Abfall) ist ebenfalls altersabhängig (vgl. auch Kap. 5.2 und Abb. 5.3). Anfänglich dominiert eindeutig der Zuwachs, später gewinnt der Abfall relativ an Bedeutung, bleibt aber bis zum Erreichen der Zerfallsphase mengenmäßig hinter dem Zuwachs zurück. Solange keine Bäume umstürzen, also im Wesentlichen nur Feinstreu anfällt, stellen Blätter mit 2 bis 4 t ha^{-1} a^{-1} zwischen 60 und 80% des Streufalles. Der Rest verteilt sich auf Knospenschuppen, Blüten, Früchte, Rinde und Zweige.

9.5.4 Mineralstoffhaushalt – im Vergleich mit borealen Nadelwäldern

Die im Folgenden genannten und für die Abb. 9.7a und Abb. 9.7b verwendeten Zahlen zu Mineralstoffvorräten und -umsätzen beruhen auf einer Mittelbildung der entsprechenden Einzelwerte von 14 sommergrünen Wäldern aus Europa und Nordamerika, die im Rahmen des International Biological Programme untersucht wurden. Die hier ausgewerteten Zahlen stammen im Wesentlichen aus den tabellarischen Einzelübersichten, die COLE u. RAPP (1981) und DE ANGELIS et al. (1981) für die 14 Waldstandorte bringen. Aus der ersteren Quelle stammen auch die Vergleichswerte für boreale Wälder, die aus drei Erhebungen in fichtenreichen Beständen in Alaska gemittelt wurden.

Mineralstoffvorräte in der Phytomasse

Die mittleren Mineralstoffgehalte (-konzentrationen) der Baumschicht liegen sowohl in borealen Nadelwäldern als auch in sommergrünen Laubwäldern bei knapp 1%. Die sommergrünen Laubwälder enthalten jedoch absolut höhere Mineralstoffmengen, da ihre Phytomassen größer sind. Beide Wälder stimmen darin überein, dass

Calcium am häufigsten vertreten ist und sich die Mengenanteile der übrigen (der erfassten) Nährelemente in der folgenden Reihenfolge anordnen: N >K >Mg >P.

Hinter den Mittelwerten verbergen sich allerdings erhebliche Unterschiede. Generell haben Blätter weit höhere, Rinden etwas höhere und Holz deutlich geringere Mineralstoffgehalte. Nach den in der Abb. 9.7 genannten Zahlen liegen sie für Laubblätter bei 4,3%, für Stammholz dagegen nur bei 0,6% (jeweils bezogen auf die Trockenmassen).

Die Mineralstoffkonzentrationen von Blättern nehmen (abgesehen von Ca) im Laufe des Sommers aufgrund von Auswaschungsverlusten und Retranslokation ab. Doch bleibt die vorgenannte Konzentrationsabfolge bis zum herbstlichen Blattabwurf bestehen.

Mineralstoffaufnahme und Mineralstoffbedarf für die Primärproduktion

Für die **$PP_{N\text{-Baumschicht}}$** der **sommergrünen Laubwälder** errechnet sich ein Mittelwert von 10 t TS ha^{-1} a^{-1}. Bemerkenswerterweise gehen davon rund 40% in die *Blattproduktion* (obwohl die Blattmasse nur auf einen Anteil von 1–2 % an der Phytomasse der Wälder kommen), dienen also nur der Bereitstellung von saisonalen Assimilationsorganen, nicht dem längerfristigen Bestandszuwachs. Die hierfür **erforderlichen Mineralstoffmengen** umfassen wegen der hohen Mineralstoffgehalte der Blätter sogar 80% des Gesamtbedarfs für die Primärproduktion in der Baumschicht.

Bei den **immergrünen Nadelbäumen** (mit durchweg niedrigen Nadelumsatzraten) wird dagegen vorwiegend mineralstoffarmes Holz gebildet: Nur rund ein Viertel der $PP_{N\text{-Baumschicht}}$ und knapp 50% der dafür benötigten Mineralstoffe gehen in die *Nadelproduktion*.

Die PP_N der temperaten Laubbäume braucht daher pro Produktionseinheit wesentlich mehr Mineralstoffe (außer bei P) als die der borealen Nadelbäume. So produzieren die sommergrünen Laubwälder im Schnitt nur 103 kg organische Substanz pro 1 kg N, die borealen Nadelwälder hingegen eher das Doppelte. Nadelwälder haben also eine deutlich höhere **Mineralstoff-Nutzungseffizienz** (und insbesondere eine höhere Stickstoff-Nutzungseffizienz).[3]

Da die Laubbäume außerdem eine höhere PP_N aufweisen, fallen die flächenbezogenen Unterschiede im Mineralstoffbedarf noch größer aus: Bei Annahme einer gegenüber den borealen Wäldern doppelt so hohen PP_N ergeben sich knapp vierfach höhere Bedarfsmengen.

Die **sommergrünen Laubwälder stellen damit weit höhere Ansprüche an die Bodenfruchtbarkeit** (Versorgungszustand des Bodens mit Pflanzennährstoffen). Pro Hektar benötigen sie bei einer

---

[3] Die Kehrseite hoher Stickstoff-Nutzungseffizienz liegt darin, dass das entstehende (stickstoffarme) Pflanzengewebe nach dem Absterben schwer zersetzbar ist und sich damit der Stickstoffkreislauf im Ökosystem verlangsamt.

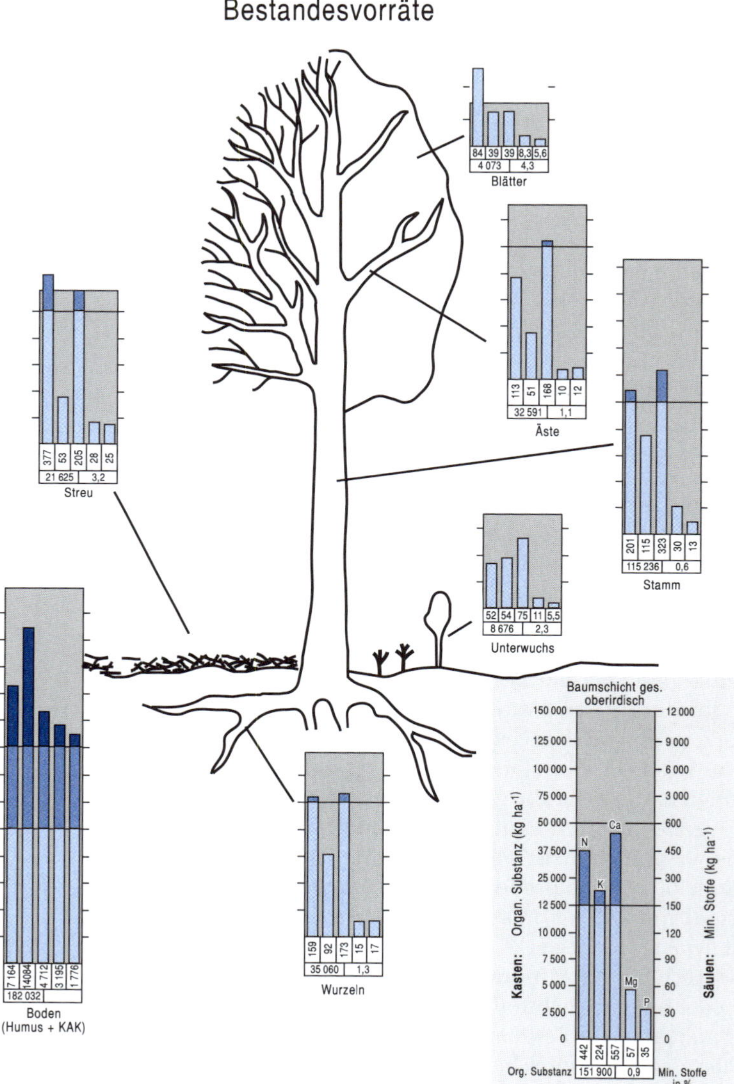

Abb. 9.7a

Stoffvorräte und -umsätze in sommergrünen Wäldern der Feuchten Mittelbreiten (Mittelwerte aus bis zu 14 Einzelbeständen in Europa und Nordamerika, berechnet und zusammengestellt aus Zahlen in Cole u. Rapp 1981). Die organischen Substanzen werden durch Kästen, die Mineralstoffe (N, K, Ca, Mg und P, jeweils in dieser Reihenfolge von links nach rechts) durch einzelne Säulen dargestellt. Die Maßstäbe verkleinern sich ab 150 kg (Mineralstoffe) und 12.500 kg (org. Substanzen) auf 1:5 und ab 600 kg und 50.000 kg auf 1:10. Die Bestandesvorräte der Baumschicht sind nicht gleich der Summe der Einzelvorräte, da für Äste und Stämme nur 12 Werte zur Mittelbildung verfügbar waren. Die Mineralstoffangaben zum Boden (Humus + KAK) beziehen sich auf Werte, die Cole u. Rapp in ihrer Arbeit jeweils für die ***soil-rooting zone*** *nennen. Es ist unsicher, ob diese Werte tatsächlich in allen Fällen die Mineralstoffe sowohl der organischen Bodensubstanz als auch der austauschbaren Fraktion meinen.*

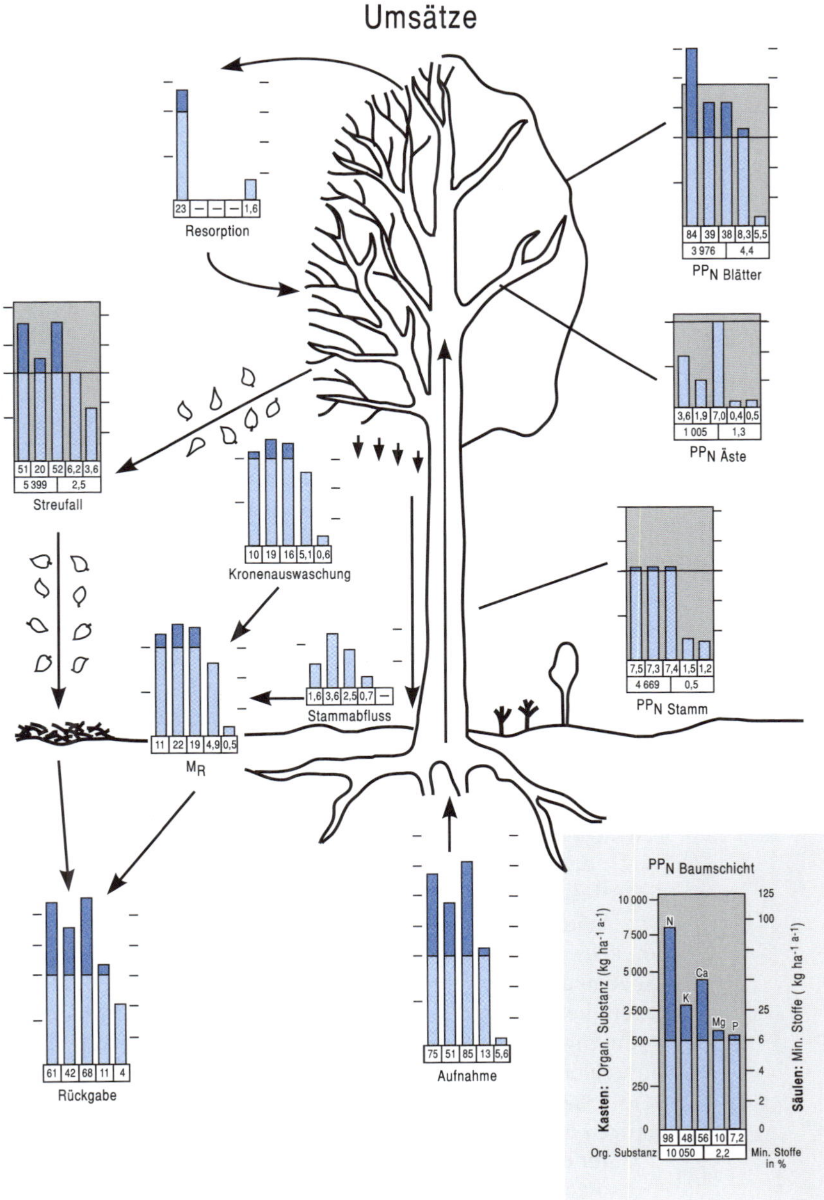

Abb. 9.7b

Die Maßstäbe verkleinern sich ab 6 kg (Mineralstoffe) und 500 kg (org. Substanzen) auf 1:12,5. Mittelbildungen aus ungleichen Anzahlen von Einzelwerten (je nach Verfügbarkeit in den berücksichtigten Untersuchungen) erklären die (kleineren) Differenzen zwischen den Werten für $PP_{N\ Baumschicht}$ und Rückgabe gegenüber den Summen, die sich aus den jeweiligen Einzelwerten ergeben.

jährlichen Primärproduktion von 8 bis 12 t etwa 80 bis 120 kg N (davon 60 bis 90 kg aus dem Boden, Rest aus den Blättern vor deren herbstlichem Abwurf) – gegenüber nur 20 bis 40 kg N von borealen Wäldern bei einer Produktion von 4 bis 8 t. Letztere vermögen daher selbst auf marginalen Standorten noch zu gedeihen.

Mineralstoffrückführung

Sehr große Differenzen ergeben sich auch für die Mineralstoffrückführung. In den **sommergrünen Wäldern** haben, wie erwähnt, mineralreiche Blätter hohe Anteile am Streufall. Entsprechend hoch sind die Mengen der auf diesem Weg jährlich rückgeführten Mineralstoffe. Im Mittel der 14 Wälder umfassen die gesamten oberirdischen Abfälle (also einschließlich holziger Anteile) 5,4 t ha^{-1} a^{-1} mit einem mittleren Mineralstoffgehalt von 2,5%. Das heißt, allein durch **Streufall** werden jährlich pro Hektar 135 kg Mineralstoffe rückgeführt. Das sind gut 10% der oberirdischen Bestandesvorräte.

Zu den organischen Abfällen kommen nennenswerte Abgaben in mineralischer Form über **Kronenauswaschung**. Überschlägig sind dies (bezogen auf die jeweiligen Aufnahmen) 10 bis 20% von Stickstoff und Phosphor, 30% von Calcium, 40% von Magnesium und sogar 60% von Kalium. Die Gesamtmenge beläuft sich auf rund 50 kg oder ein Viertel der gesamten Mineralstoffrückführung.

Dies erklärt, dass jährlich über 80% der aufgenommenen Nährstoffe rückgeführt werden, obwohl der Streufall während dieser Zeitspanne nur 54% der $PP_{N\text{-}Baumschicht}$ ausmacht.

Streuzersetzung und Freisetzung von Mineralstoffen

Der hohe Streufall führt in den sommergrünen Laubwäldern zu einer geschlossenen **Streuauflage** (deren Masse im Beispiel 21,6 t ha^{-1} beträgt), doch bleibt diese geringmächtig (nur wenige Zentimeter), da die **anfallende Streu** innerhalb weniger Jahre zersetzt wird. Genau umgekehrt zeigt sich das Ökosystem des borealen Nadelwaldes: Der dort sehr viel geringeren Streuanlieferung stehen, da Zersetzungsvorgänge deutlich langsamer ablaufen, mehrfach höhere Streuauflagen gegenüber. Die in den Streuschichten jeweils enthaltenen Mineralstoffmengen verhalten sich allerdings weniger gegensätzlich, da die laubreiche Streu in den Feuchten Mittelbreiten viel mineralhaltiger ist (3,2% gegenüber gut 1% der Nadelstreu) und damit das Defizit an Menge ausgleicht.

Unter der Annahme eines dynamischen Gleichgewichtes (es wird ebensoviel Streu zersetzt wie anfällt) errechnet sich für die Streu der Laubwälder eine mittlere **Umsatzdauer** von 4 Jahren, für die der Nadelwälder von rund 350 Jahren. Im Einzelfall ergeben sich allerdings erheblich hiervon abweichende Zersetzungszeiten, je nachdem wie groß die toten Bestandteile sind, welche stoffliche Zusammensetzung sie aufweisen (d.h. auch von welcher Pflanzenart sie herrühren) und

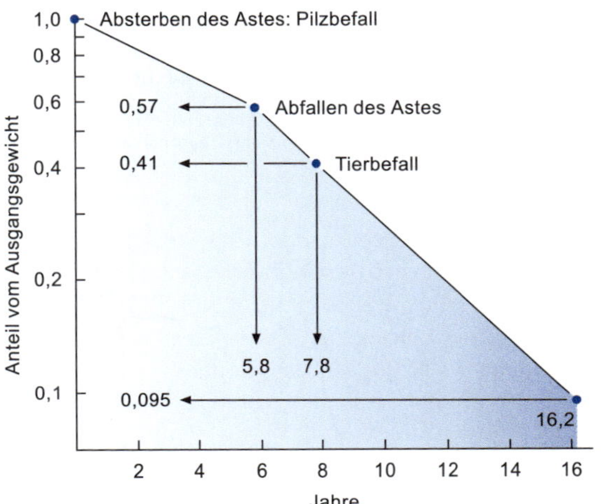

Abb. 9.8
Zersetzungsdauer von Astholz (>2 cm Durchmesser). Nach den Untersuchungen von SWIFT et al. (1976) in einem englischen sommergrünen Wald (Meathop Wood) aus Eichen, Eschen, Birken und Haselsträuchern dauert der Abbau von Astholz 16 Jahre. In den knapp sechs Jahren, die zwischen Absterben eines Astes und seinem Abfallen vergehen, werden bereits 40% der Holzmasse durch Pilze abgebaut. Dies entspricht einer jährlichen Verlustrate von 8,4%. Auf dem Waldboden beschleunigt sich dann die Zersetzung auf 17,1% a^{-1}, woran vermehrt holzbohrende Insekten beteiligt sind.

wo sie sich befinden (an der Bodenoberfläche oder ± tief im Boden). So dauert die Zersetzung von *Grobstreu* verständlicherweise länger als die von *Feinstreu* (Abb. 9.8).

Für die **Zersetzung von Laubblättern** sind, je nach Baumart, nur anderthalb bis drei Jahre anzusetzen. In Mitteleuropa steigt die Zersetzungsdauer in der folgenden Reihenfolge an: Erle, Ulme <-Hainbuche < Linde < Ahorn < Esche, Birke < Buche, Eiche.

An der **Zersetzung** der organischen Bodensubstanzen (Streu und A-Horizont) haben Pilze und Bakterien den weitaus größten Anteil. Gemessen an ihrem Beitrag zum Atmungskohlendioxid des Edaphons erreicht dieser mehr als 90%. Nur unwesentlich niedriger ist ihr Anteil an der Biomasse des Edaphons. Die verbleibenden knapp 10% der Bodenatmung verteilen sich etwa hälftig auf Regenwürmer und übrige.

Zusammenfassung

Aus dem Gesagten ergibt sich als **Ergebnis** (Abb. 9.9):

- Die Laubwälder der Feuchten Mittelbreiten haben einen kurzen, aber umsatzstarken Mineralstoffkreislauf: Die Nährstoffaufnahme im Frühling und Sommer ist hoch, der größte Teil davon wird bereits im nachfolgenden Herbst mit dem Blattfall zum Boden rückgeführt und aus der Streu (im Mittel einschließlich holziger Bestandteile) innerhalb von vier Jahren freigesetzt.
- Die Nadelwälder der Borealen Zone haben hingegen einen langen Mineralstoffkreislauf auf niedrigem Niveau: Der Bedarf für die PP_N ist gering, da die (relativ zum Holz) mineralstoffreichen Nadeln vieljährig und die jährlichen Mineralstoffverluste demzufolge klein sind; andererseits braucht die Freisetzung der Mineralstoffe aus den organischen Substanzen wesentlich länger; Engpässe in

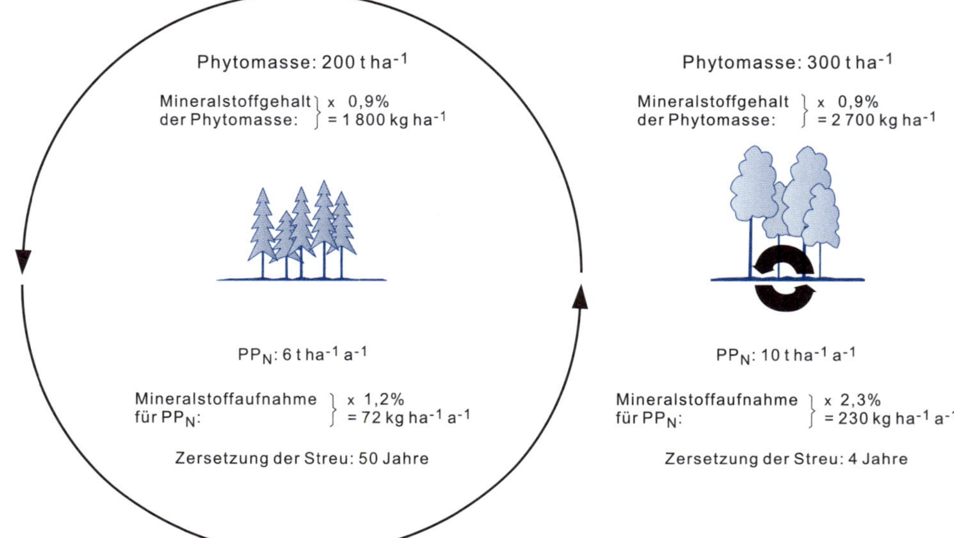

Abb. 9.9
Schema der Mineralstoffkreisläufe in sommergrünen Laubwäldern der Feuchten Mittelbreiten und in Nadelwäldern der Borealen Zone. Die Mineralstoffgehalte der Phytomassen sind in beiden Waldformationen prozentual ähnlich, jedoch absolut in den Laubwäldern aufgrund der bei ihnen höheren Phytomassen größer. Auffälligerer Unterschied ist, dass in den sommergrünen Laubwäldern Aufnahme, Bedarf und Rückgabe von Mineralstoffen wesentlich höher und die Zersetzung der Streu viel kürzer als in den borealen Nadelwäldern sind. In der Abbildung wurde ein dynamisches Gleichgewicht angenommen, bei dem mengenmäßig die PP_N gleich den Abfällen und die Mineralstoffaufnahme gleich der Mineralstoffabgabe ist.

der Nährstoffversorgung treten daher eher in der Borealen Zone auf als unter den anspruchsvolleren Laubbäumen der Feuchten Mittelbreiten.

9.5.5 Ökosystem-Modell eines sommergrünen Laubwaldes

Das Ökosystem-Modell der Abb. 9.10 beschreibt die für einen sommergrünen Laubwald der Feuchten Mittelbreiten (unter steady-state-Bedingungen) charakteristischen Bestandesvorräte und -umsätze nach dem Schema, das bereits für die beiden vorstehend beschriebenen Ökozonen verwendet worden ist.

Im Vergleich mit dem Ökosystem der borealen Wälder fällt auf, dass

- die Streuauflagen sehr viel geringer sind (es fehlen die für jene typischen mächtigen Rohhumusauflagen),
- der Humusgehalt der Böden aber erheblich höher liegt (und außerdem von weit besserer Qualität ist); und
- die Phytomasse deutlich mehr als die Hälfte der gesamten organischen Substanz des Systems ausmacht (in borealen Wäldern überwiegt die tote organische Substanz).

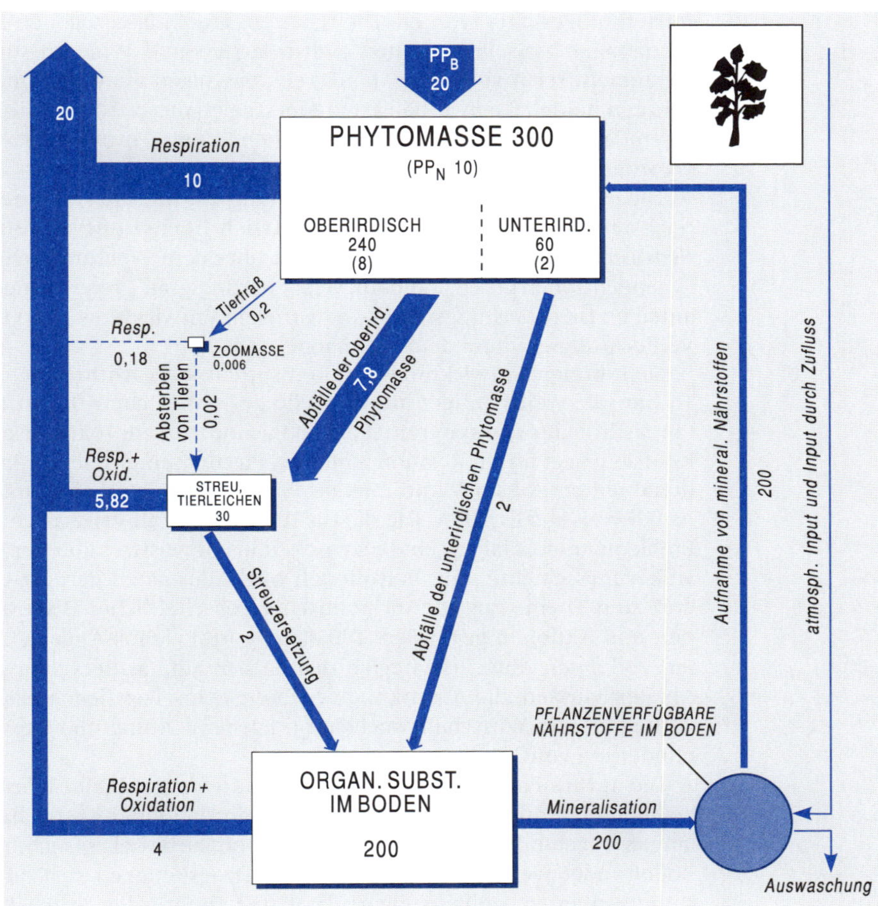

Abb. 9.10
Vereinfachtes Ökosystem-Modell eines sommergrünen Laubwaldes der Feuchten Mittelbreiten (zusammengestellt nach Zahlenangaben von DUVIGNEAUD *1971,* ELLENBERG *et al. 1986,* JAKUCS *1985,* REICHLE *1970). Zum Modellschema siehe Kap. 5.2.*

9.6 Landnutzung

In den Feuchten Mittelbreiten leben weit mehr Menschen, als deren Flächenanteil entspricht: Von den großen **Dichtezentren der Menschheit**, nämlich (1) Europa, (2) östliche USA sowie (3) Südost- und Ostasien liegen die beiden ersteren weitgehend, das dritte mit größeren Teilgebieten Japans, Koreas und Chinas innerhalb ihrer Verbreitungsgrenzen.

Dies macht verständlich, dass die Umgestaltung der Natur hier tiefgreifender und umfassender erfolgt ist als in den meisten anderen Ökozonen. So wurden die Moore und Talauen zum größten Teil trockengelegt und in Grün- oder Ackerland überführt. Und die noch erhaltenen Waldflächen sind gewöhnlich an ungünstige Bodenverhältnisse oder steile Hangneigungen geknüpft und zu Nutzforsten umgestaltet worden. Die scharfen, gradlinig gezogenen Abgrenzungen zwischen offenen Kulturflächen und Wäldern sowie die zumeist rechtwinkeligen, häufig engmaschigen Fluraufteilungen gehören heute zu den auffälligsten Merkmalen dieser Zone – wie bei jedem längeren Flug, der eine vergleichende Betrachtung mehrerer Ökozonen erlaubt, leicht zu erkennen ist.

Die Feuchten Mittelbreiten umfassen nicht nur die bevölkerungsreichsten, sondern auch die **wirtschaftlich höchst entwickelten Erdräume**. Dies zeigt sich u.a. im weit über dem Weltdurchschnitt liegenden hohen Lebensstandard, Verstädterungsgrad, Erwerbstätigenanteil im Dienstleistungssektor, industriellen Entwicklungsstand und Verflechtungsgrad mit dem Welthandel.

Dem hohen Entwicklungsstand entspricht, dass Anthrosole und Technosole weit häufiger an die Stelle der natürlichen Böden treten als in jeder der anderen Ökozonen. Eine weitere (ökologische) Kehrseite liegt im (in Relation zum Bevölkerungsanteil) überproportional hohen Rohstoff- und Energieverbrauch sowie im übergroßen Anfall von Abfallstoffen. Die daraus für die Zukunft erwachsenden Probleme und Gefahren sind inzwischen ins Bewusstsein breiter Bevölkerungsschichten der betroffenen Industriestaaten gerückt und dort zum Thema engagierter politisch-gesellschaftlicher Diskussionen und Aktionen geworden. Die dabei vorrangig ins Auge gefassten/verfolgten Abwehrstrategien richten sich auf das Recycling von Abfallprodukten, die Absenkung des Energieeinsatzes (jedenfalls im Verhältnis zum Wirtschaftswachstum), Luftreinhaltung und die Verminderung vonCO_2-Emissionen.

Die **agrare Nutzung** wird begünstigt durch vorteilhafte Wärmebedingungen und Regenverlässlichkeit während einer ausreichend langen Vegetationsperiode sowie durch vergleichsweise fruchtbare Böden, oder wenigstens solche, deren Ertragsfähigkeit sich durch Düngergaben erheblich steigern lässt (bei Umbrisolen durch Kalkung). Das natürliche Potential für eine agrare Nutzung kann dementsprechend als hoch eingestuft werden. Entsprechend hoch liegen die Flächenanteile, die einer pflanzenbaulichen Nutzung zugeführt worden sind (Abb. 9.11). Diese wird meist in Form einer *intensiven gemischten Landwirtschaft* oder einer *intensiven Grünlandwirtschaft* betrieben.

Intensive gemischte Landwirtschaft. Die Bewirtschaftung erfolgt in den meisten Gebieten durch kleine oder mittelgroße (häufig Familien-)Betriebe mit hoher Arbeits- und Kapitalintensität sowie hoher Flächenproduktivität. Vorherrschend sind Getreide-, Hackfrucht- und Futterbau in Kombination mit Viehhaltung. Ackerbau und Viehhaltung sind betrieblich eng integriert (so dient der Anbau beispielsweise auch zur Futtererzeugung für das betriebseigene Vieh). Die Zahl der genutzten Tier- und Pflanzenarten ist, jedenfalls in Bezug auf den Gesamtraum, groß.

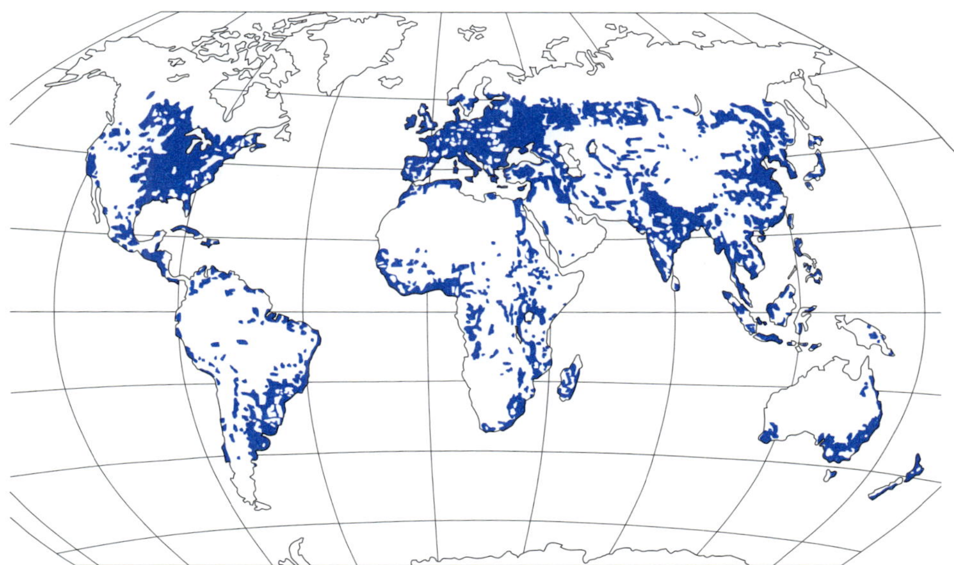

Die häufigsten *Getreidearten* sind Weizen, Roggen, Gerste, Hafer und – seit wenigen Jahrzehnten – auch Körnermais. Zu den häufigen *Hackfrüchten* gehören Kartoffel, Feldgemüse, Zuckerrübe und Futterrübe. Weit verbreitet ist auch Raps. Der *Futterbau* umfasst Klee, Luzerne und Grünmasse. Dauerkulturen treten im Unterschied zur Borealen Zone zwar auf, sind aber im Vergleich zu den äquatorwärts benachbarten Winterfeuchten und Immerfeuchten Subtropen von untergeordneter Bedeutung. An *Obstsorten* haben Äpfel, Kirschen, Birnen und Pflaumen, an Beerenfrüchten Erdbeeren und Himbeeren eine gewisse Verbreitung. In wärmeren Regionen besteht Weinbau.

Abb. 9.11
Globale Verbreitung von pflanzenbaulich genutzten Flächen (Feld- und Dauerkulturen, Grünland) (Cramer u. Solomon 1993). Die Verbreitung konzentriert sich auf relativ kleine Anteile des Festlandes. Diese umfassen fast die gesamten Feuchten Mittelbreiten, Immerfeuchten Subtropen und Steppen der Trockenen Mittelbreiten. Weitere Schwerpunkte finden sich in einigen Teilgebieten der beiden tropischen Ökozonen, beispielsweise in SE-Asien (dort meist Bewässerungsreisbau).

Moderne Veränderungen haben vielerorts zu größeren Betriebseinheiten und einer Spezialisierung der Betriebszweige geführt. Damit kommt es zu einer Annäherung an die *spezialisierte großbetriebliche Ackerwirtschaft*, wie sie weithin für die Immerfeuchten Subtropen und einige Gebiete in den Sommerfeuchten Tropen charakteristisch ist. Als auffälliger Unterschied verbleibt freilich, dass im ersten Fall temperate, im zweiten Fall aber tropisch/subtropische Nutzpflanzen angebaut werden. Lediglich der Maisanbau ist zonenübergreifend.

Intensive Grünlandwirtschaft findet sich in Küstengebieten und Höhenstufen einiger Bergländer, wo kühlfeuchte Klimabedingungen den Graswuchs begünstigen. Meist handelt es sich um Milchviehhaltung oder Rindermast (seltener um Schafhaltung) auf der Grundfutterbasis von Dauergrünland. Durch intensive Bewirtschaftung (u.a. Düngung, Einsaat wertvoller Futtergräser und Kleearten, Drainage) wird die Menge und Güte des Futterertrages meist so weit gesteigert, dass Tragfähigkeiten von 2 bis 3 GVE ha^{-1} erreicht

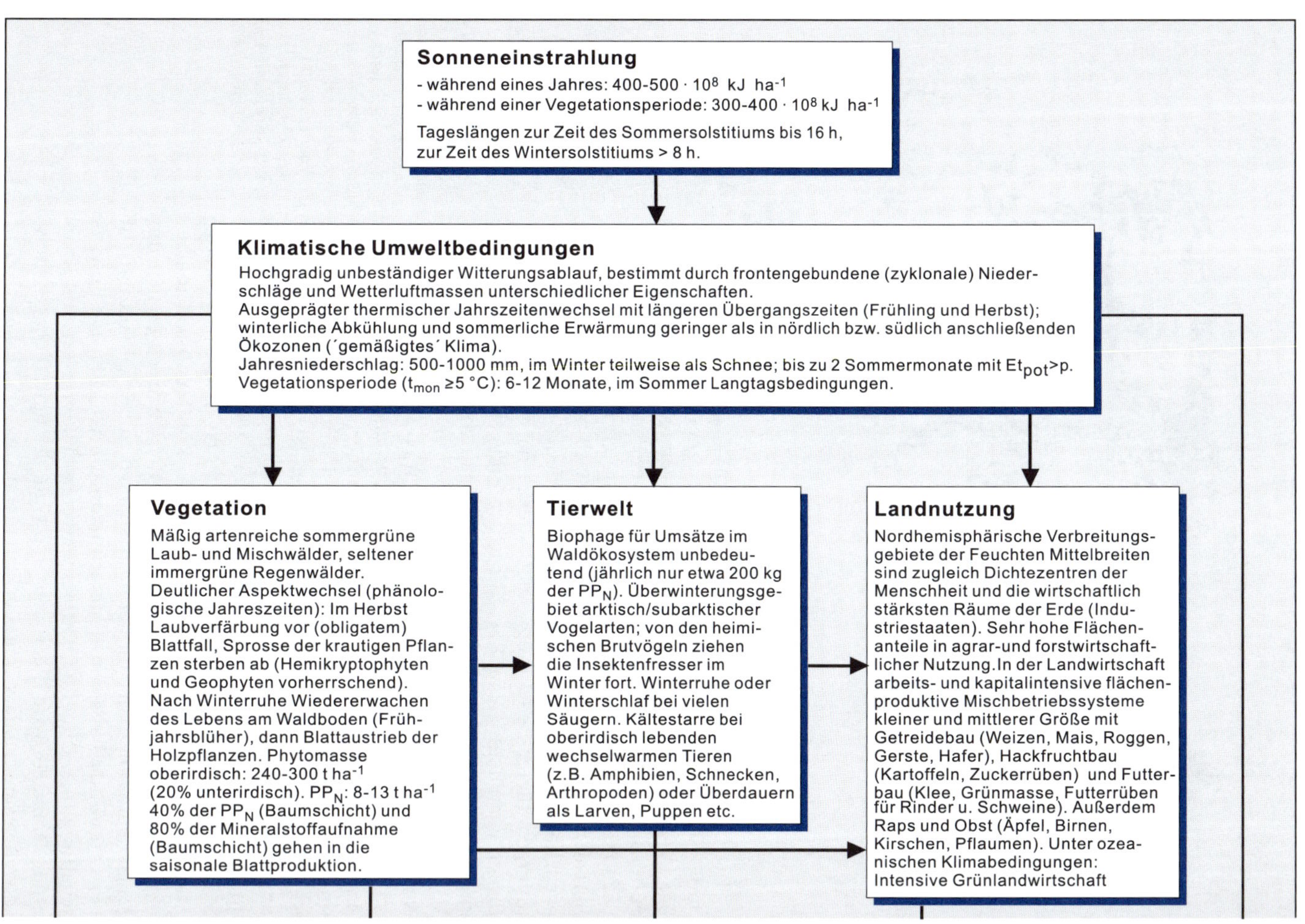
Sonneneinstrahlung
- während eines Jahres: 400-500 · 10^8 kJ ha^{-1}
- während einer Vegetationsperiode: 300-400 · 10^8 kJ ha^{-1}
Tageslängen zur Zeit des Sommersolstitiums bis 16 h, zur Zeit des Wintersolstitiums > 8 h.
Klimatische Umweltbedingungen
Hochgradig unbeständiger Witterungsablauf, bestimmt durch frontengebundene (zyklonale) Niederschläge und Wetterluftmassen unterschiedlicher Eigenschaften.
Ausgeprägter thermischer Jahrszeitenwechsel mit längeren Übergangszeiten (Frühling und Herbst); winterliche Abkühlung und sommerliche Erwärmung geringer als in nördlich bzw. südlich anschließenden Ökozonen (´gemäßigtes´ Klima).
Jahresniederschlag: 500-1000 mm, im Winter teilweise als Schnee; bis zu 2 Sommermonate mit $Et_{pot}>p$.
Vegetationsperiode ($t_{mon} \geq 5$ °C): 6-12 Monate, im Sommer Langtagsbedingungen.
Vegetation
Mäßig artenreiche sommergrüne Laub- und Mischwälder, seltener immergrüne Regenwälder.
Deutlicher Aspektwechsel (phänologische Jahreszeiten): Im Herbst Laubverfärbung vor (obligatem) Blattfall, Sprosse der krautigen Pflanzen sterben ab (Hemikryptophyten und Geophyten vorherrschend).
Nach Winterruhe Wiedererwachen des Lebens am Waldboden (Frühjahrsblüher), dann Blattaustrieb der Holzpflanzen. Phytomasse oberirdisch: 240-300 t ha^{-1} (20% unterirdisch). PP_N: 8-13 t ha^{-1} 40% der PP_N (Baumschicht) und 80% der Mineralstoffaufnahme (Baumschicht) gehen in die saisonale Blattproduktion.
Tierwelt
Biophage für Umsätze im Waldökosystem unbedeutend (jährlich nur etwa 200 kg der PP_N). Überwinterungsgebiet arktisch/subarktischer Vogelarten; von den heimischen Brutvögeln ziehen die Insektenfresser im Winter fort. Winterruhe oder Winterschlaf bei vielen Säugern. Kältestarre bei oberirdisch lebenden wechselwarmen Tieren (z.B. Amphibien, Schnecken, Arthropoden) oder Überdauern als Larven, Puppen etc.
Landnutzung
Nordhemisphärische Verbreitungsgebiete der Feuchten Mittelbreiten sind zugleich Dichtezentren der Menschheit und die wirtschaftlich stärksten Räume der Erde (Industriestaaten). Sehr hohe Flächenanteile in agrar-und forstwirtschaftlicher Nutzung. In der Landwirtschaft arbeits- und kapitalintensive flächenproduktive Mischbetriebssysteme kleiner und mittlerer Größe mit Getreidebau (Weizen, Mais, Roggen, Gerste, Hafer), Hackfruchtbau (Kartoffeln, Zuckerrüben) und Futterbau (Klee, Grünmasse, Futterrüben für Rinder u. Schweine). Außerdem Raps und Obst (Äpfel, Birnen, Kirschen, Pflaumen). Unter ozeanischen Klimabedingungen: Intensive Grünlandwirtschaft

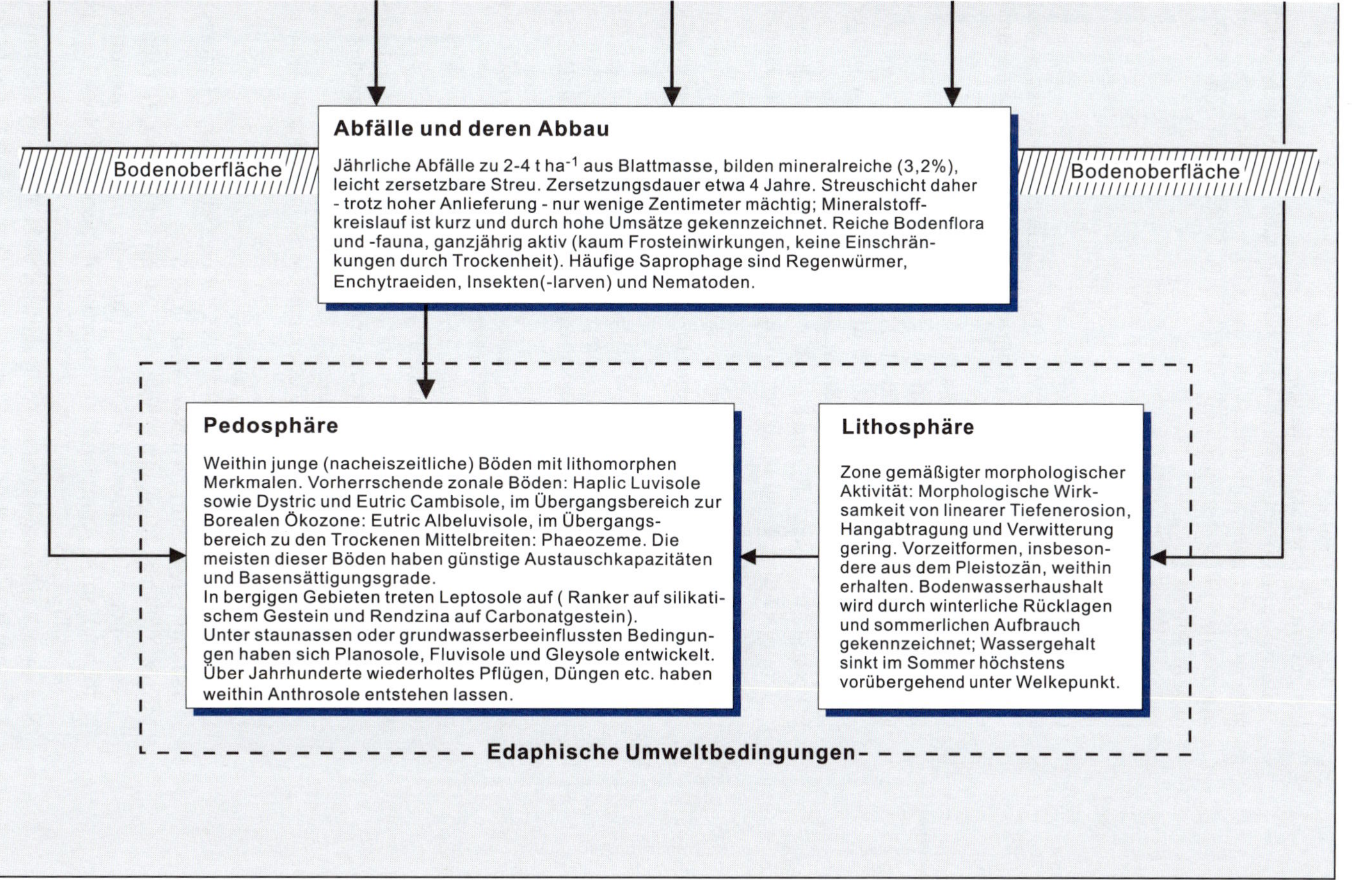

Abb. 9.12 *Zusammenfassendes Schaubild der Feuchten Mittelbreiten.*

werden. Die Nutzung erfolgt entweder als Weide oder als Wiese (zur Heugewinnung bei Stallhaltung).

Eine ähnlich intensive Viehwirtschaft hat sich gebietsweise auch außerhalb der genannten graswüchsigen Klimate auf der Basis von silagefähigen Futterpflanzen entwickelt (z.B. Mais-Milchvieh-Gürtel in Nordamerika).

Literatur zu Kap. 9

ANDERSSON, F. A. (ed.) (2006): *s.* Lit. zu Kap 8.

COLE und RAPP (1981), *s.* Lit. zu Kap. 5.

CRAMER, W. P. und SOLOMON, A. M. (1993): Climatic classification and future global redistribution of agricultural land. *Climate Research* 3, 97–110.

DE ANGELIS et al. (1981), *s.* Lit. zu Kap. 5.

DUVIGNEAUD (1971), *s.* Lit. zu Kap. 5.

ELIÁŠ, P., KRATOCHVÍLOVÁ, I., JANOUŠ, D., MAREK, M. und MASAROVIČOVÁ, E. (1989): Stand microclimate and physiological activity of tree leaves in an oak-hornbeam forest. *Trees* 4, 227–233.

ELLENBERG, H., MAYER, R. und SCHAUERMANN, J. (eds.) (1986): Ökosystemforschung. Ergebnisse des Sollingprojekts 1966–1986. Ulmer, Stuttgart, 507 S.

FALINSKI, J. B. (1986): Vegetation dynamics in temperate lowland primeval forests. Ecological studies in Bialowieza forest. *Geobotany* 8. Dr. W. Junk, Dordrecht, 537 S.

FRÄNZLE, O., KAPPEN, L., BLUME, H.-P. und DIERSSEN, K. (eds.) (2008): Ecosystem organization of a complex landscape. Long-term research in the Bornhöved Lake District, Germany. *Ecol. Studies* 202. Springer, Berlin, 392 S.

GILLIAM, F. S. (2007): The ecological significance of the herbaceous layer in forest ecosystems. *BioScience* 57, 845–858.

HOFMEISTER, B. (1985): Die gemäßigten Breiten. *Geographisches Seminar Zonal.* Westermann, Braunschweig, 216 S.

JACOB, M., LEUSCHNER, C. und THOMAS, F. M. (2010): Productivity of temperate broad-leaved forest stands fiffering in tree species diversity. Animals of forest Science 67, 503 (9pp).

JAKUCS, P. (ed.) (1985): Ecology of an oak forest in Hungary. Akadiadó, Budapest, 545 S.

LARCHER (1994, 2001), *s.* Lit. zu Kap. 5.

LIKENS, G. E. und BORMANN, F. H. (1995): Biogeochemistry of a forested ecosystem. Springer, New York, 159 S.

MORIN, X. FAHSE, L., SCHERER-LORENZEN, M. and BUGMANN, H. (2007): Tree species richness promotes productivity in temperate forests through strong complementarity between species. Ecology Letters 14, 1211–1219.

NAKASHIZUKA, T. und MATSUMOTO, Y. (eds.) (2002): Diversity and interaction in a temperate forest community. Ogawa Forest Reserve of

Japan. *Ecol. Studies* 158. Springer, Berlin, 319 S.

VON OHEIMB, G., WESTPHAL, C., TEMPEL, H., HÄRDTLE, W. (2005): Structural pattern of a near-natural beech forest (Fagus sylvatica) (Serrahn, north-east Germany). *Forest Ecology and Management* 212, S 253–263.

PRETZSCH, H. (2005): Diversity and Productivity in Forests: Evidence from Long-Term Experimental Plots. In Scherer-Lorenzen, M., Körner, C. and Schulze, E.-D. (eds), Forest Diversity and Function: Temperate and Boreal Systems, *Ecological Studies* 176, 41–64.

REICHLE, D. E. (1970): Temperate forest ecosystems. *Ecol. Studies* 1. Springer, Berlin, 304 S.

RÖHRIG, E. und ULRICH, B. (eds.) (1991): Temperate deciduous forests. *Ecosystems of the World* 7. Elsevier, Amsterdam, 635 S.

SCHERER-LORENZEN, M. et a. (2005): *s.* Lit zu Kap. 8.

SCHNOCK, G. (1971): Le bilan de l'eau dans l'écosystème forêt. Application à une chênaie mélangée de haute Belgique. In: DUVIGNEAUD, 41–47, *s.* Lit. zu Kap. 5.

SCHULZE, E.-D. (ed.) (2000): Carbon and nitrogen cycling in European forest ecosystems. *Ecol. Studies* 142. Springer, Berlin, 500 S.

SWIFT, M. J., HEALEY, I. N., HIBBERD, J. K., SYKES, J. M., BAMPOE, V. und NESBITT, M. E. (1976): The decomposition of branch-wood in the canopy and floor of a mixed deciduous woodland. *Oecologia* 26, 139–149.

TENHUNEN, J. D., LENZ, R. und HANTSCHEL, R. (eds.) (2001): Ecosystem approaches to landscape management in Central Europe. A contribution to the IGBP. *Ecol. Studies* 147. Springer, Berlin, 652 S.

VALENTINI, R. (ed.) (2003): Fluxes of carbon, water and energy of European forests. *Ecol. Studies* 163. Springer, Berlin, 270 S.

WALTER und BRECKLE (1983), *s.* Lit. zu Kap. Allg. Teil.

WHITTAKER, R. H. (1970): Communities and ecosystems. Macmillan, London, 162 S.

ZHANG, Y., CHEN, N. Y. H. UND REICH, P. B. (2012): Forest productivity increases with eveness, species richness and trait variation: a global meta-analysis. Journal of Ecology 100, 742–749.

10 Trockene Mittelbreiten

10.1 Verbreitung und subzonale Differenzierung, allgemeine Merkmale von Trockengebieten

Die Trockengebiete der Erde umfassen insgesamt knapp ein Drittel des Festlandes. Davon liegen weit über die Hälfte in den warmen Klimazonen (überwiegend zwischen 15 und 35° auf beiden Hemisphären), gehören also zu den *Tropisch/subtropischen Trockengebieten* (Kap. 13).

Die *Trockenen Mittelbreiten*, die in einigen Gebieten unmittelbar an die Tropisch/subtropischen Trockengebiete anschließen, reichen polwärts bis etwa 55°. Ihre größten Vorkommen liegen im kontinentalen Eurasien und Mittleren Westen von Nordamerika. Die Gesamtfläche aller Vorkommen beläuft sich auf 16,5 Mio. km^2 oder 11,1 % des Festlandes der Erde (Abb. 10.1).

Die **Abgrenzung zu den Nachbarzonen kann über klimatische Richtwerte** beschrieben werden. So wird die Grenze zu den außertropischen Nachbarzonen – also zu den Feuchten Mittelbreiten und zur Borealen Zone – dort erreicht, wo in der für das Pflanzenwachstum ausreichend warmen Jahreszeit (alle Monate mit $t_{mon} \geq 5$ °C) über 200 mm Regen fallen und mehr als 4 Monate humid sind. Thermische Grenzkriterien gelten dort, wo unmittelbar Tropisch/subtropische Trockengebiete anschließen, wie zwischen Turan und Iran, zwischen dem Mittleren Westen der USA und Mexiko sowie zwischen Ostpatagonien und der Pampa: Die Tropisch/subtropischen Trockengebiete beginnen jeweils dort, wo (a) die winterliche Abkühlung so gering wird, dass thermische Restriktionen für den Pflanzenwuchs entfallen, d.h. wo die Mitteltemperatur des kältesten Monats nicht mehr unter +5 °C absinkt (in den Trockenen Mittelbreiten wenigstens 1 Monat mit $t_{mon} < 5$ °C) und (b) die sommerliche Erwärmung im Mittel in mindestens 5 Monaten +18 °C überschreitet.

Im Inneren gliedern sich die Trockenen Mittelbreiten nach den Ariditätsgraden, den daran angepassten Pflanzenformationen, den Böden sowie den agraren Nutzungsformen und Nutzungspotentialen in mehrere **auffällig unterschiedliche Teilräume:** Fallen während der *Vegetationsperiode* mindestens 100 mm Niederschlag und sind dann 2 bis 4 Monate humid, so kommen (oder kamen ursprünglich) **Step-**

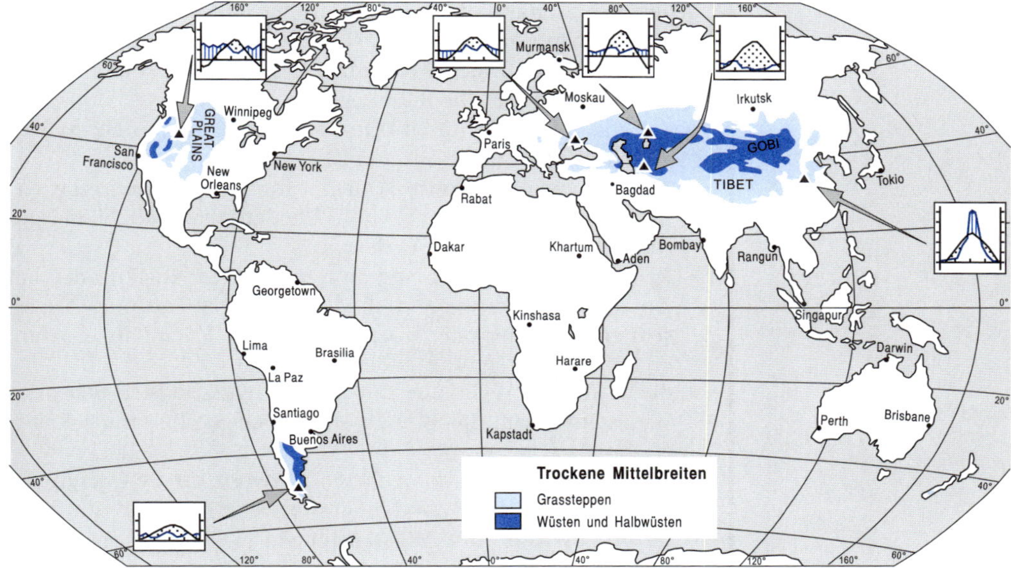

Abb. 10.1 *Trockene Mittelbreiten. Die Verbreitungsschwerpunkte liegen in den kontinentalen Räumen von Eurasien und Nordamerika, etwa zwischen 35 und 55° N. Auf der Südhalbkugel kommen sie nur in geringer Ausdehnung in Ostpatagonien und auf der Südinsel von Neuseeland vor.*

pen vor, in denen meist ein Weizenbau möglich ist; fallen während der Vegetationsperiode hingegen weniger als 100 mm, so finden sich nurmehr **Halbwüsten**, unter 50 mm nur noch **Wüsten**.

In den eurasischen Trockengebieten ist die Abfolge dieser Teilräume latitudinal, beginnend mit Waldsteppen im Norden; in Nordamerika ist sie dagegen longitudinal, beginnend mit Langgrassteppen im Osten.

In allen Teilgebieten der Trockenen Mittelbreiten dominieren (oder dominierten ursprünglich) **Steppen**[1] mit rund 75% Flächenanteil. Entsprechend richten sich die Ausführungen des vorliegenden Kapitels schwerpunktmäßig auf die Steppengebiete. Wüsten und Halbwüsten stehen dagegen im Mittelpunkt des Kap. 13 über Tropisch/subtropische Trockengebiete, wo deren Anteile bei rund 60% liegen. Vereinfachend lässt sich daher sagen, dass die Trockenen Mittelbreiten eine *Steppenzone*, die Tropisch/subtropischen Trockengebiete hingegen eine *Wüstenzone* bilden.

---

[1] Steppen sind offene (baumlose oder -arme) Pflanzenformationen der *außertropischen* Trockengebiete (Mittelbreiten und Subtropen), in denen Gräser, Kräuter oder – seltener (wie in Wüstensteppen) – kleinwüchsige Gehölze dominieren. Die in mancher Hinsicht physiognomisch ähnlichen Grasfluren in den äquatornahen Randzonen der Tropisch/subtropischen Trockengebiete und in den Sommerfeuchten Tropen heißen **Savannen**. Hier wie dort handelt es sich um perenne Horstgräser, deren Erneuerungsknospen nahe der Bodenoberfläche liegen. Beide sind also Hemikryptophyten. Und für beide ist charakteristisch, dass die Wurzelsysteme den Boden unmittelbar um den Horst intensiv durchdringen und bis zu etwa einem Meter tief reichen. Die Trockenmasse dieser Wurzeln übersteigt gewöhnlich die der oberirdischen Sprossmasse um ein Mehrfaches. Andererseits: Während die Savannengräser zu den C_4-Pflanzen gehören, folgen die Steppengräser dem C_3-Weg. Wohl die einzige nennenswerte Ausnahme findet sich im Süden der nordamerikanischen Trockengebiete. Dort dominieren ebenfalls C_4-Gräser.

Allen Trockengebieten, sowohl in den Mittelbreiten als auch in den Tropen und Subtropen, sind mehrere **feuchteabhängige Standortbedingungen/Merkmale gemeinsam**. So können als Trockengebiete alle jene Räume gelten, in denen

- der Pflanzenwuchs durch Dürre auf wenige (höchstens 5) Monate des Jahres eingeschränkt ist,
- Wassermangel (Dürrestress) auch während der Regenzeit wichtiger Ungunstfaktor bleibt (hohe Niederschlagsvariabilität, geringe Wasservorräte im Boden),
- Regenfeldbau daher nicht, nur mit hohem Risiko oder bei Anwendung spezieller Methoden (z.B. Dry Farming, Anbau schnellwüchsiger oder trockenresistenter Nutzpflanzenarten, ergänzende Beregnung) möglich ist,
- die natürliche Vegetation durch xerophytische Merkmale, das Vorkommen von Halophyten und ± lückigen Bestand gekennzeichnet ist,
- die PP_N niedrig liegt (brauchbare Richtwerte für die Obergrenze der oberirdischen PP_N sind möglicherweise 3 t ha^{-1} a^{-1} für Wüsten, Halbwüsten und Wüstensteppen [Smith u. Nobel 1986] und 6 t ha^{-1} a^{-1} für die semi-ariden Übergangsräume),
- die Flüsse nur episodisch Wasser führen und in abflusslosen Senken enden (endorheische Entwässerung) und
- aszendierende Bodenwasserbewegungen zu einer Anreicherung von Calciumcarbonat, gelegentlich auch von Calciumsulfat und anderen leicht löslichen Salzen im Bodenprofil führen, womit sich in der Regel ein Anstieg des pH-Wertes in den alkalischen Bereich und der Basensättigung auf 100% verbindet; großflächig können Krusten und Konkretionen aus sekundär angereichertem Kalk, Gips oder Quarz entstehen.

10.2 Klima

Wie die Feuchten Mittelbreiten so liegen auch die Trockenen Mittelbreiten in der außertropischen Westwindzone oder zyklonalen Westwinddrift. Im Unterschied zu jenen besitzen sie jedoch eine ausgesprochene **Leelage oder kontinentale Lage**, mit der sich eine längere Sonnenscheindauer und höhere Globalstrahlung sowie geringere Niederschläge und größere Temperaturamplituden verbinden.

Die **Niederschläge** bleiben in den meisten Monaten unter der potentiellen Evapotranspiration. Die zeitliche Verteilung der Regenfälle, auch wenn in vielen Gebieten auf bestimmte Jahreszeiten konzentriert, ist hochgradig unregelmäßig (unzuverlässig): Lange Trockenperioden (*dry spells*) innerhalb der ‚Regenzeiten' sind häufig, die (prozentualen) Abweichungen von den jährlichen Mitteln beträchtlich. (hohe Niederschlagsvariabilität; interannueller Variationskoeffizient des Niederschlags liegt zwischen 30 und über 50 %).

Zum Dürrestress kommt in den meisten Trockengebieten ein Kältestress hinzu: Zumindest für einen Monat sinken die mittleren **Lufttemperaturen** unter den Gefrierpunkt, und es bilden sich Schneedecken, die wenigstens einige Tage, häufig einige Monate anhalten. Von Ausnahmen abgesehen können die Trockenen Mittelbreiten daher auch als *winterkalte Trockengebiete* bezeichnet werden. Das bedeutet, dass die Vegetationszeit nicht nur durch sommerliche Trockenheit, sondern auch durch Winterkälte eingeschränkt ist.

Während des **Hochsommers** erreicht die Einstrahlung ähnlich hohe Beträge wie zur gleichen Zeit in den Tropisch/subtropischen Trockengebieten, da die größere Tageslänge den geringeren Einstrahlungswinkel kompensiert. Dementsprechend sind die Sommer – mit Ausnahme von Ostpatagonien und Neuseeland – heiß: Die mittleren Monatstemperaturen übersteigen dann (allerdings in höchstens drei Monaten) 20 °C und erreichen gebietsweise 30 °C, wobei jeweils sehr viel höhere Tagesmaxima auftreten.

10.3 Relief und Gewässer

In allen Trockengebieten der Erde, ob in mittleren Breiten, Subtropen oder Tropen gelegen, verläuft die Morphogenese in großen Zügen übereinstimmend. Regionale Unterschiede sind eher an wechselnde Ariditätsgrade und Gesteinsarten geknüpft als an die sich mit der geographischen Breite ändernden Temperaturen. Es erscheint daher zweckmäßig, die Trockenen Mittelbreiten und die Tropisch/subtropischen Trockengebiete in Bezug auf die Kapitel *Relief und Gewässer* gemeinsam zu behandeln. Dies geschieht im Kap. 13. An dieser Stelle sollen nur einige der ausschließlich in den Trockenen Mittelbreiten auftretenden morphodynamischen Prozesse und deren Formen behandelt werden. Dazu gehören Frostsprengung, Gelifluktion und Kammeisbildung.

Die **Frostsprengung** spielt auf bloßem Fels und Schutt eine erhebliche Rolle, sofern dafür ausreichend Wasser im Gestein vorhanden ist. Ist dies gegeben, so können frostdynamische Prozesse (auch die frostbedingte Solifluktion, s.u.) wirksamer als in den Feuchten Mittelbreiten sein, da Frostwechsel häufiger sind und die Lufttemperaturen tiefer unter den Gefrierpunkt absinken; außerdem fehlt eine isolierende Pflanzendecke, die Fröste dringen tiefer in den Boden und das Gestein ein.

Frostbedingte Solifluktion (= **Gelifluktion**; siehe Seite 98) ist überall dort an der denudativen Abtragung beteiligt, wo es im Laufe des Winters oder im Zuge der Frühjahrsschneeschmelze über noch gefrorenem Unterboden zu starker Bodendurchfeuchtung kommt. Besonders auffällig tritt das Frostbodenfließen (Schlammfließen) auf abgeernteten Feldern in Steppengebieten in Erscheinung. Durch Anbau von Wintergetreide können diese Massenbewegungen reduziert werden.

Kammeisbildungen. „Wenn in klaren Nächten die Bodentemperatur unter den Gefrierpunkt sinkt, bilden sich auf unbewachsenen

Flächen in den obersten Poren des Bodens durch Sublimation des Wasserdampfes der abgekühlten Luft Eiskristalle, die nadelförmig nach oben wachsen und dabei die an der Oberfläche liegenden Bodenkrümel ...hochheben.“ (AHNERT 2003, Seite 140). Dies führt zur Auflockerung des Bodens und erleichtert damit die Abtragungswirkung anderer Prozesse, insbesondere der Spüldenudation und Deflation. Dem können andererseits **biogene Krusten** (aus Blaualgen, Flechten und Pilzhyphen) entgegenwirken.

Besonderheiten gelten auch für das **Abflussgeschehen**: Nicht so sehr die Regenfälle im Sommerhalbjahr, vielmehr das Frühlingsschmelzwasser der sich winterlich bildenden dünnen Schneedecken begründen Zeitpunkt und Dauer des episodischen Abflusses.

10.4 Böden der Steppen

10.4.1 Zonale Böden

Unter ariden/semi-ariden Klimaverhältnissen wird die für humide Zonen charakteristische *Bodenauswaschung* (= deszendente Verlagerung von leichtlöslichen Salzen, Carbonaten, Fe- und Al-Oxiden, Fulvosäuren und Tonmineralen mit dem perkolierenden Wasser) relativ unbedeutend oder sogar von einer gegenläufigen Verlagerung (also durch aufsteigendes [aszendentes] Wasser) übertroffen. Damit treten **Pedocale** an die Stelle von *Pedalferen*. Diese sind durch freie Carbonate und eine hohe Basensättigung ausgezeichnet. Ihre Horizontabfolge zeigt im typischen Fall einen humusreichen Ah Horizont mit Basensättigung > 50%, der gleitend über einen Kalkanreicherungshorizont Ck oder direkt in das Ausgangsgestein eines C Horizonts übergeht.

Die Humusform ist ein **Mull** *(mollic horizont)*, bei dem hochpolymere Huminstoffe und Zwischenprodukte der Humifizierung mit Tonmineralen stabile stickstoffreiche organomineralische Komplexe bilden. Die Mengen an organischer Bodensubstanz sind durchwegs hoch: Unter sonst gleichen Bedingungen steigen sie in lehmigen Böden mit zunehmenden Jahresniederschlägen und abnehmenden Jahresmitteltemperaturen, als Folge der daran geknüpften größeren Primärproduktion bzw. geringeren Zersetzungsrate (Abb. 10.2).

Das krümelige Bodengefüge, die hohe Austausch- und Wasserkapazität, die neutrale bis alkalische Bodenreaktion und das reiche, aktive Bodenleben (bodenwühlende Kleinsäuger, Regenwürmer u.a.) begründen neben weiteren vorteilhaften Eigenschaften die hohe potenzielle Fruchtbarkeit dieser Böden. Einschränkungen für das Pflanzenwachstum gehen allein auf das Konto der klimatischen Trockenheit.

Im Maße abnehmender Humidität folgen regional Phaeozeme, Chernozeme und Kastanozeme aufeinander (Abb. 10.3 und 10.7).

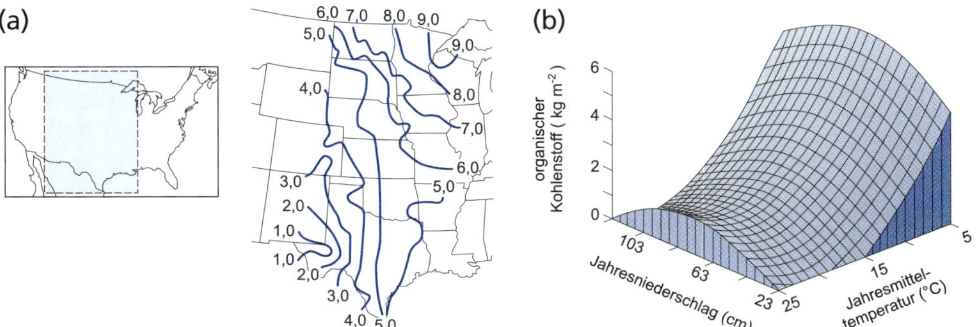

Abb. 10.2 *Organische Bodensubstanz (kg C m^{-2}) in den oberen 20 cm von Lehmböden (20% Ton, 40% Schluff) der Great Plains, USA (Burke et al. 1989):* (a) *regionale Differenzierung;* (b) *Abhängigkeit von Temperaturen und Niederschlägen. Die Humusgehalte steigen mit den nach Osten zunehmenden Jahresniederschlägen und den nach Norden sinkenden Jahresmitteltemperaturen. Die höchsten Gehalte werden demzufolge im Nordosten erreicht.*

Phaeozeme

Die feuchtesten Steppenstandorte (etwa 500 bis 700 mm Jahresniederschlag) werden von Phaeozemen eingenommen (früher Greyzome). Dabei handelt es sich um humusreiche, dunkelbraune bis schwärzlich-graue (Name von griech. *phaios* = schwärzlich-grau), tiefgründige Böden, die aus basenreichen Sedimenten (häufig Löss) hervorgegangen sind. Allerdings ist die **Entkalkung, Basenauswaschung und Verbraunung weit fortgeschritten**. Im Unterschied zu den anderen Steppenböden fehlt ein Kalkanreicherungshorizont (daher auch die Einstufung der Phaeozeme als *degradierte Steppenböden*).

Chernozeme

Eine Mittelstellung nach dem Ariditätsgrad ihrer Vorkommen (etwa 400 bis 550 mm Jahresniederschlag) nehmen die Chernozeme ein. Dies sind Böden mit dunklem (russ. *chern* = schwarz, *zemlja* = Erde), etwa 50 bis 100 cm mächtigem Ah-Horizont, dessen Humusgehalt über 10% betragen kann (bei mitteleuropäischen Schwarzerden: 2 bis 6%). Die generell günstigen Strukturmerkmale und hohen Austauschkapazitäten gehen wesentlich auf die hohen Humusgehalte zurück.

Die Entwicklung des (abgesehen von manchen Andosolen) **einzigartig mächtigen Ah-Horizontes** beruht auf mehreren Faktoren. Dazu zählen

- die Güte des Ausgangsmaterials ($CaCO_3$-haltiges Lockermaterial – häufig Löss),
- das semi-aride und winterkalte (kontinentale) Klima,
- die (ursprünglich) gras- und krautreiche Vegetation (Langgras- bis Mischgrassteppe) sowie
- die vermischende Tätigkeit von Bodentieren (**Bioturbation**).

Unter der jahreszeitlich wechselnden Konstellation dieser Faktoren kommt es einerseits vorübergehend (während der feuchtwarmen Jahreszeiten) zu einer beträchtlichen Produktion an Biomasse (mit günstigem C/N-Verhältnis und damit guter Verwertbarkeit für Kon-

Abb. 10.3
Steppenböden in der Ukraine, in Russland und in den benachbarten Staaten (aus SCHACHTSCHABEL *et al. 1998). Mit zunehmender Aridität nehmen die Mächtigkeit des Ah-Horizonts und dessen Humusgehalt (% C) zunächst zu, dann aber wieder ab. Die übrigen Variablen verändern sich hingegen gleichsinnig mit dem Ariditätsgrad: Die Lessivierung (E) verringert sich, die Gehalte an Kalk (Ck und ACk), Gips und Natriumsalzen sowie der pH-Wert steigen kontinuierlich an.*

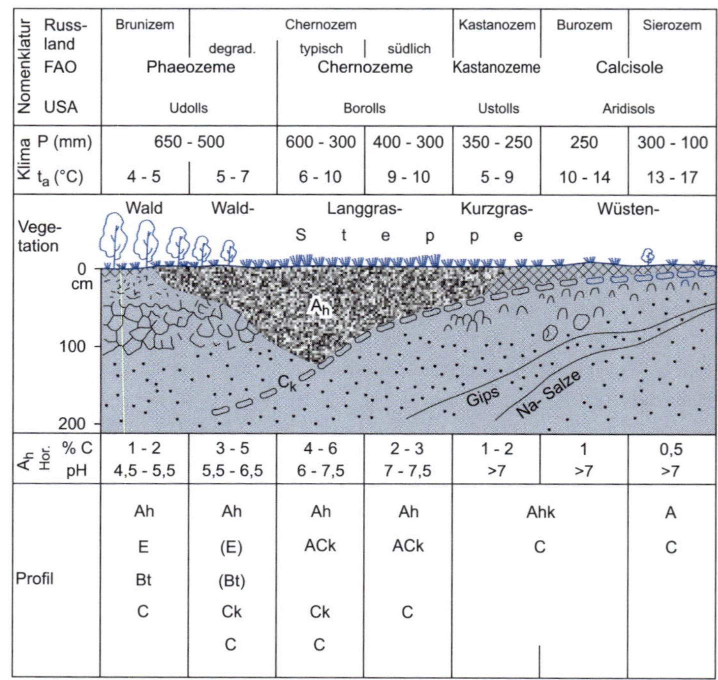

Nomenklatur Russland	Brunizem	Chernozem degrad.	Chernozem typisch	Chernozem südlich	Kastanozem	Burozem	Sierozem
Nomenklatur FAO	Phaeozeme		Chernozeme		Kastanozeme	Calcisole	
Nomenklatur USA	Udolls		Borolls		Ustolls	Aridisols	
Klima P (mm)	650 - 500		600 - 300	400 - 300	350 - 250	250	300 - 100
Klima t_a (°C)	4 - 5	5 - 7	6 - 10	9 - 10	5 - 9	10 - 14	13 - 17
Vegetation	Wald	Wald-	Langgras-		Kurzgras-	Wüsten-	
Ah-Hor. % C	1 - 2	3 - 5	4 - 6	2 - 3	1 - 2	1	0,5
Ah-Hor. pH	4,5 - 5,5	5,5 - 6,5	6 - 7,5	7 - 7,5	>7	>7	>7
Profil	Ah, E, Bt, C	Ah, (E), (Bt), Ck, C	Ah, ACk, Ck, C	Ah, ACk, C	Ahk, C		A, C

sumenten und Detrivore), andererseits zu einer recht lange anhaltenden Hemmung mikrobieller Abbautätigkeit (während der warmtrockenen und der kalten Jahreszeiten). Entsprechend groß ist der Anteil organischer Stoffproduktion, der in die Humus-Akkumulation geht. Deren Einarbeitung in den Boden besorgen dann wühlende Steppentiere wie Hamster, Ziesel, Präriehunde oder auch Regenwürmer.

Kastanozeme

Sie treten unterhalb von etwa 400 mm Jahresniederschlag an die Stelle von Chernozemen und reichen bis etwa 200 mm. Ihre weniger mächtigen Ah-Horizonte sind braun (Name von lat *castanea* = Kastanie; kastanienbrauner Boden; in den USA früher: Chestnut Soil). Regelmäßig finden sich sekundäre Kalk- und Gipsanreicherungen im Profil. Sie liegen höher als bei den Chernozemen. Ein Indiz für die größere Trockenheit ist auch, dass im Unterboden wasserlösliche Salze auftreten können. Die natürliche Vegetation ist eine Kurzgrassteppe.

10.4.2 Halomorphe Böden (s. hierzu auch Kap. 10.6.3)

An Standorten mit Neigung zu Staunässe oder mit hohem Grundwasserstand, wo in den humiden und subhumiden Klimaten Gleysole, Planosole, Fluvisole oder Histosole auftreten (siehe Tab. 9.1), finden sich in den Trockengebieten, auch in denen der Tropen, Subtropen und – seltener – Polaren/subpolaren Zone, halomorphe Böden. Darunter werden solche Böden verstanden, deren Gehalte an löslichen Salzen oder Natrium so hoch sind, dass die meisten (Nutz-)Pflanzenarten in ihrem Wachstum beeinträchtigt werden, also kümmern oder durch besser an Salzstress angepasste Arten ersetzt werden, im Extremfall durch ausgesprochene Halophyten mit hoher Salzresistenz.

Solonchake

Solonchake (russ. sol = Salz; chak = Gegend, Gebiet) sind durch hohe Gehalte an leicht (leichter als Gips) wasserlöslichen, sekundär angereicherten Salzen (salic properties) im Oberboden (Az-Horizont; z für Salz) oder Unterboden (Bz-Horizont) gekennzeichnet. Sie werden deshalb auch als *Salzböden* bezeichnet. Trockenzeitlich kommt es zu Salzausblühungen an der Bodenoberfläche (z. B. in Salzpfannen oder ungenügend entsalzten Bewässerungsgebieten) bzw. im Unterboden.

Die **Salze** sind meist Chloride, Sulfate oder (Bi)-Carbonate von Natrium. Die Eigenschaften der Solonchake variieren je nach Art, Menge und Verteilung dieser Salze. Die Bodenreaktion liegt durchweg im deutlich alkalischen Bereich.

Solonetze

Solonetze (rus. solonez = salzhaltig) sind durch eine hohe Na-Sättigung des *Sorptionskomplexes* (>15%) in den oberen 40 cm des argic B-Horizontes (dann natric Horizont = Btn) gekennzeichnet. Daher auch der Name Natriumböden. Trockenrisse führen zu Säulenstruktur.

Solonetze entstehen in der Regel nach Entsalzung von Na-salzreichen Solonchaken infolge von Grundwasserabsenkungen oder auch bei Wechsel zu feuchterem Klima.

10.5 Vegetation und Tierwelt der Steppen

Wie die Tropisch/subtropischen Trockengebiete umfassen auch die Trockenen Mittelbreiten in ihren Kernräumen vollaride *Wüsten* (in Zentralasien) oder zumindest *Halbwüsten* sowie randlich – meist in Form breiter Übergangssäume zu den feuchteren Nachbarzonen – semi-aride Gras-/ Krautfluren oder offene Gehölzformationen mit grasreichem Unterwuchs. Sie werden als *Grassteppen* (in Nordamerika: Prärien) oder Waldsteppen bezeichnet.

Im Unterschied zu den subtropischen Strauchsteppen und den tropischen Savannen sind die **Grassteppen** der Trockenen Mittelbreiten weithin völlig baumfrei. Das lässt sich möglicherweise nicht allein aus den semi-ariden sowie winterkalten Klimabedingungen (also einer strengen sowohl hygrischen als auch thermischen Saisonalität) erklären, sondern ist vielmehr im Zusammenhang mit den vorherrschenden zonalen Böden (siehe vorstehendes Kapitel) zu sehen: Deren außergewöhnlich hohe Speicherleistungen für pflanzennutzbares Wasser begünstigen die extrem intensiv, aber wenig tief wurzelnden Steppengräser in exzeptioneller Weise gegenüber den gewöhnlich tiefer und extensiv wurzelnden Gehölzen.[2] In den Tropisch/subtropischen Trockengebieten fehlen humusreiche Bodenbildungen (siehe Kap. 13.4), und die Gräser haben weniger dichte Wurzelsysteme. Entsprechend verliert dort der Graswuchs – jedenfalls unter ungestörten Bedingungen – seine Dominanz gegenüber dem Baumwuchs.

10.5.1 Steppentypen, Halbwüsten und Wüsten

In Abhängigkeit von den regional wechselnden Ariditätsgraden haben sich großräumig unterschiedliche Steppentypen herausgebildet. Es sind dies in der Reihenfolge zunehmender Trockenheit (Klimasequenz):

Waldsteppe

Sie tritt in Eurasien als *Ökoton* in den Übergangsbereichen von der Borealen Zone und den Feuchten Mittelbreiten zu den Trockengebieten auf und ist gegenüber den beiden vorgenannten (ursprünglichen) Waldzonen durch lichteren Baumstand und Grasinseln gekennzeichnet. Mit zunehmender Annäherung an die eigentliche Steppe löst sich der Wald immer mehr auf bis schließlich nur noch *Waldinseln* übrig bleiben. Die vorherrschenden Böden gehören zu den Phaeozemen.

Langgrassteppe (Feuchtsteppe, Krautreiche Steppe, Wiesensteppe)

Waldinseln treten zwar noch auf, beschränken sich aber auf steiniges Gelände oder Senken mit Zufluss, erklären sich also aus orohydrologischen, weniger – als bei der Waldsteppe – aus klimatischen Gründen. Die Gräser bilden eine geschlossene Grasnarbe und reichen ausgereift mindestens 50 cm, bisweilen über 150 cm hoch. Kräuter (u.a. aus den Familien der Korbblütler und Leguminosen) sind mit zahlreichen Arten vertreten. Die Blattflächenindices der Krautschicht liegen bei Werten von meist über 1 (die Maxima sogar deutlich darüber) und damit rund doppelt so hoch wie in Kurzgrassteppen.

---

[2] Andererseits brauchen Gräser (früh-)sommerliche Regen (zu ihrer Vegetatonszeit). Fehlen diese, so sind sie kaum vertreten, wie in den Winterfeuchten Subtropen.

Mehr als drei Sommermonate sind arid, jedoch ist noch die Mehrzahl der Monate humid (bzw. nival) oder zumindest subhumid (mit Niederschlägen >50% ET_{pot}); die Jahresbilanz (P minus ET_{pot}) ist höchstens knapp negativ. Die Schneeschmelze führt im Frühjahr zu einer guten Bodendurchfeuchtung, so dass bis zum Frühsommer kein Wassermangel besteht. Die PP_N ist vorrangig stickstoff-limitiert. Vorherrschende Bodentypen: Chernozeme.

Mischgrassteppe
Sie kommt in Nordamerika großräumig im Übergangsbereich von Feucht- zu Trockensteppen vor und ist dort durch eine ausgeprägte Schichtung ihrer Grasfluren aus einerseits mittelhohen Arten und andererseits kurzhalmigen Arten der Kurzgrassteppen gekennzeichnet.

Kurzgrassteppe (Trockensteppe, Krautarme Steppe)
Abgesehen von Uferwäldern an Fremdlingsflüssen ist sie völlig waldfrei. Die meisten Gräser haben einen büscheligen Wuchs (Tussockgrasland, Büschelgrassteppe, *tuft-grass steppe*) und erreichen ausgewachsen nur 20 bis 40 cm an Höhe. Die Basen der Horstgräser bedecken zwischen 50 und 80% der Bodenoberfläche. Der Blattflächenindex liegt vegetationszeitlich gewöhnlich unter 1; außerhalb der Vegetationsperiode durchgängig nahe Null.

Sieben bis zehn Monate sind arid oder wenigstens semi-arid. Vegetationsperiode: nur Frühjahr. Vorherrschende Bodentypen: Kastanozeme.

Wüstensteppe
Sinken die jährlichen Niederschläge unter 200 mm, treten Wüstensteppen an die Stelle von Kurzgrassteppen. Vorherrschend sind hier – meist klimabedingt wie auch als Folge von Beweidung – Zwerg- und Halbsträucher. Der Graswuchs ist eher spärlich und selten höher als 20 mm. Die Anteile perenner Gras- und Krautarten sind niedriger, die von annuellen dagegen eher höher als in den ‚echten' Steppen. Der Pflanzenbestand ist mäßig lückenhaft, aber noch über 50% der Fläche (bei Flächenbestand unter 50% sind es Halbwüsten). Meist ist nur 1 Monat humid. Vorherrschende Bodentypen: Xerosole (siehe Seite 232f.).

Die Wüstensteppen werden vielfach (z.B. in Nordamerika) den *deserts* zugerechnet, also zur Gruppe der Wüsten/Halbwüsten gestellt (z.B. West 1983). Dies lässt sich nicht nur mit der Lückigkeit der Bodenbewachsung begründen, sondern auch mit den hohen Anteilen von *holzigen* Pflanzen. *Steppen* sind dann (abgesehen vom Ökoton der Waldsteppen) ausschließlich die *gras- und krautreichen* Formationen der semi-ariden Gebiete, in denen Bäume weithin fehlen. In der spärlichen, artenarmen Vegetation bestimmen Zwergsträucher das Bild.

Die meisten Arten gehören zu den Asteraceen (z. B. *Artemis spp.*) oder Chenopodiaceen (z. B. Atriplex spp. Chenopodim spp). Viele von ihnen sind nicht nur xeromorph, sondern auch salzverträglich.

Die folgende Darstellung folgt im Wesentlichen dieser Aufteilung, behandelt also nur die Gras- und Krautsteppen. Für Wüstensteppen, Halbwüsten und Wüsten s. Kap.13.

10.5.2 Lebensformen: Anpassungen an Winterkälte und Sommerdürre

Die Mehrzahl der krautigen Pflanzen gehört zu den **Hemikryptophyten**, doch können auch **Frühlingsgeophyten und -therophyten** in großer Artenzahl vorkommen, in den trockeneren Pflanzenformationen auch Klein- und Zwergsträucher. Die für die beiden ersteren typische Überwinterungsart – nur die im Boden befindlichen (höchstens bis an die Bodenoberfläche reichenden) Pflanzenteile bzw. nur die Samen überdauern – bietet offenbar, insbesondere in Verbindung mit einer (bereits dünnen) Schneedecke ausreichenden Schutz vor **Kältestress**.

Eine größere Belastung bildet hingegen der sommerliche **Dürrestress**. Augenfällig wird dies u.a. daraus, dass die Masse der sich oberirdisch in jedem Frühjahr und Frühsommer neu bildenden Sprossorgane zwischen den einzelnen Jahren je nach der Gunst oder Ungunst des Witterungsverlaufs beträchtlich variiert. Für eine südrussische Kurzgrassteppe wurden beispielsweise Schwankungen der oberirdischen Phytomasse von 4,5 bis 6,3 t ha^{-1} in feuchten Jahren und von 0,7 bis 2,7 t ha^{-1} in trockenen Jahren festgestellt. Die unterirdischen Phytomassen blieben demgegenüber gleich (Walter u. Breckle 1986).

In Kurzgras- und Wüstensteppen kann der primär niederschlagsbedingte Dürrestress durch höhere Salzgehalte im Boden (vgl. Kap. 10.4.2) und entsprechend eingeschränkte Wasserverfügbarkeit verschärft sein (**Salzstress**).

Weitere Stressfaktoren, die in allen Steppen auftreten, sind hoher Beweidungsdruck (früher von Wild-, heute von Nutztieren), eine erhebliche Unzuverlässigkeit der jährlichen Niederschläge, die weite jahreszeitliche Temperaturamplitude und Feuer; letzteres insbesondere in Langgrassteppen.

In Anpassung an Dürre besitzen viele Pflanzen **xeromorphe Merkmale** (vgl. hierzu auch Kap. 13.5.2). Diese sind naturgemäß umso häufiger und ausgeprägter, je weniger Niederschläge fallen. Entsprechend zeigt sich bei den oben genannten Steppentypen in der aufgeführten Reihenfolge, dass die Blätter kleiner und dicker werden, die Epidermis- und Schließzellen an Größe abnehmen, sich die Zahl der Stomata pro Blattfläche vermehrt, die Dichte der Blattaderung steigt und immer mehr Arten zum Einrollen (Falten) ihrer Blätter befähigt sind. Viele Sträucher verlieren ihr Laub (was aber auch als Antwort auf Winterkälte geschieht).

Da die mineralischen Nährstoffe mit dem Wasser aus dem Boden aufgenommen werden, hat ein eingeschränktes Wasserangebot zugleich eine **reduzierte Nährstoffaufnahme** zur Folge. Das heißt, es kommt zu Engpässen für die Produktion an zwei Fronten, und zwar sowohl beim photosynthetischen Gaswechsel (wegen Schließung der Spaltöffnungen bei Dürrestress) als auch bei der sekundären Stoffsynthese (wegen Mineralstoffmangels).

10.5.3 Tierwelt und Tierfraß

Alle Steppen sind – oder waren ursprünglich – tierreich. Sowohl in der Alten als auch in der Neuen Welt traten **Ungulaten** (Huftiere) in großen Herden auf. In eurasischen Steppen waren dies Wildpferde (Tarpane) und Saiga-Antilopen, in den Steppen Ostpatagoniens Guanakos und Pampahirsche, und in den nordamerikanischen Prärien Bisons, Gabelantilopen und Hirsche sowie im 18. Jahrhundert einige Millionen Mustangs (Nachkömmlinge der von spanischen Expeditionen während des 17. Jh. entlaufenen Pferde).

Zu den kleineren **Säugern**, die sich in den noch einigermaßen intakten Steppengebieten bis heute in großer Dichte erhalten haben, gehören Hasen, Kaninchen und viele Nagetiere wie z.B. Ziesel, Hamster, Präriehunde, Meerschweinchen und zahlreiche Mäusearten.

Ungulaten und Nager tragen als Herbivore (oder – bei Nagern – vielfach Omnivore) erheblich zu den Umsätzen im Steppenökosystem bei: Ihr Fraß, solange maßvoll, regt die Primärproduzenten zu einer erhöhten Erzeugung von Sprossmasse an (die Verluste werden überkompensiert) und beschleunigt deren späteres Recycling. Für die kleinen Nager sind periodische Massenvermehrungen im Abstand mehrerer Jahre charakteristisch, zu deren Spitzenzeiten dann bis zu 90% der Pflanzenmasse gefressen werden können. Einige **Vogelarten** sind (oder waren) als Körnerfresser (der Grassamen) bedeutsam, so z.B. aus der Gruppe der Rauhfußhühner und Trappen.

Unter den **Invertebraten** (Wirbellosen) sind Heuschrecken die wichtigsten Herbivoren. Sie können bis zu 25% der oberirdischen Pflanzenproduktion fressen. Nächstbedeutend sind mehrere Käferarten (u.a. Rüsselkäfer) und Schmetterlingsraupen.

Zu den auffälligen **Carnivoren** der Steppen gehören Coyoten, Dachse, mehrere Wieselarten und zahlreiche Greifvogelarten. Nirgends sonst (außer vielleicht in manchen Savannen) dürften Adler, Bussarde, Milane, Weihen und Falken in ähnlich hoher Artenzahl und Dichte auftreten: Sie sind damit ein ebenso augenfälliger Bestandteil der Steppenlandschaft wie eindeutiger Hinweis auf den Reichtum an kleinen und mittelgroßen Herbivoren (ihren Beutetieren).

10.5.4 Phytomasse, Primärproduktion und Zersetzung

Gemessen an der geringen Phytomasse ist die Produktion der Steppen mit (je nach Steppentyp) 2 bis 15 t ha^{-1} a^{-1} außerordentlich hoch (mit Langgrassteppen an der Spitze). Davon geht der größte Teil in die Wurzelmasse. In Wald- und Langgrassteppen, in denen Wälder und Grasfluren unter ähnlichen klimatischen (lediglich edaphisch abweichenden) Bedingungen vorkommen, lassen sich die Produktionsleistungen direkt vergleichen. Dabei zeigt sich, dass beide Formationen in etwa gleich flächenproduktiv sind, obwohl die Phytomassen der Wälder um das 10- bis 15fache höher liegen.

Die Steppen produzieren ökonomischer, da sie oberirdisch keine unproduktiven (nur atmenden, also verbrauchenden) verholzten Achsen bilden, sondern **ausschließlich photosynthetisch aktive Organe** (im Vergleich mit den Bäumen ist bei den Gräsern allerdings der Wurzelanteil relativ höher). Günstig ist auch die vergleichsweise **ausgeglichene Lichtverteilung innerhalb der Grasschicht** (Abb. 10.4): Aufgrund der vorwiegend steil gestellten Blätter erreicht noch wenigstens die Hälfte der photosynthetisch verwertbaren Strahlung die Mitte des Bestandes (*Extinktionskoeffizient* ≤ 0,5). In Wäldern ist der Lichtabfall (*Strahlungsattenuation*) durchweg stärker; bei ihnen gelangen oftmals nur etwa 10% des Außenlichtes in den Stammraum (vgl. Abb. 9.3 und 9.4).

Für alle (also auch tropischen) Grasfluren, in denen das Wasserangebot zumindest zeitweilig im Minimum steht, gilt die Regel, dass sich die regionalen Größenunterschiede von oberirdischer Phytomasse und Primärproduktion direkt mit den jährlichen oder vegetationszeitlichen Niederschlagsmengen (oder den ihnen gewöhnlich entsprechenden Längen der Vegetationsperiode oder den tatsächlichen Verdunstungsmengen) korrelieren lassen (Abb. 10.5; siehe auch Abb. 13.12 und 14.10). Diese Korrelation zeigt sich sowohl im zeitlichen Vergleich (von unterschiedlich regenreichen Jahren am selben Ort) als auch im räumlichen Vergleich (von im langjährigen Mittel unterschiedlich regenreichen Orten). In nordamerikanischen Steppen fand Risser (1988), dass pro Millimeter (mittlerer) Jahresniederschlag rund 5 kg an oberirdischer Phytomasse je Hektar erzeugt wurden. Zur **Regennutzungseffizienz** tropischer und subtropischer Grasfluren (vgl. Seiten 245f. und 272f.).

Da die oberirdische Phytomasse zum größten Teil spätestens im Herbst abstirbt, ist die **Streuanlieferung** in jedem Jahr etwa so hoch wie die oberirdische PP_N des gleichen Jahres. Der Abbau dieser (grundsätzlich leicht zersetzbaren) Streu erfolgt rasch, überwiegend innerhalb eines Jahres, durch eine überaus reiche Bodenflora und -fauna; in der Letzteren

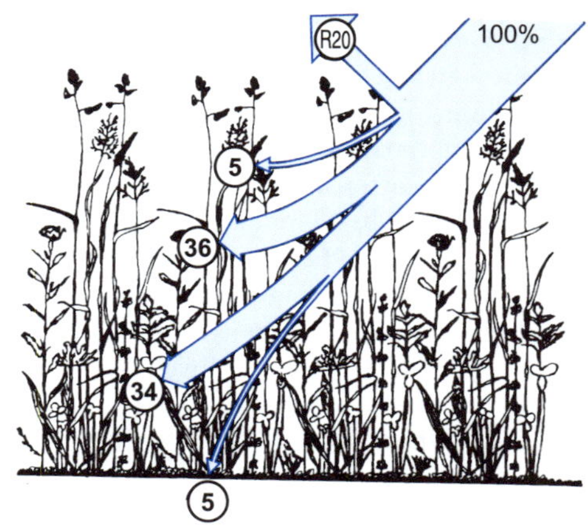

Abb. 10.4
Strahlungsabschwächung in einer Wiese (Cernusca 1975). Im Unterschied zu Wäldern dringt ein hoher Lichtanteil tief in den Pflanzenbestand ein (noch >50% des Außenlichtes bis zur Mitte der Grasschicht).

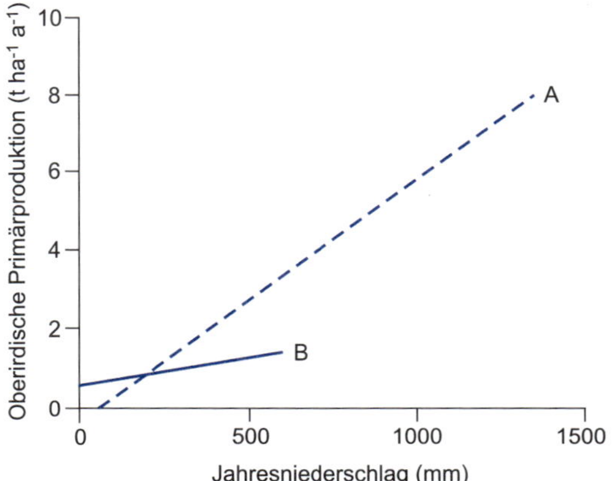

Abb. 10.5
Die Beziehung zwischen oberirdischer Primärproduktion und jährlichen Niederschlägen in nordamerikanischen Steppen (Lauenroth u. Sala 1992). Die Kurve A zeigt die Produktionsunterschiede, wie sie sich an den verschiedenen Orten der Central Grassland Region der USA in Abhängigkeit von deren mittleren Jahresniederschlägen herausgebildet haben. Die Kurve B zeigt demgegenüber, wie sich die Produktion einer Kurzgrassteppe an einem bestimmten Ort im nördlichen Colorado im Laufe eines längeren Zeitraumes (Langzeitversuch) mit den von Jahr zu Jahr wechselnden Niederschlägen ändert. B steigt langsamer an als A, da die jeweils in Anpassung an die mittleren Niederschläge ihrer Standorte entstandenen Vegetationsstrukturen nur zu einer begrenzten und über mehrere Jahre verzögerten Reaktion auf Regenüberschüsse in einzelnen Jahren fähig sind. Keinerlei Beziehung besteht zwischen der PP_N *und Temperaturunterschieden in einzelnen Jahren.*

ist auch die Makro- und Megafauna gut vertreten. Es kommt daher nirgends zu größeren Streuauflagen. Und wenn doch, wie in den hochproduktiven Langgrassteppen, „helfen" Grasbrände bei der Zersetzung. So legen z.B. die meisten Rancher auf ihren Weidearealen meist in jedem Frühjahr Feuer und beschleunigen damit die Erwärmung des dunklen Bodens. So gewinnen sie einen früheren Beginn der Beweidungszeit.

Die **Lebensdauer der unterirdischen Phytomasse** ist zwar länger als die der oberirdischen; beträgt aber im Höchstfall auch nur wenige (maximal vier) Jahre. Das heißt, auch die Wurzelmasse wird relativ schnell umgesetzt.

Damit ergibt sich für das **Steppen-Ökosystem der einzigartige Fall**, dass (1) außerordentlich kurze, fast einjährige Stoffkreisläufe und Energieflüsse bestehen und (2) dementsprechend in Annäherung Steady-State-Verhältnisse vorliegen (Abb. 10.6). In allen übrigen Ökozonen einschließlich Tundra und Wüste wird jeweils über längere Zeit gehortet, das heißt, Energie und Mineralstoffe in Form von langlebigen verholzten Bestandszuwächsen oder/und schwer zersetzbaren Abfällen festgelegt, ehe dann, in einer Alterungsphase (Zerfallsphase) oder als Folge extremer Bedingungen, z.B. durch Feuer, Windbruch oder extreme Trockenjahre, eine eher schlagartige Rückführung größerer Vorratsanteile erfolgt.

10.5.5 Mineralstoffvorräte und -umsätze

Graslandökosysteme sind auch insofern einzigartig, als ihre Phytomassen weit überdurchschnittlich hohe Mineralstoffgehalte enthalten. Alle organischen Umsätze sind daher mit beträchtlichen mineralischen Umsätzen verbunden. Die Mineralstoffkreisläufe bei den produktionsstarken Langgrassteppen übertreffen diejenigen aller anderen zonalen Ökosysteme nach Menge der beteiligten Stoffe und nach der Schnelligkeit des Durchgangs. Bei den trockeneren Grassteppen gilt dies zumindest in Relation zur Größe der organischen Umsätze.

Nach den von TITLYANOVA u. BAZILEVICH (1979) für mehrere Steppen zusammengestellten Zahlen liegen die **Gehalte an N, K, Ca, Mg und P** in den lebenden Sprossen im Durchschnitt bei etwa 4 bis 5%,

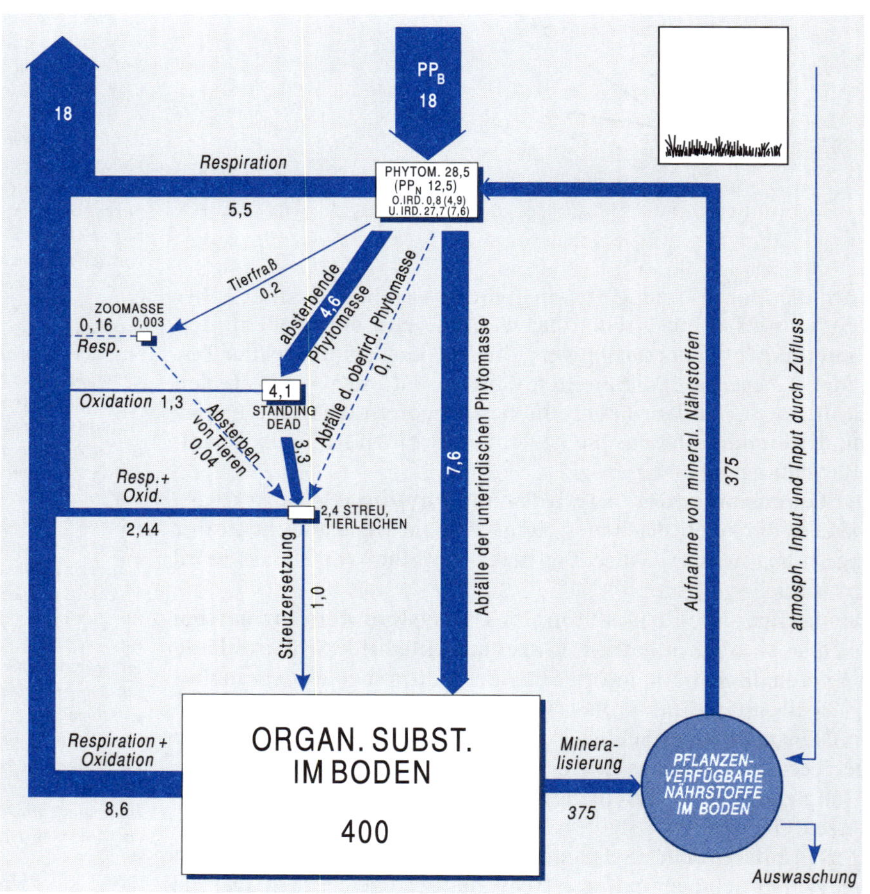

Abb. 10.6

Vereinfachtes Ökosystem-Modell einer winterkalten Steppe. Die Zahlen (= Mittelwerte) entstammen einer Untersuchung, die 1968 bis 1972 in der Prärie bei Matador/Kanada durchgeführt wurde (COUPLAND u. VAN DYNE 1979); gestrichelt: geschätzte Ergänzungen. Zum Modellschema siehe Kap. 5.2. Die mittlere Sprossmasse beträgt 0,8 t ha^{-1}, die oberirdische PP$_N$ 4,9 t ha^{-1} a^{-1}. 1,3 t ha^{-1} der jährlichen Sprossproduktion gehen unmittelbar über Abbauprozesse in der Standing Dead verloren, gelangen also nicht in die Streu und damit nicht zu den am Boden lebenden Heterotrophen. Entsprechend wird die Standing Dead, abweichend vom sonst verwendeten Schema, als separates Kompartiment dargestellt. Charakteristisch für das Steppenökosystem ist, dass (1) die Wurzelmasse viel größer als die Sprossmasse ist, (2) die Stoff- und Energieflüsse absolut und erst recht in Bezug zur Biomasse hoch sind und (3) der weitaus größte Teil organischer Substanz in Form von Humus vorliegt.

in den Wurzeln bei etwa 2 bis 3%. Die Gehalte steigen mit zunehmender klimatischer Trockenheit und Salzkonzentration im Boden. Zu den genannten Elementen können – insbesondere bei Gräsern – höhere Gehalte an Si, auf salzigen Standorten an S, Cl und Na hinzukommen. Gegenüber den grünen Sprossen haben die Standing Dead und Streu geringere Anteile an K, Cl, Na und S, dagegen höhere Anteile an Si, Fe und Al.

10.6 Landnutzung

Alle Trockengebiete, also auch die tropisch/subtropischen, sind landwirtschaftlich unergiebig und dementsprechend dünn besiedelt. Die einzige Ausnahme stellen die Steppen dar, die zwar nach der Zahl der Bewohner ebenfalls eher zu den ‚Leerräumen' der Erde gehören, aber seit langem fast vollständig agrarisch genutzt werden, sofern die Böden nicht halomorph sind (s. u.). Die Formen, in denen dies geschieht, sind bei hohem Kapitaleinsatz großbetrieblich und flächenextensiv. Angebaut wird Getreide; ansonsten wird Ranching betrieben. Ersteres dominiert in den früheren Langgras- und Mischgrassteppen. Letzteres überwiegt in den Kurzgras- und Wüstensteppen (Abb. 10.7). Dazwischen liegt die **agronomische Trockengrenze,** d. i. hier die Grenze, bis zu der die Regenmengen einen einigermaßen ertragssicheren Getreidebau gerade noch erlauben. In den wärmeren südlichen Steppengebieten sind dies jährlich 300 bis 350 mm, in den kühleren nördlichen Steppengebieten 250 bis 300 mm. Bei Anwendung moderner Nutzungstechniken (s. u.), Aussaat trockenresistenter (wassernutzungseffizienter; siehe Seite 73f.) Arten oder Sorten und unter Ausnutzung der hohen nutzbaren Feldkapazitäten der Böden (siehe Seite 45f.) mittels Einschaltung von Schwarzbrachen kann der Regenfeldbau aber auch noch bei geringeren Jahresniederschlägen betrieben werden. Dies ist überall in der Welt passiert. Heute dominiert der Ackerbau bis weit in die früheren Kurzgrassteppen hinein. Und die Umwandlung vormaliger Langgrassteppen in Ackerland ist überall nahezu komplett geschehen.

10.6.1 Großbetriebliche Getreidewirtschaft

Wichtigste Marktfrucht ist der **Weizen**. Der Anbau erfolgt durch Großbetriebe auf sehr großen Schlägen (Großflächenbewirtschaftung), unter Einsatz von Maschinen-Größtaggregaten mit minimalem Arbeitseinsatz (kapitalintensive, arbeitsextensive Bewirtschaftung). Mit dieser **Organisationsform einer hochgradig kommerzialisierten und mechanisierten großflächigen Produktion** konnten die Erzeugungskosten des Weizens so weit gesenkt werden, dass sich der Getreidebau im Wettbewerb mit der früher in den Steppen und Prärien betriebenen extensiven Weidewirtschaft weithin durchsetzen konnte.

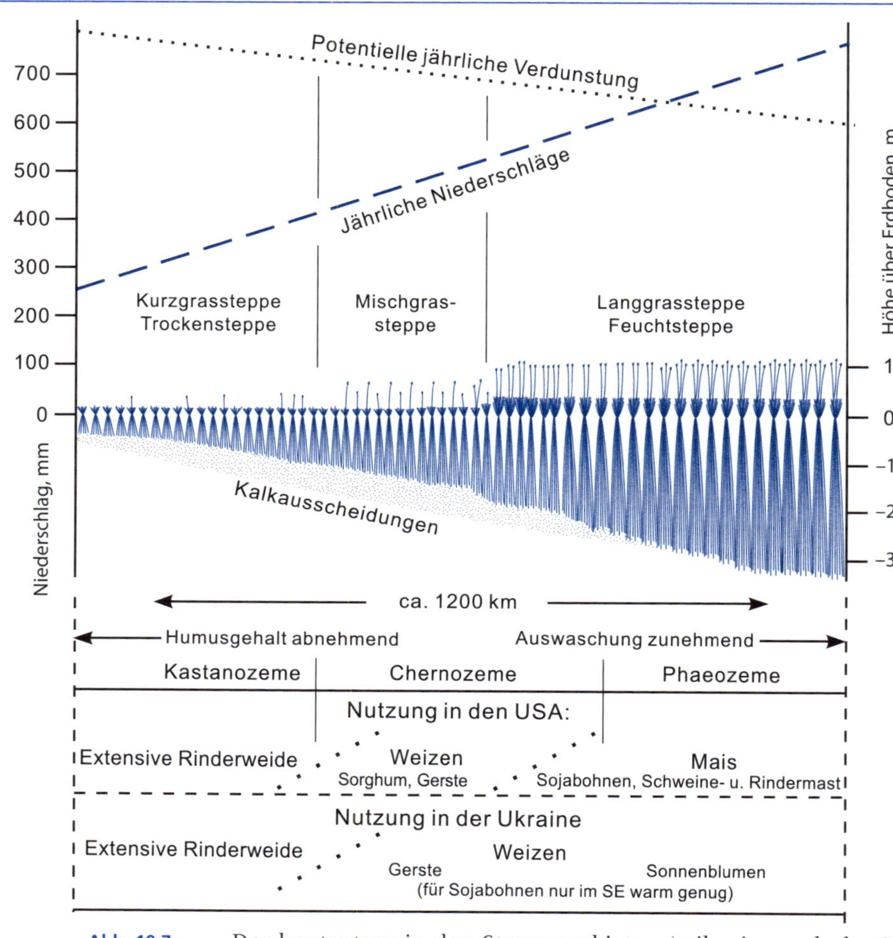

Abb. 10.7 *Die agrare Nutzung der Kurzgras- und Langgrassteppengebiete in der Ukraine und in Nordamerika (Jätzold 1984). Der großflächige Getreidebau dominiert in den früheren Mischgrassteppen und den trockenen Randzonen der früheren Langgrassteppen, die extensive Weidewirtschaft in den Kurzgrassteppen. Der amerikanische Maisgürtel fällt in die Langgrassteppengebiete.*

Der heutzutage in den Steppengebieten (teilweise auch der Subtropen) erzeugte Weizen leistet einen **beträchtlichen Beitrag zur Ernährung der Menschheit** (auch weit abgelegener Erdteile). Möglich wurde dies durch einige natürliche Vorteile. Dazu gehören die ausnehmend gute Bodenfruchtbarkeit der (nicht-halomorphen) Steppenböden, die hohe Sonneneinstrahlung und das weithin flache Gelände, das den Großmaschineneinsatz und damit die großbetriebliche Bewirtschaftung begünstigt.

In den Grenzgebieten des Regenfeldbaus muss allerdings, sofern nicht auf trockenresistente Nutzpflanzen wie Hirse, Erdnüsse, Kichererbsen oder Sesam ausgewichen wird, das **Dry-Farming-System (Trockenfarmsystem)** angewendet oder künstlich bewässert werden. Beim Dry Farming schalten die Betriebe für einzelne Jahre **Schwarzbrachen** (Bracheflächen ohne Pflanzenbewuchs) ein, was die Verdunstung reduziert und somit Wasserreserven im Boden entstehen lässt. Hiervon profitieren die Feldkulturen des nachfolgenden Jahres.

Je nach Niederschlagsdefiziten sind solche Brachen für jedes zweite, dritte oder vierte Jahr nötig. Entsprechend verändern sich die Flächenanteile der Brachen an den Anbauflächen von 50% über 33% auf 25%. Den Effekt der Brache auf die unterschiedlichen jährlichen Flächenerträge zeigt die Abb. 10.8.

Anstelle von Schwarzbrachen können **bedeckte Brachen**, beispielsweise Viehweiden aus flach wurzelndem Klee, angelegt werden. Nach mehreren Jahren erhöht sich auch unter ihnen der Wasservorrat im Boden.

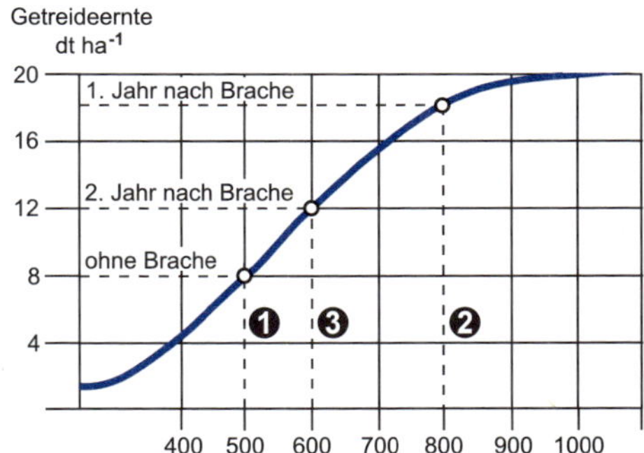

Jährlich verfügbare Wassermenge in mm (= Niederschlag [Annahme: 500mm] zuzüglich im Boden gespeichertes Wasser aus dem[n] Vorjahr[en])

❶ **Jährlicher Anbau (ohne Brache):**
Jährlich verfügbare Wassermenge: 500mm
Ernte 8 dt $ha^{-1}a^{-1}$

❷ **Jährlicher Wechsel von Anbau und Brache:**
verfügbare Wassermenge im Anbaujahr: 800mm
Ernte (18+0) :2 = 9 dt $ha^{-1}a^{-1}$

❸ **Zweijähriger Anbauzyklus, dann Brachejahr:**
verfügbare Wassermenge im 1. Anbaujahr: 800mm
2. Anbaujahr: 600mm
Ernte (18+12+0) :3 = 10 dt $ha^{-1}a^{-1}$

Abb. 10.8
Der Effekt der Brache im Dry-Farming-System (ANDREAE 1983). Im gezeigten Beispiel werden auf Dauer mit der Fruchtfolge 3 die höchsten Flächenerträge erzielt. Die jährlichen Niederschlagssummen sind mit 500 mm angesetzt.

10.6.2 Extensive stationäre Weidewirtschaft und Wildbewirtschaftung

Extensive Weidewirtschaften werden in den Trockengebieten der Erde in Form einer (halb-)nomadischen Viehhaltung oder eines stationären Ranching betrieben. Die Erstere ist die traditionelle Nutzungsform Altweltlicher Trockengebiete von den Wüsten bis zu den Steppen bzw. Savannen, hat in den beiden letzteren aber erheblich an Bedeutung verloren. Ihre Hauptverbreitung liegt heute in den Tropisch/subtropischen Trockengebieten, entsprechend soll sie im Kapitel über jene Ökozone behandelt werden (siehe Kap. 13.6.1). Das **Ranching** ist hingegen die moderne, vollständig kommerziell ausgerichtete Form einer extensiven Weidewirtschaft, die von europäischen Siedlern in Amerika und Australien entwickelt und von dort in einige Gebiete der Alten Welt (z.B. südliches Afrika) übertragen wurde. Die Verbreitungsschwerpunkte liegen in den Kurzgrassteppen der mittleren Breiten und der Subtropen. Dies rechtfertigt die Behandlung an dieser Stelle.

Das Ranching steht, wie der Nomadismus, in Konkurrenz mit dem Ackerbau und ist dabei, ähnlich wie jener, meist unterlegen gewesen und in immer trockenere Räume abgedrängt worden: Der Ackerbau wird gewöhnlich wettbewerbsfähiger, sobald die jährlichen Niederschläge für eine Produktion an Grünmasse (*Weideertrag*, pasture yield) ausreichen, die eine mittlere Besatzdichte (*Viehbesatz*, mean stocking density) von 30 bis 40 GVE pro 100 ha Weidefläche zulassen würde.

Typische Merkmale des Ranching:

- Extrem große Betriebsflächen von 500 bis 100.000 ha. Die Einheiten sind umso größer, je weniger die Flächen hergeben. Die größten Betriebe liegen dementsprechend in den trockensten Gebieten.

- Meist Rinderhaltung. In den trockensten Gebieten auch Schafhaltung (z.B. Karakul-Schafe in Namibia); gelegentlich in Verbindung mit Wildbewirtschaftung (z.B. Bisons in Nordamerika; s.u.).
- Häufigstes Verkaufsprodukt sind Schlachttiere (in der Regel von einer einzigen Tierrasse).
- Dem Vieh stehen ausschließlich oder überwiegend Naturweiden zur Verfügung. Ergänzend mögen besser geeignete Futtergräser ausgesät werden.
- Die Beweidung erfolgt kontrolliert auf großen eingezäunten Koppeln. Die scheinbar endlosen, schnurgerade gezogenen Stacheldrahtzäune sind oftmals das einzige oder zumindest das auffälligste Zeichen dafür, dass in den durchweg weitläufigen, relativ naturbelassenen Gebieten überhaupt eine Nutzung in Form des Ranching erfolgt.
- Hohes Risiko durch dürrebedingten Futtermangel.
- Viehbesatz, Arbeits- und Kapitaleinsatz sowie Betriebsertrag sind, bezogen auf die Fläche, extrem niedrig (nur beim Nomadismus ist die Flächenproduktivität noch geringer). Sehr hoch ist demgegenüber die Arbeitsproduktivität.
- Hoher Kapitaleinsatz (Investitionsaufwand) für die Einrichtung einer Ranch.

Die höchste Besatzdichte (Bestockungsdichte), die ohne Ressourcenschädigung möglich ist (= *optimale Besatzdichte*), d.i. die Belastbarkeit oder **Tragfähigkeit** (*carrying capacity*) einer Weide, ergibt sich in erster Näherung aus der oberirdischen Primärproduktion geeigneter Futterpflanzen (= Weide- oder Futteraufwuchs). Deren Maximum wird wiederum primär von der Niederschlagsmenge begrenzt (Abb. 10.5). In den meisten Fällen liegt die **Regennutzungseffizienz** (*rain use efficiency*) zwischen 3-und 6 kg ha^{-1} a^{-1} Trockenmasse pro Millimeter Jahresniederschlag.

Für die westlichen USA lassen sich aus dem Vergleich zweier Karten (ANDREAE 1983), von denen die eine die Weidefläche je Rind und die andere die Verteilung der Jahresniederschläge zeigt, grob die in Tab. 10.1 dargelegten Relationen ableiten.

Bei derartigen Kalkulationen ist allerdings zu berücksichtigen, dass sich mit steigendem **Beweidungsdruck** (= Anzahl der Großvieheinheiten pro Einheit Futtermenge) eine Änderung in der Steppenflora einstellen mag, wenn die Weidetiere Präferenzen für bestimmte Pflanzenarten zeigen (selektive Defoliation) oder unterschiedliche Empfindlichkeiten der Pflanzenarten gegenüber Defoliation bestehen. Entsprechend könnte sich der Futterwert der Pflanzenproduktion und damit die Weideleistung mit Fortgang der Nutzung erheblich mindern.

Ein weiteres Problem kann sich daraus ergeben, dass – z. B. in besonders regenarmen Jahren – eine Überweidung auftritt, die letztlich zu einer Degradation der Naturweiden und damit zu einer vielleicht

Tab. 10.1. Rinder-Besatzdichten in den westlichen USA, in Abhängigkeit von Regenfällen (Pieper 2005).

Jahresniederschlag	GVE pro 100 ha
< 250 mm	5
250 bis 500 mm	8 bis 10
500 bis 750 mm	25

vieljährigen Minderung der vormaligen Tragfähigkeit führt. Noch problematischer wird es, wenn es unter dem Tritt der schweren Rinder zu einer **Bodenverdichtung** kommt. Dies vermindert die mögliche Infiltrationsrate für Regenwasser, was einerseits am Ort der Regenfälle zu Verlusten bei der Wasseraufnahme des Bodens führt und andererseits Anlass zu Overland Flows und Gully Erosion gibt. Deren Häufigkeit und Wirksamkeit erhöhen sich, wenn **Crusting** (Bodenversiegelung) durch Splash-Effekte von Regentropfen auftritt oder Cyanobakterien (Blaualgen) die einzelnen Bodenpartikel zu einer Kruste „verbacken" (= biological soil crusts).

Manche der genannten Probleme stellen sich nicht (oder nicht in derselben Schärfe), wenn eine **Wildtierbewirtschaftung** an die Stelle von Haustierhaltung tritt. Allerdings ist ein solcher Wechsel mit anderen (insbesondere ökonomischen) Problemen verbunden. Die bis heute in Steppen betriebene Nutzung von Wildtieren ist daher über einzelne Anfänge nicht hinaus gelangt. Grundsätzlich geeignet zu sein scheinen Bisons in Nordamerika und Guanakos in Patagonien.

10.6.3 Nutzbarkeit von halomorphen Böden

Auf Solonchaken ist eine **pflanzenbauliche Nutzung** nach Auswaschung der Salze möglich. Bei Bewässerung wird allerdings häufig neues Salz zugeführt. Eine Ausspülung mit Frischwasser kann dort erfolgreich sein, wo der Untergrund durchlässig ist und der Grundwasserspiegel tief liegt oder ein Kanalsystem für die Ableitung von überschüssigem Wasser verfügbar ist.

Bei Solonetzen sind die Nutzungspotentiale für den Feldbau sehr viel geringer. Ungünstig sind u.a. die stark alkalische Reaktion, mit Quellung und Schrumpfung verbundene bodenmechanische Vorgänge (teils breiiger, kohärenter Zustand mit schlechter Durchlüftung (O_2-Mangel) und Wasserstau, teils harte Schollen mit Schrumpfrissen nach Austrocknung) und die geringe Verfügbarkeit von Nährelementen. Außerdem wirken hohe Na-Konzentrationen toxisch auf die meisten Nutzpflanzen. Durch Gipszufuhr ist gelegentlich ein Austausch der Na- gegen Ca-Ionen (mit anschließender Ausspülung des neugebildeten leicht löslichen Na-Sulfats) möglich. Ansonsten kommt es zumeist zu keiner Nutzung, allenfalls zu einer extensiven Beweidung.

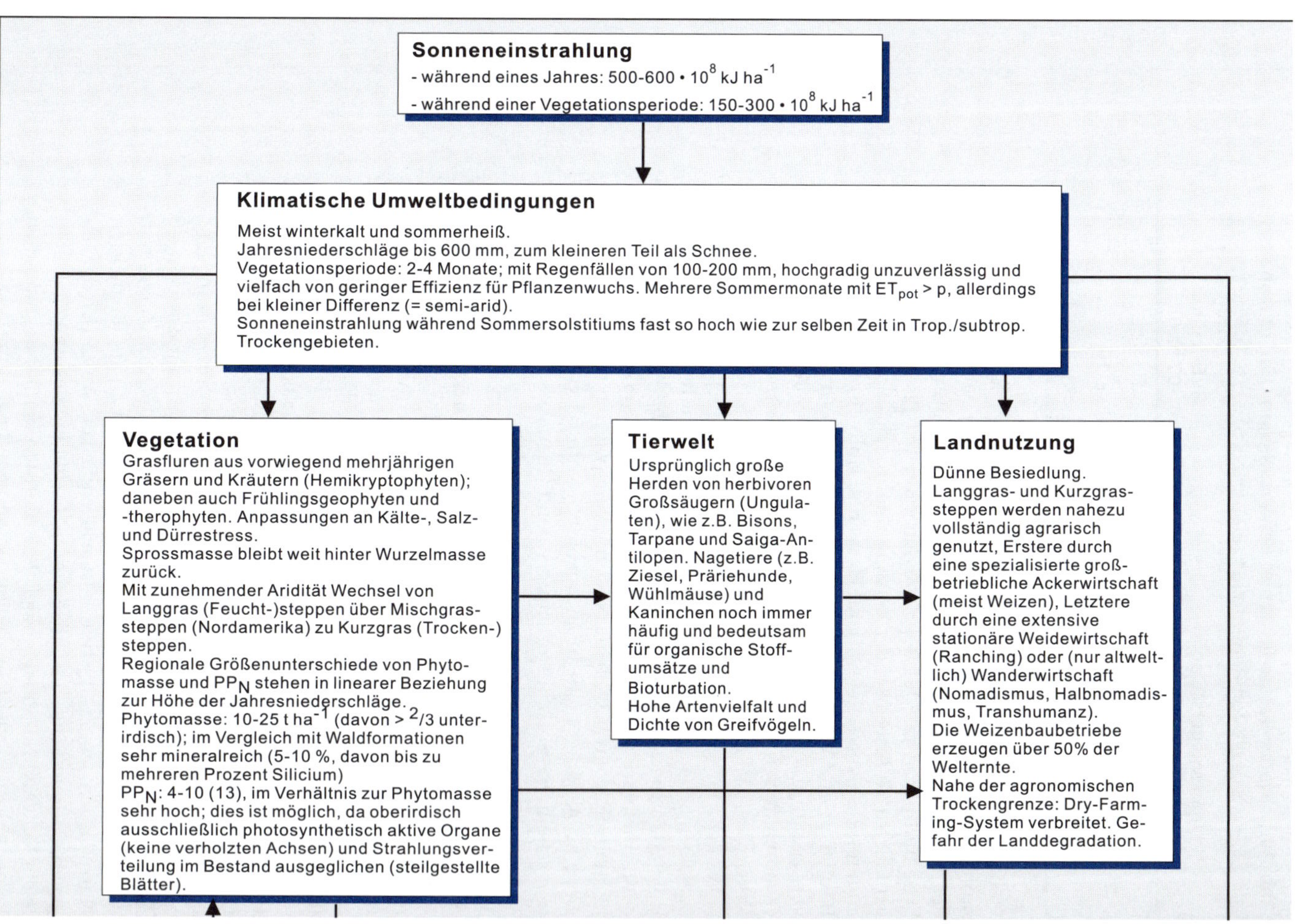
Sonneneinstrahlung
- während eines Jahres: 500-600 • 10^8 kJ ha^{-1}
- während einer Vegetationsperiode: 150-300 • 10^8 kJ ha^{-1}
Klimatische Umweltbedingungen
Meist winterkalt und sommerheiß.
Jahresniederschläge bis 600 mm, zum kleineren Teil als Schnee.
Vegetationsperiode: 2-4 Monate; mit Regenfällen von 100-200 mm, hochgradig unzuverlässig und vielfach von geringer Effizienz für Pflanzenwuchs. Mehrere Sommermonate mit $ET_{pot} > p$, allerdings bei kleiner Differenz (= semi-arid).
Sonneneinstrahlung während Sommersolstitiums fast so hoch wie zur selben Zeit in Trop./subtrop. Trockengebieten.
Vegetation
Grasfluren aus vorwiegend mehrjährigen Gräsern und Kräutern (Hemikryptophyten); daneben auch Frühlingsgeophyten und -therophyten. Anpassungen an Kälte-, Salz- und Dürrestress.
Sprossmasse bleibt weit hinter Wurzelmasse zurück.
Mit zunehmender Aridität Wechsel von Langgras (Feucht-)steppen über Mischgras-steppen (Nordamerika) zu Kurzgras (Trocken-) steppen.
Regionale Größenunterschiede von Phytomasse und PP_N stehen in linearer Beziehung zur Höhe der Jahresniederschläge.
Phytomasse: 10-25 t ha^{-1} (davon > $^2/_3$ unterirdisch); im Vergleich mit Waldformationen sehr mineralreich (5-10 %, davon bis zu mehreren Prozent Silicium)
PP_N: 4-10 (13), im Verhältnis zur Phytomasse sehr hoch; dies ist möglich, da oberirdisch ausschließlich photosynthetisch aktive Organe (keine verholzten Achsen) und Strahlungsverteilung im Bestand ausgeglichen (steilgestellte Blätter).
Tierwelt
Ursprünglich große Herden von herbivoren Großsäugern (Ungulaten), wie z.B. Bisons, Tarpane und Saiga-Antilopen. Nagetiere (z.B. Ziesel, Präriehunde, Wühlmäuse) und Kaninchen noch immer häufig und bedeutsam für organische Stoffumsätze und Bioturbation.
Hohe Artenvielfalt und Dichte von Greifvögeln.
Landnutzung
Dünne Besiedlung.
Langgras- und Kurzgrassteppen werden nahezu vollständig agrarisch genutzt, Erstere durch eine spezialisierte großbetriebliche Ackerwirtschaft (meist Weizen), Letztere durch eine extensive stationäre Weidewirtschaft (Ranching) oder (nur altweltlich) Wanderwirtschaft (Nomadismus, Halbnomadismus, Transhumanz).
Die Weizenbaubetriebe erzeugen über 50% der Welternte.
Nahe der agronomischen Trockengrenze: Dry-Farming-System verbreitet. Gefahr der Landdegradation.

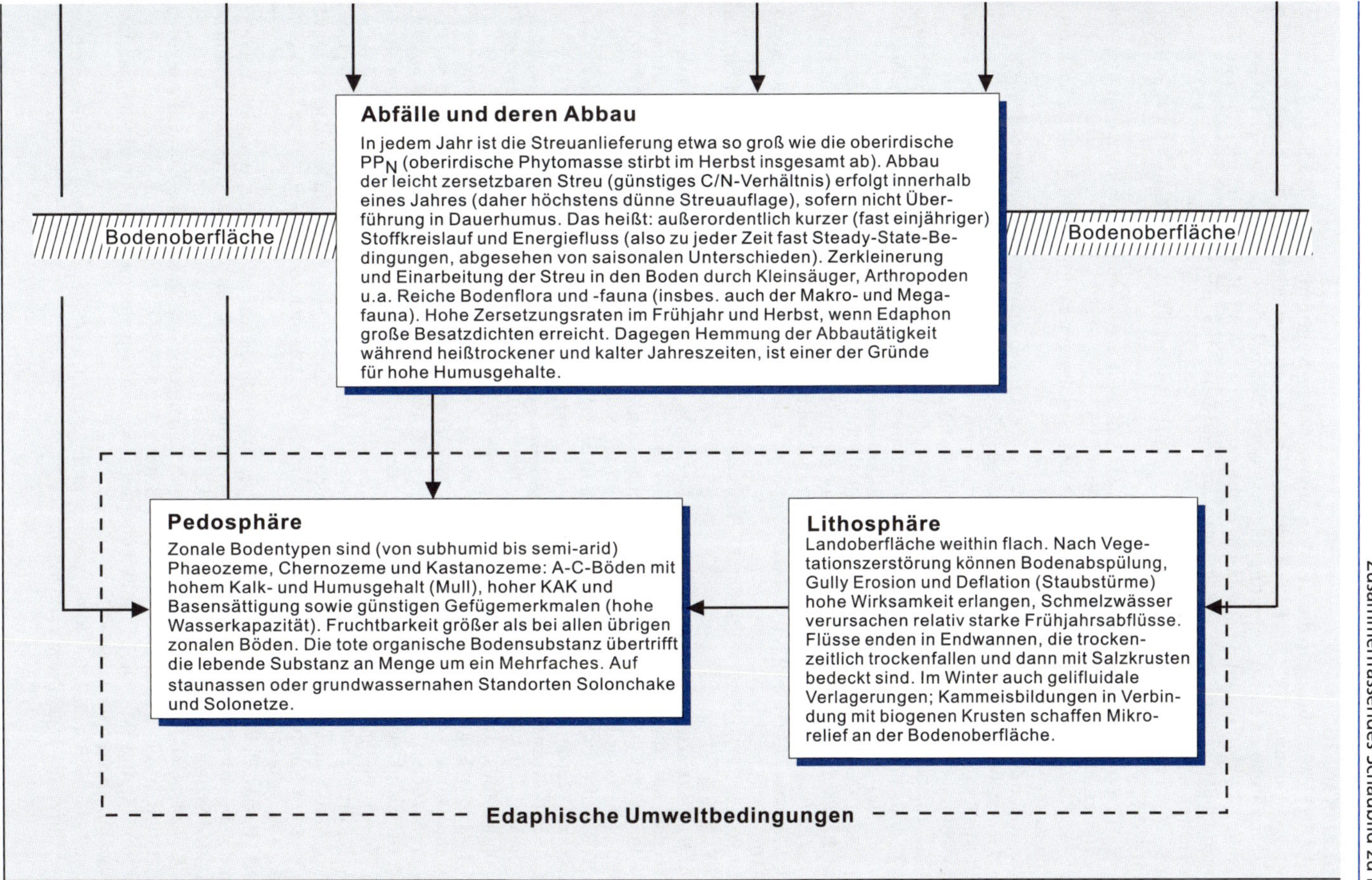

Abb. 10.9 *Zusammenfassendes Schaubild der Steppen.*[3]

[3] Die Wüsten und Halbwüsten der Trockenen Mittelbreiten sind in Abb. 13.16 miterfasst.

Literatur zu Kap. 10

AHNERT, F. (2015): Einführung in die Geomorphologie. Ulmer, Stuttgart (5. A.), 458 S.

ALLEN, M. S. & PALMER, M.W. (2011): Fire history of a prairie/forest boundary: more than 250 years of frequent fire in an North American tallgrass prairie. *Journal of Vegetation Science* 22, 436–444.

ANDERSON, R.C. (2006): Evolution and origin of the central Grassland of North America: climate, fire, and mammalian grazers. *Journal of the Torrey Botanical Society* 133, 626–647.

ANDREAE (1983), *s.* Lit. zu Kap. 6.

BRECKLE, S.-W., VESTE, M. und WUCHERER, W. (eds.) (2001): Sustainable Land Use in Deserts. Springer, Berlin, 465 S.

BRECKLE, S.-W., YAIR, A. und VESTE, M (eds.) (2008): Arid dune ecosystems. The Nizzana Sands in the Negev Desert. *Ecol. Studies* 200. Springer, Berlin, 475 S.

BRESINSKY, A., KÖRNER, C., KADEREIT, J. W. et al. (2008): Strasburger. Lehrbuch der Botanik. Spektrum Akademischer Verlag, 1176 S.

BREYMEYER, A. I. und VAN DYNE, G. M. (eds.) (1980): Grasslands, systems analysis and man. *Intern. Biol. Progr.* 19. Cambridge University Press, Cambridge, 950 S.

BRIGGS, J. M., KNAPP, A. K., BLAIR, J.M. et al, (2005): AN ECOSYSTEM in transition: Causes and consequences of the conversion of mesic grassland to shrubland, Bioscience 55, 243–254.

BURKE, I. C., YONKER, C. M., PARTON, W. J., COLE, C. V., FLACH, K. und SCHIMEL, D. S. (1989): Texture, climate, and cultivation effects on soil organic matter content in U.S. grassland soils. *Soil Sci. Soc. Am. J.* 53, 800–805.

CERNUSCA, A. (1975): Eine neue Ausbildungsmethode für Umweltforschung. *Umschau* 75, 242–245.

COUPLAND, R. T. (ed.) (1979): Grassland ecosystems of the world: analysis of grasslands and their uses. *Intern. Biol. Progr.* 18. Cambridge University Press, Cambridge, 401 S.

– und VAN DYNE, G. M. (1979): Natural temperate grasslands: Systems synthesis. In: COUPLAND, 97–106.

– (ed.) (1992, 1993): Natural grasslands. *Ecosystems of the World* 8A und 8B. Elsevier, Amsterdam, 469 S., 556 S.

DONITA A, N., KARAMYSEVA, BORHIDI, A. & BOHN, U. (2003): Formation L Waldsteppen (Wiesenstepen im Wechsel mit sommergrünen Laubwäldern) und Trockenrasen im Weschel mit Trokengebüschen. In Bohn, U., Neuhäusl, R., Gollub, G. et al. (Hsg), Karte der natürlichen Vegetation Europas 1:2.500.000. Teil 1. Landwirtschaftsverlag, Münster, S. 426–444.

FRENCH, N. R. (ed.) (1979): Perspectives in grassland ecology. *Ecol. Studies* 32. Springer, Berlin, 204 S.

GUTTERMANN, Y. (2002): Survival strategies of annual desert plants. Springer, Berlin, 348 S.

HORNETZ, B. und JÄTZOLD, R. (2003): *s.* Lit. zu Allg. Teil.

HUTCHINSON, Ch. F. und HERRMANN, S. M. (2008): The future of arid lands – revisited. A review of 50 years of drylands. *Advances in Global Change Research* 32, 228 S.

JÄTZOLD, R. (1984): Steppengebiete der Erde. *Praxis Geogr.* 14, 10–15.

KNAPP, A. K., BRIGGS, J. M., BLAIR, J. M. et al. (1998): Patterns and Controls of Aboveground Net Primary Production in Tallgrass Prairie. In Knapp, A. K., Briggs, J. M., Hartnett, D. C. & Collins, S. L. (eds.), Grassland Dynamics. Long-term Ecological Research in Tallgrass Prairie. Oxford University Press, New York, pp. 193–221.

KNAPP, A. K., MCCARRON, J. K., SILLETTI, A. M. et al. (2008): Ecological Consequences of the Replacement of Native Grassland by Juniperus virginiana and Other Woody Plants. In Van Auken, O. W. (ed), Western North American Juniperus Cummunities. A Dynamic Vegetation Type. Ecological Studies 196,. 156–169.

LANE, D. R., COFFIN, D. P. & LAUENROTH, W. K. (1998): Effects of soil texture and precipitation on aboveground net primary productivity and vegetation structure across the Central Grassland region of the United States. Journal of Vegetation Science 9, 239–250.

LANE, D. R., COFFIN, D. P. & LAUENROTH, W. K. (2000): Changes in grassland canopy structure across a precipitation gradient. Journal of Vegetation Science 11, 359–368.

LAUENROTH, W. K. und SALA, O. E. (1992): Long-term forage production of North American shortgrass steppe. *Ecol. Applications* 2, 397–403.

LAUENROTH, W. K., & BURKE, I. C. (2008): Ecology of the Short Grass Steppe. A Long-Term Perspective. Oxford University Press, New York, 522pp.

Lauenroth, W. K., Milchunas, D. G., Sala, O.E. et al. (2012): Net Primary Production in the Shortgrass Steppe. In Lauenroth, W. K. & Burke, I. C. (eds), Ecology of the Short grass Steppe. A Long-Term Perspecitve. Oxford University Press, New York, pp. 270–305.

Mabberley, D. J. (2008): Mabberley's Plant-Book. 3rd Edition. Cambridge University Press, Cambridge, S.1021.

Paruelo, J. M., Jobbágy, E. G., Oesterheld, M. et al (2007): The Grasslands and Steppes of Patagonia and the Rio de la Plata Plains. In Veblen, T. T., Young, K. R. & Orme, A.R. (eds), The physical geography of South america. Oxford University Press, Oxford, 232–248.

Pieper, R. D. (2005): Grasslands of central North America. In Suttie, J. M., Reynolds, S. G. & Batello, C. (eds), Grasslands of the World. Plant Production and Protection Series (FAO, Rome) 34, 221–263.

Risser, P. G., Goodall, D. W., Perry, R. A. und Howes, K. M. W. (eds.) (1981): The true prairie ecosystem. *US/IBP Synthesis Ser.* 16. Dowden, Hutchinson and Ross, Stroudsburg, 557 S.

Schachtschabel et al. (1998), *s.* Lit. zu Kap. 4.

Scheintaub, M. R., Derner, J. D., Kelly E. F. et al. (2009): Response of the shortgrass steppe plant community to fire. Journal of Arid Environments 73, 1136–1143.

Schönbach, P., Wan, H., Gierus, M. et al. (2011): Grassland Responses to grazing: effects of grazing intensity and mangemnet system in an Inner Mongolian stepe ecosystem. Plant and Soil 340, 103–115.

Sims, P. L., Singh, J. S. und Lauenroth, W. K. (1978): The structure and function of ten western North American grasslands. *J. Ecol.* 66, 251–285 und 547–597.

Skujins, J. (ed.) (1991): Semiarid lands and deserts – soil resource and reclamation. Marcel Dekker, New York, 668 S.

Smith und Nobel (1986), *s.* Lit. zu Kap. 13.

Titlyanova, A. A. und Bazilevich, N. I. (1979): Semi-natural temperate meadows and pastures: nutrient cycling. In: Coupland, 170–180.

Van Wehrden, H., Hanspach, J., Ronnenberg, K. & Wesche, K. (2010): The inter-annaual climatic variability in Central asia – a contribution to the discussion on the importance of environmental stochasticity in drylands. Journal of Arid Environments 74, 1212–1215.

Walter und Breckle (1986, 1991), *s.* Lit. zu Allg. Teil.

Werger, M. J. A., & Van Staalduinen, M. A. (eds), (2012): Eurasian Steppes. Ecological Problems and *Livelihoods in a Changing World.* Springer, Dordrecht 565p.

Wesche, K., Treiber, J. (2012): Abiotic and Biotic Determinants of Steppe Productivity and Performance – A View from Central Asia. In Werger, M. J. A. & van Staalduinen, M. A. (eds), Eurasian Steppes. Ecological Problems and *Livelihoods in a Changing World.* Springer, Dordrecht, pp. 3–43.

West, N. E. (ed.) (1983): Temperate deserts and semi-deserts. *Ecosystems of the World* 5. Elsevier, Amsterdam, 522 S.

West, N. E. und Young, J. A. (2000): Intermountain Valleys and Lower Mountain Slopes. In Barbour, M. G. und Billings, W. D. (eds), North American Terrestrial Vegetation. 2nd Edition, Cambridge University Press, Cambridge, 255–284.

11 Winterfeuchte Subtropen

11.1 Verbreitung und regionale Differenzierung

Mit einem Anteil von nur 1,7% an der Festlandsfläche der Erde, das sind gut 2,5 Mio. km², bilden die Winterfeuchten Subtropen (mediterrane Subtropen) die kleinste Ökozone überhaupt. Mit Bezug auf die geringe Ausdehnung ist sie außerdem von allen Ökozonen diejenige, die am stärksten zerstückelt ist, nämlich in fünf voneinander isolierte Vorkommen, die sich auf ebenso viele Kontinente verteilen (Abb. 11.1) und dort jeweils auf den **Westseiten** – in der Breite von etwa 30–40° zwischen den Tropisch/subtropischen Trockengebieten und den Feuchten Mittelbreiten – schmale, nur wenige 100 km landeinwärts reichende Küstenstreifen einnehmen (Lage am Meer).

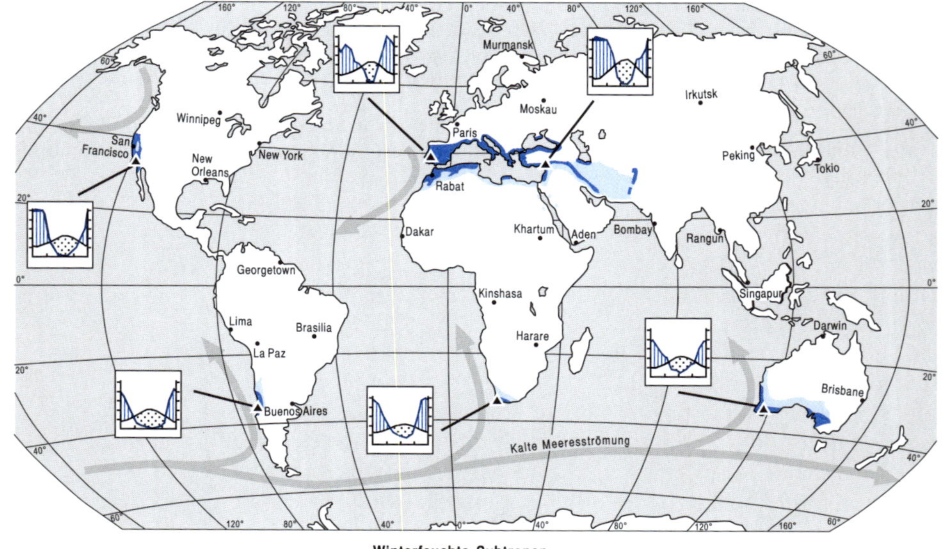

Abb. 11.1 *Winterfeuchte Subtropen. Von allen Ökozonen haben sie den kleinsten Flächenanteil und die stärkste Fragmentierung. Die einzelnen Vorkommen liegen auf beiden Hemisphären jeweils zwischen etwa 30 und 40° geogr. Breite an den Westseiten der Kontinente.*

Lediglich im Mittelmeerraum dringen sie weit ostwärts in die altweltliche Landmasse hinein, bleiben aber auch hier grundsätzlich **küstennah**. Im Mittelmeerraum erreichen sie mit etwa 45° auch ihr polnächstes Vorkommen.

Mit der Fragmentierung der Winterfeuchten Subtropen verbinden sich **zahlreiche Unterschiede zwischen den Einzelvorkommen**, so beispielsweise hinsichtlich der Flora und Fauna, der Artenvielfalt, vielen physiognomisch-ökologischen Merkmalen sowie der Kultur- und Wirtschaftsentwicklung. Über den jeweiligen Grad dieser Unterschiedlichkeit gibt die Abb. 11.2 Aufschluss.

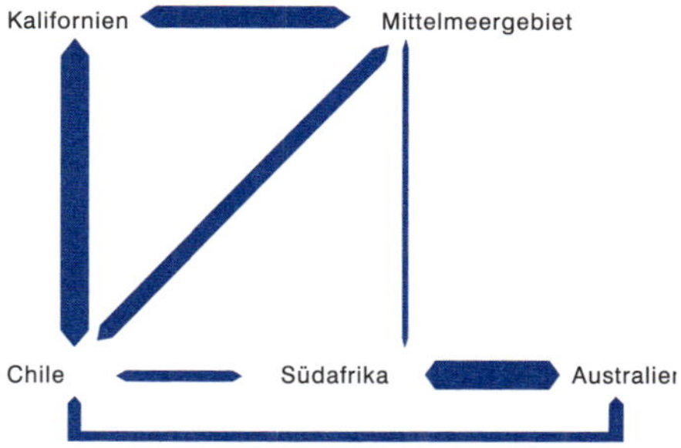

Abb. 11.2 *Affinitätsgrade zwischen den fünf Winterregengebieten der Erde (Di Castri et al. 1981). Die Pfeildicke ist proportional zum Grad der Übereinstimmung. In den Vergleich wurden Oberflächengestalt, Klima, Vegetation, Landnutzung etc. einbezogen.*

11.2 Klima

Während des Sommers liegen die Winterfeuchten Subtropen im Einflussbereich der subtropisch-randtropischen Hochdruckgebiete. Strahlungswetter und Trockenheit herrschen vor (**sommerliche Trockenzeit**). Während des Winters setzt sich dagegen mit der äquatorwärtigen Verschiebung der planetarischen Strahlungs- und Luftdruckgürtel das zyklonale Wettergeschehen der Mittelbreiten durch. Regenwetter mit frontengebundenen Niederschlägen wechseln dann, wie in den Feuchten Mittelbreiten, mit strahlungsreichem Hochdruckwetter ab. Kaltlufteinbrüche lassen selbst im Tiefland Fröste auftreten, führen allerdings kaum zu längeren Frostperioden oder niemals zu Temperaturen, die mehr als 5–10 K unter den Gefrierpunkt absinken (letztere würden bei vielen Pflanzenarten der mediterranem Florenregion, der Medierraneis, aus physiologischen Gründen Frostschäden verursachen (Frey und Lösch 2014).

Die **mittleren Jahresniederschläge** steigen in der Regel polwärts an, maximal auf etwa 800 bis 900 mm. Parallel hierzu werden die Regenzeiten länger. In extremen Fällen umfasst die sommerliche Trockenperiode nurmehr einige regenarme (semi-aride) Monate. Die Grenze zu den Feuchten Mittelbreiten liegt dort, wo die sommerliche Einschränkung des Pflanzenwachstums nicht mehr deutlich bemerkbar ist.

An der trockenen (äquatorwärtigen) Seite enden die Winterfeuchten Subtropen entsprechend der in diesem Buch vorgenommenen ökozonalen Gliederung, sobald die Länge der Trockenzeit ein halbes Jahr übersteigt (mindestens 7 Monate arid) und die Niederschlagssummen unter 300–350 mm a^{-1} fallen. Die für die Winterfeuchten Subtropen charakteristischen hartlaubigen Phanerophyten finden hier ihre Verbreitungsgrenzen; jenseits folgen Gras- und Strauchsteppen.

Die **sommerliche Erwärmung** ist, bedingt durch Meeresnähe und relativ niedrige Temperaturen der Küstengewässer (überall kalte Meeresströmungen [siehe Abb. 11.1], häufig Nebel), geringer als sonst in gleicher Breite. Die mittleren Monatstemperaturen übersteigen zwar in den meisten Regionen während mindestens vier Sommermonaten 18 °C, doch kaum noch 20 °C. Nur im (weit ins Festland hineinreichenden) Mittelmeergebiet kommt es zu ausgesprochen heißen Sommern.

Die **winterliche Abkühlung** hält sich ebenfalls in Grenzen. So gehen die Mitteltemperaturen, abgesehen von einigen polwärtigen (= submediterranen) Randregionen auch im kältesten Monat nicht unter +5 °C (gelegentliche Fröste sind allerdings die Regel). Niedrige Temperaturen sind daher nicht (übermäßig) limitierend (keine längere thermisch bedingte Vegetationsruhe), der Frühling und – nach den ersten Regenfällen – der Herbst zeigen aber eine günstigere Feuchte-Temperatur-Konstellation für die Vegetation und den Pflanzenbau als der Winter. Die eigentliche Stresszeit ist der Sommer, der wichtigste Selektionsfaktor die dann mehr oder weniger lange und stark eingeschränkte Wasserverfügbarkeit.

11.3 Relief und Gewässer

Mit dem allen Teilgebieten der Winterfeuchten Subtropen gemeinsamen klimatischen Merkmal der sommerlichen Trockenheit verbindet sich das übergreifende morphodynamische Merkmal, dass sich **fluviale und denudative Prozesse** auf eine ± kurze Zeitspanne **im Winterhalbjahr** beschränken, dann aber ganz beträchtliche Ausmaße annehmen können. Letzteres hängt zwar auch mit der teilweise hohen Reliefenergie und den weithin flachgründigen Böden zusammen. Doch dürften die in vielen Strauchformationen ganzjährig, ansonsten aber zumindest zu Beginn der Regenzeit (also nach der Sommerdürre) noch überall bestehende Lückigkeit der Vegetation sowie die relativ – beispielsweise im Vergleich zu den Feuchten Mittelbreiten – dünne Streuauflage ebenfalls bedeutsam sein. Beides reduziert die Fähigkeit der Böden zur Wasserabsorption, verstärkt die Splash-Effekte und begünstigt die **Overland Flows**.

Feuer können diese Effekte weiter verstärken, indem sie die Vegetation noch stärker auflichten oder sogar zerstören und die Streu (evtl. den gesamten Auflagehumus) verbrennen. In den Hartlaub-Strauchformationen treten derartige Brände geradezu regelhaft alle paar Jahrzehnte auf (Kap. 11.5.4).

Noch wirksamer sind fluviale Erosion, Spüldenudation und Rutschungen dort, wo der Mensch die Pflanzendecke beispielsweise durch Überweidung geschädigt oder nahezu vollständig zerstört hat. Derartige Degradationen sind inzwischen so weit verbreitet, dass sie als geradezu typisches Merkmal mediterraner Subtropen bezeichnet werden können.

Die hohen Anteile, die Overland Flows am Verbleib des Niederschlagswassers haben, bedeuten zugleich, dass auch die **Abflüsse in**

den Flüssen stark niederschlagsabhängig werden und damit erheblichen Schwankungen unterliegen. Auch kleine Flüsse können binnen kurzem zu reißenden Strömen werden und dabei **hohe Geröll- und Schwebfrachten** mit sich führen (häufig >50 kg m^{-3}, mit Spitzen um das Drei- bis Vierfache hiervon – LE HOUÉROU 1981). Zu den Folgen mögen Dammbrüche, verheerende Überschwemmungen und tiefe erosive Zerschneidungen ebenso gehören wie unkontrollierte Aufschüttungen, beispielsweise in Form von Schotterkegeln oder flacher geschütteten Schwemmfächern am Fuß von Bergländern, wo die Flüsse beim Eintritt in die Ebenen meist abrupt an Gefälle verlieren. Weiter unterhalb kommt dann auch die feinere Schwebfracht zur Ablagerung und trägt – meist nahe oder an den Küsten – zur Ausweitung von **fruchtbaren Schwemmebenen und Deltas** bei. Im Mittelmeerraum haben diese Alluvialebenen als Siedlungs- und Agrarräume erhebliche wirtschaftliche Bedeutungen gewonnen. Dadurch heben sie sich auch kulturräumlich von den übrigen, meist schroffen und dünn besiedelten Küstenabschnitten ab.

Während der sommerlichen Trockenzeiten schrumpfen viele Flüsse wieder zu kleinen Rinnsalen oder versiegen ganz.

11.4 Böden

Die engmaschige orohydrographische Differenzierung hat, im Zusammenwirken mit petrographischen Unterschieden (z.B. Carbonatgestein, Silikatgestein), den vom Menschen ausgelösten Erosionsvorgängen (Bodenabtrag, Verkarstung, Hochwasserschäden) und paläoklimatischen Änderungen (Reliktböden) eine kleinräumige Kammerung aus einer Vielzahl von (häufig azonalen) Bodentypen entstehen lassen. Viele von ihnen zeigen auffällige Mängel an Phosphor und Stickstoff. Dies gilt insbesondere für die Böden in Südafrika und Australien, wo nährstoffarme Gesteine (präkambrische und paläozoische Basement Rocks, Quarzsande) auf alten Landoberflächen vorherrschen (Abb. 11.3).

Sieht man von den zahlreichen Sonderfällen ab (die sich allerdings zu recht hohen Flächenanteilen summieren können), richtet den Blick also stärker auf Flächen mittlerer Hangneigung mit einer über längere Zeit ungestörten Bodenentwicklung, so zeigt sich, dass bei aller Vielfalt ein bestimmter Bodentyp immer wieder vorkommt, mithin als zonale Bildung zu gelten hat. Es ist dies der **Chromic Luvisol (siehe auch Kap. 9).** Bei ihm handelt es sich um einen meist leuchtend rot bis braunrot gefärbten, lessivierten Boden, der sich in der Regel auf Carbonatgestein entwickelt hat und der ziemlich basenreich und humusarm ist. Er neigt zur Flachgründig-

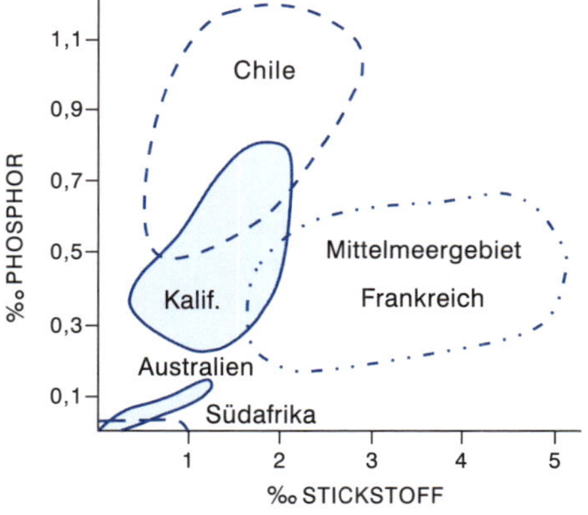

Abb. 11.3 *Phosphor- und Stickstoffgehalte der Böden in den fünf Teilgebieten der Winterfeuchten Subtropen (DI CASTRI et al. 1981). Die Böden der australischen und südafrikanischen Winterregengebiete sind besonders nährstoffarm.*

keit (Folge seiner Erosionsanfälligkeit) und trockenzeitlichen Verhärtung gilt aber wegen seiner guten Nährstoffverfügbarkeit als relativ fruchtbar ($KAK_{pot} \geq 24$ cmol(+) kg^{-1} Ton, $BS_{pot} \geq$ 50 %). Die Rubefizierung (Rotfärbung) beruht auf der Bildung von fein verteiltem Hämatit. Sie ist Hinweis auf ein fortgeschrittenes Entwicklungsstadium, zu dessen weiteren Merkmalen hohe Tongehalte, die Entkalkung des Oberbodens und eine sekundäre Kalkanreicherung im Unterboden gehören. Häufig ist auch eine Kaolinitisierung nachzuweisen.

Ähnlich auffällig rote und rotbraune Farben zeigen die in vielen Gebieten, wenn auch insgesamt viel seltener vorkommenden **Chromic Cambisole.** Ihnen fehlt die für die Luvisole charakteristische Tonverlagerung.

Im europäischen Mittelmeergebiet werden sowohl die Chromic Luvisole als auch die Chromic Cambisole je nach Farbe als *Terra rossa* bzw. *Terra fusca* bezeichnet. Ihre Entstehung wird auf reliktische Bildungsprozesse zurückgeführt, die möglicherweise bis ins Tertiär zurückreichen.

Sehr hohe Flächenanteile haben Chromic Luvisole im kalifornischen, mittelchilenischen und kapländischen Teilgebiet der Winterfeuchten Subtropen, mäßig hohe im europäischen Mittelmeergebiet; nur gelegentlich treten sie in den australischen Winterregengebieten auf.

Die nach den Chromic Luvisolen nächst häufigen Bodentypen sind vielerorts (insbesondere im Mittelmeerraum und in Australien) die durch eine sekundäre Kalkanreicherung (Carbonatisierung) gekennzeichneten **Calcisole** (im Wesentlichen identisch mit der vormaligen Einheit *Calcic Cambisole*) sowie – als dritte in der Rangfolge nach den Flächenanteilen – die bereits im Kapitel über die Feuchten Mittelbreiten vorgestellten braunen Luvisole und ebenfalls braunen **Eutric Cambisole**.

11.5 Vegetation und Tierwelt

11.5.1 Artenvielfalt, Hartlaubwälder und -strauchformationen

Die **Artenzahlen** (Gesamtzahl der Gefäßpflanzen) sind in allen Teilgebieten der Winterfeuchten Subtropen auffallend hoch (am zweithöchsten nach den Immerfeuchten Tropen). Die Spitzenstellung nimmt hier mit 18.000 bis 25.000 (je nach äußerer Abgrenzung) der Mediterrane Raum ein, gefolgt von Südafrika und SW-Australien mit jeweils gut 8.000 (Cowling et al 1996, Hopper 1992, Keeley und Swift 1995).

Viele, auch höherrangige Taxa (Sippeneinheiten; z.B. Familien) **sind jeweils endemisch.** Das gilt im chilenischen Winterregengebiet für mindestens ein Viertel aller Gefäßpflanzen, im sw-australischen sogar für drei Viertel, knapp gefolgt vom südafrikanischen mit 68 %. Und um das Mittelmeer sind es immerhin noch 50 %.

Aber auch die übrige Florenausstattung weist mit Ausnahme der beiden nordhemisphärischen Teilgebiete, die gemeinsam zum Florenreich Holarktis gehören, kaum Übereinstimmungen auf: Denn alle drei südhemisphärischen Teilgebiete gehören jeweils verschiedenen Florenreichen an, nämlich der Neotropis, Paläotropis und Australis. Einige gemeinsame Florenelemente finden sich am ehesten noch zwischen Südafrika und Südamerika. In allen Fällen bleiben die Unterschiede bezüglich des Artenbestandes und der Struktur aber so groß und augenfällig, dass Zweifel an der Einheitlichkeit und damit an der Eigenständigkeit einer alle subtropischen Winterregengebiete umfassenden Hartlaub-Pflanzenformation angebracht sind (Pfadenheuer und Klötli 2014).

Auch die **Vielfalt an Gefäßpflanzen pro Flächeneinheit** (Artendichte) erreicht hohe Werte. Die höchste findet sich im kleinen südafrikanischen Winterregengebiet. Nach

Barthlott et al (2007) liegt sie dort bei 4.000 bis 5.000 Arten pro 10.000 km² Rasterfläche, gefolgt von SW-Australien mit 3.000 bis 3.500.

Abgesehen von den trockensten und nährstoffärmsten Standorten dominierten ursprünglich wahrscheinlich in allen Teilgebieten der Winterfeuchten Subtropen **immergrüne Hartlaubwälder** (in den beiden nordhemisphärischen Teilgebieten auch **Kiefernwälder**). Bei den Laubwäldern waren dies im westlichen Mittelmeergebiet Steineichen- (*Quercus ilex*)- und teilweise auch Korkeichenwälder (*Quercus suber*), im östlichen Mittelmeergebiet dagegen *Quercus calliprinos*-Wälder. Eichen- und Kiefernwälder kommen auch in Kalifornien vor; in Australien handelt es sich hingegen um Eukalyptus-Arten. Wiederum andere Gattungen dominieren in Chile. Im südafrikanischen Winterregengebiet fehlen heutzutage jegliche Wälder.

Menschliche Eingriffe – im Mittelmeergebiet seit vielen Jahrtausenden, in den meisten anderen Gebieten seit mehreren Jahrhunderten – haben diese Hartlaub- und Nadelwälder weithin zerstört. An ihre Stelle sind meist **Hartlaub-Strauchformationen** getreten, die ebenfalls augenfällige Konvergenzen aufweisen. Sie bestimmen heute das mediterrane Landschaftsbild, und zwar in allen klimatischen Unterregionen so sehr, dass ihre Verbreitung als Kriterium zur Abgrenzung der Winterfeuchten Subtropen herangezogen werden kann (Abb. 11.4).

Alle mediterranen Hartlaub-Strauchformationen können unter dem Sammelbegriff **Matorral** zusammengefasst werden. In erster Instanz wird zwischen einem höheren und einem niederen Matorral unterschieden (Abb. 11.5). Regionale Bezeichnungen für den **höheren Matorral** sind z.B. Maquis (franz.) und Macchia (ital.) im Mittelmeergebiet, Matorral denso in Mittelchile, Mallee in Australien, Fynbos in Südafrika und Chaparral in Kalifornien. Für den **niederen Matorral** wird je nach Sprachraum und Vorkommen die Bezeichnung Garrigue (franz.), Tomillares (span.), Phrygana (griech.), Kwongan (australisch), Coastal Sage (Scrub) (nordamerikanisch), Renoster (südafrikanisch) und Jaral (chilenisch) benutzt. Von den genannten Bezeichnungen werden **Macchie** und **Garrigue** auch über ihren regionalen Bezug hinaus in der allgemeinen Bedeutung *hochwüchsige Hartlaub-Strauchformation bzw. klein- oder niederwüchsige H.* verwendet.

Der **hochwüchsige Matorral** ist wenigstens einen halben (und höchstens wenige) Meter hoch und besteht aus einer Vielzahl von ziemlich dicht stehenden Straucharten, die gele-

Abb. 11.4
Die Verbreitung der Macchie und der Garrigue im Mittelmeergebiet (aus Quézel 1981).

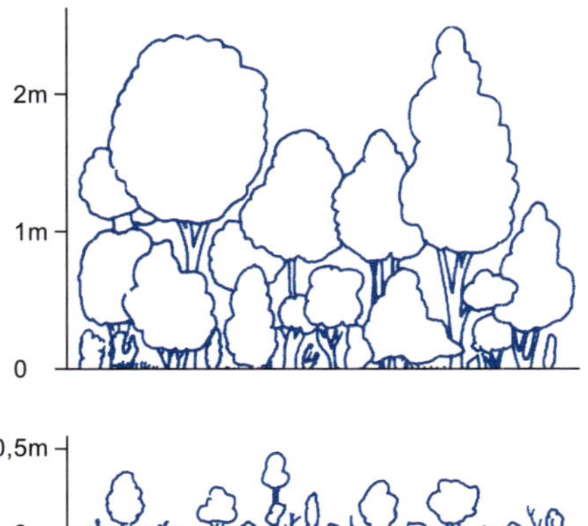

Abb. 11.5
Bestandsstruktur eines hochwüchsigen dichten Matorrals (Macchie) und eines niederwüchsigen offenen Matorrals (Garrigue) (TOMASELLI 1981).

gentlich von kleinen Bäumen überragt werden. Die Sträucher sind blattlos (Rutensträucher) oder klein- bis lorbeerblättrig. Manche tragen Dornen. Zum Unterwuchs gehören insbesondere Zwerg- und Halbsträucher, an lichten Stellen auch eine reiche Krautflora.

Der **niederwüchsige Matorral** ist im Extremfall ein dichter bis lückiger Bestand aus bis zu kniehohen Chamaephyten, zwischen denen insbesondere Zwiebel- und Knollengeophyten vertreten sind. Sobald die menschlichen Eingriffe (Beweidung, Brandlegungen) nachlassen, stellen sich meist höhere Sträucher ein, in deren Schutz sich Hemikryptophyten (perenne Gräser und Kräuter) ausbreiten können.

Es ist **nicht immer sicher, wie die einzelnen Vorkommen der verschiedenartigen Strauchformationen (Hartlaubgebüsche) zu deuten sind**, ob in manchen Fällen auch als natürliche *Schlussgesellschaften* (insbesondere in Abhängigkeit vom Ariditätsgrad), als quasi dauerhafte anthropogene *Ersatzgesellschaften* oder als relativ kurzlebige **Degradations-(Regressions-)stadien** (*post-forest indicators*) bzw. (fortgeschrittene) **Sukzessions- Regradations-(Progressions-)stadien** (*post-agriculture indicators*). Einigkeit besteht darüber, dass die natürliche Regeneration der Vegetation unter nicht zu kalten und trockenen Bedingungen über Kraut- oder Rasengesellschaften zunächst immer zu Hartlaub-Strauchgesellschaften führt, ehe sich, je nach Schwere des anthropogenen Eingriffes, mehr oder weniger lange danach wieder naturnahe Hartlaubwälder, ggf. auch Nadelwälder, einstellen können. Lediglich unter semi-ariden und warmheißen Bedingungen scheint die *Sukzession* bei Hartlaub-Strauchgesellschaften stehenzubleiben. Diese wären hier demnach Schlussgesellschaften. Das Gleiche gilt wahrscheinlich, wenn sich die Bodennutzung durch den Menschen in besonders zerstörerischen Maße auf Dauer degradierend ausgewirkt hat, wie dies beispielsweise von anhaltender Überweidung oder von erheblichem Bodenabtrag nach Rodungen zur Anlage von Feldern herrühren kann. Weidebedingt können Garrigues in Grasfluren umgewandelt werden.

11.5.2 Lebensformen, Anpassungen an Sommerdürre

In auffälligem Gegensatz zu den Sommerfeuchten Tropen und den subtropischen Sommerregengebieten (im Übergangsbereich zwischen Immerfeuchten Subropen und Tropisch/subtropischen Trockengebieten) dominieren in allen mediterranen Regionen **immergrüne Baum- und Straucharten**, deren mehrjährige Blätter aufgrund von sklerenchymatischen Aussteifungen (höhere Anteile von Stützgewebe aus Cellulose und Lignin; Abb. 11.6) relativ dick, steif (brechbar) oder ledrig sind und selbst bei großen Wasserverlusten (Rückgang des Turgordruckes auf Null) nicht welken. Sie werden in der Regel nach 2 bis 4 Jahren durch neue ersetzt.

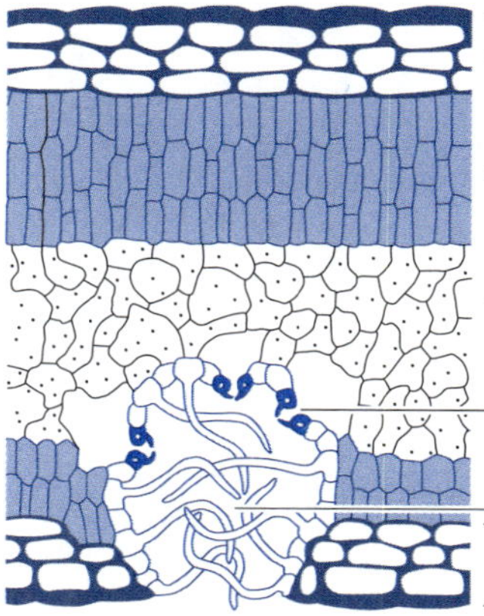

> Diese als **Hartblättrigkeit** oder **Sklerophyllie** (Gegensatz: Mesophyllie, Malakophyllie = Weichblättrigkeit) bezeichnete Merkmalskombination hat sich in ähnlicher Weise bei Vertretern ganz unterschiedlicher Pflanzenfamilien entwickelt. Sie gilt als ein Musterbeispiel für umweltbedingte Konvergenz, die unter den Bedingungen von Dürrestress und hoher Sonneneinstrahlung besonders häufig in mediterranen Regionen, aber auch anderswo, auftritt. Sie stellt sich außerdem als Folge von Stickstoffmangel ein, wie er ebenfalls in vielen mediterranen Böden vorkommt, aber auch z. B. in Hochmooren und Heiden der mittleren und höheren Breiten.

Abb. 11.6
Querschnitt durch ein skleromorphes Blatt von ***Nerium oleander*** *mit verdickter, mehrschichtiger Hypodermis, gestaffeltem Mesophyll und versenkten Spaltöffnungen (Larcher 2001).*

Die Sklerophyllie verbindet sich häufig mit einigen weiteren (einzeln oder in Kombination auftretenden) Blattmerkmalen, die im Wesentlichen zur Kontrolle des Wasserhaushaltes der Pflanze dienen. Dazu gehören z. B. dicke Kutikula, verdickte Epidermisaußenwände, glänzende Wachsüberzüge, Behaarungen, engständige Aderungen, eingesenkte Poren und niedrige Porenareale (bei hohen Dichten aber geringen Weiten der Poren). Vielfach sind die Blätter derart steif, dass sie brechen, wenn man sie knickt.

Anstelle von Sklerophyllie zeigen manche Arten einen **saisonalen Dimorphismus** als Anpassung an den sommerlichen Dürrestress: Hierbei werden die regenzeitlich eher mesomorphen Blätter trockenzeitlich durch eine meist geringere Zahl von xeromorphen Blättern ersetzt. Die damit erreichte Reduzierung der Transpiration wird andererseits mit einer Wachstumseinbuße erkauft (vgl. Kap. 5.4.1 und 5.7). So können die Phtosyntheseraten pro Blatt mit dem Wechsel zu kleinen Blättern sogar noch unter die von Sklerophyten sinken (Magaris u. Mooney 1981). Doch bleibt ihre Bilanz selbst bei niedrigen Wasserpotentialen noch positiv (Abb. 11.7). Saisonaler Dimorphismus findet sich besonders häufig bei niederwüchsigen Straucharten der Garrigue.

Weitere Lebensformen. Hartlaubbäume und -sträucher gelten zwar – wegen ihrer hohen Deckungsgrade – mit Recht als die charakteristischen Lebensformen der Winterfeuchten Subtropen, repräsentieren aber keinesfalls die häufigste Artengruppe. Nach Arten-

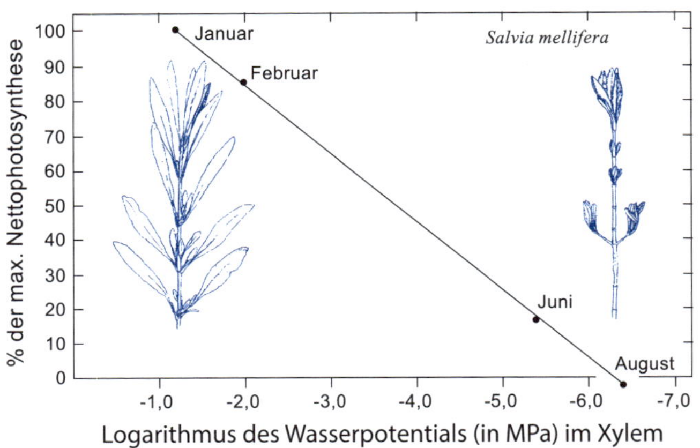

Abb. 11.7
Saisonale Veränderungen der Nettoassimilationsraten bei der dimorph-blättrigen ***Salvia mellifera****, im kalifornischen Chaparral (Mooney u. Miller 1985). Das Xylem ist das Wasserleitungssystem der Pflanze. Für Erklärung des Begriffs Wasserpotential siehe Fußnote S. 45 und Abb 4.4.*

zahl und Abundanz (= Individuenzahl) überwiegen vielmehr andere Lebensformen, darunter besonders zahlreich Hemikryptophyten, Therophyten und Geophyten. Viele der winterannuellen und perennen Kräuter bilden, insbesondere im Frühjahr, auffällige bunte Blüten. Auch Sukkulenz ist, insbesondere in Chile und Kalifornien, verbreitet. Die heutzutage im Mittelmeerraum häufigen Opuntien und Agaven sind neogene Arten, deren Heimat in der Neuen Welt liegt.

11.5.3 Tierwelt

Abb. 11.8
Die Korrelation zwischen der Artenzahl von Kleinsäugern und der Artenvielfalt von Pflanzen, in Ökosystemen des mediterranen Südaustralien (Specht 1994).

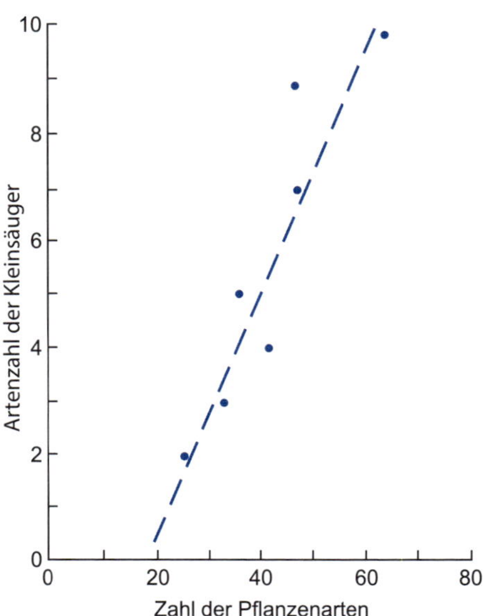

Vielfalt der Pflanzenarten, engmaschige orographische Differenzierungen und kleinräumige Wechsel zwischen verschiedenen Strauch-, Heide-, Gras- und Waldformationen haben eine Vielzahl von Habitaten entstehen lassen. Entsprechend reich (beispielsweise im Vergleich mit den benachbarten Feuchten Mittelbreiten) ist die Fauna. Besonders auffällig ist die große Zahl von Vogelarten (insbesondere aus den Gruppen der Sing-, Greif-, Hühner- und Taubenvögel), Reptilienarten (insbesondere bei den Eidechsen) und Arthropodenarten (Collembolen, Milben, Ameisen, Spinnen, Käfer, Tausendfüßler, Hundertfüßler, Schmetterlinge, Skorpione, Termiten etc.).

Der Artenreichtum der Tiergruppen wächst in der Regel mit dem Artenreichtum der Gefäßpflanzen entlang dem Klimagradienten von semi-arid nach humid (Abb.

11.8). Der Artenreichtum der Eidechsen geht allerdings dann wieder zurück, wenn die Kronenüberdeckung, die mit demselben Klimagradienten zunimmt, dichter wird (Specht 1994).

Entsprechend der sommerlich (im Vergleich zu den Sommerfeuchten Tropen und subtropischen Sommerregengebieten) doppelten Stresssituation aus Hitze und Trockenheit finden sich zahlreiche Tierarten aus den benachbarten Halbwüsten, während Arten aus den Feuchten Mittelbreiten, auch dort, wo diese unmittelbar angrenzen, eher rar sind. Allerdings bilden die Winterregengebiete wichtige Rast- und Nahrungsplätze für viele durchziehende oder überwinternde Zugvögel aus den mittleren und höheren Breiten.

11.5.4 Feuer

Dramatische Nachrichten über ausgedehnte, manchmal sogar Menschen und Siedlungen bedrohende Busch-/Waldbrände in Gebieten des Mittelmeerraums, von Kalifornien, von Westaustralien oder der südafrikanischen Kapregion wiederholen sich mit einiger Sicherheit in jedem Jahr in den dortigen Sommerzeiten. Tatsächlich liegt die **mittlere Wiederkehrzeit für Feuer** in den meisten mediterranen Gegenden bei nur wenigen Jahrzehnten. Brände gehören damit zu den wesentlichen und ebenso ureigenen Merkmalen mediterraner Ökosysteme, auch wenn heutzutage die meisten von ihnen durch Menschenhand herbeigeführt werden.

Die mediterrane Vegetation ist **besonders feuergefährdet**, weil Hitze und Trockenheit jahreszeitlich zusammentreffen, die Sträucher und Bäume gewöhnlich dicht stehen und ätherische Öle und Harze das skleromorphe Laub und das Holz leicht entflammbar machen. Die Busch- und Waldbrände sind daher durchweg verheerender als die oftmals nur flüchtigen Grasfeuer in den wintertrockenen tropischen Savannen: Sie zerstören dort, wo sie wüten, nicht selten die gesamte oberirdische Pflanzenmasse.

Dass Waldbrände und Buschfeuer zu den natürlichen Umweltfaktoren mediterraner Gebiete gehören, wird aus zahlreichen **Anpassungen** der heimischen Pflanzen deutlich. So besitzen viele der Baum- und Straucharten hohe Regenerationsvermögen. Beispielsweise können sie aus dem Stamm austreiben (solange dieser überlebt hat). Bei anderen verbessert sich die Keimfähigkeit ihrer Samen nach Feuerdurchgang (oder wird danach überhaupt erst erreicht).

Viele der Strauchformationen sind daher nicht nur feuerangepasste, sondern auch feuerbedingte (-geprägte) Gesellschaften (für die Feuer ein bestandssichernder ökologischer Faktor ist). Die älteren dieser Gesellschaften können als **Feuer-Klimax-Gesellschaften** gelten, und zwar im Sinne von Schlussgesellschaften einer Sukzession, die sich nicht selbst erhalten (da sie den großklimatischen Bedingungen noch nicht entsprechen), vielmehr durch Feuer immer wieder auf frühere Stadien zurückgestuft werden, aus deren sukzessiver Entwicklung sie dann wieder hervorgehen. Dazu gehören der südafrikanische Fynbos und der westaustralische Kwongan.

Ein **Vorteil** des Abbrennens liegt darin, dass die in der organischen Substanz gebundenen mineralischen Nährstoffe früher freigesetzt werden, als dies bei einer ausschließlich biologisch-chemischen Zersetzung der organischen Abfälle der Fall wäre. Entsprechend erreicht der Zuwachs an Phytomasse in den ersten Jahren nach dem Abbrennen Spitzenwerte (Abb. 11.9).

Unter dem Strich überwiegen aber eher die **Nachteile**. So verringert sich mit der Rückstufung der Biomasse letztlich, nach den Anfangsgewinnen, auch die Flächenproduktivität (Abb. 11.9), und auf den abgebrannten Hangflächen kommt es zu einem erheblich verstärkten Abfluss oder/und Tiefenversickerung (Abb. 11.10). Letzteres verstärkt die Bodenerosion und Auswaschung von Nährstoffen und führt unterhalb der Hänge zu einer unvorteilhaften Sedimentation. Eine Landdegradation dieser Art ist gewöhnlich dort besonders fortgeschritten, wo die Feuerfrequenz hoch liegt.

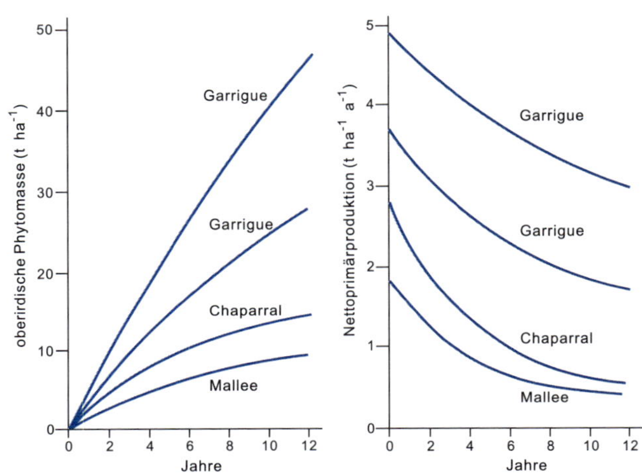

Abb. 11.9
Veränderungen von Phytomasse und Primärproduktion in einigen Hartlaub-Strauchformationen während der ersten 12 Jahre nach einem Feuer (SPECHT 1981). Die beiden Garrigues liegen bei Montpellier in Südfrankreich, der Chaparral bei San Dimas in Kalifornien und der Mallee bei Keith in Südaustralien. Mit Fortgang der feuer-initiierten Sukzession verringert sich die jährliche PP_N und verlangsamt sich damit die weitere Zunahme der Phytomasse.

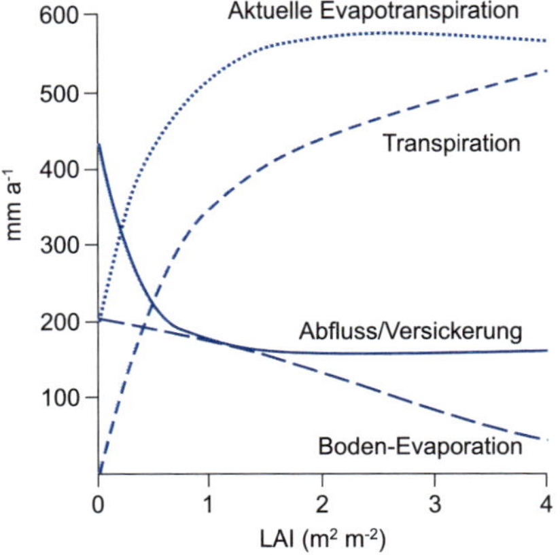

Abb. 11.10
Änderungen der Wasserbilanz, am Beispiel einer **Quercus coccifera** *Garrigue bei Montpellier, Südfrankreich, nach Abbrennen und während der nachfolgenden Regeneration (RAMBAL 1994). Auf dem durch Feuer entblößten Boden (LAI = 0) fließen zwei Drittel des Niederschlagswassers (425-mm a^{-1}), im Wesentlichen nach Tiefenversickerung über das Grundwasser, ab; der Rest (207 mm) evaporiert. Bereits mit Erreichen des ersten Regenerationsstadiums (LAI noch <1) gehen die hohen Abfluss/Versickerungsverluste auf die Hälfte zurück, sinken danach (LAI = 1 bis 4) aber kaum noch weiter ab (auf knapp <150 mm a^{-1}). Stattdessen steigt die Evapotranspiration (auf >500-mm a^{-1}), woran die Transpiration einen immer höheren Anteil gewinnt (90% bei LAI = 4). Die Bodenverdunstung verringert sich in dieser Zeit von anfänglich >200 auf schließlich <50 mm a^{-1}.*

11.5.5 Phytomasse und Primärproduktion

Die Leistungsfähigkeit der mediterranen Vegetation leidet darunter, dass **Feuchte- und Temperaturoptimum zu verschiedenen Jahreszeiten** auftreten, also zur warmen Zeit ein Wassermangel und zur Regenzeit ein (mäßiger) Wärmemangel die pflanzliche Produktion hemmen. Mediterrane Ökosysteme sind daher vergleichsweise produktionsschwach (insbesondere bei Bezug auf die Dauer der Vegetationsperiode). Die höchsten Wachstumsraten werden jeweils im Frühling erreicht.

Vorteilhaft ist andererseits, dass viele Holzpflanzen hartlaubig und immergrün sind. Dies erlaubt ihnen, das Wachstum auch während der Trockenzeit, freilich auf stark reduziertem Niveau, fortzusetzen (ganzjährige Photosynthese-Aktivität) oder zumindest kurzfristig auf Produktion umzuschalten, sobald es die Feuchtebedingungen zulassen, also z.B. auch nach gelegentlichen Regenfällen während der Trockenzeit. Ihre Produktionsraten erreichen allerdings selbst unter optimalen Feuchtebedingungen nicht diejenigen, die malakophylle Pflanzen unter guten Bedingungen erzielen. Die in Winterregengebieten wachsenden laubabwerfenden Bäume/Sträucher holen regenzeitlich zumindest teilweise ihren trockenzeitlichen Produktionsrückstand wieder auf oder erbringen sogar höhere Jahresleistungen.

Neben der Länge der Vegetationsperiode – d.i. in den Winterfeuchten Subtropen die Zeitspanne, in der für den Pflanzenwuchs ausreichend Wasser verfügbar ist – sind es vor allem Strukturmerkmale der Pflanzenbestände, die Einfluss auf die Flächenproduktivität der Vegetation nehmen (Tab. 11.1). Höchstwerte werden dort erzielt, wo, wie im Falle des untersuchten **immergrünen Eichenwaldes**, die Phytomasse und der Blattflächenindex mit 319 t ha^{-1} bzw. 4,5 hoch liegen und das Wurzel/Spross-Verhältnis mit 0,19 klein ist. Viel niedriger ist die PP_N bei der griechischen **Phrygana**, wo – unter stärker ariden und anthropogen gestörten Bedingungen – die Phytomasse und der Blattflächenindex nur noch 27 t ha^{-1} bzw. 1,7 betragen und das Wurzel/Spross-Verhältnis auf 1,48 ansteigt.

Die unter diesen Gegebenheiten im Eichenwald und in der Phrygana gemessene jährliche PP_N (nur oberirdisch) betrug 6,5 t ha^{-1} a^{-1} bzw. 4,12 t ha^{-1} a^{-1}. Für zwei weitere Bestände (Tab. 11.1), eine französische **Garrigue** und einen kalifornischen **Chaparral**, werden 3,4 bzw. 4,12 t ha^{-1} genannt. Diese vier Werte umreißen, wie viele andere, hier nicht aufgeführte Messergebnisse zeigen, recht gut die Spanne, innerhalb derer sich die Produktionen der meisten (von nicht übermäßig gestörten) mediterranen Pflanzenformationen halten. Damit liegt die PP_N in den Winterfeuchten Subtropen hinter derjenigen der kühleren und strahlungsärmeren Feuchten Mittelbreiten (Abb. 11.11). Die in der jährlichen Primärproduktion fixierte Energie umfasst nur 0,17–0,3% der jährlich eingestrahlten Sonnenenergie.

Tab. 11.1. Produktionsmerkmale einiger mediterraner Pflanzenformationen (aus Mooney 1981).

Pflanzenformation	Immergrüner Eichenwald	Immergrüne Strauchformationen		Halbstrauchformation
		Chaparral	Garrigue	Phrygana
Untersuchungsgebiet	Frankreich (Le Rouquet)	Kalifornien	Frankreich (St. Gély)	Griechenland
Bestandesalter (Jahre)	150	17–18	17	–
Höhe (m)	11	≈1,5	0,8	<1
Blattflächenindex ($m^2\ m^{-2}$)	4,5	2,5	–	1,7
Phytomasse ($t\ ha^{-1}$)				
– Sprossmasse	269	20,39	23,5	10,95
– Achsen	262	16,72	19,5	8,86
– Blätter	7	3,67	4,0	2,09
– Wurzelmasse	≈ 50	≈12,23	–	16,18
– Gesamt	319	32,62	–	27,13
Wurzel/Spross-Verhältnis	0,19	0,60	–	1,48
Primärproduktion ($t\ ha^{-1}\ a^{-1}$)				
– oberird. Zuwachs	2,6	1,30	1,1	2,02
– Streufall	3,9	2,82	2,3	2,10
– Gesamt oberird.	6,5	4,12	3,4	4,12

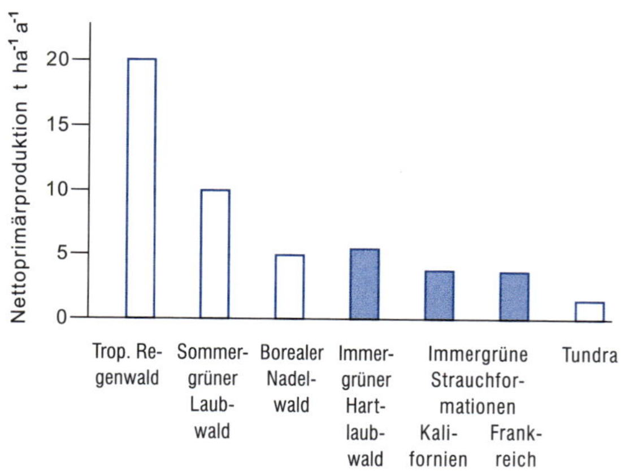

Abb. 11.11
Nettoprimärproduktion (oberirdisch) mediterraner Hartlaubformationen im Vergleich mit einigen anderen Pflanzenformationen (aus Mooney 1981). Die Hartlaubwälder produzieren weniger als die sommergrünen Wälder der strahlungsschwächeren Feuchten Mittelbreiten; zusammen mit den borealen Nadelwäldern bilden sie das Schlusslicht der zonalen Waldformationen.

Nach der saisonalen Einschränkung des Wasserangebotes ist gewöhnlich das weithin defizitäre Nährstoffangebot im Boden der nächstwichtige limitierende Faktor für den Pflanzenwuchs.

11.6 Landnutzung

Als **vorteilhaft für die wirtschaftliche Nutzung** haben sich die Lage am Meer und die lange Sonnenscheindauer im Sommer erwiesen. Ersteres ist günstig für den Seeverkehr und die Fischerei, beides zusammen förderlich für den seit einigen Jahrzehnten in vielen Gebieten zu einem Massenphänomen gewordenen Tourismus.

Die Gunst des Winterregenklimas für eine größere Zahl von temperaten und subtropischen Nutzpflanzenarten sowie einige saisonale Vorteile – z.B. können mehrere Gemüsearten bereits im Winter und im Frühjahr geerntet und auf den Markt gebracht werden – verschaffen den mediterranen Gebieten gute Exportmöglichkeiten nach den (bei drei der fünf Teilgebiete) unmittelbar polwärts anschließenden, dichtbesiedelten Feuchten Mittelbreiten. Tatsächlich können die Winterfeuchten Subtropen nach ihrer Welthandelsverflechtung als **agrarwirtschaftliche sowie auch als touristische Ergänzungsräume der Feuchten Mittelbreiten** eingestuft werden.

Der Regenfeldbau beschränkt sich auf das Winterhalbjahr; nur mit Bewässerung ist auch im Sommerhalbjahr oder ganzjährig Ackerbau möglich. Beim winterlichen Regenfeldbau werden vorwiegend Nutzpflanzen der temperaten Klimate angebaut, also z.B. Winterweizen, Gerste, Kartoffeln und Feldgemüse (Salat, Zwiebeln, Tomaten, Blumenkohl; außerdem Artischocken, Auberginen, Brokkoli). Ebenfalls häufig ist der Maisanbau. Im Mittelmeergebiet erfolgt die Aussaat des Wintergetreides im September, die Ernte häufig schon im Mai.

Ausgesprochen weit verbreitet sind **Bewässerungskulturen**. Sie erlauben nicht nur die Nutzung der warmen und strahlungsreichen Sommerzeit, beispielsweise für den Anbau der o.g. Gemüsearten, sondern auch den Anbau von wärmebedürftigen und kälteempfindlichen Feldfrüchten wie Reis und Baumwolle.

Außerordentlich zonentypisch sind eine Reihe von **Sonderkulturen.** Dazu zählen die im Mittelmeerraum traditionell wichtigen Rebflächen und Ölbaumhaine sowie Pflanzungen von Feigen-, Mandel- und Obstbäumen (Pfirsiche, Aprikosen, Agrumenarten wie Orangen und Zitronen). Rebkulturen und die Weinproduktion sind heute für alle mediterranen Teilgebiete charakteristisch.

Während sich die Ackerbaugebiete auf die Küstentiefländer konzentrieren, ziehen sich die Baumkulturen auch an den Hängen der Berg- und Gebirgsländer aufwärts, ehe schließlich Naturweiden folgen. Deren Nutzung erfolgte traditionell in Form einer **Transhumanz** (Abb. 11.13): Im Sommer zogen die Hirten mit ihren Schafen

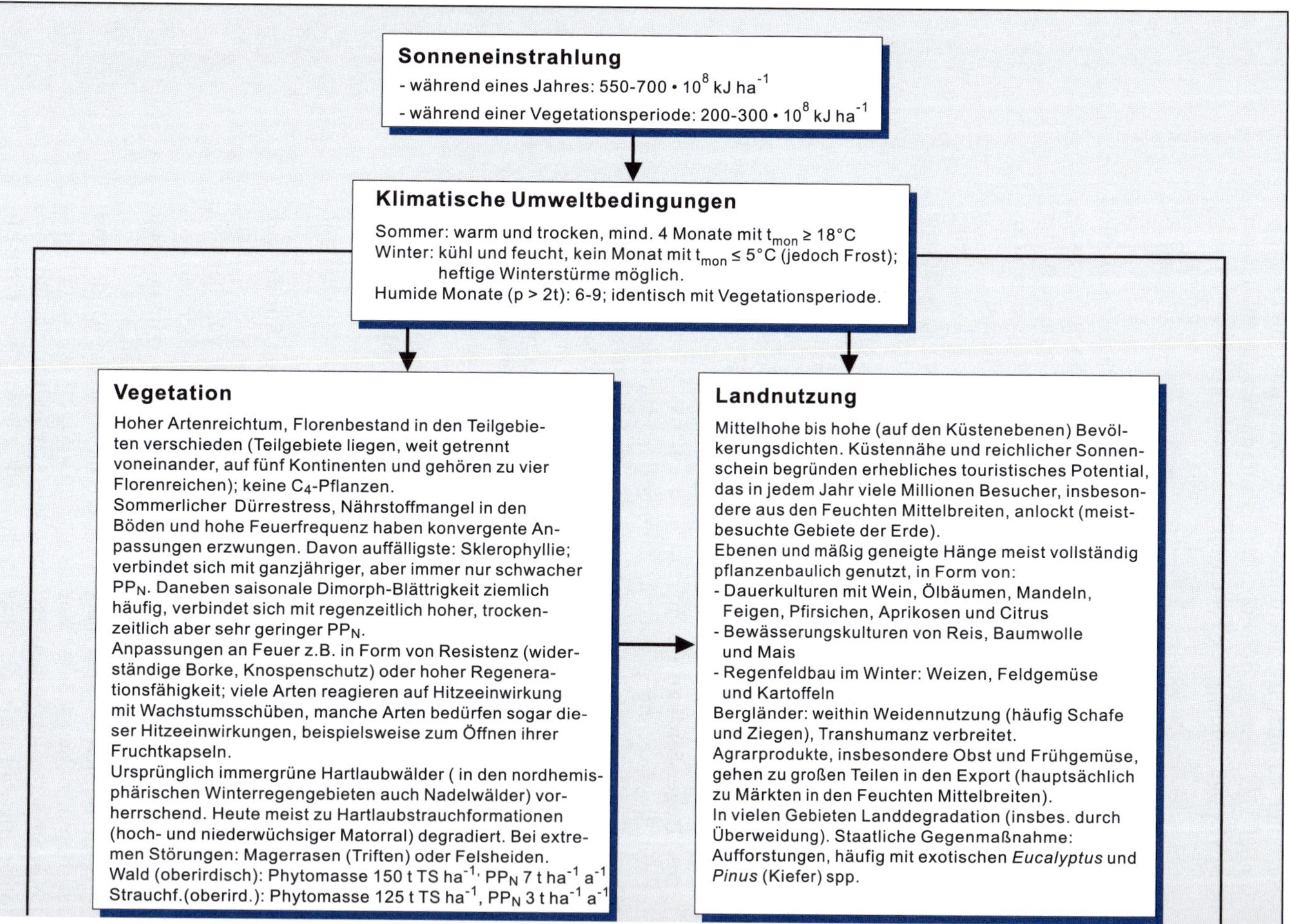
Sonneneinstrahlung
- während eines Jahres: 550-700 • 10^8 kJ ha^{-1}
- während einer Vegetationsperiode: 200-300 • 10^8 kJ ha^{-1}
Klimatische Umweltbedingungen
Sommer: warm und trocken, mind. 4 Monate mit $t_{mon} \geq 18°C$
Winter: kühl und feucht, kein Monat mit $t_{mon} \leq 5°C$ (jedoch Frost); heftige Winterstürme möglich.
Humide Monate (p > 2t): 6-9; identisch mit Vegetationsperiode.
Vegetation
Hoher Artenreichtum, Florenbestand in den Teilgebieten verschieden (Teilgebiete liegen, weit getrennt voneinander, auf fünf Kontinenten und gehören zu vier Florenreichen); keine C_4-Pflanzen.
Sommerlicher Dürrestress, Nährstoffmangel in den Böden und hohe Feuerfrequenz haben konvergente Anpassungen erzwungen. Davon auffälligste: Sklerophyllie; verbindet sich mit ganzjähriger, aber immer nur schwacher PP_N. Daneben saisonale Dimorph-Blättrigkeit ziemlich häufig, verbindet sich mit regenzeitlich hoher, trockenzeitlich aber sehr geringer PP_N.
Anpassungen an Feuer z.B. in Form von Resistenz (widerständige Borke, Knospenschutz) oder hoher Regenerationsfähigkeit; viele Arten reagieren auf Hitzeeinwirkung mit Wachstumsschüben, manche Arten bedürfen sogar dieser Hitzeeinwirkungen, beispielsweise zum Öffnen ihrer Fruchtkapseln.
Ursprünglich immergrüne Hartlaubwälder (in den nordhemisphärischen Winterregengebieten auch Nadelwälder) vorherrschend. Heute meist zu Hartlaubstrauchformationen (hoch- und niederwüchsiger Matorral) degradiert. Bei extremen Störungen: Magerrasen (Triften) oder Felsheiden.
Wald (oberirdisch): Phytomasse 150 t TS ha^{-1}, PP_N 7 t ha^{-1} a^{-1}
Strauchf.(oberird.): Phytomasse 125 t TS ha^{-1}, PP_N 3 t ha^{-1} a^{-1}
Landnutzung
Mittelhohe bis hohe (auf den Küstenebenen) Bevölkerungsdichten. Küstennähe und reichlicher Sonnenschein begründen erhebliches touristisches Potential, das in jedem Jahr viele Millionen Besucher, insbesondere aus den Feuchten Mittelbreiten, anlockt (meistbesuchte Gebiete der Erde).
Ebenen und mäßig geneigte Hänge meist vollständig pflanzenbaulich genutzt, in Form von:
- Dauerkulturen mit Wein, Ölbäumen, Mandeln, Feigen, Pfirsichen, Aprikosen und Citrus
- Bewässerungskulturen von Reis, Baumwolle und Mais
- Regenfeldbau im Winter: Weizen, Feldgemüse und Kartoffeln
Bergländer: weithin Weidennutzung (häufig Schafe und Ziegen), Transhumanz verbreitet.
Agrarprodukte, insbesondere Obst und Frühgemüse, gehen zu großen Teilen in den Export (hauptsächlich zu Märkten in den Feuchten Mittelbreiten).
In vielen Gebieten Landdegradation (insbes. durch Überweidung). Staatliche Gegenmaßnahme: Aufforstungen, häufig mit exotischen *Eucalyptus* und *Pinus* (Kiefer) spp.

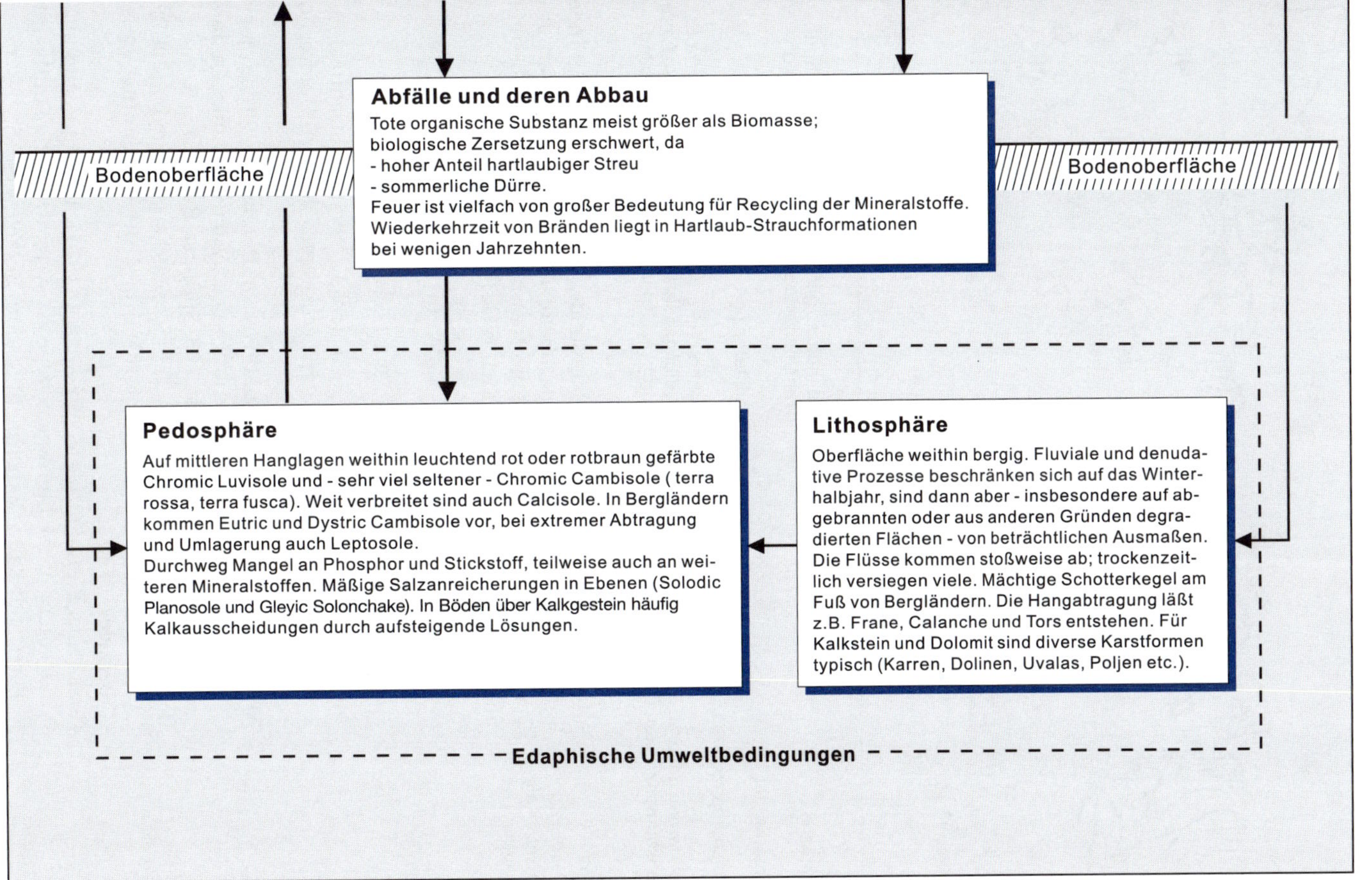

Abb. 11.12 *Zusammenfassendes Schaubild der Winterfeuchten Subtropen.*

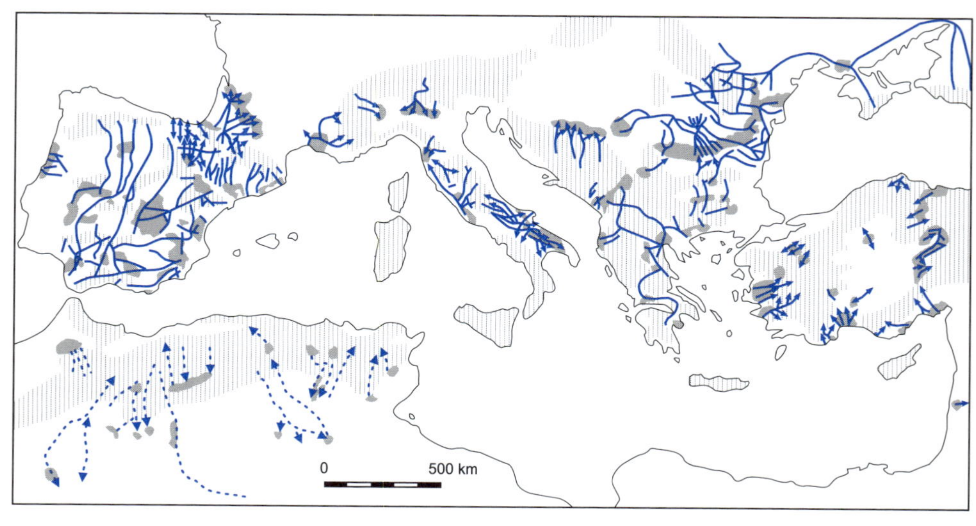

 Hochland

 Winterweiden

 Transhumanzrouten

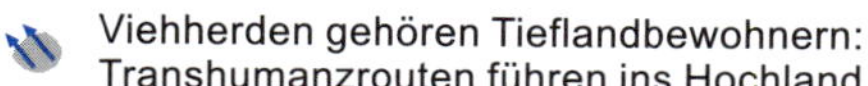 Viehherden gehören Tieflandbewohnern: Transhumanzrouten führen ins Hochland

 Viehherden gehören Hochlandbewohnern: Transhumanzrouten führen ins Tiefland

 undifferenziert

 Viehherden gehören Bewohnern mittelhoher Siedlungsgebiete: Transhumanzrouten führen sowohl ins Hochland als auch ins Tiefland

Abb. 11.13 *Die Verbreitung der Transhumanz im Mittelmeergebiet (aus* Grigg *1974).*

und Ziegen in die höheren Gebirgsländer, wo bessere Weidegründe erhalten bleiben. Dabei legten sie regional beträchtliche Entfernungen zurück. Seit einiger Zeit ist die Transhumanz rückläufig, besteht aber noch in einigen wirtschaftlich rückständigen Räumen.

Literatur zu Kap. 11

Arianoutsou, M. und Groves, R. H. (eds.) (1994): Plant-animal interactions in Mediterranean-type ecosystems. Kluwer, Dordrecht, 182-S.

Arroyo, M. T. K., Zedler, P. H. und Fox, M. D. (eds.) (1995): Ecology and biogeography of mediterranean ecosystems in Chile, California and Australia. *Ecol. Studies* 108. Springer, Berlin, 455 S.

Barbour, M. G., Keeler-Wolf, T. & Schönherr, A. A. (eds) (2007): Terrestrial Vegetation in California. University of California Press, Berkeley, 712 S.

Conrad, C. E. und Oechel, W. C. (eds.) (1982): Dynamics and management of mediterranean-type ecosystems. Pacific Southwest Forest and Range Experiment Station, Berkeley, 649 S.

COWLING, R. M. (ed) (1992): The Ecology of Fynbos. Nutrients, Fire and Diversity. Oxford University Press, Cape Town, 411 S.

COWLING, R. M., RUNDEL P. W., LAMONT, B. B. et al. (1996): Plant diversity in Mediterranean-climate regions. *Trends in Ecology and Evolution* 11, 362–366.

DALLMAN, P. R. (1998): Plant Life in the World's Mediterranean Climates. University of California Press, Berkeley, 257 pp.

DAVIS, G. W. und RICHARDSON, D. M. (eds.) (1995): Mediterranean-type ecosystems: the function of biodiversity. *Ecol. Studies* 109. Springer, Berlin, 366 S.

DAY, J. A. (ed.) (1983): Mineral nutrients in mediterranean ecosystems. *S. Afri. Nat. Sci. Prog. Rep.* 71. CSIR, Pretoria, 165 S.

DELL, B., HOPKINS, A. J. M. und LAMONT, B. B. (eds.) (1986): Resilience in mediterranean-type ecosystems. *Tasks Veg. Sci.* 16. Dr. W. Junk, Den Haag, 168 S.

DI CASTRI, F., & MOONEY, H.A. (eds) (1973): Mediterranean Type Ecosystems. Origin and Structure. *Ecological Studies* 7, 405 pp.

DI CASTRI, F., GOODALL, D. W. und SPECHT, R. L. (eds.) (1981): Mediterranean-type shrublands. *Ecosystems of the World* 11. Elsevier, Amsterdam, 643 S.

GRIGG (1974), *s.* Lit. zu Kap. 6.

HOBBS, R. J. (ed.) (1992): Biodiversity of Mediterranean ecosystems in Australia. Surrey Beatty, Chipping Norton, 246 S.

HOFRICHTER, R. (ed.) (2001, 2007): Das Mittelmeer. Fauna, Flora, Ökologie. – Bd. I Allgemeiner Teil, Bd II. Systematischer Teil. Spektrum, Heidelberg, 608 S.

HOPPER, S. D. (1992): Patterns of plant diversity at the population and species level in south-west Australian Mediterranean ecosystems. In Hobbs, R. J. (ed), Biodiversity of Mediterranean ecosystems in Australia. Surray Beatty, Perth, pp. 27–46.

JAHN, R. (1997): Bodenlandschaften subtropischer mediterraner Zonen. In: BLUME et al., Kap. 3.4.5.4, 1–27, *s.* Lit. zu Kap. 4.

KEELEY, J. E. & SWIFT, C.C. (1995): Biodiversity and Ecosystems Functioning in Mediterranean-Climate California. In Davis, G. W. & Richardson, D. M. (eds), Mediterranean-Type Ecosystems. The Function of Biodiversity. Ecological Studies 109, 121–183.

KRUGER, F. J., MITCHELL, D. T. und JARVIS, J. U. M. (eds.) (1983): Mediterranean-type ecosystems. *Ecol. Studies* 43. Springer, Berlin, 552 S.

LARCHER (2001), *s.* Lit. zu Kap. 5.

LE HOUÉROU, H. N. (1981): Impact of man and his animals on mediterranean vegetation. In: DI CASTRI et al., 479–521.

MARGARIS, N. S. (1981): Adaptive strategies in plants dominating Mediterranean-type ecosystems. In: DI CASTRI et al., 309–315.

– und MOONEY, H. A. (eds.) (1981): Components of productivity of Mediterranean climate regions. *Tasks Veg. Sci.* 4. Dr. W. Junk, Den Haag, 279 S.

MAZZALENI, S., DI PASWUALE, G., MULLIGAN, M. et al. (eds)(2004): Recent Dynamics of the Mediterranean Vegetation and Landscape. John Wiley & Sons, Chichester, 306 pp.

MOONEY, H. A. (1981): Primary production in mediterranean-climate regions. In: DI CASTRI et al., 249–255.

– und MILLER, P. C. (1985): Chaparral. In: CHABOT und MOONEY, 213–231, *s.* Lit. zu Kap. 5.

MORENO, J. M. und OECHEL, W. C. (eds.) (1994): The role of fire in mediterranean-type ecosystems. *Ecol. Studies* 107. Springer, Berlin, 201 S.

– und – (eds.) (1995): Global change and mediterranean-type ecosystems. *Ecol. Studies* 117. Springer, Berlin, 527 S.

PUGNAIRE, F. I. & VALLADARES, F. (eds) (2007): Functional Plant Ecology. CRC Press, Boca Raton, 724 pp.

QUÉZEL, P. (1981): Floristic composition and phytosociological structure of sclerophyllous matorral around the Mediterranean. In: DI CASTRI et al., 107–121.

RAMBAL, S. (1994): Fire and water yield: a survey and predictions for global change. In: MORENO und OECHEL, 96–116.

RODÀ, F., RETANA, J., GRACIA, C. A. und BELLOT, J. (eds.) (1999): Ecology of Mediterranean evergreen oak forests. *Ecol. Stud.* 137. Springer, Berlin, 373 S.

ROTHER, K. (1993): Mediterrane Subtropen. *Geographisches Seminar Zonal*. Westermann, Braunschweig, 207 S.

RUNDEL, P. W., MONTENEGRO, G. und JAKSIC, F. M. (eds.) (1998): Landscape disturbance and biodiversity in mediterranean-type ecosystems. *Ecol. Stud.* 136. Springer, Berlin, 447 S.

SPECHT, R. L. (1981): Primary production in mediterranean-climate ecosystems regenerating after fire. In: DI CASTRI et al., 257–267.

– (ed.) (1988): Mediterranean-type ecosystems: a data source book. Kluwer, Dordrecht, 248 S.

– (1994): Species richness of vascular plants and vertebrates in relation to canopy productivity. In: ARIANOUTSOU und GROVES, 15–24.

TENHUNEN, J. D., CATARINO, F. M., LANGE, O. L. und OECHEL, W. C. (eds.) (1987): Plant response to stress: functional analysis in mediterranean ecosystems. Springer, Berlin, 668 S.

THOMPSON, J. D. (2005): Plant Evolution in the Mediterranean. Oxford University Press, Oxford, 293 pp.

TOMASELLI, R. (1981): Main physiognomic types and geographic distribution of shrub systems related to mediterranean climates. In: DI CASTRI et al., 95–106.

VALENTINI, R. (ed.) (2003): *s.* Lit. zu Kap. 9.

12 Immerfeuchte Subtropen

12.1 Verbreitung

Die Verbreitung der Immerfeuchten Subtropen ist ähnlich fragmentiert wie diejenige der Winterfeuchten Subtropen: Die einzelnen Vorkommen verteilen sich ebenfalls auf fünf Kontinente (Abb. 12.1), liegen dort aber mit einer Breitenlage von 25 bis 35° etwas äquatornäher und – auffallenderer Unterschied – strikt auf den Ostseiten der Festlandsmassen. Die Einzelvorkommen addieren sich auf eine Gesamtfläche von 6 Mio. km^2, d.i. ein Festlandsanteil von 4%.

Äquatorwärts grenzen die Immerfeuchten Subtropen an die Immerfeuchten oder an die Sommerfeuchten Tropen, **polwärts** an die Feuchten Mittelbreiten. In beiden Richtungen können **thermische Kriterien** zur Abgrenzung dienen. Als Schwellenwert gegen-

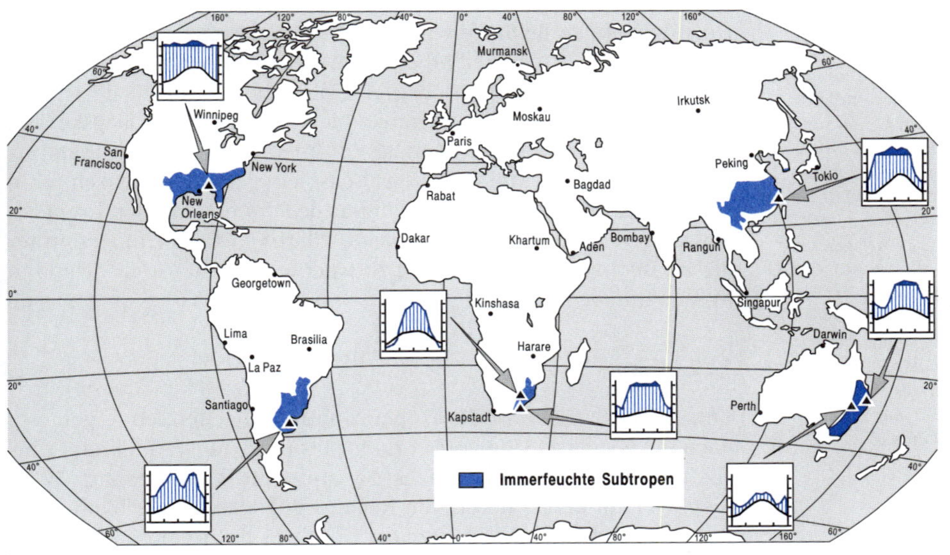

Abb. 12.1
Immerfeuchte Subtropen. Die einzelnen Vorkommen liegen auf beiden Hemisphären an den Ostseiten der Kontinente, jeweils etwa zwischen 25 und 35° Breite.

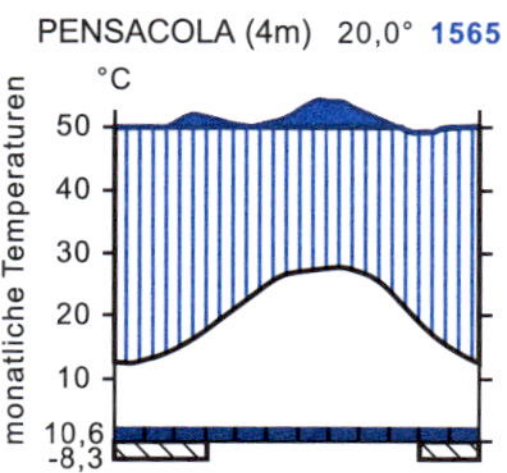

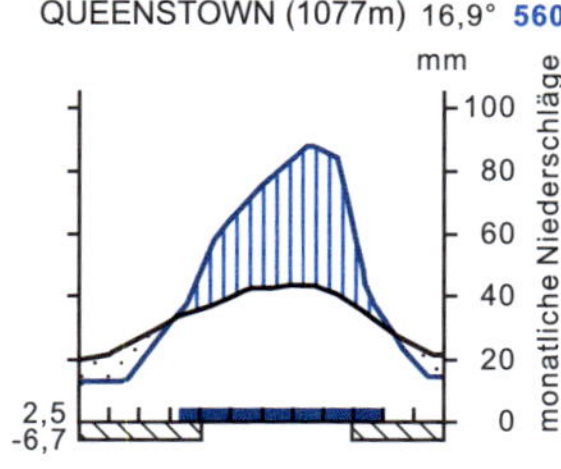

Abb. 12.2
Klimadiagramme von zwei Stationen aus den Immerfeuchten Subtropen. Das Diagramm von Pensacola in den südöstlichen USA (31° N und 87° W) zeigt die Verhältnisse der Immerfeuchten Subtropen i.e.S.: Die Niederschläge sind ganzjährig hoch (mit einem schwachem Maximum im Sommer); die Lufttemperaturen fallen im Winter deutlich ab (auffallendster Unterschied gegenüber den Immerfeuchten Tropen), bleiben aber mehr oder weniger weit oberhalb von +5 °C (allerdings können während mehrerer Monate Fröste auftreten = schräg schraffierte Balken unter der X-Achse). Das Diagramm für das südafrikanische Queenstown, das etwa 150-km von der Ostküste entfernt im Landesinneren gelegen ist, steht demgegenüber für die westwärts an die Immerfeuchten Subtropen i.e.S. anschließenden Übergangsgebiete. Die humide Zeitspanne umfasst die Sommermonate, die Wintermonate sind subhumid.

über den Immerfeuchten und den Sommerfeuchten Tropen gilt die absolute Frostgrenze oder die 18 °C-Isotherme des kältesten Monats, jeweils im Tiefland. Die Grenze zu den Feuchten Mittelbreiten verläuft etwa dort, wo die sommerliche Erwärmung in weniger als 4 (seltener 5) Monaten Mitteltemperaturen von mindestens +18 °C erreicht und die Mitteltemperatur des kältesten Monats +5 °C, in einigen (kontinentalen) Gebieten +2 °C unterschreitet. Im Gegensatz zu den Immerfeuchten Tropen besitzen die Immerfeuchten Subtropen eine thermisch bedingte saisonale Periodizität des Pflanzenwachstums, jedoch ist diese schwächer ausgeprägt als in den meisten Teilgebieten der Feuchten Mittelbreiten.

Nach Westen, also in Richtung auf die kontinentalen Binnenländer, schließen nach einer häufig mehrere 100 km breiten *Übergangszone* die Tropisch/subtropischen Trockengebiete an. Charakteristisch für diese Übergangszone ist eine kontinuierliche Abnahme sowohl der jährlichen Niederschlagssummen (auf ein das Pflanzenwachstum zunehmend limitierendes Maß) als auch der humiden Zeitspanne (wie sie sich nach den gängigen Humiditätsindices errechnet), wobei zunächst die Wintermonate und dann auch immer mehr Sommermonate arid werden, bis schließlich Wüstenklimate folgen können.

Die **Grenze zu den Tropisch/subtropischen Trockengebieten** wurde in diesem Übergangsbereich recht willkürlich dorthin gelegt, wo die Zahl der humiden Monate (p[mm] ≥ 2t[°C]) unter 5 fällt und Dornsteppen an die Stelle von Gras- und Waldsteppen treten. Dieser Schwellenwert ist vertretbar, da die *Sommerregengebiete mit wenigstens 5 humiden Monaten* auch trockenzeitlich nennenswerte Niederschläge erhalten (in den Klimadiagrammen bleiben die Niederschlagskurven während der regenarmen Monate nur knapp unter den Temperaturkurven; Abb. 12.1 und 12.2); das heißt, eine *echte* Trockenzeit fehlt, vielmehr lediglich subhumide/semi-aride Perioden mit den humiden abwechseln. Viele trockenangepasste Pflanzenarten vermögen unter diesen Bedingungen ganzjährig zu wachsen, für sie ist das Klima in Maßen immerfeucht.

12.2 Klima

Entgegen der sonst für die Tropen/Subtropen geltenden Regel, wonach die Niederschläge vom Äquator bis über die Wendekreise hinaus abnehmen, so dass zunächst Savannengürtel und danach Wüstengürtel auf den äquatorialen Regenwaldgürtel folgen, bleiben die Regenmengen an den Ostseiten der Kontinente ganzjährig hoch. Dort können daher in einer Breitenzone Regenwälder gedeihen, in der sonst nur Savannen, Wüsten oder – an den Westseiten der Kontinente – Hartlaubformationen vorkommen.

Diese **West-Ost-Asymmetrie** hängt mit monsunalen Effekten zusammen. Im Sommer der jeweiligen Halbkugel bauen sich über den Kontinenten Hitzetiefs (Monsuntiefs) auf, die ozeanische wasserdampfhaltige Luftmassen von Osten her landeinwärts ziehen. Konvektive Vorgänge über dem Festland lassen dann kräftige Schauerregen entstehen. Sie begründen das für diese Bereiche typische Sommermaximum der Niederschläge (**sommerfeuchte Ostseiten-Klimate**). Mit zunehmender Entfernung von den Küstengebieten werden die Luftmassen trockener, und die Niederschlagstätigkeit nimmt ab. Dies erklärt, warum eine *ost-westliche Humiditäts- und Vegetationsabfolge* an die Stelle der sonst in den Tropen/Subtropen vorherrschenden breitenzonalen tritt.

Die **winterlichen Niederschläge** treten im Zusammenhang mit Kaltlufteinbrüchen auf, die auf der Nordhalbkugel aus den sich über Zentralasien und dem mittleren Nordamerika aufbauenden Kältehochs stammen. Sie fallen gelegentlich als Schnee, doch bilden sich in der Regel keine bleibenden Schneedecken.

Beim Einfließen kontinental-arktischer Kaltluft (in den USA als *Northern* bezeichnet) sinken die Temperaturen kurzfristig stärker ab als zur gleichen Zeit auf den Westseiten der Kontinente (wobei die mittleren Monatstemperaturen aber trotzdem über +5 °C bleiben).

Abb. 12.3
Verbreitung von Frösten auf der Erde (Larcher u. Bauer 1981). Die Immerfeuchten Subtropen gehören zu den Erdregionen mit episodischen Frösten bis –10 °C. Die Belastung, die aus tieferen Frösten für die Vegetation und mehr noch für die mehrjährigen Kulturen herrührt, ist im Vergleich zu den kühleren, frostreicheren Ökozonen besonders groß, da viele subtropische Nutzpflanzen (aufgrund des mangelnden Anpassungsdruckes) nur geringe Frostverträglichkeiten aufweisen. Entsprechend stark können die Frostschäden sein.

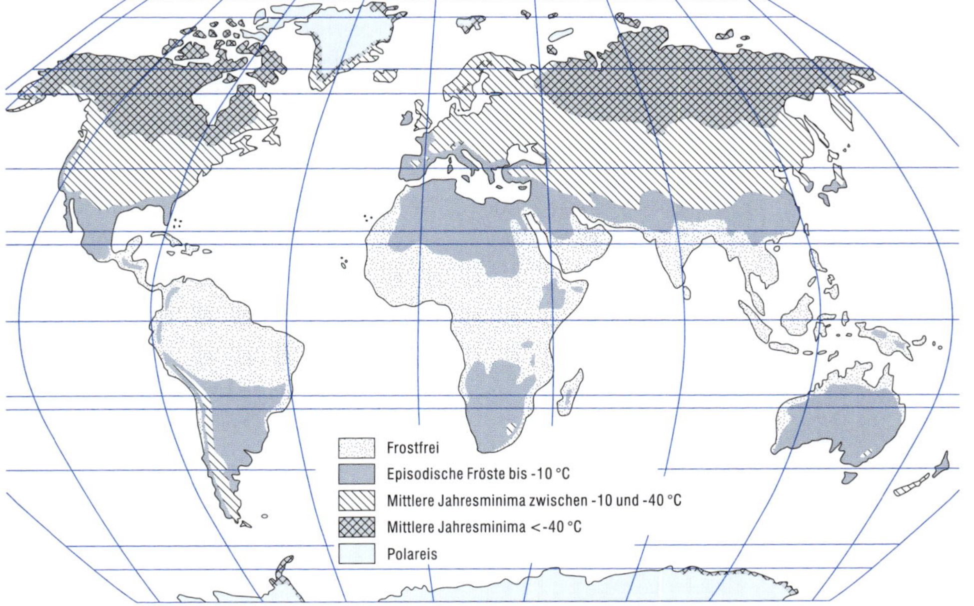

Die winterliche Einschränkung des Pflanzenwachstums ist daher ausgeprägter als in den Winterfeuchten Subtropen, doch kommt es für die meisten Arten nicht zu einer vollständigen Vegetationsruhe nennenswerter Dauer. Vereinzelte **Fröste**, mit denen in jedem Winter zu rechnen ist, verhindern aber den Anbau frostempfindlicher Arten während des Winters und können Dauerkulturen mäßig frostempfindlicher Baumarten, wie z.B. Citrus, gefährden, falls es (in seltenen Fällen) zu besonders tiefen Frösten kommt (Abb. 12.3). Die Sommer sind andererseits bei hoher Einstrahlungsenergie heiß, vergleichbar den Immerfeuchten Tropen und den Sommerfeuchten Tropen zur selben Zeit (Abb. 12.2).

12.3 Relief und Gewässer

Nach der Morphodynamik bilden die Immerfeuchten Subtropen keine eigenständige Zone; vielmehr nehmen sie entsprechend den hygrothermischen Verhältnissen eher eine Mittelstellung zwischen den Immerfeuchten Tropen und den Feuchten Mittelbreiten ein. Charakteristisch ist eine tiefgründige chemische Verwitterung, die allerdings nicht ganz so fortgeschritten ist wie in den Immerfeuchten Tropen (statt Ferralsole nur Acrisole). Der subtropische Regenwald, weniger üppig und hoch entwickelt als der tropische Regenwald, bietet geringeren Abtragungsschutz; eine Zerrunsung der Hänge ist daher häufiger.

Für einige Inseln und Küstengebiete ist das gelegentliche Auftreten **verheerender Zyklonen** charakteristisch (Boose et al. 1994), so beispielsweise im Bereich des amerikanischen Mittelmeeres und der nordamerikanischen Ostküste (Hurricanes) sowie im südöstlichen Ostasien (Taifune) (Abb. 12.4). Für diese Zyklonen sind Stürme mit extrem hohen Windstärken (häufig weit über 150 km h^{-1}) und Starkregen größter Intensität (mehrere 100 mm h^{-1}) charakteristisch. Auch wenn diese Wirbelstürme in den betroffenen Gebieten nur ziemlich selten auftreten, muss ihnen dennoch eine hohe, teilweise weit landeinwärts reichende, zerstörerische Wirkung durch Bodenabtrag, Überschwemmungen und Sturmschäden an Vegetation, Pflanzungen und Gebäuden zugerechnet werden.

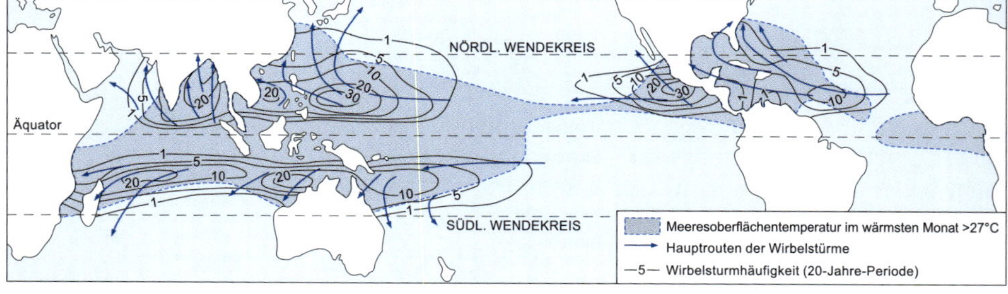

Abb. 12.4 *Verbreitung und Häufigkeit von tropischen Wirbelstürmen (aus Reading et al. 1995). Auf der Nordhalbkugel erreichen diese Wirbelstürme auch die subtropischen Ostseiten der Kontinente, also die küstennahen Vorkommen der Immerfeuchten Subtropen.*

12.4 Böden

Vgl. hierzu auch Kap 14.4.1. *Die Böden der Sommer- und Immerfeuchten Tropen und Subtropen – allgemein.*

Die für die Immerfeuchten Subtropen charakteristischen zonalen Bodentypen gehören zu den gewöhnlich rotfarbenen **Acrisolen**. Für diese ist – ähnlich wie bei den Luvisolen und Lixisolen – diagnostisch, dass eine Lessivierung zu einem Tonanreicherungshorizont (argic B-Horizont) geführt hat, allerdings mit dem Unterschied, dass dessen Kationenaustauschkapazität (KAK) und Basensättigung (BS) niedriger als 24 cmol(+) kg^{-1} Ton bzw. 50% sind. Bei den beiden anderen Böden liegt die BS darüber und bei den Luvisolen auch die KAK (vgl. Tab. 14.1). Die niedrige KAK und BS der Acrisole sind als Folge einer langanhaltenden (fortgeschrittenen) Bodenentwicklung unter feucht-warmem Klima zu verstehen. Der Bodenname (lat. *acer* = sauer) bezieht sich auf die mit der tiefgründigen Verwitterung und Basenauswaschung einhergehende starke Versauerung (pH-Werte ≤ 5).

Ferrallitisierung und Desilifizierung haben generell zu einer Dominanz von **Tonen niedriger Aktivität** (LACs) (vor allem Kaolinit) geführt, doch können (im Gegensatz zu Ferralsolen) auch noch kleine Mengen von 2:1-Tonmineralen (Illit) auftreten. Vormals den Acrisolen zugerechnete Böden mit höheren HAC-Gehalten (Chlorite, Smectite, Vermiculite) und dementsprechend höheren KAK ($\geq$ 24 cmol(+) kg^{-1}) Ton, die aber aufgrund hoher Aluminiumanteile an den Kationenbelägen ebenfalls nur geringe Basensättigungen und damit extrem saure Bodenreaktionen aufweisen, werden in der WRB-Klassifikation seit 1998 als eigene Refererenzbodengruppe (RSG) mit der Bezeichnung **Alisole** (lat. *aluminium*) geführt.

Sowohl in den Acrisolen als auch in den Alisolen können feinverteilte Fe-Oxide und -Hydroxide mehr als 10% des Feinbodens ausmachen, und auch Gibbsit (Al-Hydroxid) ist meist reichlich vertreten; der Gehalt an silikatischem Schluff ist dagegen niedrig. In der Sandfraktion dominieren Quarze. Verwitterbare Minerale (Silikate) sind höchstens mäßig, weithin kaum vorhanden. Die Humusgehalte des Oberbodens sind überwiegend niedrig, andernfalls von geringer Basensättigung (dann umbric A-Horizonte).

12.5 Vegetation

12.5.1 Strukturmerkmale

Die potentielle natürliche Vegetation besteht in den küstennahen Gebieten und an den luvseitigen Berghängen, wo durchweg ganzjährig hohe Niederschläge fallen, aus üppigen, immergrünen Laubwäldern (Regenwäldern), die wegen höherer Anteile von Lauraceae und der häufig ledrigen Blatteigenschaften ihrer (laurophyllen = lorbeerblättrigen) Gehölze als Lorbeerwälder bezeichnet werden. Deren Blätter sind ziemlich fest (aber nicht so hart wie bei sklerophyllen Gehölzen mediterraner Bäume), mäßig groß (Magnolientypus), ganzrandig, glänzend und von eiförmiger Gestalt. Die höchsten Bäume erreichen 20 bis 30 m. Unter dem obersten Kronendach folgt mindestens ein zweites blattreiches Stockwerk. Die bodennahe Feldschicht ist dagegen weitgehend unbesetzt. Baumfarne, epiphytische Farne und Lianen sind häufig vertreten. HEGARTY (1991) nennt als Anteile von **Lianen** in einem Regenwald bei Brisbane gut 2% an der Summe der Stammkreisflächen und rund 5% an der stehenden Phytomasse. Noch höher liegen die Lianenanteile, wenn man ihre Blattmassen mit denen der Bäume vergleicht. Entsprechend größer ist dann auch ihr Beitrag zum Streufall (Tab. 12.1). In ihrer Gesamterscheinung ähneln die immergrünen Lorbeerwälder den tropischen Regenwäldern, sind allerdings nicht ganz so hoch und viel artenärmer.

Weiter landeinwärts (westwärts) folgen im Maße abnehmender Niederschlagsmengen zunächst halbimmergrüne winterkahle) Feuchtwälder (saisonale Lorbeerwälder) und darauf laubabwerfende Monsun- oder Trockenwälder. Anstelle von Wäldern können auch Hochgrasfluren aus C3- und C4-Pflanzen auftreten. Dies ist insbesondere in den südhemisphärischen Teilgebieten der Fall, wie z. B. in dem breiten Landstreifen vom brasilianischen Campo bis zur argentinischen Pampa humeda sowie in den küstenferneren Gebieten im östlichen Südafrika.

In allen Teilgebieten der Immerfeuchten Subtropen sind die Umgestaltungen durch den Menschen weithin derart fortgeschritten, dass der ursprüngliche Vegetationscharakter kaum noch zu rekonstruieren ist. Bedenkt man, dass die Floren in allen Vorkommen deutlich voneinander abweichen,[1] so ist wahrscheinlich, dass auch die physiognomische Vegetationsgliederung ursprünglich regionale Unterschiede aufwies (ganz abgesehen von edaphischen Faktoren, die im Einzelnen

Tab. 12.1. Struktur- und Umsatzmerkmale eines subtropischen Regenwaldes bei Brisbane, Australien (HEGARTY 1991). Der Anteil von Lianen an der Blattmasse und dem jährlichen Blattfall übersteigt (aufgrund übermächtiger Kronenentwicklung) bei weitem die Anteile, die diese Lebensform an den Stammkreisflächen und der Phytomasse besitzt.

Lebensformen	Artenzahl (ha⁻¹)	Stammkreisfläche (m^2 ha^{-1})	Stammzahl >0,1 m Höhe (ha^{-1})	Stehende Phytomasse (t ha^{-1})	Blattmasse (t ha^{-1})	Blattfall (t ha^{-1} a^{-1})
Bäume und Sträucher	100	68,05	10 565	426	6,89	4,74
Lianen	42	1,56	5 771	21	2,52	1,47
Gesamt	142	69,61	16 336	447	9,41	6,21

großen Einfluss gehabt haben mögen). Nach wie vor ist auch ungeklärt, ob die Grasfluren in Südamerika und Südafrika auf natürliche Art entstanden sind oder auf anthropogene Eingriffe zurückgehen.

12.5.2 Bestandesvorräte und -umsätze eines halbimmergrünen Eichenwaldes in den südöstlichen USA

Die Darstellung folgt einer Zusammenfassung, die von MONK u. DAY (1988) unter Beachtung von Untersuchungsergebnissen (im Wesentlichen aus den 70er-Jahren) zahlreicher Wissenschaftler erstellt wurde. Kleinere Unstimmigkeiten in den vorgelegten Zahlen mussten hier leider übernommen werden.

Der untersuchte Wald liegt in den südlichen Appalachen im **Coweeta Basin, North Carolina**, und damit im Grenzgebiet zu den Feuchten Mittelbreiten. In seinem Baumbestand herrschen sommergrüne Eichen vor. **Der Anteil immergrüner Baum- und Straucharten** wird, gemessen an der Blatttrockenmasse, auf 20 bis 35% geschätzt. Die hieran beteiligten Arten sind *Rhododendron maximum, Kalmia latifolia, Tsuga canadensis, Pinus rigida, Ilex opaca und Leucothoe axillaris* var. *editorum*. Davon stellen die beiden erstgenannten Arten fast ein Drittel der Blattmasse des Waldes, wobei ihr Anteil an der gesamten Blattfläche des Waldes (im Mittel 6,2 m^2 pro Quadratmeter Waldfläche) aber deutlich niedriger liegt, denn ihre *Specific Leaf Area* (Verhältnis von Blattfläche zu Blatttrockenmasse) ist mit 75 cm^2 g^{-1} nur etwa halb so groß wie bei den wechselgrünen Gehölzen.

Auch der Anteil, den immergrüne Blätter an der Mineralstoffmenge in der gesamten Blattmasse des Waldbestands haben, ist geringer als ihr Trockenmassenanteil, weil sie im Vergleich zu den kurzlebigeren Blättern tropophytischer Gehölze niedrigere Mineralstoffgehalte aufweisen.[2]

Die oberirdische **Phytomasse** ist mit 139,9 t ha^{-1} vergleichsweise klein, die unterirdische mit 51,4 t ha^{-1} dagegen hoch (Abb. 12.5). Die Erklärung liegt vermutlich in der Dezimierung der oberirdischen

---

[1] Die vier südhemisphärischen Teilgebiete gehören wenigstens drei verschiedenen Florenreichen an (Neotropis, Paläotropis und Australis; Neuseeland nimmt zumindest eine Sonderstellung zwischen Paläotropis und Antarktis ein); die beiden nordhemisphärischen Teilgebiete sind zwar einem gemeinsamen Florenreich (Holarktis) zugehörig, liegen aber extrem weit auseinander und hatten spätestens seit dem Pliozän keine Verbindung mehr miteinander.

[2] Den niedrigeren Mineralstoffgehalten von Blättern immergrüner Gehölze entspricht ein geringerer Mineralstoffbedarf für die Blattbildung (pro Blattmasse). Dies sowie die Längerlebigkeit der 'immergrünen' Blätter (d.h. geringerer Aufwand für die Neubildung von Blättern pro Jahr) begründen die Überlegenheit immergrüner Arten auf nährstoffarmen Böden. Größere Bestandsanteile von immergrünen Arten sind daher nicht immer klimatisch, sondern eventuell auch edaphisch (mit der Nährstoffarmut des Standortes) zu erklären. Tatsächlich sind nährstoffarme Böden für die südlichen USA charakteristisch, erkennbar an den niedrigen Austauschkapazitäten und Basensättigungen (s.o.).

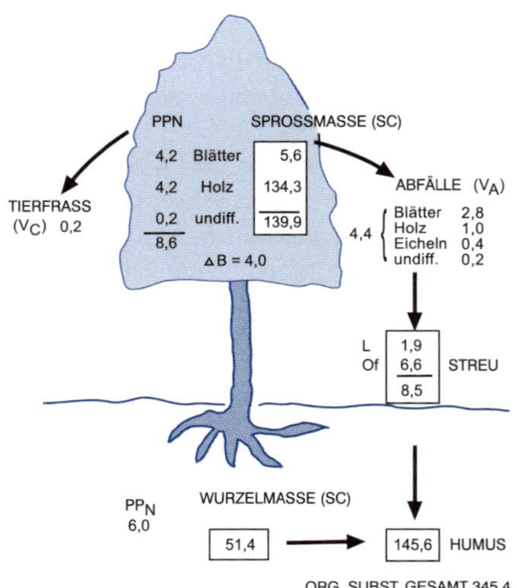

Abb. 12.5
Bestandesvorräte (t ha^{-1}) und -umsätze (t ha^{-1} a^{-1}) an organischer Substanz in einem halbimmergrünen Eichenwald im Coweeta Basin von North Carolina, USA (MONK u. DAY 1988); SC = Standing Crop, ΔB = Bestandszuwachs.

Baumschicht durch Holzeinschlag zu Anfang des Jahrhunderts und der fast vollständigen Ausrottung von (früher dominierenden) Kastanien durch Krankheitsbefall in den 30er-Jahren. Die jährliche **Primärproduktion** erreicht insgesamt 14,6 t ha^{-1} (davon 8,6 t oberirdisch). Die Verluste der oberirdischen Phytomasse erfolgen zu 4,4 t ha^{-1} über Abfälle (V_A) und zu 0,2 t ha^{-1} über Fraß durch herbivore Arthropoden (V_C). Die Differenz beider Verlustquellen zur $PP_{N\ (Baumschicht)}$ bildet den oberirdischen Bestandszuwachs (ΔB), beträgt also 4 t ha^{-1}. Der untersuchte Wald befindet sich damit in einem produktiven Jugend- oder frühen Reifestadium (Abb. 5.3).

Der hohe Anteil der Blattmasse (5,6 t ha^{-1}) und die positive Differenz von Blattproduktion (4,2 t ha^{-1} a^{-1}) und Blattfall (2,8 t ha^{-1} a^{-1}) lassen die große Bedeutung *immergrüner* Holzpflanzenarten erkennen. Auch der unmittelbare Vergleich von Blattmasse und Blattfall macht dies deutlich; Letzterer umfasst nur die Hälfte der Blattmasse.

Die **Streuvorräte** (L- und Of-Horizonte) am Waldboden erreichen 8,5 t ha^{-1}. Bei einem Streuanfall von 4,4 t ha^{-1} a^{-1} bedeutet dies, dass die Zersetzungsdauer der Streuauflage knapp zwei Jahre beträgt (Zersetzungsrate 52%). Am Streufall haben Blätter mit 64% den höchsten Anteil.

Die **in der Phytomasse eingebundenen Mineralstoffmengen** liegen für K, Ca und P, teilweise erheblich über den im Boden (in Lösung oder an Austauschern) verfügbaren; lediglich bei N und Mg sind die in mineralischer Form verfügbaren (für N: auch organisch eingebundenen) Bodenvorräte größer (Abb. 12.6). Die hohen Anteile der in der Vegetation befindlichen Mineralstoffe an den insgesamt am Kreislauf teilnehmenden Mineralstoffen sind charakteristisch für viele der subtropischen Regen- und Feuchtwälder.

Der **Mineralstoffbedarf** für die Primärproduktion wird zu einem beachtlichen Teil durch *Resorption* (Retranslokation) von Mineralstoffen aus den Blättern ($M_{\Delta BL}$) vor deren Abwurf bereitgestellt (vgl. Kasten 5, Seite 81). Für die einzelnen Elemente lassen sich diese Anteile aus den Mineralstoffdifferenzen von ausgewachsenen und alten Blättern (kurz vor oder nach ihrem Abwurf) abzüglich der *Auswaschungsverluste* (M_R) wie folgt abschätzen (jeweils kg ha^{-1} a^{-1}): N 56,5; K 13,5; Mg 3,4 und P 3,1; Ca wird nicht resorbiert (-0,5). Vergleicht man diese Werte mit denen der *Mineralstoffaufnahme* aus dem Boden, so errechnen sich die Beiträge der Resorption zu den (für die PP_N) insgesamt verfügbaren (d.i. aus dem Boden aufgenommenen und aus den alternden Blättern resorbierten) Mineralstoffen (M_{PPN}) für N mit 54%, für P mit 26%, für Mg mit 25% und für K mit 21%. In entsprechender Höhe kann sich die Mineralstoffaufnahme aus dem Boden (M_{BO}) verringern.

Die **Mineralstoffgehalte des jährlichen (bleibenden) Bestandszuwachses** ($M_{\Delta B}$) (also ohne Blattproduktion und ohne Abfälle, das sind oberirdisch: 4 t ha^{-1} a^{-1}) ergeben sich aus der Differenz von Mineralstoffaufnahme und -abgabe. Als Ergebnis zeigt sich, dass lediglich 6 bis 9% der aus dem Waldboden aufgenommenen Mengen von N, Mg, Ca und K in den bleibenden Zuwachs gehen, nur bei P sind es gut 25%; in absoluten Zahlen N: 6,7; Mg: 0,9; Ca: 4,5; K: 4,9 und P: 3,0, jeweils in kg ha^{-1} a^{-1}. Dies macht deutlich, wie verschwenderisch der Mineralstoffverbrauch bei der Bildung der relativ kurzlebigen Blätter und wie sparsam er andererseits bei der Holzproduktion abläuft.

Der Mineralstoffmenge des Bestandszuwachses entspricht ein Verlust des **Bodenvorrates** in gleicher Höhe. Unter der Annahme konstanter Zuwachsraten lässt sich ausrechnen, wie lange ein gegebener Vorrat im Boden ausreicht. Im beschriebenen Falle würde Ca 138 Jahre, K-95-Jahre, Mg 517 Jahre, P 12,5 Jahre und N 1031 Jahre verfügbar bleiben.

Die **Rückführung der Mineralstoffe zum Boden** erfolgt zu einem nennenswerten Anteil über die *Kronenauswaschung* mit dem Tropfwasser und den *Stammablauf*. In besonderem Maße gilt dies für K^+, bei dem diese beiden Flüsse (zusammen: M_R) die Rückführung per Streufall (M_{VA}) oftmals übertreffen. Es betrifft aber auch SO_4^{2-}, PO_4^{3-}, Cl^-, Ca^{2+} und Mg^{2+}, wenngleich in deutlich geringerem Umfange (insbesondere bei Ca^{2+}). Die jährlich insgesamt, also über Abfälle (V_A) und Auswaschung zum Boden rückgeführten Mineralstoffmengen reichen (mit Ausnahme von Phosphor) für mehr als acht Jahre Bestandszuwachs (Holzzuwachs) in gleichbleibender Größe.

Für **Stickstoff** ergibt sich der Sonderfall, dass die Zufuhr durch Niederschläge weit höher ist als die Abgabe durch Kronenauswaschung, d.h. ein Nettogewinn durch Absorption im Kronendach vorliegt.

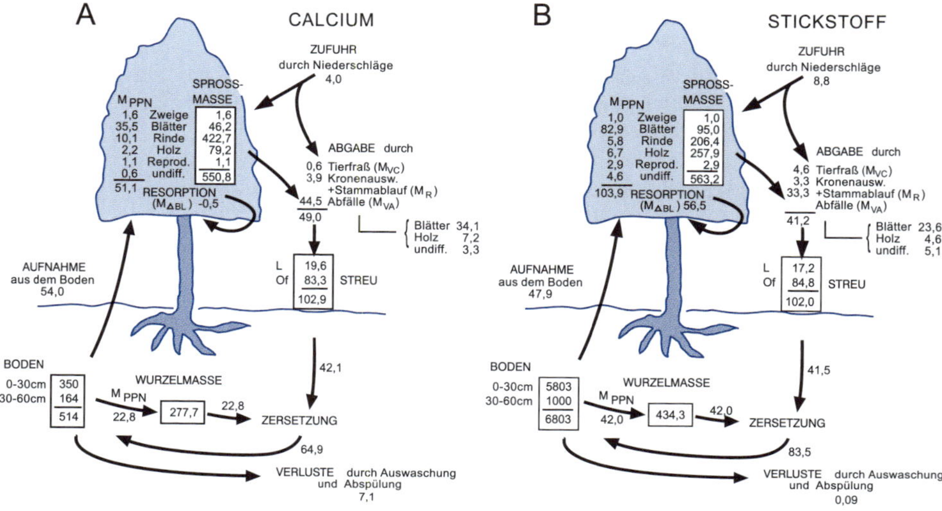

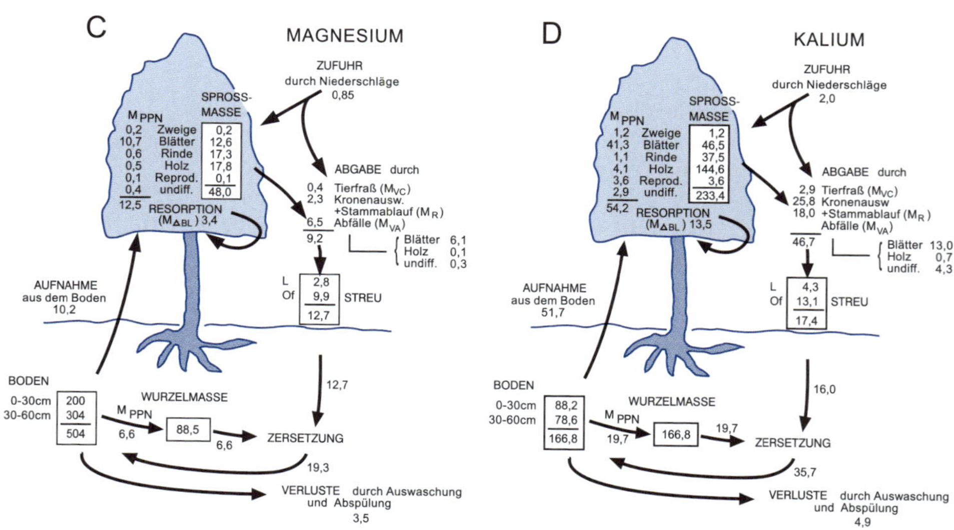

Abb. 12.6

A-E. Mineralstoffvorräte (kg ha^{-1}) und -umsätze (kg ha^{-1} a^{-1}) in einem halbimmergrünen Eichenwald im Coweeta Basin von North Carolina, USA (Monk u. Day 1988). Erklärungen der Abkürzungen siehe Kasten 5 (Seite 81). Die Zahlen für die Mineralstoffmengen im Boden beziehen sich auf die leicht verfügbaren, d.h. in Lösung befindlichen oder an Austauschern adsorbierten Minerale; lediglich beim Stickstoff ist auch der in der organischen Bodensubstanz eingebundene Vorrat einbezogen. Weitere Erklärungen siehe Text.

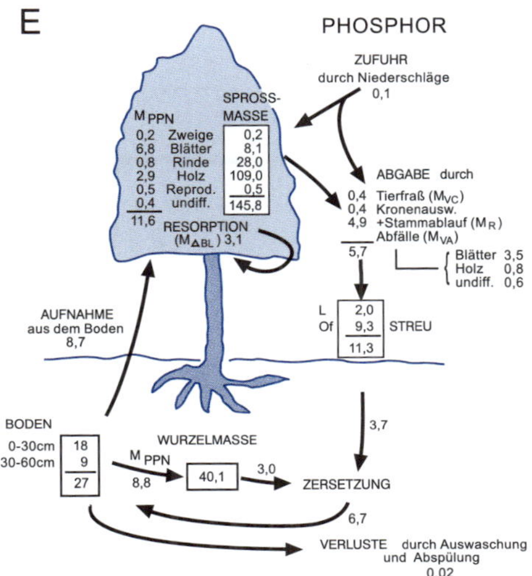

12.6 Landnutzung

Die meisten Teilgebiete der Immerfeuchten Subtropen gehören zu den dicht besiedelten und wirtschaftlich hoch entwickelten Räumen der Erde. Entsprechend stark ist überall die natürliche Vegetation zurückgedrängt (s.o.) und von einer **Kulturlandschaft** ersetzt worden, die von großen Siedlungen, Industriekomplexen und einer regelmäßigen Fluraufteilung in agrare und forstliche Nutzungsparzellen bestimmt ist (vgl. Abb. 9.11).

Die besondere Gunst für die agrare Nutzung liegt darin, dass während des Sommers tropische Temperaturen vorherrschen, die den Anbau vieler wärmeliebender Nutzpflanzen erlauben und zugleich ausreichende Niederschläge für einen Regenfeldbau fallen (im Unterschied zu den Winterfeuchten Subtropen an den Westseiten der Kontinente, in denen außerdem die sommerliche Erwärmung geringer bleibt). Die meisten Gebiete haben milde Winter mit nur gelegentlich leichten Frösten.

Unter diesen Bedingungen gedeihen auch **mehrjährige wärmeliebende Nutzpflanzen**, soweit sie mäßigen Frösten widerstehen, wie z.B. Citrus und Tee. In extrem kalten Wintern nehmen aber auch diese Dauerkulturen Schaden, was zu erheblichen wirtschaftlichen Einbußen führen kann. Zu den häufigen **annuellen wärmeliebenden Nutzpflanzen** gehören Sorghum, Mais, Erdnüsse, Reis, Soja, Sesam, Bataten, Baumwolle und Tabak. Teilweise werden im Winter zusätzlich Arten mittlerer Breiten angebaut. Auf diese Weise lassen sich dann zwei, gelegentlich sogar drei Ernten pro Jahr erzielen.

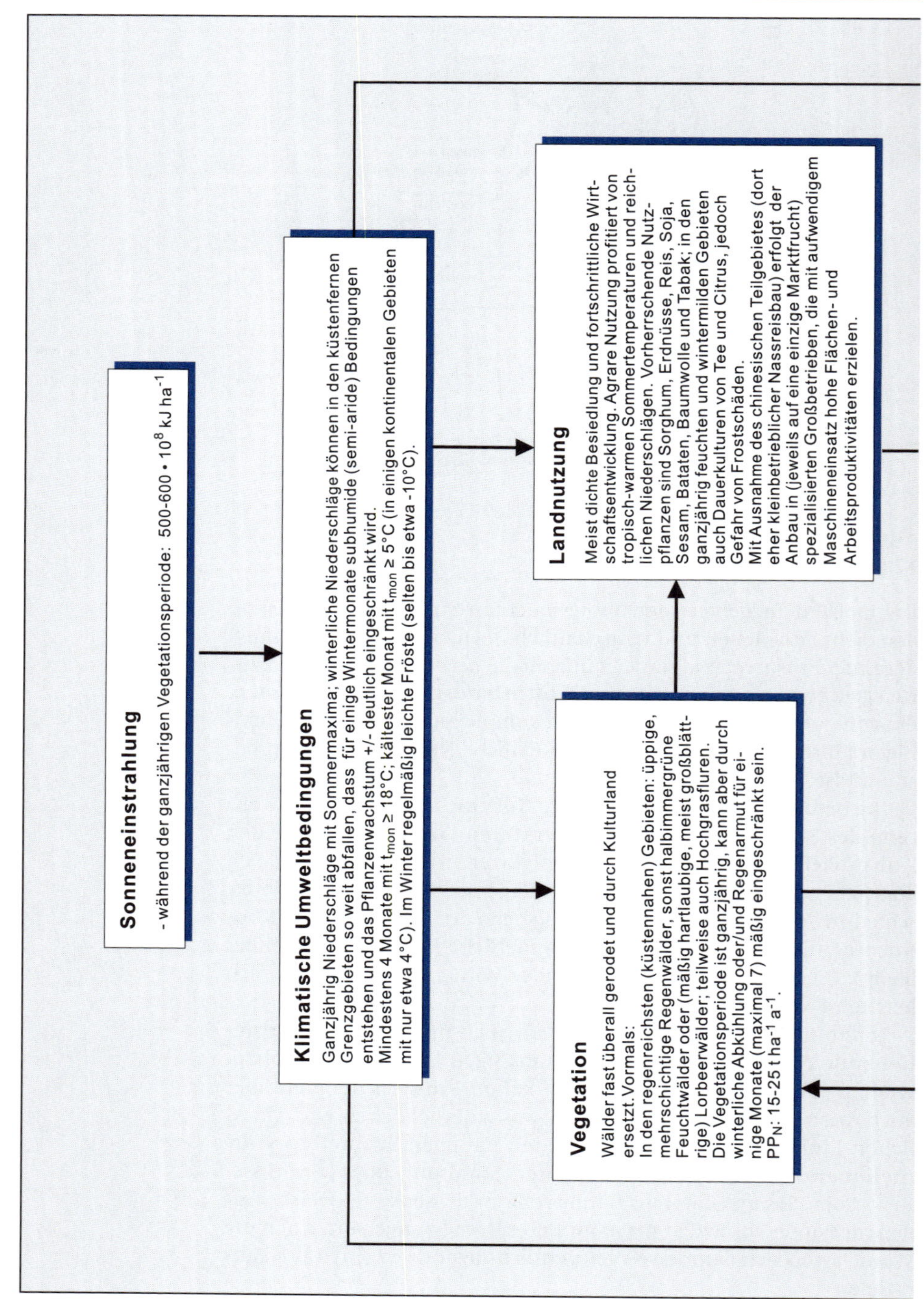
Sonneneinstrahlung
- während der ganzjährigen Vegetationsperiode: 500-600 • 10^8 kJ ha^{-1}
Klimatische Umweltbedingungen
Ganzjährig Niederschläge mit Sommermaxima; winterliche Niederschläge können in den küstenfernen Grenzgebieten so weit abfallen, dass für einige Wintermonate subhumide (semi-aride) Bedingungen entstehen und das Pflanzenwachstum +/- deutlich eingeschränkt wird.
Mindestens 4 Monate mit $t_{mon} \geq 18°C$; kältester Monat mit $t_{mon} \geq 5°C$ (in einigen kontinentalen Gebieten mit nur etwa 4°C). Im Winter regelmäßig leichte Fröste (selten bis etwa -10°C).
Landnutzung
Meist dichte Besiedlung und fortschrittliche Wirtschaftsentwicklung. Agrare Nutzung profitiert von tropisch-warmen Sommertemperaturen und reichlichen Niederschlägen. Vorherrschende Nutzpflanzen sind Sorghum, Erdnüsse, Reis, Soja, Sesam, Bataten, Baumwolle und Tabak; in den ganzjährig feuchten und wintermilden Gebieten auch Dauerkulturen von Tee und Citrus, jedoch Gefahr von Frostschäden.
Mit Ausnahme des chinesischen Teilgebietes (dort eher kleinbetrieblicher Nassreisbau) erfolgt der Anbau in (jeweils auf eine einzige Marktfrucht) spezialisierten Großbetrieben, die mit aufwendigem Maschineneinsatz hohe Flächen- und Arbeitsproduktivitäten erzielen.
Vegetation
Wälder fast überall gerodet und durch Kulturland ersetzt. Vormals:
In den regenreichsten (küstennahen) Gebieten: üppige, mehrschichtige Regenwälder, sonst halbimmergrüne Feuchtwälder oder (mäßig hartlaubige, meist großblättrige) Lorbeerwälder; teilweise auch Hochgrasfluren.
Die Vegetationsperiode ist ganzjährig, kann aber durch winterliche Abkühlung oder/und Regenarmut für einige Monate (maximal 7) mäßig eingeschränkt sein.
PP_N: 15-25 t ha^{-1} a^{-1}.

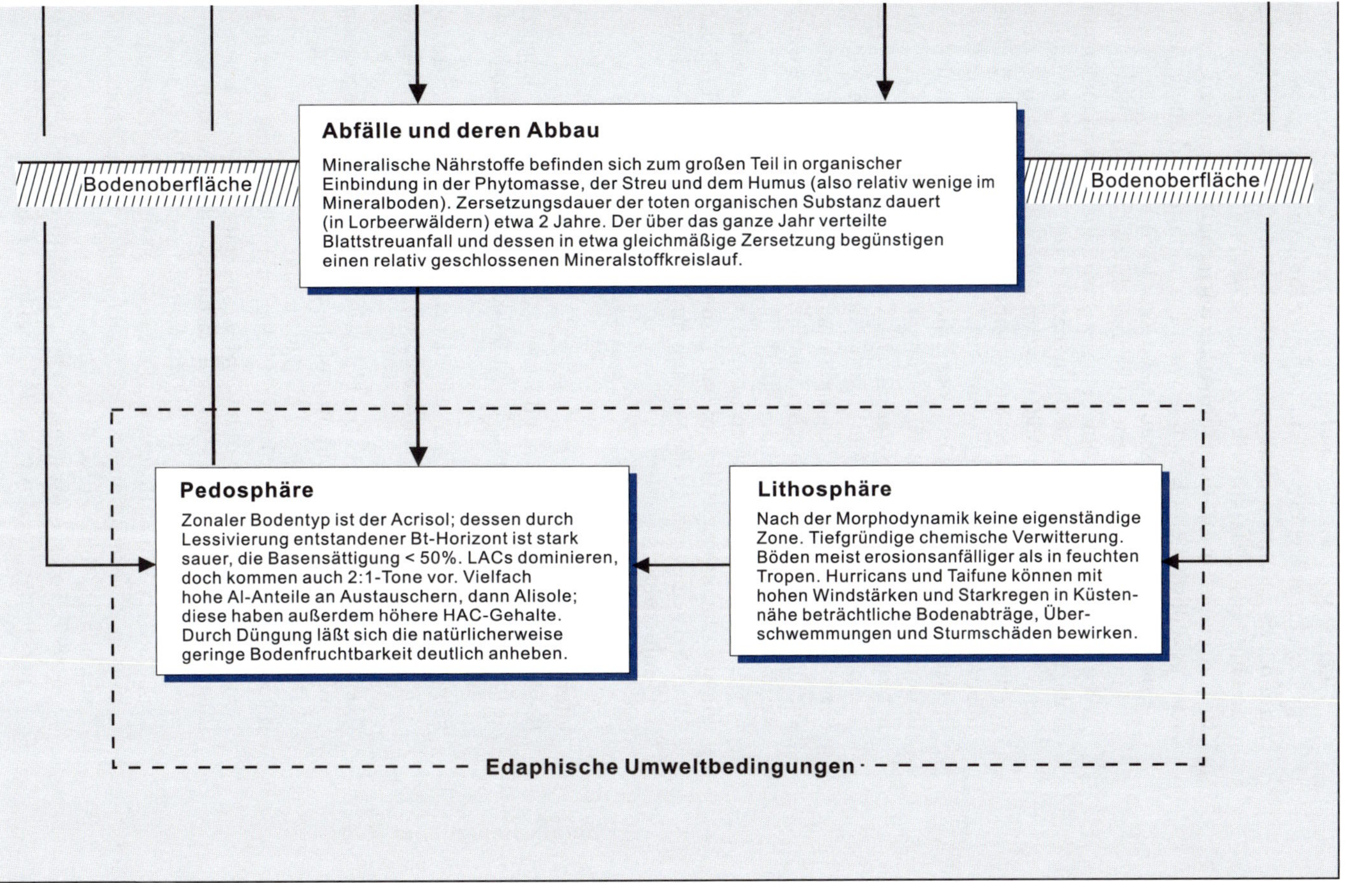

Abb. 12.7 *Zusammenfassendes Schaubild der Immerfeuchten Subtropen.*

Überall dort, wo die Landnutzung auf europäische Kolonisation zurückgeht, erfolgt der Anbau (seltener Rinderhaltung) gewöhnlich in modern geführten mittelgroßen Betrieben (*Farmen*), die jeweils nur eine einzige Marktfrucht (bzw. tierisches Produkt) erzeugen, d.h. in Form einer **spezialisierten Ackerwirtschaft** (Farmwirtschaft). Nur im südöstlichen China überwiegt ein traditionsverhafteter, eher kleinbetrieblicher Nassreisbau (siehe Kap. 14.6).

Für die modernen Betriebe ist kennzeichnend, dass mit niedrigem Arbeits- und hohem Maschineneinsatz gewirtschaftet wird und damit hohe Flächen- und Arbeitsproduktivitäten erzielt werden. Die natürliche Nährstoffarmut der Böden, wenn auch nicht ganz so extrem wie in den Ferralsolen, bildet im Allgemeinen kein Hemmnis für die pflanzenbauliche Nutzung, wenn eine entsprechende Bodenpflege betrieben wird. Dazu gehören der Erhalt der organischen Substanz in den Oberböden, regelmäßige Düngung und Maßnahmen zur Anhebung der niedrigen pH-Werte (z. B. Kalkung).

Ansonsten lassen sich die Acrisole und Alisole – ähnlich wie die Ferralsole – nur mittels eines traditionellen Wanderfeldbaus nutzen, allerdings mit kürzeren Brachen als dort, wenn noch nennenswerte Restmineralgehalte vorhanden sind.

Gegenüber den Ferralsolen ist auch die **nutzbare Feldkapazität** günstiger, andererseits die größere Erosionsanfälligkeit nachteiliger. Allen drei gemeinsam ist die Neigung zur Phosphatfixierung und Aluminiumtoxizität.

Literatur zu Kap. 12

BOOSE, E. R., FOSTER, D. R. und FLUET, M. (1994): Hurricane impacts to tropical and temperate forest landscapes. *Ecol. Monographs* 64, 369–400.

Fidelis, A., Delgado-Cartay, M. D., Blanco, C. C. et al. (2010): Fire Intensity and severity in Brazilian Campos grasslands, Intersciencia 35, 739–745.

HARTZLER, S. A. und HUO, Y.-Q. (1995): Comparison of the vegetation of subtropical China with that of the corresponding region of the USA. In: BOX et al., 105–123, *s.* Lit. zu Kap. 5.

HEGARTY, E. E. (1991): Leaf litter production by lianes and trees in a sub-tropical Australian rain forest. *J. Trop. Ecol.* 7, 201–214.

HÜBL, E. (1988): Lorbeerwälder und Hartlaubwälder (Ostasien, Mediterraneis und Makronesien). *Düsseldorfer Geobot. Kolloq.* 5, 3–26.

KIRA, T., ONO, Y. und HOSOKAWA, T. (eds.) (1978): Biological production in a warm-temperate evergreen oak forest of Japan. *JIBP synthesis* 18. Tokio Press, Tokio, 288 S.

– (1995): Forest ecosystems of east and south-east Asia in a global perspective. In: BOX et al., 1–21, *s.* Lit. zu Kap. 5.

LARCHER, W. und BAUER, H. (1981): Ecological significance of resistance to low temperature. In: LANGE, O. L., NOBEL, P. S., OSMOND, C. B. und ZIEGLER, H. (eds.), *Encyclopedia of plant physiology* 12A, Springer, Berlin, 403–437.

LUGO, A. E. (2008): Visible and invisible effects of hurricanes on forest ecosystems: an international review. Austral. Ecology 33, 368–398.

MEURK, C. D. (1995): Evergreen broadleaved forests of New Zealand and their bioclimatic definition. In: BOX et al., 151–197, *s.* Lit. zu Kap. 5.

MONK, C. D. und DAY, F. P. Jr. (1988): Biomass, primary production, and selected nutrient budgets for an undisturbed watershed. In: SWANK und CROSSLEY, 151–159.

OLSON, D. F. (1983): Temperate broad-leaved evergreen forests of the southeastern North America. In: OVINGTON, 103–105.

OVERBECK, G. E., & PFADENHAUER, J. (2007): Adaptive strategies to fire in subtropical grasslands in southern Brazil. Flora 202, 27-49.

OVINGTON, J. D. (ed.) (1983): Temperate broad-leaved evergreen forests. *Ecosystems of the World* 10. Elsevier, Amsterdam, 241 S.

– und PRYOR, L. D. (eds.) (1983): Temperate broad-leaved evergreen forests of Australia. In: OVINGTON, 73–101.

POTTER C. S., RAGSDALE, H. L. und SWANK, W. T. (1991): Atmospheric deposition and foliar leaching in a regenerating southern Appalachian forest canopy. *J. Ecol.* 79, 97–115.

READING et al. (1995), *s.* Lit. zu Kap. 15.

SATOO, T. (1983): Temperate broad-leaved evergreen forests of Japan. In: OVINGTON, 169–189.

SONG, Y. (1995): On the global position of the evergreen broad-leaved forests of China. In: BOX et al., 69–84, *s.* Lit. zu Kap. 5.

SWANK, W. T. und CROSSLEY, D. A. Jr. (eds.) (1988): Forest hydrology and ecology at Coweeta, *Ecol. Stud.* 66, Springer, Berlin, 469 S.

13 Tropisch/subtropische Trockengebiete

13.1 Verbreitung und subzonale Differenzierung

Die Tropisch/subtropischen Trockengebiete umfassen, ähnlich wie die Trockenen Mittelbreiten, neben Wüsten und Halbwüsten auch semi¬aride Übergangsräume (Ökotone) zu den regenreicheren Nachbarzonen: hier die **sommerfeuchten Dornsavannen** und **sommerfeuchten Dornsteppen** im Übergangsbereich zu den Sommerfeuchten Tropen bzw. den Immerfeuchten Subtropen und die **winterfeuchten Gras- und Strauchsteppen** im Übergangsbereich zu den Winterfeuchten Subtropen (Abb. 13.1); für die beiden ersteren, sommerfeuchten Ökotone wird auch die aus Westafrika entlehnte Bezeichnung *Sahel* (oder Sahelzone) verwendet. Für alle diese Übergangsräume sind lichte, höchstens wenige Meter hohe Gehölze (Waldland und Gebüsche) charakteristisch.

Abb. 13.1 *Tropisch/subtropische Trockengebiete.*

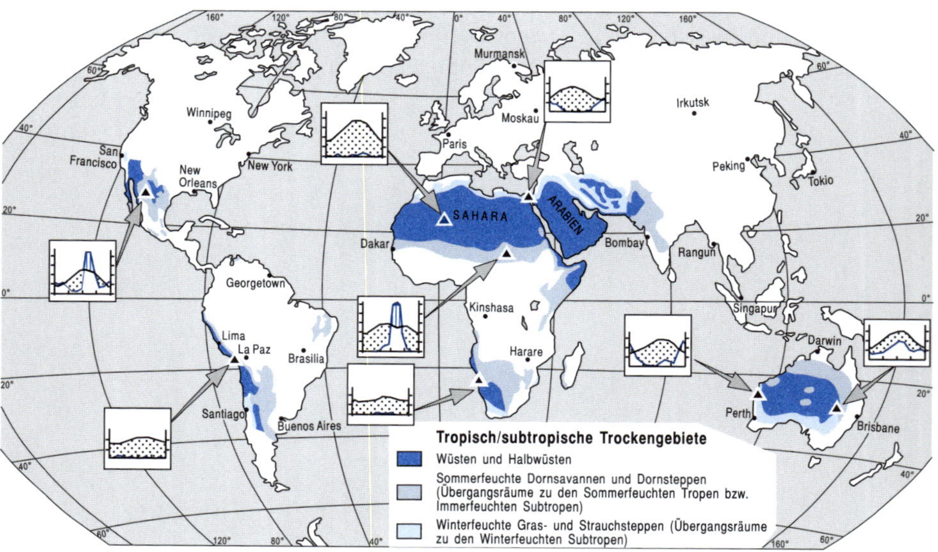

Tab. 13.1. Die äußeren Grenzen und Unterteilungen der Tropisch/subtropischen Trockengebiete in Abhängigkeit von den Jahresniederschlägen (zu den Lagebeziehungen vgl. Abb. 13.5).

	Grenze zwischen	entspricht einem Jahresniederschlag (mm) von etwa
Äquatorwärts	Wüste – Halbwüste	125
	Halbwüste – Dornsavanne	250
	Dornsavanne – Trockensavanne *(Sommerfeuchte Tropen)*	500
Polwärts	Wüste – Halbwüste	100
	Halbwüste – Winterfeuchte Steppen	200
	Winterfeuchte Steppen – Hartlaub-Strauchformationen *(Winterfeuchte Subtropen)*	300

Einen Sonderfall der besonderen Art bilden die sog. **Nebelwüsten**. Es handelt sich dabei um extrem regenarme Landstreifen an den Westküsten der südamerikanischen Atacama und der südafrikanischen Namib, in denen ein Nebelniederschlag eine spärliche Vegetation zulässt. Der Nebel entsteht dort fast täglich, ausgelöst durch kalte Meeresströmungen aus antarktischen Gewässern (Humboldtstrom in S-Amerika und Benguelastrom in S-Afrika), über denen sich die Luft so weit abkühlt, dass ihr Wasserdampf kondensiert. Davon profitieren insbesondere solche (meist Niederen) Pflanzenarten, die zur Wasseraufnahme direkt über ihre Sprosse befähigt sind.

Die Gesamtfläche der Tropisch/subtropischen Trockengebiete einschließlich der ökotonalen Übergangsräume beläuft sich auf 31 Mio. km^2 oder 20,8% der Festlandsfläche der Erde.

Die äußeren Grenzen[1] und die Unterteilungen im Inneren folgen in etwa den in der Tab. 13.1 genannten **Jahresniederschlägen**. Die niedrigeren Schwellenwerte in den polwärtigen Grenzgebieten erklären sich aus den dort geringeren Lufttemperaturen und dementsprechend niedrigeren Transpirationsbelastungen für die Pflanzen.

13.2 Klima

Im Unterschied zu den Trockenen Mittelbreiten erklärt sich die Verbreitung der meisten tropischen und subtropischen Trockengebiete unmittelbar aus der planetarischen Luftzirkulation: Fast alle heißen Trockengebiete liegen zumindest mit ihren Kerngebieten innerhalb eines beiderseits des nördlichen und südlichen Wendekreises um die Erde verlaufenden, also **subtropisch-randtropischen Hochdruckzellengürtels**.

Für die Hochdruckzellen ist ein beständiges und kräftiges Absinken von Luft charakteristisch. Demzufolge ist die Luft warm und trocken und die Schichtung der Atmosphäre bis in große Höhen stabil. Thermische Konvektionen führen daher nur selten zur Wolkenbildung oder gar zu Niederschlägen. Entsprechend liegt der mittlere jährliche Bewölkungsgrad weithin mit weniger als 30%, stellenweise sogar weniger als 20% außerordentlich niedrig, und die Jahressummen der Sonneneinstrahlung (Globalstrahlung) sind höher, als sie sonst in

[1] Zur Abgrenzung der Tropisch/subtropischen Trockengebiete gegenüber den Trockenen Mittelbreiten und den Sommerfeuchten Tropen vgl. auch Kap. 10.1 und Kap. 14.1.

gleicher Breite oder selbst in den äquatornäheren Ökozonen der Sommerfeuchten und der Immerfeuchten Tropen auftreten.

Ein großer Teil der am Boden auftreffenden Sonnenstrahlung wird allerdings unmittelbar reflektiert: Trockengebiete haben durchweg höhere **Albedos** als humide Gebiete, wenn auch im Einzelnen, je nach Bodenfarbe, -textur und -feuchte sowie nach Vegetationsbedeckung, beträchtliche Unterschiede auftreten können. In den Wüsten liegt die Albedo gewöhnlich zwischen 25 und 30 %. Dementsprechend sind die Energieeinnahmen – gemessen an der hohen Globalstrahlung – relativ gering.

Wenn es tagsüber trotzdem zu einer **außerordentlich starken Erhitzung der Landoberfläche** (von Boden, Gestein und Pflanzen) kommt, so liegt das daran, dass bei dem gegebenen trockenen Substrat

(a) die absorbierte Strahlungsenergie nahezu vollständig in fühlbare Wärme umgewandelt wird (kaum latenter Wärmefluss wie sonst bei der Verdunstung aus feuchten Substraten; Abb. 13.2) und

(b) die Wärmeleitfähigkeit und -kapazität der Böden (viele isolierende, da luftgefüllte Hohlräume) gering sind, sich die Energieeinnahmen daher auf die obersten Zentimeter konzentrieren.

Mit hohen Oberflächentemperaturen steigt andererseits auch die Ausstrahlung (*Wärmeabstrahlung*) und erhitzt die bodennahen Luftschichten in einem einzigartigen (‚unerträglichen') Ausmaß.

Völlig anders liegen die nächtlichen Bedingungen: Da die atmosphärische *Wärmerückstrahlung* infolge geringer Feuchtegehalte der Luft außerordentlich klein bleibt (Wasserdampf ist das mit Abstand wichtigste Treibhausgas der Atmosphäre; ist auch die *Netto-Ausstrahlung* (effektive Ausstrahlung) sehr hoch. Dies führt dann zu extrem negativen

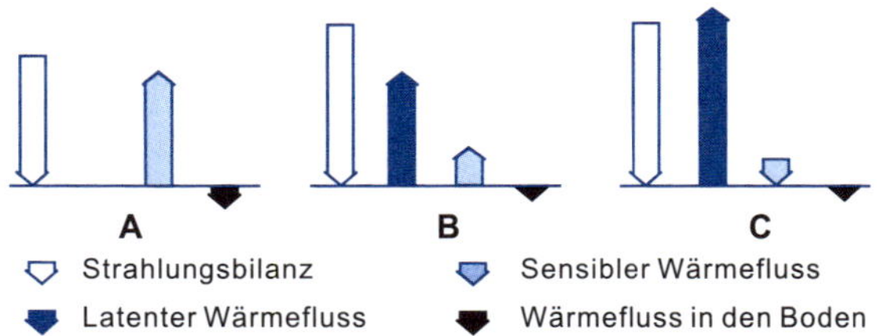

Abb. 13.2
*Strahlungs- und Energiehaushalt in einer Wüste (A), einem humiden Gebiet (B) und einer Oase (C), jeweils zur Mittagszeit (ROUSE 1981). Die abwärts gerichteten Pfeile stehen für Energieeinahmen, die aufwärtsgerichteten für Energieabgaben. Der Energiehaushalt der Wüste bildet insofern eine Besonderheit, als die **Abgabe latenter Wärme** im Maße abnehmender Feuchtigkeit gegen Null gehen kann, während in humiden Klimaten und Oasen gerade diese Energietransfers meist die wichtigsten Abgabeposten stellen. Dementsprechend ist der Anteil der absorbierten Strahlung, der in Wüsten zur Erwärmung führt (Transfer **sensibler** Wärme), relativ - und bei durchweg deutlich positiver Strahlungsbilanz - auch absolut sehr hoch (vgl. auch Kasten 1, Seite 32).*
*Beim Vergleich von Oasen und humiden Gebieten fällt auf, dass die latenten Wärmeabgaben in den Ersteren noch höher liegen und sogar die Menge der an Ort und Stelle empfangenen Strahlungsenergie übersteigen können. Dies erklärt sich daraus, dass hier heiße, trockene Luftströmungen aus der Umgebung (sensible) Wärme zuführen (advektive Energiezufuhr) und somit zusätzliche Energie für die Verdunstung und Erwärmung (Pfeil für sensiblen Wärmefluss nach unten gerichtet) verfügbar wird. Dieser **Oaseneffekt** (der sich ebenso in den schmalen Feuchtezonen von Fremdlingsflüssen bemerkbar macht) bedeutet auch, dass die Wasserverluste von Wasserreservoiren und Bewässerungsprojekten viel größer sein können, als sich allein aus den Strahlungseinnahmen an diesen Orten errechnen.*

Strahlungsbilanzen (siehe Kasten 1, Seite 32), in deren Gefolge dann die Temperaturen rapide absinken. Die **täglichen Temperaturamplituden sind daher hoch**. Dementsprechend spielt zum Beispiel die Temperaturverwitterung (Insolationsverwitterung) eine vergleichsweise große Rolle.

Eine weitere Konsequenz geringer Bewölkung und Luftfeuchte ist, dass der Anteil, den die **direkte Einstrahlung** an der Globalstrahlung hat, im Jahresmittel den außerordentlich hohen Wert von rund 75% und mehr erreicht. Damit erhalten geneigte Landoberflächen je nach ihrer Exposition einzigartig unterschiedliche Strahlungseinnahmen. Entsprechend deutlich unterscheiden sich hier Erwärmung und Verdunstung. Die regionalen Verbreitungsmuster der Vegetationsbedeckung und des Verwitterungsschuttes (insbesondere der Insolationsverwitterung) sind zumeist augenfällige Zeugen für diese Unterschiede.

Für die Verteilung der **Niederschläge** über das Jahr und den Raum sowie für die sich im Laufe eines Jahres daraus für jedes einzelne Teilgebiet ergebenden Regensummen gilt ein Höchstmaß an **Variabilität**, d.h. an Unsicherheit und Stress für Pflanzen und Tiere und damit letztlich auch für viele der dort lebenden Menschen. Trockenheiße Ökosysteme gelten daher als primär feuchteabhängige Systeme. Alle übrigen Umweltparameter wie z.B. Lufttemperatur, Sonneneinstrahlung und – abseits von Gebirgen und Dünengebieten – vielfach auch das mineralische Nährstoffangebot der Böden sind weithin und über das ganze Jahr günstig (oder zumindest nicht limitierend).

Eine ökologische Beurteilung von Niederschlagsdaten hat neben der Variabilität auch die **Effektivität** von Niederschlagsereignissen zu beachten: Pflanzen können in der Regel nur dann Nutzen aus Regenfällen ziehen, wenn (etwa) mindestens 10 mm an einem Stück fallen. Andernfalls zehrt die Evaporation das Regenwasser auf, bevor es von den Wurzeln aufgenommen werden kann oder diese vom einsickernden Wasser überhaupt erreicht werden.

13.3 Relief und Gewässer

In den Wüsten und Halbwüsten aller Trockengebiete führen Wind und Wasser zu erheblichen Umlagerungen von Boden- und Gesteinsmaterial, da eine schützende (festigende) Vegetationsbedeckung fehlt oder höchstens lückenhaft ausgebildet ist.

13.3.1 Verwitterungsprozesse, Hartkrusten und Verwitterungsrinden

Chemische Verwitterungsprozesse sind, worauf schon der Salzgehalt vieler Verwitterungsprodukte und Böden hinweist, auch in Trockengebieten durchaus vorhanden. Sie stehen in *Ebenen und auf Talsohlen*, wo mangels Abtragung Regolithdecken entstehen konnten, gegenüber mechanischen Verwitterungsprozessen sogar im Vordergrund, bleiben aber nach ihrer absoluten Größenordnung aufgrund des fast immer und überall bestehenden Feuchtemangels von geringer und – auf den Gesamtraum bezogen – nachgeordneter Bedeutung.

Andererseits sind ihre Produkte weit stärker als anderswo vertreten: Denn da sie kaum weggeführt (ausgewaschen) werden, können sie sich, eventuell unterstützt durch aszendierende Bodenwasserbewegungen, örtlich in oberflächennahen Bodenschichten anreichern und dort gegebenenfalls verhärten oder zu Verhärtungen führen. Neben Anreicherungshorizonten aus leichtlöslichen Salzen (hauptsächlich Natriumchloriden) entstehen so beispielsweise auch harte **Krusten** *(duricrusts)* aus $CaCO_3$-reichem (Calcrete), $CaSO_4$-reichem (Gypcrete) oder SiO_2-reichem Material (Silcrete).

Mechanische Verwitterungsprozesse wie Salz- und Temperaturverwitterung, dominieren auf *geneigten Flächen*, wo die Abtragung das anstehende Gestein immer wieder freilegt. Die **Salzverwitterung** (Salzsprengung) beginnt damit, dass Regen- oder Tauwasser über Poren und Haarrisse in das Gestein einsickert und dort zuvor (über hydrolytische Verwitterungsprozesse) gebildete Salze und andere Stoffe löst. Mit dem in Trockenphasen kapillar aufsteigenden Porenwasser werden diese Salze dann in die äußere Gesteinsschicht geleitet, wo sie bei fortschreitendem Wasserverlust oder Temperaturerniedrigung auskristallisieren. Der dabei entstehende Kristallisationsdruck bewirkt beispielsweise körnigen Zerfall von Sandstein. Er wird noch verstärkt, wenn die wachsenden Salzkristalle hydratisiert werden.

Durch kapillaren Aufstieg von Lösungen aus dem Gesteinsinneren können unter bestimmten Umständen auch (metallisch schwarze bis rotbraune) **Hartrinden** (*Wüstenlack*) aus Eisen- und Manganoxiden entstehen.

Bei der **Temperaturverwitterung** (Temperatursprengung, Thermoklastik) führen Volumenänderungen infolge von Temperaturänderungen (*thermische Expansion und Kontraktion*) zu Spannungen im Gestein, die sich wohl zumeist im Zusammenwirken mit chemischen und weiteren physikalischen Prozessen[2] in *feinkörnigem Zerfall* (Abgrusen), *Feinabschuppung* (thermische Exfoliation, Desquamation), *schaligem Abplatzen* (Grobabschuppung: Ablösung von einigen Dezimetern bis zu wenigen Metern dicken Platten) oder *Blockzerfall* (Kernsprüngen) entladen können.

Durch die mechanischen Verwitterungsprozesse entsteht ein **scharfkantiger Schutt** in Block- bis Sandgröße. Da das abfließende Niederschlagswasser für den Abtransport (durch Spüldenudation und Erosion) häufig nicht ausreicht, bleiben mehr oder weniger mächtige residuale Blockschuttdecken auf den Gebirgen und Bergländern sowie **Blockhalden** an deren Fuß erhalten. In Felswüsten (Hamadas) können diese Schuttmengen so stark anwachsen, dass die Gebirge darin zu ‚ertrinken' drohen.

---

[2] Mit der nächtlichen Abkühlung werden Wassermoleküle in feinen Haarrissen des Gesteins an den Grenzflächen von Silikaten adsorbiert. Die so entstehenden, vielleicht nur wenige Hundert Picometer (1 pm = 10^{-12} Meter) dünnen Wasserschichten haben einen Spreizungsdruck von mehreren 100 MPa (Zepp 2003, S 203). Tagsüber wird das Wasser wider desorbiert.

13.3.2 Äolische Prozesse

Trockenheit und Vegetationsarmut begünstigen **äolische Prozesse**. Die hierdurch geschaffenen Formen gehören zu den auffallendsten, wenn auch keinesfalls häufigsten Erscheinungen der Wüsten und Halbwüsten (sind aber andererseits nirgends häufiger als dort). Sie treten gewöhnlich in den Vordergrund, wenn die geomorphologische Wirksamkeit von fließendem Wasser gering ist.

Windtransport

Der Wind bewegt **Sandkörner** entweder direkt, indem er sie vom Boden abhebt und in einer (selten mehr als einen Meter hohen) flach gestreckten Kurvenbahn etappenweise (springend) mitführt (**Saltation**) oder indirekt dadurch, dass er sie über die Aufprallwirkung der springenden Sandkörner millimeterweise vorwärts schiebt; bei häufiger Wiederholung entsteht dann eine Art Kriechbewegung (**Reptation**) (Abb. 13.3). Die Anteile von Saltation und Reptation an der Sandbewegung liegen bei etwa 3 : 1.

Im Unterschied zum Sand wird **Staub** (etwa bis Schluffgröße) „als echte Schwebfracht durch die Turbulenz der Luft in *Suspension* gehalten und in große Höhen und über große Entfernungen verfrachtet." (Ahnert 2003, Seite 161).

Äolische Abtragungs- und Akkumulationsprozesse

Die geomorphologische Wirkung des Windes lässt sich in drei Teilvorgänge gliedern, die jeweils ihre eigenen Formen erzeugen: Deflation, Windschliff und Windablagerung.

Die **Deflation**, also Ausblasung (Auswehung) von Lockermaterial, steht am Anfang von jeder Windtätigkeit. Bei großflächigem Abtrag kann sie – durch selektive Auswehung des Feinmaterials aus

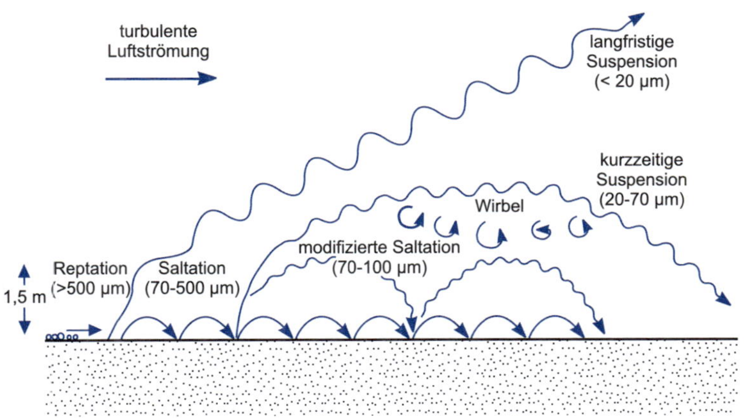

Abb. 13.3
Die Arten des Windtransports (Pye 1987). Die Größenangaben beziehen sich auf die Durchmesser der jeweils bewegten Teilchen.

einem ursprünglich unsortierten Regolith – zur Entstehung von ausgedehnten *Wüstenpflastern* (Steinbedeckung [Steinpflaster] der Landoberfläche) oder – in tiefgründig feinkörnigem Substrat – von *Deflationswannen* (flache, meist langgestreckte Hohlformen) führen. Lokal verursacht sie *Windrisse* (anfänglich enge Einschnitte in Dünen). Manche der sog. Kieswüsten (Serir, Reg) gehen auf Deflation, zumindest auf deren Mithilfe zurück.

Der vom Wind transportierte Sand übt eine schleifende Wirkung (vergleichbar einem Sandstrahlgebläse) auf Felsen und Steine aus. Dieser als **Windschliff** (Windkorrasion, Windabrasion) bezeichnete Teilprozess des Windtransports beschränkt sich naturgemäß auf den Höhenbereich der Saltation, reicht also bei den meisten Sandstürmen nur wenige Dezimeter (höchstens etwa zwei Meter) hoch und wirkt demzufolge ausschließlich auf den Sockelbereich von Felsen. Hier allerdings vermag er tiefe *Hohlkehlen* zu erzeugen, die zur Ausbildung von sog. *Pilzfelsen* führen, wenn sie bei wechselnden Windrichtungen allseitig an einzeln stehenden Felsen angelegt werden. Herrscht eine bestimmte Windrichtung vor, so können im anstehenden Fels *Yardangs* entstehen, d.s. stromlinienförmige Korrasionsrücken, die durch schmale Windgassen voneinander getrennt sind. Facettenartig zugeschliffene Einzelsteine an der Bodenoberfläche werden als *Windkanter* bezeichnet.

Durch **Windablagerung von Sand** entstehen z.B. *Dünen*, die sich in der Regel zu größeren Komplexen zusammenschließen. Diese *Sandwüsten* (Ergs) nehmen mancherorts Flächen von über tausend Quadratkilometern ein, haben aber dennoch selten mehr als ein paar Prozent (und höchstens ein paar Zehnerprozent) Flächenanteil an den Wüsten, in denen sie vorkommen.

13.3.3 Flussarbeit und Spüldenudation

Trotz der Seltenheit und höchstens kurzen Dauer von Abflussereignissen[3] sind Umlagerungen durch fließendes Wasser selbst in den trockensten Gebieten meist bedeutsamer als äolische. Dies hängt damit zusammen, dass kurzfristig gewöhnlich hohe Fließgeschwindigkeiten erreicht und dann beträchtliche Sand- und Geröllmengen bewegt werden. So sind in den von Blockdecken eingehüllten (Insel-) Bergländern stets auch tiefe *Kerb- und Sohlenkerbtäler* eingeschnitten und im Vorland durch (flächenhaft wirkende) Spüldenudation und Seitenerosion sanft geneigte *Bergfußflächen (Felsfußflächen, Pedimente)* eingeebnet worden, auf die weiter unterhalb flach eingetiefte Tal-

[3] Für den Abfluss in Trockengebieten ist, abgesehen von Fremdlingsflüssen, typisch, dass er episodisch verläuft, d.h. im Wesentlichen von oberflächlich (oder oberflächennah) den Flüssen zufließendem Regenwasser gespeist wird, also an bestimmte Niederschlagsereignisse geknüpft ist und nach deren Ende bald wieder aufhört (aber unterirdisch länger anhalten mag).

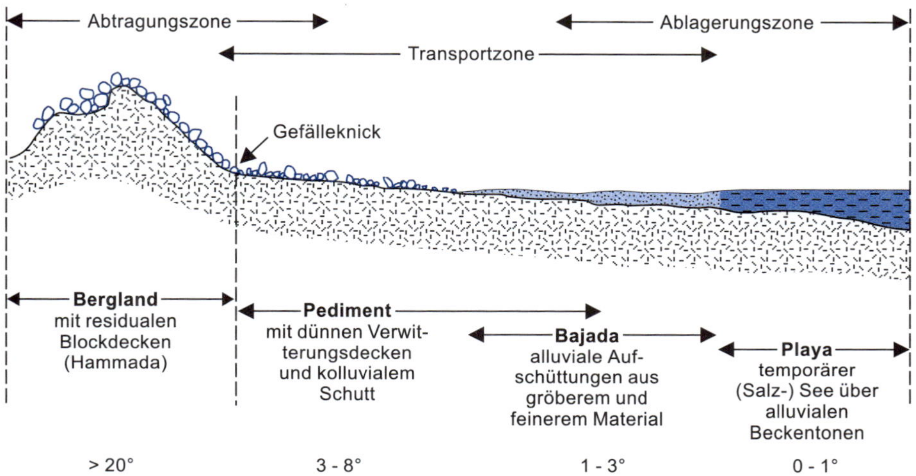

Abb. 13.4
Typische Reliefsequenz (arid-morphologische Catena) der Trockengebiete (Gradzahlen = ungefähre Hangneigungen).

sohlen von Vorflutern oder *sedimentäre Becken als Endwannen (Endseen) der Entwässerung* folgen (Abb. 13.4). Dort, wo die Täler aus den Bergländern in die Ebenen austreten und dabei so viel an Gefälle verlieren, dass sie einen Teil ihrer Fracht ablagern müssen, sind in der Regel mächtige *Schwemmfächer (Serir, Reg)* oder auch steiler geböschte *Schwemmkegel* aufgebaut worden. Ihr Material besteht, wegen der nur stoßweisen Wasserführung der Flüsse, aus überwiegend gröberen, kaum kantengerundeten Schottern und Sanden.

Die Menge des auf einem Hang jeweils (bei einem hinreichend langen und ergiebigen Niederschlagsereignis) **oberflächlich abfließenden Wassers ist** (u.a.) **von der Distanz zum Hangscheitel und der Infiltrationskapazität der Hangoberfläche abhängig**. Von den obersten, meist wenig durchlässigen (da vielfach felsigen) Berghängen fließt (fast) das gesamte Regenwasser (lediglich gemindert um die Evaporationsverluste) oberflächlich ab. Das heißt, der Oberflächenabfluss steigt, gespeist aus dem Niederschlagswasser und dem Zufluss von oberhalb, ziemlich linear mit der Hangstreckenlänge. Eine nennenswerte Infiltration setzt erst ein, sobald der Hang mit Kolluvium bedeckt ist. Sie erhöht sich dann mit der gewöhnlich hangabwärts zunehmenden Mächtigkeit des Kolluviums. Der Overland Flow sinkt, sobald die Infiltrationskapazität die Niederschlagsrate übersteigt. Ab hier nimmt der Boden nicht nur das unmittelbar auftreffende Regenwasser, sondern zusätzlich Teile des zufließenden Wassers auf. In welchem Hangteil dies der Fall ist, hängt von der Permeabilität und Mächtigkeit (Wasseraufnahmefähigkeit) des Regoliths ab. Die Vegetation zeigt auffällig (insbesondere durch höhere Bedeckungsgrade), wo das meiste von oben zufließende Wasser versickert und daher relativ feuchte Hangabschnitte entstehen. Sie verdeutlicht damit zugleich den räumlichen Wechsel der morphodynamischen Hangprozesse (von Abtragung zu Ablagerung). Die Gunstzone endet hangabwärts dort, wo der Gewinn durch zufließendes Wasser aufhört.

Im Unterschied zu den Sommerfeuchten Tropen, wo ebenfalls die Flächenspülung dominiert (siehe Kap. 14.3.1), sind in den Trockengebieten die Verwitterungsdecken und kolluvialen Auflagerungen auf den Pedimenten sowie die alluvialen Ablagerungen der Bajadas grobkörniger, da die chemische Gesteinsaufbereitung langsamer abläuft. Die Wirksamkeit der Spüldenudation ist dadurch herabgesetzt; außerdem steht weniger Wasser für die Abtragung zur Verfügung. Damit mag zusammenhängen, dass es in ariden Gebieten offenbar seltener zu einer Verschmelzung benachbarter Pedimente oder von radialen Pedimenten eines Berglandes nach dessen Aufzehrung zu ausgedehnteren (aus Einzelpedimenten zusammengesetzten) **Pediplains** kommt. Die eingerumpften Flächen der Trockengebiete sind daher gewöhnlich keine selbständigen Reliefelemente; meist sind sie, wie beschrieben, die mittleren Glieder einer catena-ähnlichen Sequenz.

13.4 Böden

In den **extremen Trockengebieten** ist neben der allgemeinen Trockenheit, die eine Bodenentwicklung grundsätzlich verzögert, der Wind wichtigster ‚Störfaktor' für die Pedogenese. Er bewirkt Umlagerungen von Boden- und Gesteinsmaterial (Auf- und Auswehungen), wobei eine Sortierung nach Korngrößen erfolgt (so dass z.B. Lössdecken, Flugsandfelder oder Steinpflaster entstehen). Böden haben sich in jedem Falle nur dort zu entwickeln vermocht, wo äolische Umlagerungen seit längerer Zeit unbedeutend waren. Doch bleiben sie auch dort für gewöhnlich flachgründig, grobkörnig, salzhaltig und ausgesprochen humusarm. Nach der Weltbodenkarte der FAO-UNESCO (1971–1981) gehören sie zumeist (sowohl in den Wüsten der Mittelbreiten als auch in denen der Tropen/Subtropen) zu den **Yermosolen** (span. *yermo* = Wüste).

In den **semi-ariden Randgebieten** (Dornsavannen, Dorn- und Strauchsteppen), in denen unter natürlichen Umständen eine mehr oder weniger geschlossene Pflanzendecke auftritt, spielt der Wind kaum noch eine Rolle für die Bodengenese. Wichtiger wird dort der **Wasserfaktor**, der über eine Umverteilung des Niederschlagswassers (als Folge von Oberflächenabflüssen nach Regenfällen) und über damit verbundene Abspülung und Sedimentation kleinräumig beträchtlich variierende Feuchteunterschiede im Boden und (stoßweise) beachtliche Materialumlagerungen bewirken kann. Unter diesen Bedingungen ist die Bodenentwicklung differenzierter verlaufen. Am weitesten verbreitet sind hier – wiederum nach der Weltbodenkarte – die **Xerosole**, mit einem gegenüber den Arenosolen leicht humusreicheren A-Horizont.

In der neueren WRB-Klassifikationen von 2014 sind die im Wesentlichen nach klimatischen Kriterien definierten Xerosole und Yermosole durch mehrere RSGs ersetzt worden, die vorrangig nach pedogenetischen Merkmalen („Identifikatoren") bestimmt sind. Dies sind (u. a.) die Hauptbodengruppen Arenosole, Calcisole, Durisole, Gypsisole, Solonchake und Solonetze (zu den beiden letzteren siehe Kap. 10.4.2) sowie die azonalen Fluvisole, Leptosole, Planosole und Regosole (siehe Kasten 2, Seite 51–55 sowie Kap. 7.4 und 9.4). Die für die Sommerfeuchten Tropen typischen Vertisole haben sich in manchen Niederungen der semi-ariden Dornsavannen, die jener Ökozone unmittelbar benachbart liegen (siehe Kap. 14.4.2), entwickelt. Andererseits fehlen die für die Steppen jener Ökozone genannten humusreichen Phaeozeme, Chernozeme und Kastanozeme. In den Tropisch/subtropischen Trockengebieten sind alle Böden ausgesprochen humusarm.

Arenosole (lat. *arena* = Sand) sind schwach entwickelte, grobtexturierte und extrem tonarme Böden, die sich meistens aus äolisch umgelagerten oder in situ durch Verwitterung aus quarzreichen Gesteinen entstandenen Sanden entwickelt haben. Auch können alte Entwicklungsstadien anderer RSGs (z. B. Ferralsole und Acrisole) zum Ausgangsmaterial von Arenosolen werden, wenn (fast) alle Tone in deren Oberböden weitgehend verwittert oder ausgewaschen sind. Die Bodenprofile zeigen kaum Differenzierungen. Auf die schwach humosen und daher meist hell gefärbten (A)-Horizonte mit Einzelkorngefüge können schwach ausgebildete B-Horizonte folgen. Sowohl die Nutzwasserkapazitäten als auch die Nährstoffvorräte sind außerordentlich gering. Künstliche Bewässerungen und Düngungen sind wegen der hohen Sickerverluste bzw. niedrigen KAK_{pot} problematisch.

Calcisole, Gypsisole und **Durisole** (lat. *durus* = hart) sind durch Unterböden mit Ausfällungen von Calcium- (und weiteren) Carbonaten, Calciumsulfaten ($CaSO_4 \cdot 2H_2O$) bzw. Siliciumoxiden (sekundäre Quarze, Opale) gekennzeichnet. Diese entstehen durch Abwärtsverlagerungen (mit perkolierendem Wasser) von entsprechenden Lösungsprodukten aus den Oberböden. Ihre Konsistenz kann pulvrig-locker bis zementiert-hart in Form von Konkretionen (Nodulen) oder Krusten (*duricrusts, duripans, hardpansm;* siehe Kap. 13.3.1) sein. Alle drei Bodeneinheiten haben ihre Hauptverbreitung in den semi-ariden Übergangsräumen der Tropisch/subtropischen Trockengebiete, treten aber auch (seltener) in den Randgebieten der Trockenen Mittelbreiten auf.

13.5 Vegetation und Tierwelt

Ungefähr drei Fünftel der Tropisch/subtropischen Trockengebiete werden von **Wüsten** und **Halbwüsten** eingenommen. Diese stehen dementsprechend im Vordergrund der folgenden Darstellung.

Die semi-ariden Randsäume sind danach zu unterscheiden, ob sie Winter- oder Sommerregen erhalten, d.h. in die **Gras-** und **Strauchsteppen** der mediterranen Subtropen einerseits und die **Dornsteppen** und **Dornsavannen** der Subtropen bzw. Tropen andererseits. Die Ersteren schließen überall dort polwärts an die tropisch/subtropischen Halbwüsten und Wüsten an, wo sie an die Winterfeuchten Subtropen grenzen, während die tropischen Dornsavannen äquatorwärts, im Übergangsbereich zu den *echten* Savannen der Sommerfeuchten Tropen, anschließen. Die Hauptverbreitung der subtropischen Dornsteppen liegt dagegen östlich der subtropischen Wüsten/Halbwüsten, im Übergangsbereich zu den Immerfeuchten Subtropen (Abb. 13.5). Von dort gehen sie äquatorwärts nahtlos in Dornsavannen über (vgl. Abb. 13.1).

Eine Abgrenzung der genannten Formationstypen lässt sich nach dem **Deckungsgrad der perennen Vegetation** sowie dem **Vorkommen und der Verteilung von Bäumen** vornehmen (Tab. 13.2).

- Für Wüsten und Halbwüsten gelten *Deckungsgrade des Graswuchses* von etwa 50% als Obergrenze. Bäume kommen vor, konzentrieren sich aber auf Trockentäler und Fußzonen von Bergländern. Die Verteilung der krautigen Pflanzen und Zwergsträucher kann dagegen ziemlich gleichmäßig (diffus) sein. In diesem Fall spricht man von *Halbwüsten*. Der Übergang zu *Wüsten* erfolgt dort, wo größere zusammenhängende Flächen ohne Dauervegetation auftreten, d.h. wo sich eine insgesamt kontrahierte Vegetation (siehe Abb. 13.7) einstellt. In der Regel bedeckt diese weniger als 10% der Fläche. In extremen Wüsten fehlt jeglicher Pflanzenwuchs (jedenfalls von Höheren Pflanzen).
- Bei Deckungsgraden des Graswuchses von über 50% (aber nach wie vor lückigem Bestand – im Unterschied zu echten Savannen) folgen die genannten *Steppentypen* bzw. *Dornsavannen*. Für alle von ihnen ist außerdem charakteristisch, dass auch die Bäume (von einem linienhaften) zu einem clusterhaften (in Senken) und schließlich flächenhaften Verteilungsmuster übergehen und dann zu einem das Landschaftsbild überall beherrschenden Element werden können.

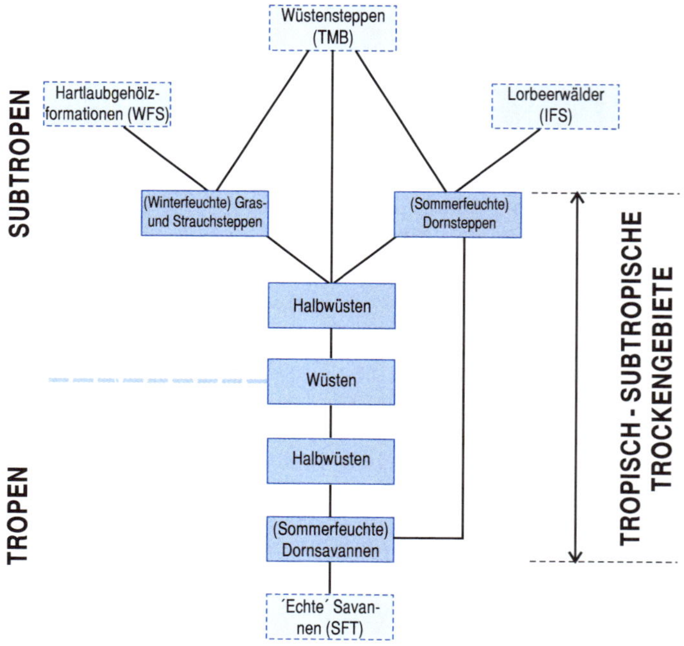

Wüstensteppen (TMB)
Hartlaubgehölzformationen (WFS)
Lorbeerwälder (IFS)
SUBTROPEN
(Winterfeuchte) Gras- und Strauchsteppen
(Sommerfeuchte) Dornsteppen
Halbwüsten
Wüsten
Halbwüsten
TROPEN
(Sommerfeuchte) Dornsavannen
´Echte´ Savannen (SFT)
TROPISCH - SUBTROPISCHE TROCKENGEBIETE

Abb. 13.5
Übersicht zur Vegetationsgliederung der Tropisch/ subtropischen Trockengebiete, einschließlich der zonalen Pflanzenformationen, die in den benachbarten Ökozonen anschließen (TMB = Trockene Mittelbreiten, WFS = Winterfeuchte Subtropen, IFS = Immerfeuchte Subtropen, SFT = Sommerfeuchte Tropen). Die Anordnung entspricht den für die Nordhemisphäre typischen Lagebeziehungen, wie sie sich aus der großklimatischen Differenzierung der Tropen/Subtropen herleiten. Für die Südhemisphäre ist die N-S-Abfolge um 180° zu drehen, nicht aber die W-E-Abfolge der Subtropen. Letztere ist auf beiden Hemisphären gleich ausgerichtet. Zwischen benachbarten Pflanzenformationen (siehe Strichverbindungen zwischen den Kästen) sind gewöhnlich breite Übergangssäume ausgebildet, die eine linienhafte Trennung unmöglich machen.

Tab. 13.2. Unterteilungen der Tropisch/subtropischen Trockengebiete nach Vegetationsmerkmalen (vgl. auch Tab. 13.1). **Zum Vergleich Savannen der Sommerfeuchten Tropen.**

Merkmale	Wüste	Halbwüste	Dornsavanne Dornsteppe Strauchsteppe	‚Echte' Savanne der Sommerfeuchten Tropen
Deckungsgrad der Vegetation (in %)	meist <10	10–50	>50, aber lückig	100
Verteilung von Zwergsträuchern und perennen Kräutern	kontrahiert ——	diffus	——	geschlossen
Mengenanteile (%) von Chamaephyten an der Krautschicht	——	meist weit >50	——	gegen Null
Therophyten (Ephemere)	artenarm ——	artenreich	——	artenarm
Verteilung von Bäumen	linienhaft (Trockental, Gebirgsfuß)		elusterhaft bis weitabständig	
Wuchshöhe				
Zwergsträucher und Kräuter	——	<50 cm ——	<80 cm	80 bis >200 cm
Bäume und Sträucher	——	wenige Meter ——	5–10 m	10–20 m
Phytomasse der perennen Graminoiden[a] (pro Grundfläche)	extrem niedrig	sehr niedrig	max. 2–5 t ha^{-1}	meist >5 t ha^{-1}
Wurzel/Spross-Verhältnis	2–5	←——	——	≈1
$PP_{N\ oberird.}$ (Graminoide)				
– pro Millimeter Jahresniederschlag (kg $ha^{-1}a^{-1}$)[b]	0–1	1–3	4	5–7,5
– gesamt (t $ha^{-1}a^{-1}$)	——	meist <1 ——	1–2,5	>2,5

[a] Grasähnliche Pflanzen; hier gemeint: Grasfluren einschließlich der darin vorkommenden sonstigen krautigen Pflanzen.

[b] Regennutzungseffizienz

13.5.1 Vegetation und Bodenwasserhaushalt

Die **Wasserverfügbarkeit** kann regional und örtlich erheblich von dem abweichen, was der klimatische Wasserhaushalt (im Wesentlichen Differenz aus Freilandniederschlägen und potentieller Verdunstung) vorgibt. Die Vegetation reagiert hierauf mit auffälligen Differenzierungen, deren Spanne wenigstens diejenige der vorstehend beschriebenen zonalen Differenzierungen erreicht.

Wasserverfügbarkeit in Abhängigkeit von Oberflächenabfluss/-zufluss

Aufgrund der spärlichen, bestenfalls lückigen Vegetationsbedeckung treffen viele Regentropfen unmittelbar auf den Boden auf und führen dort, insbesondere wenn es sich um Starkregentropfen handelt, zu einem Auseinanderspritzen oder Wegschleudern von Sand-, Schluff- und Tonpartikeln oder sogar kleinen Bodenaggregaten (**Splash-Prozess**). Als Folge kommt es zu einer Verschlämmung der Bodenoberfläche und damit erheblichen Reduzierung der Infiltrationskapazität. Für Trockengebiete (wie auch für wechselfeuchte, also nur saisonal trockene Gebiete) ist daher charakteristisch, dass hohe Niederschlagsanteile nicht an der Stelle ihres Auftreffens einsickern, sondern, selbst bei schwachen Neigungen des Geländes, oberflächlich abrinnen und Playas, Trockentälern oder Fußzonen von Gebirgen zufließen (vgl. hierzu Abb. 4.3).

Wie hoch diese Anteile sind, d.h. wie hoch das **Abflussverhältnis** oder der **Abflussfaktor** (Verhältnis von Abfluss zu Niederschlag) ist, hängt von den Intensitäten der Niederschlagsereignisse, der Geländeneigung, dem Deckungsgrad der Vegetation (Rauhigkeit der Bodenoberfläche) sowie den Boden-/Substratmerkmalen Textur und Tiefgründigkeit ab. Die Letzteren bestimmen im Wesentlichen die **maximal mögliche Infiltrationsrate** (Infiltrationskapazität), d.h. die Menge an Regenwasser, die anfänglich und mit Fortgang eines Niederschlagsereignisses pro Zeiteinheit und für die Dauer eines Niederschlagsereignisses in den Boden einzusickern vermag. Der Abflussfaktor ist hoch, wenn der Regolith feinkörnig (lehmig, tonig) ist (oder bloßer Fels ansteht) und die Regenfälle ergiebig, die Hänge steil und die Deckungsgrade der Vegetation gering sind.

Der Oberflächenabfluss verschärft örtlich die Trockenheit, führt aber an anderer Stelle zu mehr oder weniger humiden Feuchteverhältnissen (der Zufluss kann ein Vielfaches dessen betragen, was unmittelbar an Regen fällt). Die räumliche **Konzentrierung von Regenwasser** ist im Hinblick auf die Lebensbedingungen von Pflanzen und Tieren in Wüsten grundsätzlich vorteilhaft: Nur so entstehen zumindest vorübergehend in einigen Abschnitten von Relief- und Pedosequenzen Feuchtebedingungen, unter denen die Entfaltung eines Pflanzenwuchses überhaupt erst möglich wird.

Wasserverfügbarkeit in Abhängigkeit von Bodentextur und Bodentiefe

Die *Bodentextur* nimmt nicht nur Einfluss auf die Infiltrationskapazität, sie entscheidet ebenfalls über den Verbleib des einsickernden Wassers, da von ihr auch das Wasserhaltevermögen des Bodens abhängt.

Ist die **Textur fein** und damit die Feldkapazität hoch, so bleibt die Einsickerungstiefe (und dementsprechend das durchfeuchtete Bodenvolumen) gering; relativ große Anteile des Haftwassers können dann infolge kapillaren Aufstiegs über Evaporation verloren gehen oder sind aufgrund starker Bindung von den Pflanzen nicht nutzbar (siehe Abb. 4.4).

Bei **grober Textur** und damit geringer Feldkapazität liegen die Verhältnisse genau umgekehrt: Das Wasser versickert tief oder zumindest tiefer (verteilt sich also auf ein größeres Bodenvolumen); fast alles Wasser ist grundsätzlich, da überwiegend nur schwach an Bodenpartikel gebunden, nutzbar und durch die austrocknende oberste Bodenschicht vor weiterer Verdunstung geschützt (kein kapillarer Sog) (Abb. 13.6). In Trockengebieten haben Böden auf Gesteinsschutt oder Sanden – unter sonst vergleichbaren Bedingungen – daher günstigere Wasserhaushalte als Böden auf tonreichem Material (vorausgesetzt die Durchwurzelung reicht tief genug).

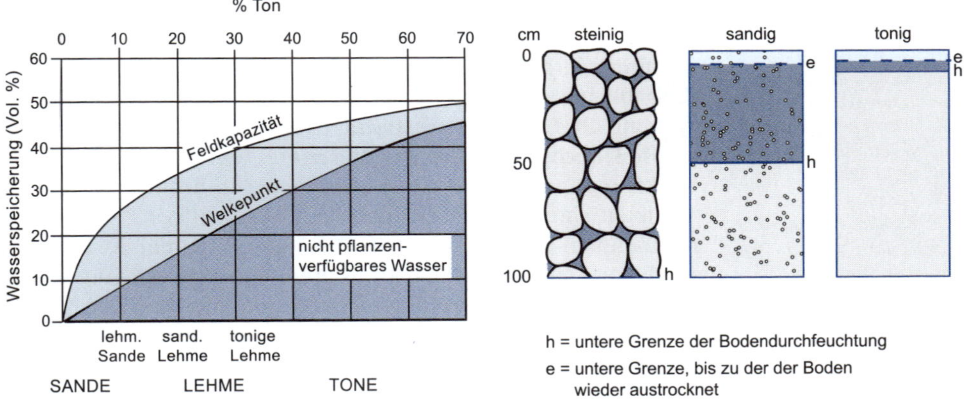

Abb. 13.6

Wasserspeicherfähigkeit von Böden unterschiedlicher Korngrößenzusammensetzungen (nach Achtnich u. Lüken 1986, Walter u. Breckle 1983). Die maximale Haftwassermenge (Feldkapazität) wächst mit abnehmenden Korngrößen, ist also in tonreichen Böden größer als in sandigen und erst recht in steinigen (Annahme bei den Säulendiagrammen: tonig 30%, sandig 10%, steinig 5%). Bei gleicher Regenmenge (Annahme: 50 mm) sickert das Wasser daher umso tiefer ein, je grobkörniger das Bodensubstrat ist (tonig: 10 cm, sandig: 50 cm, steinig: 100 cm). Von dem eingesickerten Wasser ist grundsätzlich nur derjenige Teil für die Pflanzen nutzbar, dessen adsorptive oder kapillare Anbindung im Boden Wurzelspannungen von weniger als 15 bis 60 bar entsprechen (osmotisches Potential). Dies entspricht einem Matrixpotential von -1.5 bis -6 MPa; vgl. auch Abb. 4.4). Im Verhältnis zur jeweiligen Feldkapazität ist dieser Teil in feinkörnigen Böden sehr viel geringer als in lehmigen; in sandigen Böden ist so gut wie alles Haftwasser nutzbar (siehe Kap. 4.2). Nicht verfügbar ist auch jener oberflächennahe Haftwasseranteil, der der Evaporation unterliegt, bevor die Pflanzen ihn aufnehmen können. Dieser Verlust ist in Tonböden am größten (im angenommenen Beispiel rund 50%), viel geringer dagegen in sandigen Böden (10%) und steinigen Substraten (fast 0%), in denen der kappillare Aufstieg gegen Null geht.

Wasserverfügbarkeit in Abhängigkeit vom Salzgehalt der Böden, Salzstress

Laterale Zuflüsse sind für Pflanzen nicht immer vorteilhaft, da sie häufig mit Einträgen von **leicht löslichen Salzen** verbunden sind. Viele Arten reagieren empfindlich auf Bodenversalzungen und selbst die Spezialisten unter ihnen, die **Halophyten** (siehe Seite 242), besitzen ungleiche Fähigkeiten, damit fertig zu werden. Entsprechend kommt es, je nach Salzbelastung (Salzstress; siehe Kap. 10.4.2), zu einer Differenzierung der Vegetationsdecke, die mosaikartig sein kann oder sich saumartig um Salzpfannen oder entlang von Trockenflussbetten anordnet.

Wasserverfügbarkeit in Abhängigkeit vom Pflanzenabstand, kontrahierte Vegetation

Für die Wasserversorgung der einzelnen Pflanze ist auch der Abstand zu den Nachbarpflanzen von Bedeutung, denn hiervon wird weitgehend das Bodenvolumen bestimmt, das ihr als Wurzelraum und damit für die Wasseraufnahme verfügbar ist. Ist der Abstand größer, so hat sie theoretisch die Chance, Niederschlagsdefizite über eine reichere Entfaltung ihres Wurzelsystems mehr oder weniger auszugleichen.

Tatsächlich entspricht in Trockengebieten einem lückigen Pflanzenbestand an der Bodenoberfläche eine viel dichtere, vielfach **lückenlose Durchwurzelung des Bodens**; es besteht dann eine Wurzelkonkurrenz (um das Wasser) anstelle der in humiden Gebieten verbreiteten Sprosskonkurrenz (um das Licht).

Der regional mit zunehmender Trockenheit immer weitabständigere Pflanzenbestand ist daher als eine Art Anpassung zu verstehen. Erst wenn eine Wurzelraumvergrößerung für die ausreichende Wasserversorgung der Pflanze allein nicht mehr ausreicht (etwa ab Jahresniederschlägen von weniger als 100 bis 125 mm), löst sich die **diffuse Pflanzenverbreitung** auf, und nur noch dort, wo oberflächlicher Zufluss und ein günstigeres Wasserhaltevermögen des Bodens überdurchschnittlich feuchte Standorte entstehen lassen, vermag sich noch ein Pflanzenwuchs zu entfalten. Das heißt, es bildet sich eine flecken- oder linienhaft **kontrahierte Vegetation** inmitten vegetationsloser Flächen aus (Abb. 13.7). Je nach Gunst kann die kontrahierte Vegetation lückig (halbwüstenhaft) bis geschlossen (ähnlich der Steppen- oder Savannenvegetation) sein; intensiv und relativ flach wurzenlnde Gräser dominieren auf tonigen Böden, Bäume als extensive Tiefwurzler auf sandigen Substraten.

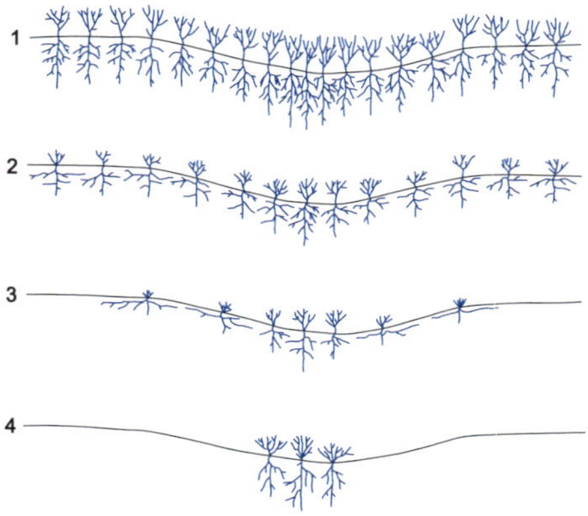

Abb. 13.7 *Schematische Darstellung des Übergangs einer **diffusen** Vegetation (1, 2) in eine **kontrahierte** (3, 4) bei Abnahme der Niederschläge in extrem ariden Gebieten (aus* Walter *u.* Breckle *1983). Im Vergleich mit den weniger trockenen Dornsavannen und Dornsteppen zieht sich die Pflanzendecke in Halbwüsten auseinander (sie wird diffus), wodurch den einzelnen Pflanzen größere Wurzelräume zur Wasseraufnahme verfügbar werden. In Vollwüsten beschränkt sich (kontrahiert) der Pflanzenwuchs auf solche Stellen, wo Wasser oberflächlich (oder auch unterirdisch, wie z.B. in Wadis) zusammenströmt. Die Durchwurzelungstiefe entspricht der Durchfeuchtungstiefe (bzw. der Grundwassertiefe).*

13.5.2 Lebensformen: Anpassungen an Dürre- und Salzstress

In Anpassung an den Dürre- und gegebenenfalls Salzstress haben sich verschiedene Überlebensweisen entwickelt (Abb. 13.8). *Dürre meidende Pflanzen,* d. s. Therophyten (Ephemere) und Pluviogeophyten, verfolgen die Strategie, ihr Wachstum und ihre Reproduktion innerhalb der durchweg nur kurzen Gunstzeiten abzuschließen und so der Gefahr vorzubeugen, dem nächsten Dürrestress zum Opfer zu fallen. Viele perenne (krautige wie holzige) Arten besitzen als Xerophyten oder xeromorphe Halophyten Fähigkeiten zur *Austrocknungsverzögerung bzw. auch zur Wasserspeicherung.* Poikilohydre Pflanzen vermögen als *arido-tolerante Pflanzen* Austrocknung ohne Schaden zu überstehen.

Im Allgemeinen nehmen die Anteile von **holzigen Pflanzen** – vielfach niederwüchsige Sträucher und Halbsträucher (Chamaephyten), aber auch Bäume – sowie von Annuellen (Therophyten) mit abnehmenden Jahresniederschlägen zu, sind also in (Halb-)Wüsten größer als in Grassteppen und Dornsavannen, für die insbesondere die Lebensform der Stauden (Hemikryptophyten), im Wesentlichen Graminoide (‚Grasähnliche'), typisch ist (LARCHER 2001). Eine Auswahl von typischen xerophytischen Gehölz-Wuchsformen zeigt die Abb. 13.9. Allen Pflanzen der Tropisch/subtropischen Trockengebiete ist gemeinsam, dass sich ihr Wachstum – stärker noch als in den Sommerfeuchten Tropen – auf die kurze, oftmals unregelmäßige Zeit mit (und unmittelbar nach) Regenfällen beschränkt. Diese wirken ihrerseits als Auslöser für erneut einsetzendes Wachstum. Dazwischen, und zwar über die meiste Zeit im Jahr, verharren die Pflanzen in einer Art Ruhestand, können also keinen Nutzen aus dem reichen Angebot an Sonnenernergie ziehen. Die Dauer dieser Ruhezeiten ist bei den perennen Kräutern und – erst recht – bei den Gehölz deutlich kürzer als die Länge der jeweiligen Trockenzeiten (Abb. 13.10).

Austrocknungsertragende Xerophyten (poikilohydre Pflanzen)

Viele Niedere (z.B. Algen, Flechten) und auch einige Höhere Pflanzen (Gefäßpflanzen) gehen bei Dürrestress in einen latenten Lebenszustand (Trockenstarre) über. Sie werden erst

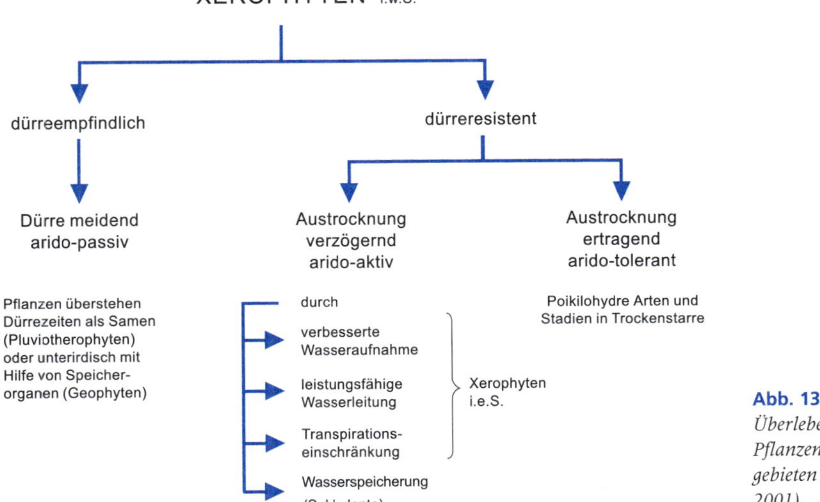

Abb. 13.8 *Überlebensweisen von Pflanzen in Trockengebieten (aus LARCHER 2001).*

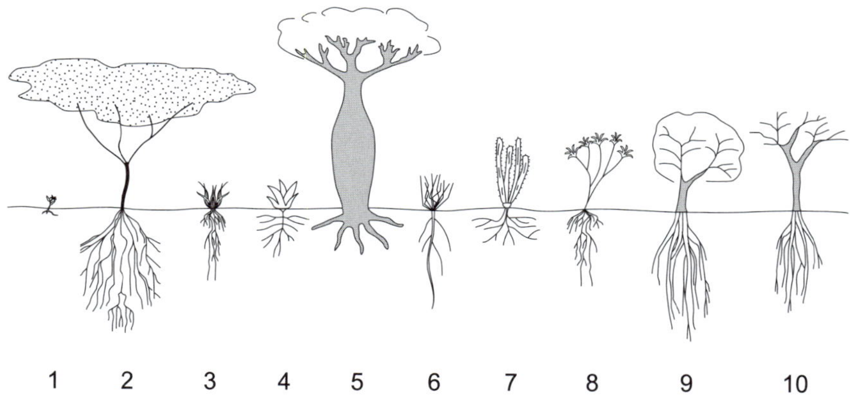

Abb. 13.9
*Charakteristische Wuchsformen der Dorn-Sukkulenten-Savanne (Larcher 2001, u.a.). 1. Pluviotherophyten, 2. Dornige Feinfiederlaub-Schirmbäume/-sträucher (**Acacia**-Typ), 3. Hartgräser mit blattscheide-umhüllten Erneuerungsknospen und ausgreifendem Wurzelwerk (**Aristida**-Typ), 4. Blattsukkulente (**Agaven-/Crassulaceen**-Typ), 5. Wasserholzige, tonnenstämmige Fallaubbäume (**Adansonia-/Chorisia**-Typ), 6. Rutensträucher (**Retama**-Typ), 7. Stammsukkulente (**Kakteen-/ Euphorbien**-Typ), 8. Sukkulentenblättrige Schopfbäume, 9. Immergrüne Bäume/ Sträucher mit tiefgreifendem Wurzelsystem (**Sklerophyllen**-Typ), mit Dornen (**Balanites**-Typ), 10. Regengrüne, häufig verdornte Bäume/Sträucher (**Commiphora**-Typ).*

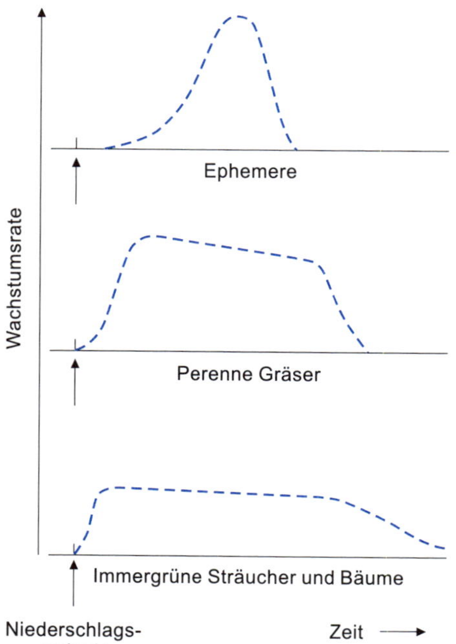

Abb. 13.10
Wachstumsverlauf bei ephemeren Kräutern, perennen Gräsern und immergrünen Holzpflanzen in ariden Gebieten nach einem (ausreichend großen) Niederschlagsereignis (Ludwig et al. 1997). In der Regel reagieren die Ephemeren (s.u. 'Dürremeidende Xerophyten') mit den höchsten Photosyntheseleistungen, die immergrünen Holzpflanzen mit den niedrigsten. Entsprechend steigt die Wachstumskurve bei den Ephemeren kurzfristig am höchsten. Dieser Anstieg beginnt allerdings in Bezug auf das auslösende Regenereignis später und zunächst auch schwächer als bei den anderen Lebensformen, da erst die Samen zur Keimung bzw. die unterirdischen Überdauerungsorgane zum Austreiben kommen und die Blätter zur Assimilation gebildet werden müssen. Und er endet früher, da Ephemere ihre Transpirationsabgaben kaum drosseln können und daher die Wasservorräte im Boden schneller als anderswo aufgebraucht sind. Die Einschränkung der Transpiration bei perennen Arten bedeutet eben auch, dass eine gewisse Bodenfeuchte länger erhalten bleibt und daher für sie längere Wachstumszeiten bestehen. Dies gilt umso mehr, je besser der Transpirationsschutz funktioniert.

wieder aktiv/richten sich wieder auf (‚Steh-Auf-Pflanzen'), wenn erneut Wasser verfügbar wird.

Austrocknungsverzögernde Xerophyten

Sie sind durch Eigenschaften charakterisiert, die ihren Wasserhaushalt unterstützen. Dabei kann es sich sowohl um transpirationseinschränkende Merkmale im Sprossbereich handeln (z. B. Blätter mit dicker Kutikula, Behaarung und reduzierter Zahl von Stomata) wie auch um die Sicherung der Wasseraufnahme im Wurzelbereich. So haben viele Holzpflanzen gefiederte, xeromorphe (siehe Kap. 11.5.2) Blätter, die trockenzeitlich abgeworfen werden, und ihre Wurzelsaugspannungen können bis über 60 bar gegenüber nur 10–20 bar bei Mesophyten erhöht sein (Larcher 2001). Der Wuchs bleibt dennoch kümmerlich, da die Einschränkung der Transpiration auch die Mineralstoffaufnahme und den photosynthetischen Gaswechsel mindert. Entsprechend sinkt die Vegetationshöhe in ariden Gebieten mit abnehmenden Niederschlägen.

Einen Sonderfall bilden die **Phreatophyten**, die mit ihren tief greifenden und auch in der Breite ausgedehnten Wurzelsystemen (meist längerfristig angelegte) Grundwasseransammlungen nutzen, wie sie beispielsweise entlang von Trockentälern, am Fuße von Bergen und in Felsspalten eines Gebirges auftreten. Im günstigsten Fall sind ihre Blätter mesomorph. In diesen Fällen sind sie zur Gruppe der dürremeidenden Planzen zu stellen. Die Mehrzahl der Phreatophyten gehört zur Wuchsform der Gehölze, einige wenige aber auch zu den perennen Kräutern.

Sukkulente Xerophyten

Sie besitzen zusätzlich die Fähigkeit, Wasser zu speichern. Dies kann in den Blättern, dem Stamm/Spross oder den Wurzeln geschehen. Danach werden Blatt-, Stamm- und Wurzelsukkulente unterschieden. Mit der Sukkulenz der Sprosse oder von Sprossteilen verkleinert sich andererseits die photosynthetisch aktive Oberfläche in Relation zur Pflanzenmasse. Am ausgeprägtesten findet sich das bei Stammsukkulenten, die Dornen, aber keine Blätter ausbilden, wie z. B. Kakteen. Deren Wachstum erfolgt dementsprechend besonders langsam.

Kakteen bilden als CAM Pflanzen auch insofern (zusammen mit vielen Arten einiger anderer Pflanzenfamilien wie z. B. Bromeliaceen und Orchideen) einen Extremfall, als ihre Photosynthese mit dem jeweils in der vorhergehenden Nacht aufgenommenen Kohlendioxid arbeitet. Die Spaltöffnungen können daher tagsüber geschlossen bleiben und auf diese Weise die stomatären Wasserverluste während der Mittagshitze vermieden werden.

Viele Sukkulente besitzen flachgründige und intensive Wurzelsysteme, die weit in den Umkreis um die Pflanze vordringen. Sie sind damit selbst nach wenig ergiebigen Regenfällen, die nur die oberste Bodenkrume durchfeuchten, zur Wasseraufnahme befähigt, und zwar aus einem größeren Areal, als oberflächlich erkennbar. Zuglcich besetzen sie mit diesen weit um sich greifenden Wurzelsystemen relativ große Bodenflächen. Dementsprechend werden Nachbarpflanzen (über Wurzelkonkurrenz) auf Distanz gehalten. Dürremeidende Xerophyten

Dürremeidende Xerophyten (Therophyten, Ephemere)

Sie haben einen mesomorphen Bau und sind für kurze Zeit zu einer hohen Nettophotosynthese befähigt (der höchsten von allen Lebensformen in Trockengebieten). Da sie andererseits weniger als andere Xerophyten in aufwendige xeromorphe Gewebe und Wurzeln (deren Anteile an der gesamten Phytomasse bei ihnen gering bleiben) investieren, können sie ihre Entwicklung bis zur Samenreife innerhalb von nur 1–2 Monaten abschließen und auf diese Weise das Risiko mindern zu verdorren, wenn das temporäre Wasserangebot schnell zu Ende geht. Dürrezeiten überdauern sie entweder in Form von (über mehrere Jahre austrocknungsertragenden) Samen (Pluviotherophyten) oder von unterirdischen Organen wie Knollen, Zwiebeln oder Rhizomen (Pluviogeophyten). Ihre Keimung bzw. Knospung beginnt erst wieder nach erneuten Regenfällen. Die Anpassung an die Trockenheit ist also funktionaler, nicht struktureller Art.

Die Pluviotherophyten wie auch die Pluviogeophyten werden wegen des nur vorübergehenden, an Niederschlagsereignisse geknüpften Auftretens ihrer Sprosse zur **ephemeren Vegetation** gezählt. Diese kommt in allen Trockengebieten vor und kann das Landschaftsbild kurzfristig erheblich ändern. Die zuvor genannten niederschlagsgebundenen Deckungsgrade der Vegetation, nach denen sich die Tropisch/subtropischen Trockengebiete in Wüsten, Halbwüsten und Dornsavannen bzw. Dornsteppen/winterfeuchte Steppen unterteilen lassen (siehe Tab. 13.1 und 13.2), beziehen sich ausschließlich auf die **Dauervegetation**.

Dürre-Halophyten

Die Probleme, die sich auf stark salzhaltigen Standorten für viele Pflanzenarten ergeben, liegen teils in physiologischen Störungen (infolge der übermäßigen Aufnahme von Na^+ und Cl^-), teils in den Erschwerungen, die sich aus der stärkeren osmotischen Einbindung des Bodenwassers für die Wasseraufnahme herleiten. Letzteres lösen Halophyten, indem sie mit den absorbierten Salzen zugleich ihre eigenen osmotischen Potentiale so weit absenken, dass ein Potentialgefälle vom Boden zur Wurzel bestehen bleibt. Um Schäden zu vermeiden, die ihren Sprossgeweben durch hohe Salzkonzentrationen drohen, speichern dann manche von ihnen Wasser und senken auf diese Weise ihre Salzgehalte auf ein erträgliches Maß. Das führt zur weit verbreiteten Salzsukkulenz. Andere Pflanzenarten (z.B. Tamarisken) besitzen die Fähigkeit, überschüssige Salze auszuscheiden.

13.5.3 Tierwelt der Wüsten

Der Tierbestand ist nach Artenvielfalt und Masse unauffällig. Die Zoomasse schwankt (auf niedrigem Niveau) entsprechend der hohen Variabilität von Wachstumsschüben in der Vegetation in weiten Grenzen. Somit ist auch der Beitrag der Konsumenten zu den ökosystemaren Umsätzen von Zeit zu Zeit und von Ort zu Ort sehr ungleich. Im Mittel bleibt er aber klein. Höchstens 2% der Phytomasse werden über Beteiligung von Tierfraß rückgeführt. Die Wechselbeziehungen zwischen Pflanzen und Tieren sind daher quantitativ relativ unbedeutend, Massenänderungen der einen oder anderen biotischen Komponente haben kaum Folgen für das übrige System.

Tiere bedürfen in Wüsten **besonderer Fähigkeiten zur Drosselung ihrer Wasserabgaben und zur Regulierung ihrer Körpertemperaturen**. Sie erreichen diese Fähigkeiten teils durch morphologische oder/und physiologische Anpassungen, teils durch Anpassungen in ihrem Verhalten, indem sie zumindest während der extremen Tageshitze und gegebenenfalls während kalter Nächte (in den Wüsten der Mittelbreiten auch während extrem kalter Winter) in den Boden ausweichen, wo sie dann in *air-conditioned* Hohlräumen (mit höheren Luftfeuchtigkeiten und moderaten Temperaturen) die Stresssituationen besser überstehen können.

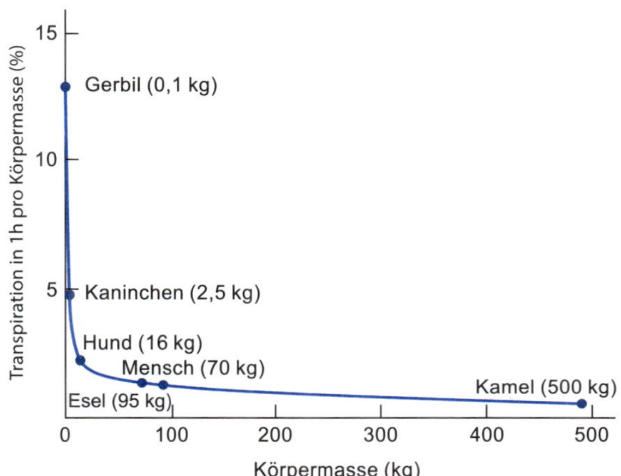

Abb. 13.11
Bei Hitzestress setzen Säuger das Mittel der Transpiration zur Aufrechterhaltung ihrer Körpertemperatur ein. Die dafür benötigte Wassermenge hängt von der Größe ihrer Wärmeaufnahme ab, die näherungsweise mit ihrer Oberfläche skaliert. Wird die transpirierte Menge Wasser auf das Körpergewicht bezogen, so fällt sie mit dem Oberflächen zu Volumenverhältnis und ist damit – im Vergleich von Lebewesen mit ähnlichen Proportionen – etwa umkehrt proportional zur Größe oder Höhe des Lebewesens. Kleinere Tiere müssen demzufolge relativ zu ihrer Körpermasse mehr Wasser transpirieren als größere. Nach der Graphik würden beispielsweise die 0,1 kg schweren Gerbil (Nager) pro Stunde 13% ihres Körpergewichtes verlieren, die 500 kg schweren Kamele hingegen nur 0,8% (Lovegrove 1993). Dieser Kalkulation liegt die Annahme zugrunde, dass der Wärmefluss pro cm2 Körperoberfläche in allen Fällen gleich und damit für jedes Tier proportional zu seiner Oberflächengröße ist.

Große Säuger haben hinsichtlich des Hitzestresses Vorteile: Zum einen ist ihre Wärmeaufnahme in Bezug auf ihre Körpermasse geringer als bei kleineren Tieren, und zum anderen fällt es ihnen leichter, Kühlung durch Transpiration zu erzeugen. Für kleinere Tiere ist diese Strategie nicht geeignet, da die zur Kühlung nötige Verdunstungsmenge relativ zu ihren kleinen Körpergewichten zu groß wird (Abb. 13.11). Die meisten Arthropoden und kleinen Vertebraten können daher bei trockenheißen Außenbedingungen auch aus diesem Grunde nur nachtaktiv sein.

13.5.4 Phytomasse und Primärproduktion

Die Ungunst der klimatischen Wachstumsbedingungen drückt nicht nur die Biomasse und Produktion auf niedrige Mittelwerte, sie führt auch zu **erheblichen Fluktuationen bei den Bestandesvorräten und -umsätzen** und verleiht so den ariden Ökosystemen eine kurzfristige Labilität. Die **Fähigkeit der Wüstenvegetation, auf Feuchteimpulse flexibel zu reagieren**, ist aber andererseits die Voraussetzung dafür, dass die Primärproduktion unter gelegentlich besonders regenreichen Bedingungen kräftig anspringen kann und dann oberirdische Phytomassen schafft, die ein Mehrfaches trockener Jahre umfassen. Hieran sind ephemere Pflanzen oftmals mit hohen Anteilen (50% und mehr) beteiligt. Aber auch arido-aktive Pflanzenarten und die meisten Tierarten können ihre Entwicklungsphasen zu jedem Zeitpunkt im Jahr auf die Verfügbarkeit von Wasser abstimmen. Über dieses elastische Verhalten entsteht eine langzeitliche Stabilität, d.h. Trockengebiete müssen als **elastisch-stabile Ökosysteme** gelten, die auch gegenüber menschlichen Eingriffen nicht empfindlicher als die meisten anderen Natursysteme reagieren, also ähnlich *belastbar* sind.

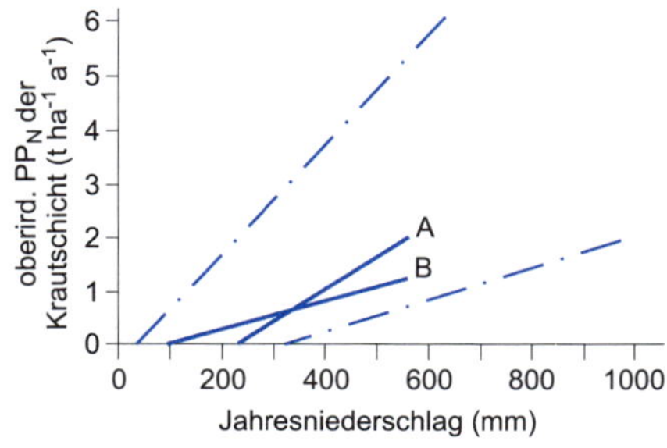

Abb. 13.12
Die Beziehungen zwischen oberirdischer Jahresproduktion der Gras-/Krautschicht, Jahresniederschlag und Bodengüte/-textur (Scholes 1990). Die Gerade A zeigt die Regennutzungseffizienz (RUE) auf fruchtbaren Tonböden, die Gerade B diejenige auf unfruchtbaren Sandböden. Bei A beläuft sich RUE auf 5, bei B dagegen nur auf 2,5-kg TS ha^{-1} a^{-1} pro Millimeter Niederschlag. Die jeweils gefundenen Korrelationen erlauben einerseits Prognosen für (beispielsweise) Futtererträge in anderen klimatisch vergleichbaren Regionen, können andererseits aber auch als Indices für die Bodenfruchtbarkeit verwendet werden. – Die durchbrochenen Geraden markieren die Grenzen, zwischen denen sich die von Rutherford (1980) in einer vergleichenden Studie erfassten RUE-Werte anderer Autoren halten.

In den extremsten Wüsten liegt die **jährliche Primärproduktion** zwischen (fast) Null und etwa 0,2 t ha^{-1}. Unter den etwas günstigeren Bedingungen einer Halbwüste erreicht sie 2,5 bis 3,0 t ha^{-1}. Die regionalen Unterschiede in der Flächenproduktion beruhen im Wesentlichen auf den unterschiedlich großen Regenmengen, werden aber auch von anderen Standortfaktoren, wie z.B. der Bodenfruchtbarkeit, mitbestimmt (Abb. 13.12). Als mittlere **Regennutzungseffizienz** aller Trockengebiete unserer Erde nennen Le Houérou et al. (1988) den Koeffizienten (*rain factor*) 4, also eine oberirdische Jahresproduktion von 4 kg TS ha^{-1} pro Millimeter Jahresniederschlag. Die Streuungsbreite geben sie mit 1 bis 10 an.

Mit den Werten für die Regennutzungseffizienz lässt sich für einzelne Regionen nicht nur die *mittlere* Jahresproduktion der Vegetation anhand der mittleren jährlichen Niederschlagsmengen abschätzen, sondern auch die Produktion bestimmter Jahre anhand der in diesen Jahren gefallenen Regenmengen.

13.6 Landnutzung

Die Tropisch/subtropischen Trockengebiete liegen insgesamt jenseits der **agronomischen Trockengrenze**. Die Tragfähigkeit für agrare Bevölkerungen (*human carrying capacity*) ist daher überall gering.

Wo dennoch ein Regenfeldbau betrieben wird, wie beispielsweise in Teilen des afrikanischen Sahel, erfolgt dieser mit **wasseranspruchslosen Nutzpflanzenarten** wie z.B. manche Hirsearten (z.B. Perlhirse) und Erdnüsse, oder **schnellwüchsigen Arten** wie z.B. einige Bohnenarten; in beiden Fällen mit allerdings unsicheren Ernteaussichten und einem erhöhten Risiko für Bodenschäden, insbesondere durch Auswehungen (auf Hängen auch Abspülungen) von organischem Detritus und mineralischen Nährstoffen.

Ökonomisch und ökologisch sinnvoller (und traditionell auch im Vordergrund stehend) sind die agraren Nutzungsformen der *extensiven Weidewirtschaft* und des *Bewässerungsfeldbaus* (s.u.). Aber auch hier bestehen erhebliche Risiken, da die für eine Nachhaltigkeit (= Erhaltung der natürlichen Nutzungspotentiale) unentbehrliche Abstimmung mit den marginalen Naturgegebenheiten – insbesondere wegen der hohen Regenvariabilität – nur schwer zu erzielen ist und die Rehabilitation (Melioration) gestörter Landflächen möglicherweise längere Zeit als anderswo erfordert, in manchen Fällen sogar auf Dauer kaum realisierbar erscheint.

Andererseits ist aber auch belegt, dass sich zunächst als irreversibel geschädigt angesehene Flächen nach Schutz vor Tierfraß oder anderen Beeinträchtigungen, oder einfach als Folge regenreicherer Jahre, rasch und von selbst erholten, also ein hohes **Regenerationsvermögen** besaßen (vgl. Kap. 13.5.4). Der Begriff Desertifikation, mit dem ja wohl nur ein *anhaltend zur Wüste werden* gemeint sein kann, ist daher im Allgemeinen nicht zutreffend und sollte deshalb für die meisten Fälle einer Landdegradation auch nicht benutzt werden.

13.6.1 Extensive Wanderweidewirtschaft

Die Weidewirtschaft wurde und wird in den **Altweltlichen Trockengebieten** meist auf *Naturweiden* in der Form der Wanderweidewirtschaft betrieben.[4] Am häufigsten ist (heute) die Form des **Halbnomadismus** und der **Transhumanz**. **Vollnomadismus**, bei dem feste Wohnsitze fehlen, ist selten geworden. Die Verbreitung der traditionellen Weidewirtschaftsformen ist bis zu einem gewissen Grad niederschlagsabhängig (Abb. 13.13).

In den Wüsten, Halbwüsten und subtropischen Steppen bestehen die Herden überwiegend aus **Kamelen, Schafen und Ziegen**, in den

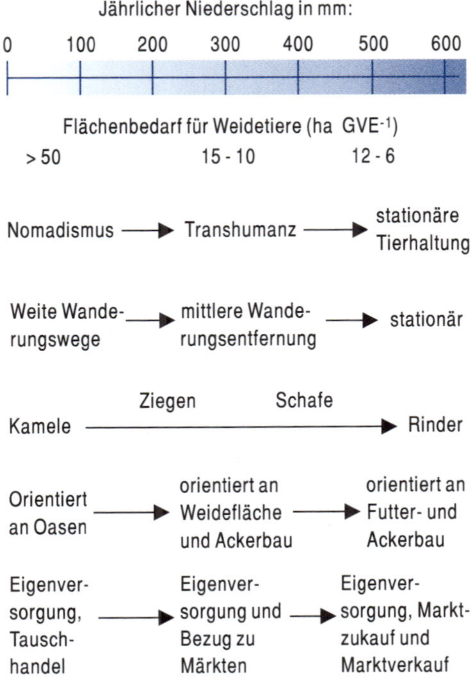

Abb. 13.13
Traditionelle Weidewirtschaften in Abhängigkeit von den Feuchtebedingungen (entspricht Tragfähigkeiten von Naturweiden) (DOPPLER 1991, verändert). Die natürlichen Standortverhältnisse entscheiden über die Art der Betriebssysteme: Mit zunehmender Gunst wird die Wanderungsdistanz kürzer und die Marktverknüpfung enger.

---

[4] In den Trockengebieten Lateinamerikas, Australiens und des südlichen Afrikas tritt mit dem **Ranching** (siehe Kap. 10.6.2) eine *stationäre* Weidewirtschaft an die Stelle der Wanderweidewirtschaft oder eines Wildbeutertums.

Dornsavannen aus **Rindern**. Die natürliche (traditionelle) Auslese hat solche Tiere begünstigt, die sich unter den harten Lebensbedingungen (Trockenheit, geringe Futterqualität, lange Wanderungen) als besonders lebenstüchtig erwiesen haben. Andere Züchtungsziele wie gute Fleisch- oder Milchproduktion traten dahinter zurück, entsprechend gering fallen diese meist aus.

Die Wanderweidewirtschaft wird auch in extremen Trockengebieten betrieben, in denen Ranching nicht mehr möglich ist. Das heißt, ohne Nomadismus blieben weite Teile der Trockengebiete ungenutzt. Andererseits ist der Arbeitseinsatz (insbesondere Hüteaufwand) um ein Vielfaches höher als beim Ranching. Die aus der nomadischen Weidewirtschaft zu erzielenden Einkünfte sind daher gering, die davon lebenden Bevölkerungsgruppen entsprechend arm.

Dies gilt auch deshalb, weil die Nomaden vielerorts ihre früher wichtige Funktion als Verkehrsträger für den Handel verloren haben und ihre **Weidegebiete von dem vorrückenden Ackerbau eingeengt** worden sind. Im Dornsavannengürtel liegen die gegenwärtigen Grenzen etwa dort, wo die mittleren Jahresniederschläge nurmehr 400 mm (und sogar noch weniger) betragen, also deutlich unter das Limit gefallen sind, bis zu dem ein einigermaßen sicherer Regenfeldbau möglich ist. Für die Nomaden bedeutet dies, dass sie gerade ihre ertragsstärksten Weidegründe verloren haben.

Die geringe Produktion (Futterverfügbarkeit) der Naturweiden bedingt einen *sehr hohen* **Flächenbedarf pro Weidetier**. Dieser steigt umso höher, je weniger Niederschläge pro Jahr fallen (Tab. 13.3).

Als **Richtgröße für die Erzeugung von weidefähiger** (d.h. als Futter für Weidetiere geeigneter) **Trockenmasse** pro Jahr und Hektar wird in vielen Untersuchungen 1 kg pro Millimeter Jahresniederschlag genannt (d.s. etwa 25% der oberirdischen PP_N). Die tägliche Futteraufnahme der Tiere liegt gewöhnlich zwischen 2,5 und 3,5 kg TS pro 100 kg Lebendgewicht (LE HOUÉROU 1989).

Tab. 13.3. Der Flächenbedarf pro Weidetier auf ariden und semiariden Naturweiden der Tropen in Abhängigkeit vom Niederschlag (RUTHENBERG 1980).

Jahresniederschlag (mm)	Erforderliche Fläche (ha) pro Großvieheinheit[a]	Zahl der Rinder pro 100 ha
50–100	≥ 50	≤ 2
200–400	15–10	7–10
400–600	12–6	8–17

[a] entspricht 1 Rind oder 5 Schafen/Ziegen

13.6.2 Oasen-Bewässerungswirtschaft

Der Bewässerungslandbau ist in den Trockengebieten die einzige Form agrarer Nutzung, die sichere (da witterungsunabhängige) und hohe Flächenerträge bei zahlreichen Feld- und Baumfrüchten garantiert. In den Tropisch/subtropischen Trockengebieten lassen sich auf diese Weise die höchsten Erträge überhaupt erzielen, da eine ganzjährige Nutzung (gegebenenfalls in Form mehrerer Ernten pro Jahr) möglich ist, vielerorts fruchtbare Böden vorhanden sind und die zugeführte Sonnenenergie sonst unerreichte Spitzenwerte aufweist. Damit ergibt sich ein **einzigartig hohes natürliches Ertragspotential**, dessen Nutzung allerdings von einer ausreichenden, d.h. den Bedarf der Pflanzen deckenden (Süß-) Wasserbereitstellung und der Möglichkeit zur Entsalzung abhängt.

Die **Bereitstellung des erforderlichen Bewässerungswassers** kann über Ableitungen aus Fremdlingsflüssen, Entnahme von Grundwasser, Auffangen von Regenwasser oder Meerwasserentsalzung erfolgen. Zur Nutzung und besseren Kontrolle dieser Ressourcen werden mehr oder weniger aufwendige Techniken unterschiedlicher Größenordnung eingesetzt. So wird beispielsweise Flusswasser hinter riesigen Staudämmen für große Bewässerungsprojekte gespeichert oder oberflächlich abrinnendes Regenwasser durch abschnittsweise vorgenommene Geländeabdeckungen, kleine Dammbauten (z.B. halbmondförmige Wälle) oder Gräben auf den Feldern lokal *konzentriert* (Abb. 13.14). Grundwasser kann den Feldern durch Pipelines oder Stollen über teilweise beträchtliche Entfernungen zugeführt oder mittels Pumpen, Wasserrädern etc. unmittelbar aus Brunnen gehoben werden.

Literatur zu Kap. 13

Achtnich, W. und Lüken, H. (1986): Bewässerungslandbau in den Tropen und Subtropen. In: Rehm, 285–342, *s.* Lit. zu Kap. 6.

Ahnert (2003), *s.* Lit. zu Kap. 3.

Beaumont, P. (1993): Drylands – environmental management and development. Routledge, London (2. Aufl.), 536 S.

Belnap, J. & Lange, O. L. (eds) (2001): Biological Soil Crusts: Structure, Function and Management. *Ecological Studies* 15, 503 pp.

Besler, H. (1992): Geomorphologie der ariden Gebiete. Wiss. Buchges., Darmstadt, 189 S.

Blume, H.-P. und Berkowicz, S. M. (eds.) (1995): Arid ecosystems. *Adv. Geoecology* 28, 229 S.

Breckle; S.-W., Veste, M. und Wucherer, W. (eds.) (2001): *s.* Lit. zu Kap. 11.

Busche, D. (1998): Die zentrale Sahara: Oberflächenformen im Wandel. Justus Perthes Verlag, Gotha, 284 S.

Cloudsley-Thompson, J. L. (1996): Biotic interactions in arid lands. Springer, Berlin, 208 S.

① **Kleineinzugsbecken** (micro-catchments): Halbkreis-, trichter- oder trapezförmige Rückhaltewälle aus Erde und Steinen um Pflanzbecken für je einen Baum oder seltener kleinflächige annuelle Kulturen.

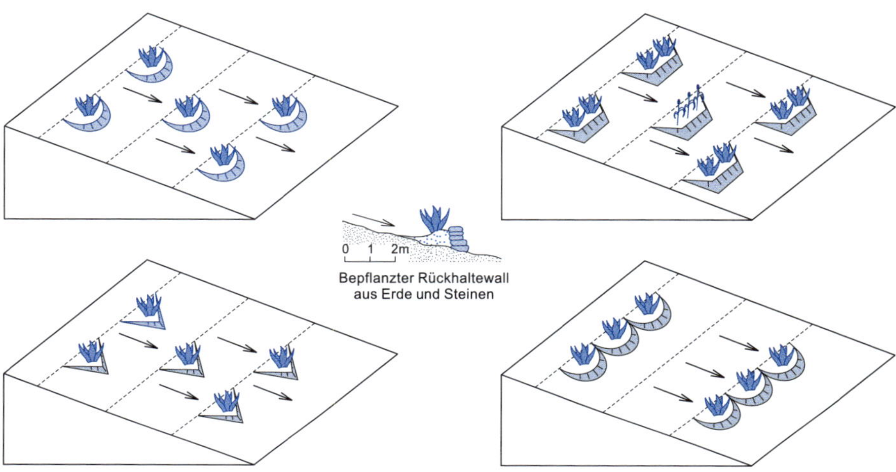

② **Konturfurchen** und **Terrassen** (contour strips and contour terraces): Im einfachsten Fall nur konturparallele Pflanzfurchen und Dämme. Durch Einebnung anschließender Hangteile (Terrassenstreifen) können die Anbauflächen verbreitert sein.

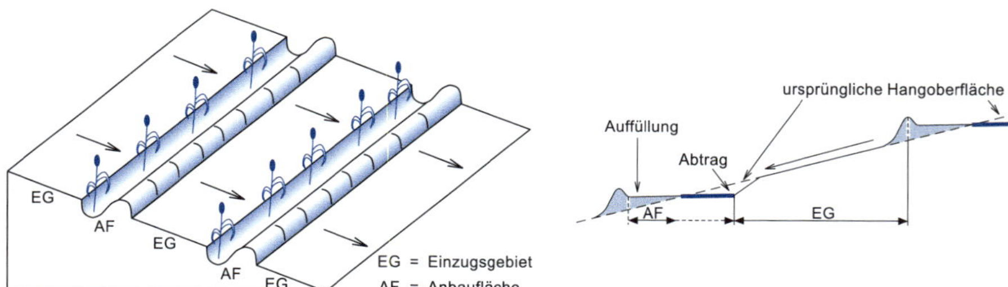

③ **Innerfeld-Einzugsgebiete** (within field catchments): Schaffung künstlicher Wasserscheiden innerhalb der Feldgebiete, beispielsweise in Form von flachen Rücken. Zur Verbesserung des Abflusses können diese Rücken verdichtet oder (z.B. mit Plastikplanen) abgedeckt sein. Die angegebenen Maße sind als Beispiele zu verstehen.

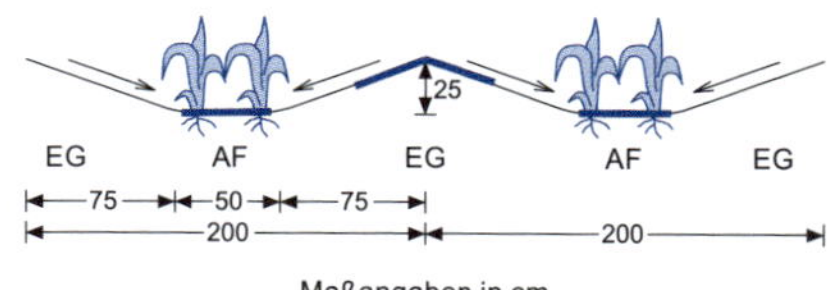

Abb. 13.14

Beispiele für Wasserkonzentrationsanbau (Finkel 1986, UNEP 1983, u.a.). Hierbei wird der oberflächliche Regenwasserabfluss (→) über bestehende (bei 1 und 2) oder künstliche (bei 3) Gefälle aus einem relativ größeren Einzugsgebiet (EG) zu einem einzelnen Baum oder einer kleinen Anbaufläche (AF) geleitet (Konzentrationsgebiet). Das EG/AF-Verhältnis ist im Wesentlichen eine Funktion des Ariditätsgrades.

DAY, A. D. und LUDEKE, K. L. (1993): Plant nutrients in desert environments. Springer, Berlin, 117 S.

DOPPLER (1991), *s.* Lit. zu Kap. 6.

EVENARI, M., NOY-MEIR, I. und GOODALL, D. W. (eds.) (1985, 1986): Hot desert and arid shrublands. *Ecosystems of the World* 12A und 12B. Elsevier, Amsterdam, 365 S., 451 S.

FAO (1988), *s.* Lit zu Kap. 4.

FREY, W. & LÖSCH, R. (2010): Lehrbuch der Geobotanik. 3 Aufl., Spektrum Akademischer Verlag, Heidelberg, 600 S.

GIESSNER, K. (1988): Die subtropisch-randtropische Trockenzone. Globale Verbreitung, innere Differenzierung, geoökologische Typisierung und Bewertung. *Geoökodynamik* 9, 135–183.

GOODALL, D. W. und PERRY, R. A. (eds.) (1979, 1981): Arid-land ecosystems: structure, functioning and management. *Intern. Biol. Progr.* 16 und 17. Cambridge University Press, Cambridge, 881 S., 605 S.

GREEN, T. G. A., SANCHO, L. G. & PINTADO, A. (2011): Ecophysiology of Desiccation/Rehydration Cycles in Mosses and Lichens. In Lüttge, U., BECK, E. & BARTELS, D. (eds), Plant Desiccation Tolerance, Ecological Studies 215, 89–120.

GUTTERMAN, Y. (2002): Survival strategies of annual desert plants. Springer, Berlin-Heidelberg, 348 pp.

HORNETZ, B. und JÄTZOLD, R. (2003): *s.* Lit. zu Allg. Teil.

LARCHER (2001), *s.* Lit. zu Kap. 5.

LE HOUÉROU, H. N., BINGHAM, R. L. und SKERBEG, W. (1988): Relationship between the variability of annual rainfall and the variability of primary production. *J. Arid. Environment* 15, 1–18.
– (1989): The grazing land ecosystems of the African Sahel. *Ecol. Studies* 75. Springer, Berlin, 282 S.

LÖSCH, R. (2003): Wasserhaushalt der Pflanzen. 2. unveränderte Auflage. Quelle & Meyer Verlag, Wiebelsheim, 595 S.

LOUW, G. N. und SEELY, M. K. (1982): Ecology of desert organisms. Longman, London, 194 S.

LOVEGROVE, B. (1993): The living deserts of southern Africa. Fernwood Press, Vlaeberg (Südafrika), 224 S.

LUDWIG, J. A., TONGWAY, D. J., FREUDENBERGER, D., NOBLE, J. und HODGKINSON, K. (eds.) (1997): Landscape ecology, function and management: principles from Australia's rangelands. CSIRO, Australia, 158 S.

D'ODORICO, P. und PORPORATO, A. (eds) (2006): Dryland ecohydrology. Springer, Berlin, 341 S.

PROCTOR, M. C. F. & TUBA, Z. (2002): Poikilohydry and homoiohydry: antithesis or spectrum of possibilty? *New Phytologist* 156, 327–349.

PYE, K. (1987): Aeolian dust and dust deposits. Academic Press, London, 334 S.

ROUSE, W. R. (1981): Man-modified climates. In: GREGORY, K. J. und WALLING, D. E.: Man and environmental processes. Butterworths, London, 38–54.

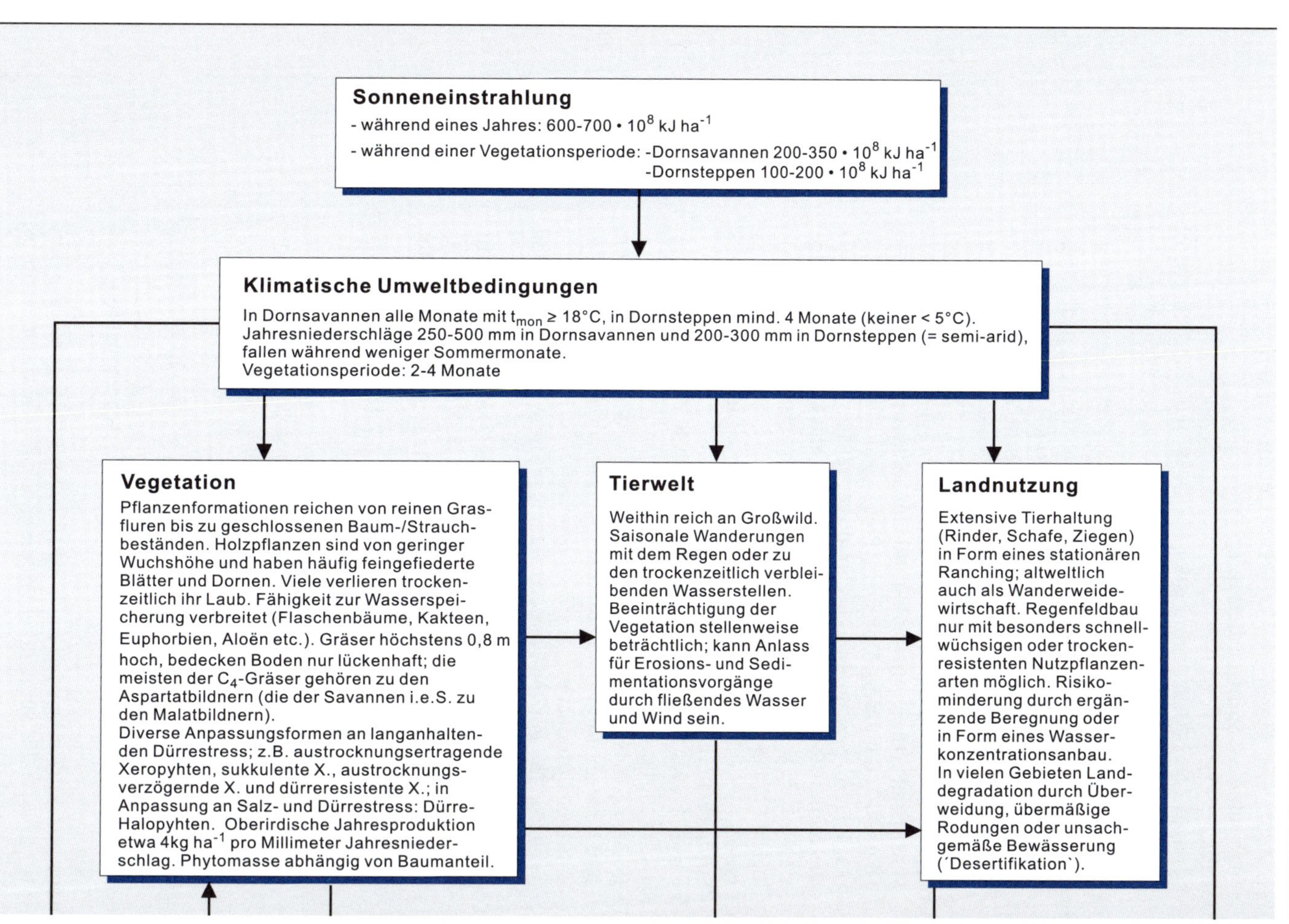
Sonneneinstrahlung
- während eines Jahres: 600-700 • 10⁸ kJ ha⁻¹
- während einer Vegetationsperiode: -Dornsavannen 200-350 • 10⁸ kJ ha⁻¹
-Dornsteppen 100-200 • 10⁸ kJ ha⁻¹
Klimatische Umweltbedingungen
In Dornsavannen alle Monate mit $t_{mon} \geq 18°C$, in Dornsteppen mind. 4 Monate (keiner < 5°C). Jahresniederschläge 250-500 mm in Dornsavannen und 200-300 mm in Dornsteppen (= semi-arid), fallen während weniger Sommermonate.
Vegetationsperiode: 2-4 Monate
Vegetation
Pflanzenformationen reichen von reinen Grasfluren bis zu geschlossenen Baum-/Strauchbeständen. Holzpflanzen sind von geringer Wuchshöhe und haben häufig feingefiederte Blätter und Dornen. Viele verlieren trockenzeitlich ihr Laub. Fähigkeit zur Wasserspeicherung verbreitet (Flaschenbäume, Kakteen, Euphorbien, Aloën etc.). Gräser höchstens 0,8 m hoch, bedecken Boden nur lückenhaft; die meisten der C_4-Gräser gehören zu den Aspartatbildnern (die der Savannen i.e.S. zu den Malatbildnern).
Diverse Anpassungsformen an langanhaltenden Dürrestress; z.B. austrocknungsertragende Xeropyhten, sukkulente X., austrocknungsverzögernde X. und dürreresistente X.; in Anpassung an Salz- und Dürrestress: Dürre-Halopyhten. Oberirdische Jahresproduktion etwa 4kg ha^{-1} pro Millimeter Jahresniederschlag. Phytomasse abhängig von Baumanteil.
Tierwelt
Weithin reich an Großwild. Saisonale Wanderungen mit dem Regen oder zu den trockenzeitlich verbleibenden Wasserstellen. Beeinträchtigung der Vegetation stellenweise beträchtlich; kann Anlass für Erosions- und Sedimentationsvorgänge durch fließendes Wasser und Wind sein.
Landnutzung
Extensive Tierhaltung (Rinder, Schafe, Ziegen) in Form eines stationären Ranching; altweltlich auch als Wanderweidewirtschaft. Regenfeldbau nur mit besonders schnellwüchsigen oder trockenresistenten Nutzpflanzenarten möglich. Risikominderung durch ergänzende Beregnung oder in Form eines Wasserkonzentrationsanbau.
In vielen Gebieten Landdegradation durch Überweidung, übermäßige Rodungen oder unsachgemäße Bewässerung (´Desertifikation`).

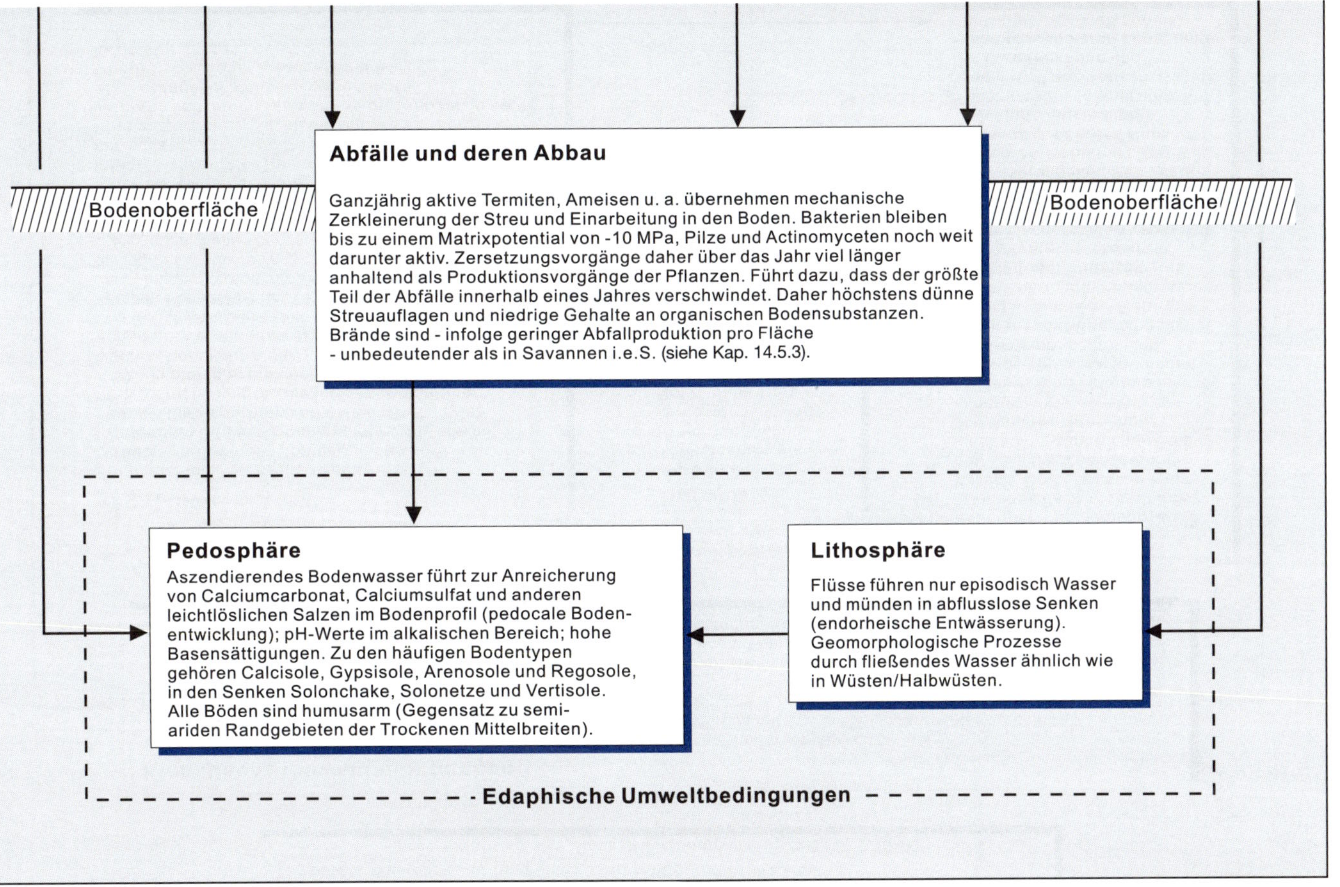

Abb. 13.15 *Zusammenfassendes Schaubild der Dornsavannen (Sahel) und subtropischen Dornsteppen in den semi-ariden Randgebieten der Tropisch/subtropischen Trockengebiete.*

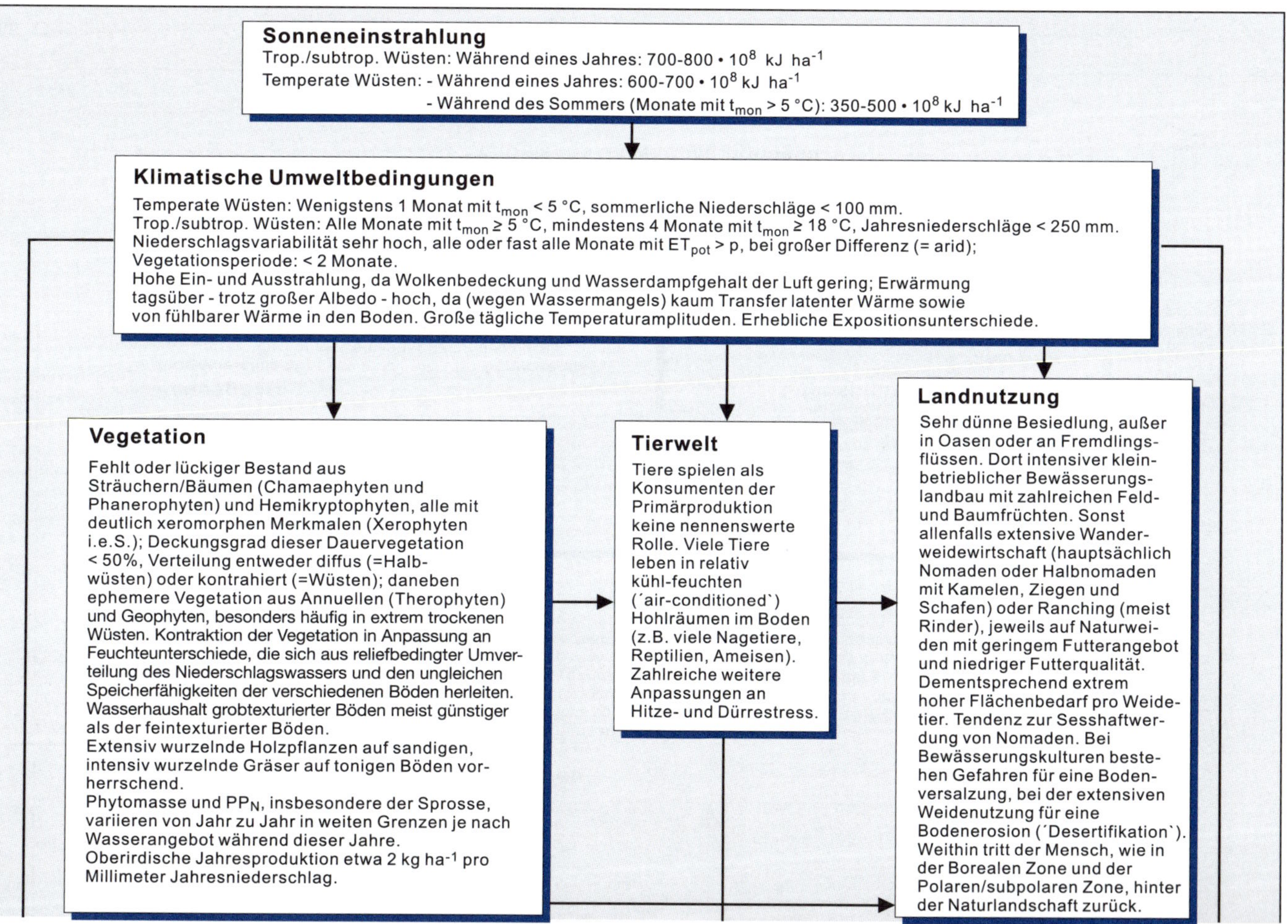
Sonneneinstrahlung
Trop./subtrop. Wüsten: Während eines Jahres: 700-800 • 10^8 kJ ha^{-1}
Temperate Wüsten: - Während eines Jahres: 600-700 • 10^8 kJ ha^{-1}
- Während des Sommers (Monate mit $t_{mon} > 5$ °C): 350-500 • 10^8 kJ ha^{-1}
Klimatische Umweltbedingungen
Temperate Wüsten: Wenigstens 1 Monat mit $t_{mon} < 5$ °C, sommerliche Niederschläge < 100 mm.
Trop./subtrop. Wüsten: Alle Monate mit $t_{mon} \geq 5$ °C, mindestens 4 Monate mit $t_{mon} \geq 18$ °C, Jahresniederschläge < 250 mm.
Niederschlagsvariabilität sehr hoch, alle oder fast alle Monate mit $ET_{pot} > p$, bei großer Differenz (= arid);
Vegetationsperiode: < 2 Monate.
Hohe Ein- und Ausstrahlung, da Wolkenbedeckung und Wasserdampfgehalt der Luft gering; Erwärmung tagsüber - trotz großer Albedo - hoch, da (wegen Wassermangels) kaum Transfer latenter Wärme sowie von fühlbarer Wärme in den Boden. Große tägliche Temperaturamplituden. Erhebliche Expositionsunterschiede.
Vegetation
Fehlt oder lückiger Bestand aus Sträuchern/Bäumen (Chamaephyten und Phanerophyten) und Hemikryptophyten, alle mit deutlich xeromorphen Merkmalen (Xerophyten i.e.S.); Deckungsgrad dieser Dauervegetation < 50%, Verteilung entweder diffus (=Halbwüsten) oder kontrahiert (=Wüsten); daneben ephemere Vegetation aus Annuellen (Therophyten) und Geophyten, besonders häufig in extrem trockenen Wüsten. Kontraktion der Vegetation in Anpassung an Feuchteunterschiede, die sich aus reliefbedingter Umverteilung des Niederschlagswassers und den ungleichen Speicherfähigkeiten der verschiedenen Böden herleiten. Wasserhaushalt grobtexturierter Böden meist günstiger als der feintexturierter Böden.
Extensiv wurzelnde Holzpflanzen auf sandigen, intensiv wurzelnde Gräser auf tonigen Böden vorherrschend.
Phytomasse und PP_N, insbesondere der Sprosse, variieren von Jahr zu Jahr in weiten Grenzen je nach Wasserangebot während dieser Jahre.
Oberirdische Jahresproduktion etwa 2 kg ha^{-1} pro Millimeter Jahresniederschlag.
Tierwelt
Tiere spielen als Konsumenten der Primärproduktion keine nennenswerte Rolle. Viele Tiere leben in relativ kühl-feuchten (´air-conditioned`) Hohlräumen im Boden (z.B. viele Nagetiere, Reptilien, Ameisen). Zahlreiche weitere Anpassungen an Hitze- und Dürrestress.
Landnutzung
Sehr dünne Besiedlung, außer in Oasen oder an Fremdlingsflüssen. Dort intensiver kleinbetrieblicher Bewässerungslandbau mit zahlreichen Feld- und Baumfrüchten. Sonst allenfalls extensive Wanderweidewirtschaft (hauptsächlich Nomaden oder Halbnomaden mit Kamelen, Ziegen und Schafen) oder Ranching (meist Rinder), jeweils auf Naturweiden mit geringem Futterangebot und niedriger Futterqualität. Dementsprechend extrem hoher Flächenbedarf pro Weidetier. Tendenz zur Sesshaftwerdung von Nomaden. Bei Bewässerungskulturen bestehen Gefahren für eine Bodenversalzung, bei der extensiven Weidenutzung für eine Bodenerosion (´Desertifikation`). Weithin tritt der Mensch, wie in der Borealen Zone und der Polaren/subpolaren Zone, hinter der Naturlandschaft zurück.

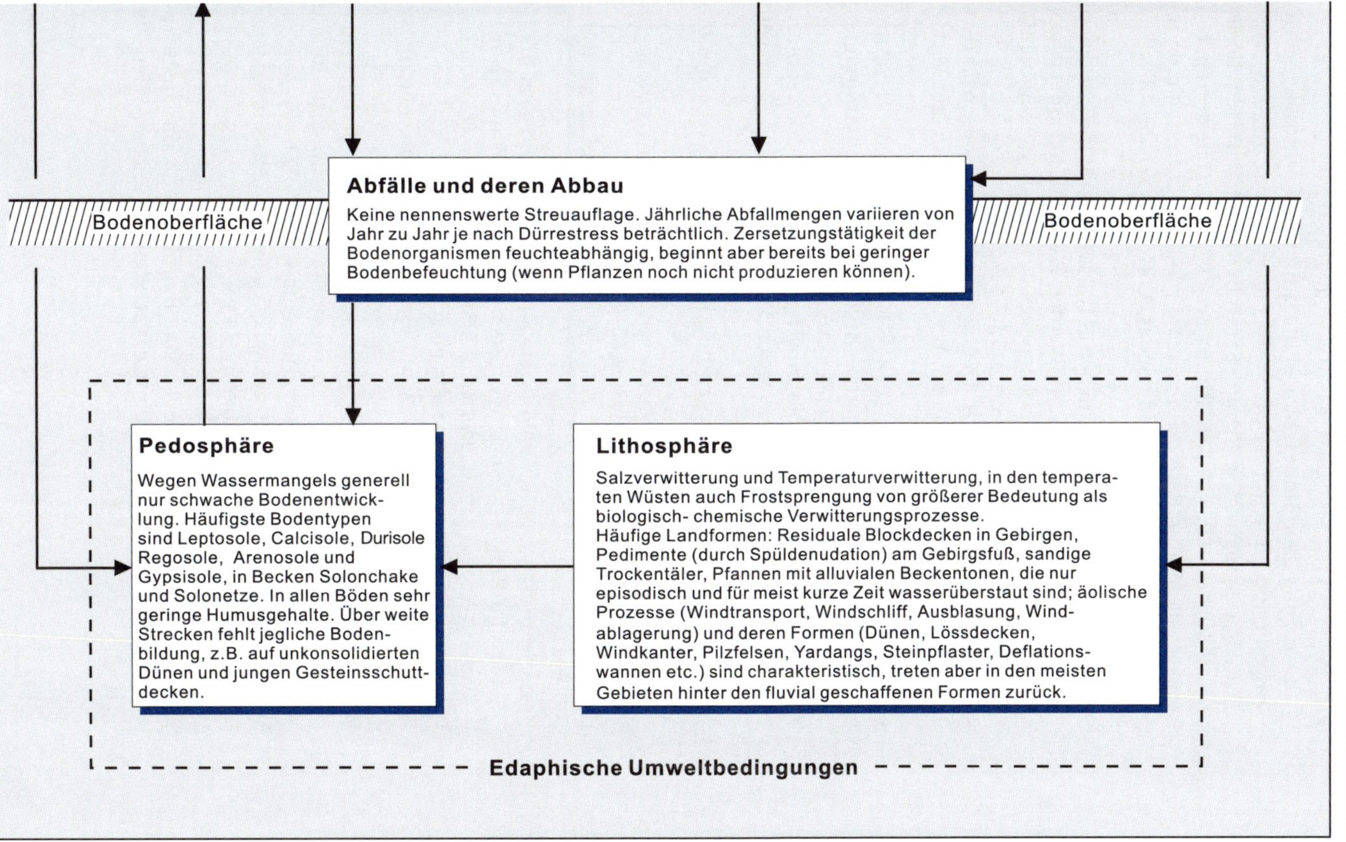

Abb. 13.16 *Zusammenfassendes Schaubild der Wüsten und Halbwüsten mittlerer und tropisch/subtropischer Breiten.*

RUSSOW, R., VESTE, M., BRECKLE, S.-W. et al (2008): Nitrogen input Pathways into Sand Dunes: Biological Fixation and Atmospheric Nitrogen Deposition. In Breckle, S.-W., Yair, A. & Veste, M. (eds), Arid Dune Ecosystems. The Nizzana Sands in the Negev Desert. Ecological Studies 200, 319-336. Ruthenberg (1980), *s.* Lit. zu Kap. 6.

RUTHERFORD, M. C. (1980): Annual plant production-precipitation relations in arid and semi-arid regions. *S. Afr. J. Sci.* 76, 53–56.

SCHOLES (1990), *s.* Lit. zu Kap. 14.

SCHOLES, R. J. (1990): The influence of soil fertility on the ecology of southern African savannas. In: Werner, P. A. (ed), Savanna ecology and management. Australian perspectives and intercontinental comparisons. Blackwell, Oxford, 71–75.

SCHOLZ, F. (1995): Nomadismus. Theorie und Wandel einer sozio-ökologischen Kulturweise. *Erkundl. Wissen* 118. Franz Steiner Verlag, Stuttgart, 300 S.

SMITH, S. D. und NOBEL, P. S. (1986): Deserts. In: BAKER, N. R. und LONG, S. P. (eds.): Photosynthesis in contrasting environments. *Topics in photosynthesis* 7. Elsevier, Amsterdam, 13–62.

THOMAS, D. S. G. (1988): The biogeomorphology of arid and semi-arid environments. In: VILES, H. A. (ed.): Biomorphology. Blackwell, Oxford, 193–221.

– (ed.) (1989): Arid zone geomorphology. Bellhaven, London, 372-S.

– und MIDDLETON, N. J. (1995): Desertification: exploding the myth. John Wiley and Sons, Chichester, 194 S.

UNEP (1983): Rain and stormwater harvesting in rural areas. *Water Resources Series* 5, Dublin, 238 S.

VESTE, M & LITTMANN, T. (2006): Dewfall and its Geoecological Implication for Biological Surface Crusts in Desert Sand Dunes (Northwestern Negev, Israel). *Journal of Arid Land Studies* 16, 139–147.

WALTER und BRECKLE (1983), *s.* Lit. zu Allg. Teil

WARD, J. D. (2009): The Biology of Deserts. Oxford University Press, Oxford, 339 pp.

WARD, D., NGAIRORUE, B. T., KATHENA, J. et al. (1998): Land degradation is not a necessary outcome of cummunal pastoralism in arid Namibia. Journal of Arid Environments 40, 357–371.

WICKENS, G. E. (1998): Ecophysiology of economic plants in arid and semi-arid lands. Springer, Berlin, 343 S.

WRB (1998), *s.* Lit zu Kap. 4

ZEPP, H. (2003): Geomorphologie. Eine Einführung. 2. durchgesehene Auflage. Ferdinand Schöningh, Paderborn-München-Wien-Zürich, 354 S.

14 Sommerfeuchte Tropen

14.1 Verbreitung und subzonale Differenzierung

Die Sommerfeuchten Tropen erstrecken sich zwischen den Regenwäldern am Äquator und den Tropisch/subtropischen Trockengebieten an den Wendekreisen. Bezüglich der Abgrenzung zu den Ersteren (also den Immerfeuchten Tropen) besteht in den einschlägigen Arbeiten weitgehende Übereinstimmung (siehe Kap. 15.1). Uneinheitlich wird dagegen bei der Grenzziehung gegenüber den Trockengebieten verfahren (Abb. 14.1). Die im vorliegenden Buch getroffene Entscheidung folgt primär hygrischen Kriterien: Sie schließt alle solchen Räume aus, die durch trockengebiets-typische Merkmalskombinationen (siehe Seite 204) gekennzeichnet sind. Dies ist in vielen Gegenden ab Jahresniederschlägen unterhalb von 500 mm und weniger als 5 humiden Monaten der Fall (Abb. 14.2). Dornsavannen fallen damit

Abb. 14.1
Sommerfeuchte Tropen. Ihre Verbreitung schließt auf beiden Hemisphären an die äquatorialen Regenwälder an. Die äquatorferne Abgrenzung, also (meist) gegenüber den Tropisch/subtropischen Trockengebieten, kann nach verschiedenen hygrischen und thermischen Kriterien vorgenommen werden. Die Karte zeigt einige der daraus resultierenden Abgrenzungsmöglichkeiten.

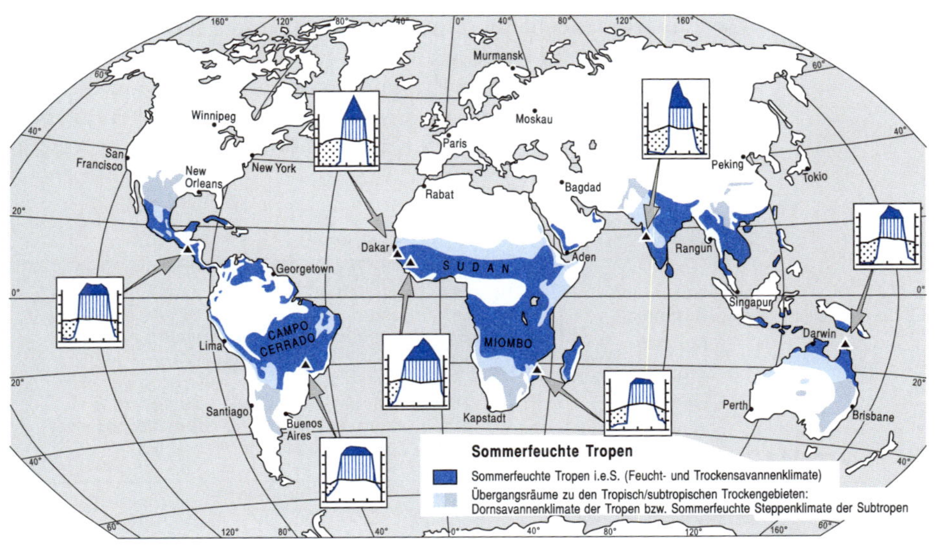

heraus, und als Gesamtfläche errechnen sich rund 25 Mio. km^2 oder gut 16% der Festlandsfläche der Erde.

Die verschiedenen Pflanzenformationen der Sommerfeuchten Tropen (oder – in allgemeinerer Bedeutung – der wechselfeuchten Tropen) werden meist unter dem Oberbegriff **Savanne**, gelegentlich mit einem spezifizierenden Zusatz wie z.B. Baumsavanne, Strauchsavanne oder Grassavanne, zusammengefasst. Entsprechend hat sich der Terminus **Savannenzone** (oder Savannengürtel, Savannenklimate) als Synonym für diesen Erdraum allgemein durchgesetzt.

Gewöhnlich wird die Savannenzone nach den Merkmalen *Dauer* und *Ergiebigkeit der Regenperioden*, die im Jahresmittel zu erwarten sind, in **Trockensavannen** (-zonen) und **Feuchtsavannen** (-zonen) unterteilt (siehe Abb. A im Anhang sowie Abb. 14.2).

Diese Unterteilung wird durch kongruente Differenzierungen der Vegetation, Böden und Landnutzung unterstützt. So ist beispielsweise der Graswuchs in den Trockensavannen deutlich niedriger als in den Feuchtsavannen (siehe Kap. 14.5); entsprechend können die Termini *Kurzgras-* und *Hochgrassavannen* anstelle von Trocken- und Feuchtsavannen verwendet werden. Bei geschlossenem Baumbestand sind die entsprechenden Begriffe *Trocken-* und *Feuchtwälder*.

Hinsichtlich der Merkmale Bodenfruchtbarkeit und – daran gekoppelt – Landnutzung drückt sich die Differenzierung darin aus, dass die Böden der *Trockensavannen* meistens höhere Austauschkapazitäten und Basensättigungen aufweisen und humusreicher sind, die Einflüsse von Ausgangsgestein und Relief sich noch deutlicher erhalten haben (eigene Reliefcatenen für verschiedene Gesteine) und eine Tendenz zum permanenten Feldbau besteht. Die Produktionsleistungen von Kulturland und Vegetation werden jeweils – ähnlich wie in Trockengebieten (vgl. Kap. 10.5.4 und 13.5.4) – durch das knappe Wasserangebot begrenzt.

Die meisten Böden der *Feuchtsavannen* sind hingegen infolge tiefgründigerer Verwitterung des anstehenden Gesteins, höherer Zersetzungsraten der organischen Abfälle und fortgeschrittenerer Auslau-

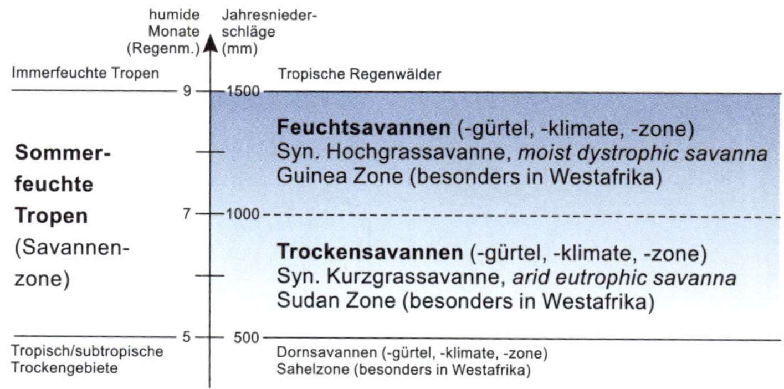

Abb. 14.2
Sub-ökozonale Differenzierung der Sommerfeuchten Tropen.

gung ärmer an Nährstoffen und (trotz größerer PP_N) an Humus, und beim Feldbau besteht eine Tendenz zur Einschaltung von Bracheperioden oder sogar zum Wanderfeldbau. Nicht mehr das Wasser-, sondern das knappe Nährstoffangebot ist vorrangig limitierend für die agraren Ertragsleistungen.

Die im englischsprachigen Raum verbreiteten Termini für die beiden Savannentypen, ***Arid Eutrophic Savannas*** bzw. ***Moist Dystrophic Savannas*** beziehen sich auf diese Unterschiede in der Bodenfruchtbarkeit.

14.2 Klima

Aus der ganzjährig positiven Strahlungsbilanz und dem mäßig kühlenden Effekt während der sommerlichen Regenzeit resultiert ein ziemlich ausgeglichener **Temperaturgang** mit jahreszeitlichen Abweichungen der Monatsmittel, die zumeist geringer sind als die tageszeitlichen. Alle Monatsmittel liegen über +18 °C; die höchsten Werte werden unmittelbar vor Beginn der Regenzeit erreicht. Die mittleren Monatsmaxima können dann +40 °C überschreiten. Am niedrigsten liegen die Monatswerte und auch die Tagesminima um die Mitte der Trockenzeit (Abb. 14.3). Frost fehlt zumindest während der Regenzeit, kann aber trockenzeitlich in (etwas) höhergelegenen (und dort insbesondere in äquatorferneren) Regionen vereinzelt auftreten (der Temperaturabfall mit der Höhe liegt gewöhnlich um 0,6 bis 0,65 °C pro 100 m).

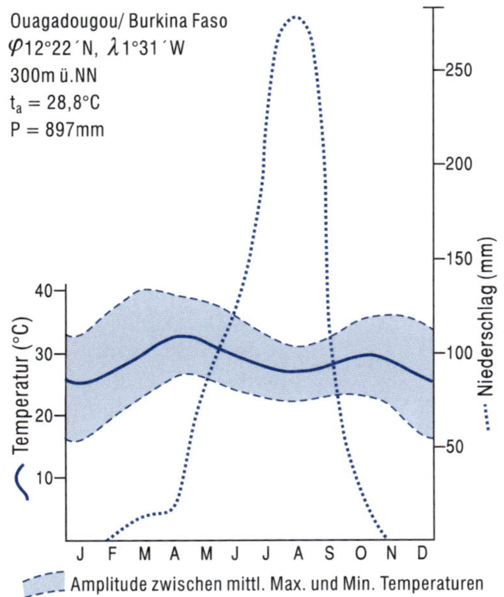

Abb. 14.3
Der für die Sommerfeuchten Tropen typische Jahresgang der Lufttemperaturen, am Beispiel einer Trockensavanne bei Ouagadougou (Klimadaten aus Müller 1996). Die sommerliche Delle geht auf den kühlenden Einfluss der Regenzeit zurück. Sie flacht sich polwärts in dem Maße ab, in dem die Regenzeiten kürzer werden und verschwindet schließlich in den Tropisch/subtropischen Trockengebieten ganz, wenn der Wechsel von sommerlicher Regenzeit und winterlicher Trockenzeit aufhört. Die Amplitude zwischen den mittleren Maxima und Minima ist während der regenzeitlichen Monate deutlich kleiner als während der trockenzeitlichen (im gezeigten Beispiel fällt sie regenzeitlich auf 9 K und steigt trockenzeitlich – im Wesentlichen aufgrund höherer Einstrahlungsgewinne über Tag und größerer nächtlicher Ausstrahlungsverluste – auf 18-K).

Die winterliche Trockenzeit dauert mindestens 2,5 und höchstens 7,5 Monate. In den Regenmonaten fallen im Jahresmittel zwischen 500 und 1500 mm.

14.3 Relief und Gewässer

14.3.1 Rumpfflächen und Inselberge

Das Relief der Sommerfeuchten Tropen ist – sicherlich mehr als in jeder anderen Ökozone – durch weite, fast ebene Landflächen gekennzeichnet, die durch Abtragung (Einrumpfung) entstanden sind und sich gleitend über Gesteinsunterschiede und geologische Strukturen des Anstehenden hinwegsetzen. Sie werden als *Rumpfflächen* (Fastebenen, *peneplains*) bezeichnet. Talhänge haben auf ihnen meist derart geringe Neigungen, dass sie mit bloßem Auge kaum noch zu bemerken sind.

Die Wasserscheiden zwischen diesen *Flachmuldentälern* sind als weiträumige *Flächenspülscheiden* ausgebildet, für die zahllose kleine (im Höchstfall einige km² umfassende) flachmuldenförmige Senken charakteristisch sind: Sie stellen häufig die Anfänge oder Erweiterungen von Tälern dar und neigen regenzeitlich zu Staunässe oder kurzfristiger Überflutung. In den Trockensavannen sind ihre Böden Vertisole (s.u.), in den Feuchtsavannen Gleysole; ihre Vegetation ist in beiden Fällen ein (meist) baumfreies Grasland. In Sambia werden diese Hohlformen als **Dambos**, in Tansania als **Mbugas** bezeichnet.

Sowohl in den Flachmuldentälern als auch auf den Flächenspülscheiden können **Laterite** auftreten. Es handelt sich bei ihnen um irreversibel verhärtete Bodenhorizonte aus eisenreichem Substrat (Plinthit) an oder knapp unterhalb der Bodenoberfläche. In der Mehrzahl sind diese Duricrusts (ferricretes) wohl erst durch nachträgliche Abspülung des Oberbodens relativ aufgestiegen (Abb. 14.4; siehe auch Kap. 15.4). Sie können Spülflächen ‚zementieren' und Stufenbildner an Rumpftreppen, Berghängen und Flussterrassen sein (Abb. 14.5).

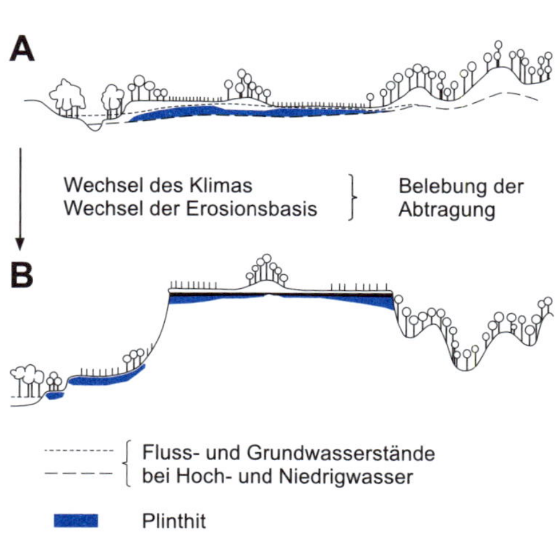

Abb. 14.4 *Die Entstehung von Plinthiten auf abflussbehinderten (staunassen) oder grundwasserbeeinflussten Flächen sowie deren irreversible Verhärtung zu Ironstone (Laterit, Petroplinthit), die nach wiederholtem Austrocknen beispielsweise als Folge eines Klimawechsels (von immerfeucht zu wechselfeucht) oder einer Tieferlegung der Erosionsbasis auftreten mag (aus* Spaargaren u. Deckers *1998). Ähnliche Effekte können von Waldrodungen ausgehen: Die Bodenoberfläche wird danach uneingeschränkt der Sonneneinstrahlung (Erhitzung) ausgesetzt; durch Abspülung des Oberbodens kann die Austrocknung des plinthic Horizont weiter forciert werden.*

Der dominierende Abtragungsprozess auf den Rumpfflächen ist die flächenhaft wirkende **Spüldenudation** (Flächenspülung) während der Regenzeiten. Diese ist in den wechselfeuchten Tropen deshalb so wirksam, weil dort (auch nach absoluten Mengen) erhebliche Anteile des Regenwassers nicht in den Boden einsickern, sondern – selbst bei flachen Hangneigungen – oberflächlich als **Starkregenfluten** (*overland flows*) abfließen. Dies hat im We-

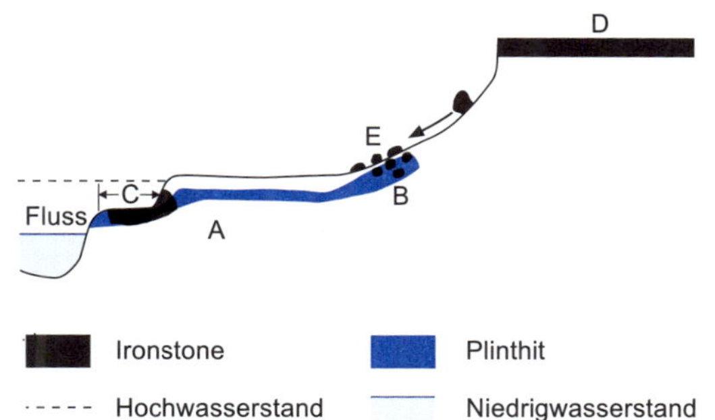

Abb. 14.5
Vorkommen von Plinthiten und Petroplinthiten (Ironstone) unter feuchttropischen Bedingungen in Abhängigkeit vom Relief (aus DRIESSEN *u.* DUDAL *1991). 'Weiche' Plinthite (siehe auch Kap. 15.4) bilden und erhalten sich in ständig feuchten Unterböden von Flussterrassen und Überschwemmungsebenen (A) sowie im Einflussbereich von Quellaustritten am Fuß von Bergen und Stufen (B). Wo diese Plinthite der zeitweiligen Austrocknung unterliegen, wie an Flussterrassenstufen (C) oder auf Spülflächen höherer Geländeteile (D), kommt es zur irreversiblen Verhärtung, d.h. zur in situ-Entstehung von Petroplinthiten. In den kolluvialen Fußzonen von Bergen/Stufen kann sich ironstone-reiches Schuttmaterial ansammeln (E).*

sentlichen zwei miteinander verknüpfte Gründe: die in den Tropen relativ große Häufigkeit von Starkregen (in einigen küstennahen Gebieten auch in Verbindung mit tropischen Zyklonen) und die im Verhältnis dazu unzureichenden Fähigkeiten der meist feinkörnigen Böden, Regenwasser aufzunehmen.

Die Overland Flows erfolgen bei geringem Gefälle und wenigen Unebenheiten in Form von **Schichtfluten** (*sheet flow*), bei stärkeren Hangneigungen und Oberflächenrauhigkeit (z.B. durch Steine, Sträucher, büschelwüchsige Stauden) in Form von **Rillenspülung.** In beiden Fällen führt sie im Laufe eines längeren Zeitraumes zu einer relativ stetigen *flächenhaften Tieferlegung der Regolithdecke*.

Die *Tieferlegung und Flächenbildung des darunter gelegenen anstehenden Gesteins*, also die eigentliche Rumpfflächenbildung, erfolgt über eine chemische Verwitterung, die im Zuge der Abtragung an der Landoberfläche immer tiefer greifen kann und damit neues Regolithmaterial aus dem Anstehenden produziert. Gefördert wird dieser Vorgang dadurch, dass die Regolithdecke das einsickernde Regenwasser auf längere Zeit in Kontakt mit dem festen Gestein speichert und so ermöglicht, dass die chemische Verwitterung auch zwischen den einzelnen Niederschlagsereignissen und bis in die Trockenzeit hinein anhalten kann.

Beide Vorgänge der Tieferlegung werden zusammen als **doppelte Einebnung** bezeichnet. Zwischen ihnen bildet sich ein *dynamisches Gleichgewicht* heraus, sobald die Abspülungsprozesse die Landoberfläche mit der gleichen Rate tiefer legen, wie die Verwitterung der darunter liegenden Oberfläche des Anstehenden fortschreitet. Bei welcher Regolithmächtigkeit dies jeweils der Fall ist, ist auch eine Funktion der Abtragung. Die in den Sommerfeuchten und (erst recht) Immerfeuchten Tropen vielerorts mächtigen Regolithdecken weisen also nicht nur auf hohe Verwitterungsintensitäten hin, sondern auch darauf, dass die Verwitterung über lange Zeit der Abtragung vorausgeeilt sein muss.

Die freiliegenden Felsflächen, die mancherorts in den Tropen (wenn auch mit insgesamt geringen Flächenanteilen) auftreten, zeigen andererseits, dass auch der umgekehrte Fall auftritt: Bei ihnen „ist das Potential der Abtragung, Material wegzuführen, deutlich größer als die Fähigkeit der Verwitterung, Material zu liefern" (AHNERT 2003, Seite 97). Dies gilt beispielsweise für die stärker geneigten Hänge von Inselbergen, Pedimenten und Rumpfstufen.

Mit dem Begriff **Inselberg** oder Inselberggruppe (Inselgebirge) bezeichnet man Einzelberge bzw. mehrgipfelige Berggruppen (Gebirge), die auf vielen Rumpfflächen in isolierter Lage inmitten weiter Ebenheiten vorkommen. Sie erheben sich meist abrupt (mit deutlichem Gefälleknick) und steil aus dem Umland, auch wenn sie an ihrem Fuß gewöhnlich von etwas flacher geböschten Pedimenten mehr oder weniger breit umsäumt sind.

Die **Entstehung von Inselbergen** kann verschiedene, nicht immer zu klärende Ursachen oder Ursachenkomplexe haben. Beispielsweise können sie auf tektonisch gebildete (evtl. fluvial in Einzelberge zerlegte) Erhebungen, härtere Gesteinspartien in weniger widerständigem Umfeld (Härtlinge), relativ große Entfernung zu Fließgewässern (Wasserscheidenlage, Fernlinge) oder auf *aufwachsende Tiefenverwitterungsgrundhöcker* zurückgehen. Letzterer Deutung liegt die Beobachtung zugrunde, dass einmal entblößter Fels weniger stark abgetragen wird als das vom Regolith bedeckte Gestein (s.o.). Felshöcker (Grundhöcker), die ursprünglich unter der Bodendecke im Anstehenden (möglicherweise infolge relativ geringer Klüftung) herauswitterten, müssen daher, sobald sie (infolge allgemeiner Tieferlegung des Niveaus) an die Oberfläche gekommen sind, mit weiterer allgemeiner Flächenabtragung relativ an Höhe gewinnen (‚aufwachsen') (Abb. 14.6).

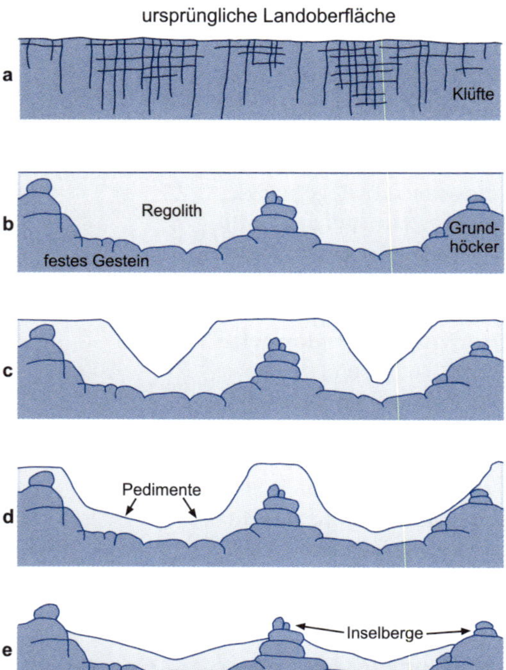

Abb. 14.6 *Entstehung von Inselbergen aus Grundhöckern (OLLIER 1984).*

14.3.2 Fließgewässer

Die mittleren und kleinen Fließgewässer führen nur regenzeitlich Wasser. Nach Beginn der Trockenzeit fallen die meisten Flussbetten bald trocken. Der mit den ersten Regenfällen der nachfolgenden Regenzeit erneut einsetzende Abfluss ist zunächst an Oberflächenzuflüsse aus einzelnen Niederschlagsereignissen geknüpft. Dementsprechend ist er durch extreme Spitzen und kurzfristige Unterbrechungen gekennzeichnet (entspricht also dem *episodischen Abfluss* in Trockengebieten). Erst mit Fortgang der Regenzeit kommt es auch zu Grundwasserzuflüssen, die die Flüsse beständiger mit Wasser versorgen. Damit setzt ein anhaltender Abfluss ein, der verhältnismäßig ausgeglichen ist und erst nach Ende der Regenzeit wieder aufhört (= *periodischer Abfluss*).

14.4 Böden

14.4.1 Die Böden der Sommer- und Immerfeuchten Tropen und Subtropen – allgemein

Die Grenze zwischen den Tropisch/subtropischen Trockengebieten und den Sommerfeuchten Tropen bildet zugleich die äquatorseitige Verbreitungsgrenze der *Pedocalen* (siehe Seite 170): Ab Niederschlagssummen von 500 bis 600 mm pro Jahr setzen sich erneut (deszendente) Auswaschungsprozesse gegenüber (aszendenten) Anreicherungsprozessen und damit Böden der Gruppe der **Pedalfere** durch, d.h. die meisten Böden (auf frei drainierenden Standorten) sind an austauschbaren Nährionen verarmt; freie Carbonate und Salze fehlen; Tonverlagerungen vom Oberboden in den Unterboden sind verbreitet. Die meisten Böden zeigen eine saure Reaktion.

Gegenüber den pedalferen Böden der höheren Breiten besitzen jene der Tropen – im Wesentlichen als Folge feuchtheißerer Klimabedingungen und damit intensiverer chemischer Verwitterungsprozesse – die folgenden **Besonderheiten**:

- **Tief reichende Pedogenese:** Vielerorts erreicht sie mehrere Dekameter
- **Kaolinitisierung:** Zweischicht (1:1-)Tonminerale (meist Kaolinit, aber auch Halloysit) treten an die Stelle von Dreischicht (2:1-)Mineralen (z.B. Illit).
- **Fe- und Al-Oxidbildung:** Sesquioxide sind durchweg häufiger vertreten. Ihre Anteile wachsen im Allgemeinen mit der Intensität und Dauer feuchtheißer Bedingungen und erreichen ihr Maximum dort, wo das bei der Verwitterung freigesetzte Silicium abgeführt wird (Desilifizierung).
- **Rubefizierung:** Bei der Oxidation des (in vielen Gesteinsmineralen enthaltenen) Eisens entsteht insbesondere roter Hämatit anstelle von gelbbraunem Goethit; dies verleiht den Böden rote Farbtöne.
- **Ferrallitisierung und Desilifizierung :** Verwitterbare primäre Minerale sind nicht oder kaum mehr vorhanden; Nährstoff-Kationen und das bei der Verwitterung freigesetzte Silicium werden ausgewaschen; im Extremfall erfolgt die Nachlieferung von mineralischen Nährstoffen fast vollständig durch Zersetzung pflanzlicher Abfälle und atmosphärische Einträge, konzentriert sich also zum allergrößten Teil auf die oberste Bodenschicht.

- **Bioturbation durch Termiten:** Termitenarten, die oberirdische Bauten anlegen, holen das dafür benötigte Bodenmaterial aus bis zu 150 cm Tiefe. Vorzugsweise werden kleine Korngrößen, meist Tone und Feinsande (maximal bis etwa 2 bis 3 mm Korngröße) nach oben transportiert (auf tonarmen Substraten gibt es keine Hügel bildenden Termiten).

Termitenbauten zeichnen sich daher durch feinere Texturen aus als ihre Umgebung. Auch haben sie durchweg höhere Kationenaustauschkapazitäten, Sättigungsgrade (insbesondere hohe Ca-Anteile) sowie Humus- und Stickstoffgehalte. Diese Merkmale bleiben nach dem Verfall der Bauten für einige Zeit bestehen, d.h. es bildet sich eine an bewohnte und vormalige Termitenbauten geknüpfte kleinräumige edaphische Differenzierung heraus. Diese zeigt sich in einer entsprechenden physiognomischen und floristischen Gliederung der Vegetation. Wo diese in den Sommerfeuchten Tropen besonders auffällig ist, spricht man von *Termitensavanne*.Das Ausmaß der Bodenbewegung durch Termiten kann sich im Laufe längerer Zeiträume auf beträchtliche Mengen addieren. So ergaben Berechnungen im Kongo und in West-Nigeria, dass die Einebnung aller Hügel die Bodenoberfläche mit einer 12 bis 20 cm bzw. 30 cm dicken Schicht bedecken würde. Nach anderen Untersuchungen (vgl. die Zusammenstellung bei LAL 1987) ist das während 100 bis 800 Jahren von Termiten an die Oberfläche beförderte Material äquivalent zu einer Bodenschicht von 1 cm.

Die **Zusammensetzung der Tonfraktion** ist von großer Bedeutung für die Bodenfruchtbarkeit: 1:1-Tonminerale und Sesquioxide sind außerordentlich **sorptionsschwach**. Böden, in denen derartige Tonminerale vorherrschen, werden als **LAC (= Low Activity Clay)-Böden** (KAK <24 cmol(+) kg^{-1} Ton, bei pH 7) zusammengefasst (die übrigen dann als HAC [High Activity Clay]-Böden bezeichnet). Zu den LAC-Böden gehören alle wichtigen zonalen Böden der feuchten Tropen und Subtropen, also insbesondere die Ferralsole, Plinthosole, Acrisole, Alisole und Lixisole; Nitisole bilden einen Grenzfall (Tab. 14.1).

Tone niedriger Aktivität (LACs) haben in deutlich stärkerem Maße **pH-abhängige Ladungseigenschaften** als Tone hoher Aktivität (HACs). So wachsen bei den kaolinitischen Tonmineralen die negativen Ladungsüberschüsse mit steigendem pH, d.h. die KAK nimmt zu; gegenläufig hierzu wachsen die positiven Ladungsüberschüsse bei den Sesquioxiden mit fallendem pH, d.h. in diesem Falle nimmt die AAK (Anionenaustauschkapazität) zu (Abb. 14.7). Aus diesen *Zusammenhängen von AK und pH ergeben sich einige wichtige Konsequenzen:*

- Als Folge der in sesquioxidreichen sauren Böden (insbesondere den Acrisolen und Ferralsolen) hohen AAK kann die Adsorption des als PO_4^{2-}-Anion im Boden vorkommenden Phosphors irreversi-

Tab. 14.1. Einige Bodentypen der Sommer- und Immerfeuchten Tropen und Subtropen im Vergleich (siehe auch Tab. 15.1).

	KAK (cmol(+) kg^{-1} Ton)	**Basensättigung (%)**	**Tonverlagerung (B-Horizont)**	**Besonderheiten (siehe hierzu auch Kasten 2)**
Lixisole	< 24	≥ 50	ja (argic Hor.)	instabiles Bodengefüge
Acrisole	< 24	< 50	ja (argic Hor.)	instabiles Bodengefüge
Alisole	≥ 24	< 50	ja (argic Hor.)	hohe Al-Anteile an Austauschern
Nitisole	< 24	± 50	teilw. (nitic Hor.)	sehr stabiles Bodengefüge
Ferralsole	≤ 16	< 50	nein (ferralic Hor.)	Pseudosand, „-schluff, stabiles Gefüge"
Plinthosole	< 16	< 50	nein (plinthic Hor.)	B-Horizont besonders eisenreich, Gefahr der Lateritbildung

bel werden, d.h. es kommt zur (von den Landwirten) gefürchteten **Phosphatfixierung** (als Fe-Phosphate und Al- Phosphate).

- Bei steigender Bodenacidität (etwa ab pH 5) unterliegen Al-Verbindungen verstärkt der Lösung (Aluminiumdynamik). Damit kann die Al-Konzentration in der Bodenlösung auf ein für viele Pflanzen toxisch wirkendes Niveau ansteigen, also zum Problem der **Aluminiumtoxizität** führen (definitionsgemäß ab einer Al-Sättigung von >60% der KAK). Von den in den Tropen weit verbreiteten Knollenfrüchten ist Yam hiervon am stärksten betroffen, während sich Cassava als ziemlich robust erweist. Süßkartoffeln nehmen eine Mittelstellung ein (Abb. 14.8).
- Eine **Anhebung des pH-Wertes**, z.B. durch Kalkung, führt zu einer kräftigen (bis zu 50%igen) Erhöhung der KAK. Damit treten die Nachteile aus Phosphatfixierung und Aluminiumtoxizität zurück oder verschwinden ganz, und die Wirksamkeit von Düngergaben verbessert sich.

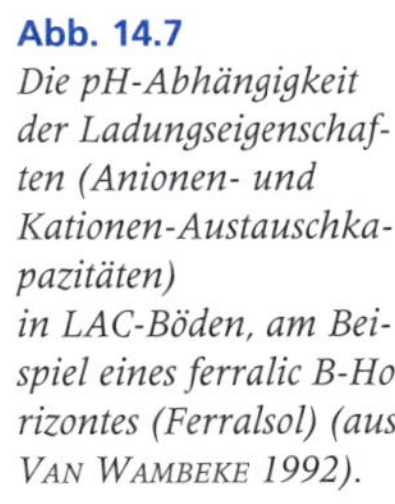

Abb. 14.7
Die pH-Abhängigkeit der Ladungseigenschaften (Anionen- und Kationen-Austauschkapazitäten) in LAC-Böden, am Beispiel eines ferralic B-Horizontes (Ferralsol) (aus VAN WAMBEKE *1992).*

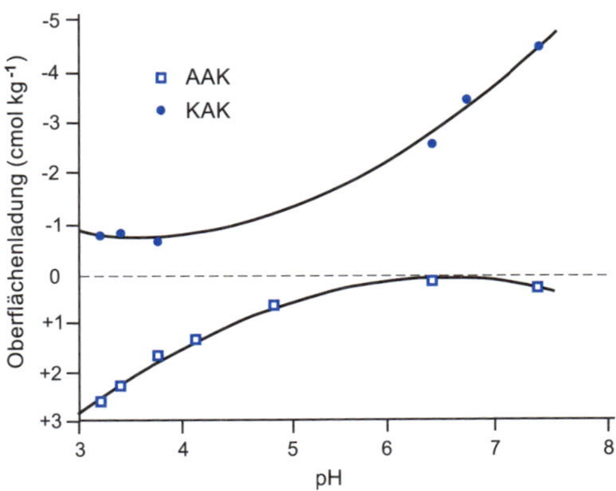

14.4.2 Die wichtigsten Bodentypen der Sommerfeuchten Tropen

Von den in Tab. 14.1 aufgeführten Bodeneinheiten kommen in den Sommerfeuchten Tropen insbesondere *Lixisole* und *Nitisole* mit relativ hohen Flächen-

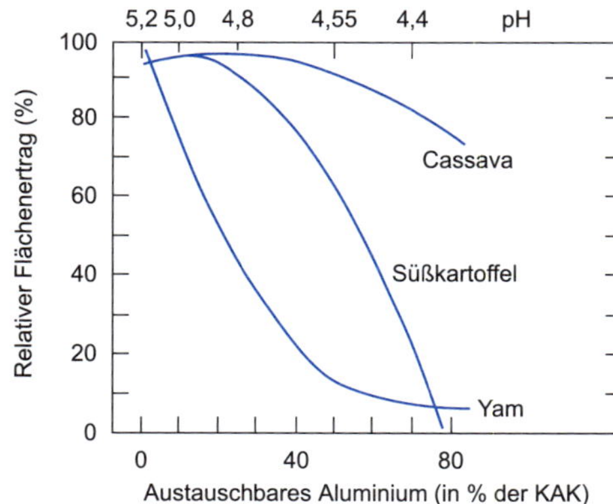

Abb. 14.8
Beziehung zwischen austauschbarem Aluminium, Boden-pH und Flächenerträgen von drei tropischen Knollenfrüchten (NORMAN et al. 1995, MARSCHNER 1990).

anteilen vor. Nur diese beiden werden hier vorgestellt. Außerdem finden *Vertisole*, die häufig die Endglieder von Bodencatenen stellen, ausführliche Erwähnung. Acrisole und Alisole wurden bereits im Bodenkapitel der Immerfeuchten Subtropen beschrieben (Kap. 12.4); Ferralsole und Plinthosole, deren Vorkommen hauptsächlich in den Immerfeuchten Tropen liegen, folgen im Bodenkapitel zu jener Ökozone (Kap. 15.4).

Lixisole

Neu geschaffene Bodeneinheit der zweiten FAO-Klassifikation (1988), die aus der früheren (weiter gefassten) Gruppe der Luvisole ausgegrenzt wurde (lat. *lixius* = ausgelaugt). Sie umfasst solche (durchweg tropischen) Luvisole der ersten Klassifikation, die eine niedrige (im B-Horizont wenigstens teilweise <24 cmol(+) kg^{-1} Ton) Kationenaustauschkapazität aufweisen. Gemeinsam mit den HAC-Luvisolen der Außertropen ist ihnen die Ausbildung eines argic B-Horizontes und eine hohe Basensättigung (definitionsgemäß mindestens 50%). Dementsprechend liegen die pH-Werte und Mengen an austauschbaren Nährionen höher als bei Acrisolen und Ferralsolen. Die Bodenfarbe ist dagegen meist ähnlich rot bis braunrot. Das Ertragspotential ist, trotz geringer Humusgehalte und vorherrschend kaolinitischer Tone, als mäßig hoch einzustufen. Andererseits besteht eine Anfälligkeit für Bodenerosion. Bei Regenfällen kommt es leicht zu Verschlämmungen der Bodenoberfläche, nach dem Abtrocknen zu Verkrustungen. Bei einer Inkulturnahme von Lixisolen ist daher besonders darauf zu achten, dass Störungen der instabilen Bodenstrukturen (beispielsweise durch Einsatz schwerer Maschinen oder Pflügen) gering gehalten werden.

Nitisole (vormals Nitosole)

Rote bis tiefbraune Böden, die sich auf silikatreichem (= basischem) Gestein (z.B. Basalt, Glimmerschiefer) entwickelt haben und nach Dauer ihrer Bodengenese gegenüber den Lixisolen eher als jünger einzustufen sind. Zwar unterlagen die primären (Gesteins-)Minerale auch bei ihnen einer starken Verwitterung, und als Ergebnis der Tonbildung entstanden hauptsächlich Kaolinite und Sesquioxide, doch sind stets noch Reste an verwitterbaren Mineralen in Schluff- und Sandgröße übrig.

Diagnostischer Bodenhorizont ist der **nitic Horizont**. Dessen Bodengefüge ist durch stabile, eckig-blockige Aggregate gekennzeichnet, deren glänzende Oberflächen namengebend waren (lat. *nitidus* = glänzend). Die physikalischen Eigenschaften gelten insgesamt – trotz des beachtlichen Tonreichtums – als günstig: Die Porosität ist so beschaffen, dass eine rasche Infiltration des Regenwassers, die Speicherung einer großen Haftwassermenge und eine gute Durchlüftung gewährleistet sind. Dementsprechend ist die Erosionsanfälligkeit gering und die nutzbare Feldkapazität hoch. Die Nitisole gehören damit zu den **produktionsökologisch besten Böden der Tropen/Subtropen** und lassen sich auch im traditionellen Feldbau permanent, also ohne die sonst so verbreitete mehrjährige Brache, nutzen.

Die Flächenanteile der Nitisole stehen allerdings weit hinter denen anderer tropisch/subtropischer Böden zurück. Meist handelt es sich um kleinere isolierte Vorkommen innerhalb der vorwiegend von Acrisolen und Lixisolen eingenommenen Gebiete, die höchstens ein Fünftel von jenen beiden Böden umfassen.

Vertisole

Dunkelgraue bis schwarze (bei *Chromic* Vertisolen: braune), tonreiche (wenigstens 30%, häufig >50% Ton) Böden der wechselfeuchten Tropen und Subtropen (drei bis neun Trockenmonate, mindestens 200 bis 300 mm Jahresniederschlag). Sie nehmen dort (ursprünglich meist) grasbedeckte, ebene bis sanft geschwungene Landoberflächen und abflussbehinderte Senken aus tonreichen (überwiegend $CaCO_3$-haltigen) Verwitterungsprodukten oder Sedimenten ein.

Regenzeitlich haben Vertisole eine dichte (porenarme), zähplastische Konsistenz, trockenzeitlich verhärten sie, und es entstehen von der Oberfläche her Schrumpfrisse und -spalten, die mindestens 1 cm (häufig über 10 cm) breit bis in 150 cm Tiefe reichen und die Bodenmasse in Polyeder zerlegen.

Diese Spalten können sich durch nachfallendes, eingewehtes, von Tieren eingetretenes oder von den ersten Regenfällen nach der Trockenzeit eingespültes Bodenmaterial verfüllen. Die **Quellungsvorgänge** während der folgenden Durchfeuchtungsphase setzen dann bei einem erhöhten Trockenvolumen an. Mit zunehmender Wasseraufnahme kommt es dementsprechend (zumindest im Unterboden) örtlich zu Quellungsdrucken. Als Folge hiervon entstehen Bewegungsvorgänge (**Hydroturbation**, Peloturbation), die zu einer tiefreichenden Umschichtung und Homogenisierung des Bodenmaterials und damit zur Bildung eines mächtigen (oft über 1 m) Ah-Horizontes führen.

Es sind diese Bewegungsvorgänge, auf die sich der Name Vertisol des FAO-Systems gründet (lat. *vertere* = wenden). Ältere/andere Namen sind Regur, Black Cotton Soil und Tirs. Die Bewegungsvorgänge zeigen sich im Bodengefüge an glänzenden Gleit- und Scherflächen auf den Bodenaggregaten (parallel eingeregelte Tonminerale = *slicken sides*, Stress-Cutane) und an der Bodenoberfläche durch ein Kleinrelief aus Kuppen und Dellen (Gilgai). Letzteres verstärkt die Hydroturbation, da es durch Umverteilung des Niederschlagswassers an der Bodenoberfläche zu einer kleinräumig wechselnden Bodendurchfeuchtung beiträgt (Abb. 14.9).

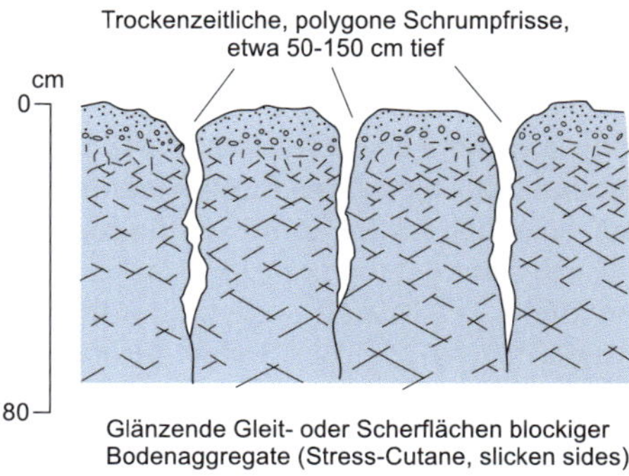

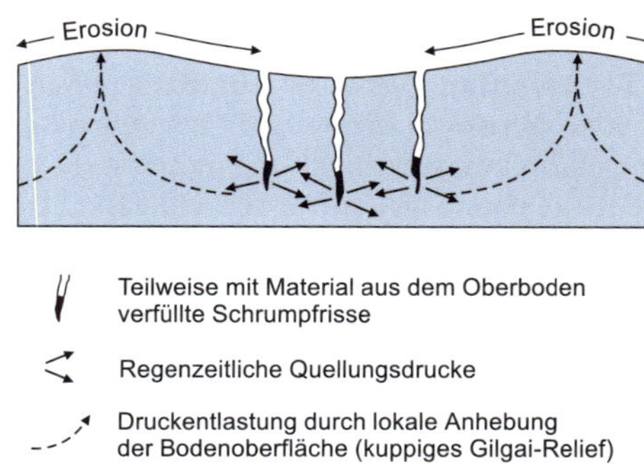

Abb. 14.9 *Selbstmulchung und Gilgai-Reliefbildung bei Vertisolen (DRIESSEN u. DUDAL 1991).*

Die ausgeprägten Quellungs-/Schrumpfungserscheinungen hängen mit dem generell hohen Anteil quellfähiger Tonminerale, vor allem von Smectiten zusammen. Diese Tonminerale haben eine hohe Kationenaustauschkapazität. Entsprechend ist auch die des Bodens mit etwa 40 bis 80 cmol(+) kg^{-1} sehr hoch. Die Reaktion ist neutral bis alkalisch. Carbonatausscheidungen (teilweise -konkretionen) im Profil können vorkommen. Trotz dunkler Bodenfarbe beträgt der Humusgehalt weniger als 3%. Die Humusstoffe liegen in stabilen Ton-Humus-Komplexen vor, das C/N-Verhältnis hält sich um 15.

Aufgrund ihres beträchtlichen Nährstoffgehaltes haben Vertisole ein sehr **hohes Produktionspotential**. Der hohe Tonanteil bringt andererseits einige Probleme mit sich. Dazu gehört, dass

- die große Wassermenge, die im Boden gespeichert werden kann, nur zu einem kleinen Teil für die Pflanzen nutzbar ist (hoher permanenter Welkepunkt),
- relativ hohe Evaporationsverluste infolge kapillaren Wasseraufstiegs entstehen (vgl. Abb. 13.6),
- eine Anfälligkeit für Wasserstau besteht,
- die Bearbeitbarkeit sowohl im feuchten (zähklebrigen) als auch trockenen (‚steinharten‘) Zustand schwierig ist,

- die Wurzelsysteme der Pflanzen durch hydroturbate Bewegungen beeinträchtigt werden können und
- eine Erosionsgefahr bestehen mag.

Viele Vertisolvorkommen werden daher als (natürliches oder naturnahes) Weideland genutzt. Für den Ackerbau sind u.a. Baumwolle, Zuckerrohr, Weizen und Sorghum geeignet. In der Regel muss ergänzend bewässert werden.

14.5 Vegetation und Tierwelt

14.5.1 Physiognomisch-ökologische Merkmale und Saisonalität

Für alle Savannen gilt als gemeinsames Merkmal für alle offenen Erscheinungsformen (von reinen Grasfluren bis zu solchen mit mehr oder weniger lichtem, parkartigem Baumbestand), dass die **Grasdecke (aus C_4-Pflanzen) geschlossen** ist. Dagegen wechseln die Deckungsgrade der Bäume in weiten Grenzen (bis hin zum geschlossenen Wald, in dem sich die Baumkronen überschneiden), was in den meisten Fällen auf Brandlegungen, Beweidung, Holznutzung u.a. zurückzuführen ist, also in keiner eindeutigen Beziehung zu abiotischen Standortfaktoren steht. Längerfristige Beobachtungen auf Probeflächen, die vor menschlichen Einwirkungen geschützt wurden, haben überwiegend gezeigt, dass der Baumbestand mit Dauer des Schutzes an Dichte, Höhe und Artenzahl zunimmt (u. a. Trapnell 1959, Louppe et al 1995, Jeltsch et al 2000, Moreira 2000, Woinarski et al 2004, Higgins et al 2007). Insbesondere für das Verbreitungsgebiet der Feuchtsavanne ist wahrscheinlich, dass lichte, teilweise auch geschlossene Waldformationen ursprünglich viel höhere Flächenanteile besaßen und sich das Grasland mit lockerem Baumbestand, das hier heute weithin dominiert, erst im Zuge einer sekundären **Savannifikation** ausbreitete.[1]

Als vage Regel kann allenfalls gelten, dass **Dichte und Höhe von Baumbeständen** in trockeneren Gebieten mit nährstoffreicheren Böden (*arid eutrophic savannas*) durchschnittlich geringer sind als in feuchteren und nährstoffärmeren (*moist dystrophic savannas*) (Huntley u. Walker 1982, Cole 1986). In Ersteren herrschen dann kleinwüchsige Baum- und Strauchsavannen, in Letzteren höherwüchsige Savannen- oder Feuchtwälder vor.

Einen deutlicheren Klimabezug zeigt die **Höhe des Graswuchses**. So haben die in den Feuchtsavannen vorherrschenden Grasarten einen höheren (meist >1 m, teilweise >2 m) Wuchs als die der Trocken- oder gar Dornsavannen, wo die Grashöhe gewöhnlich unter

---

[1] An der Frage nach der Natürlichkeit des sog. Gras-Baum-Antagonismus hat sich seit Jahrzehnten ein reicher fachlicher Disput entzündet (u. a. Klötzli 1980, Scholes und Archer 1997, Sankaran et al 2004, Bond 2008, Lehmann et al 2011). Eine Antwort, die allgemeine Zustimmung erfährt, steht bis heute dennoch aus.

80 cm liegt (aber immer noch höher als in den meisten Steppen bleibt). Dementsprechend werden die Ersteren auch als **Hochgrassavannen**, die Letzteren als **Kurzgrassavannen** zusammengefasst.

Die drei bis sieben Monate andauernde **Trockenzeit** bildet den wichtigsten limitierenden Faktor für den Pflanzenwuchs. Viele *Bäume* reagieren auf die Trockenheitsbelastung mit Blattabwurf, die *perennen Gräser und Kräuter* mit Absterben ihrer oberirdischen Sprossteile (die später als Streu die Vegetationspunkte an der Bodenoberfläche schützen, aus denen zu Anfang der folgenden Vegetationsperiode das neue Wachstum beginnt).

Damit stellt sich ein **Aspektwechsel** ein, der in seinem Ausmaß dem vergleichbar ist, wie er winterzeitlich, wenn auch aus anderen Gründen, für die Feuchten Mittelbreiten charakteristisch ist. Und in beiden Fällen ist er – trocken- bzw. winterzeitlich – mit einer Absenkung der pflanzlichen Photosyntheseleistung auf den Nullpunkt oder ein zumindest extrem niedriges Niveau verbunden.

Ob und wann die Bäume ihr Laub verlieren und wie lange sie trockenkahl bleiben, hängt von ihrer artspezifischen Konstitution und den äußeren Umständen ab. In der Regel erfolgt der Laubabwurf mehrere Wochen später als das Verdorren der krautigen Pflanzen. Bleibt in einzelnen Jahren der Bodenwasservorrat im (gewöhnlich tiefer reichenden) Wurzelbereich der Bäume über die ganze Trockenzeit ausreichend hoch,[2] so behalten viele der ansonsten wechselgrünen Bäume ihre Blätter. Der Laubabwurf ist bei ihnen also fakultativ. Dem Laubfall geht häufig eine (im Vergleich zu unseren sommergrünen Tropophyten freilich nur mäßige) Verfärbung voraus. Auffällig viele Gehölzarten blühen im Monat vor Beginn der Regenzeit.

14.5.2 Tierwelt

Charakteristisch (wenn auch nicht unbedingt auffällig) ist die reichhaltige **Insekten- und Spinnenfauna**. Die häufigsten Insekten gehören zu den Orthoptera (Heuschrecken, Schaben, Grillen u.a.), Hemiptera (Schnabelkerfe, Wanzen u.a.), Coleoptera (Käfer), Diptera (Fliegen, Mücken), Lepidoptera (Schmetterlinge), Hymenoptera (Bienen, Wespen, Ameisen u.a.) und Isoptera (Termiten).

Letztere errichten zumeist oberirdische Bauten für ihre Nester. Diese können von wenigen Dezimetern bis zu fünf oder sechs Meter hoch sein, eine schlanke (säulige) oder breite (hügelige) Gestalt haben und vereinzelt oder in dichter Scharung (bis zu etwa 5% der Bodenfläche einnehmend) auftreten. Fast immer bilden sie auffallende Merkmale des Landschaftsbildes, teils unmittelbar, teils weil sie eine vom Umland abweichende, häufig dichtere Strauch- und Baumvegetation tragen und auch ihre Kraut-/Grasflora von der Umgebung abweicht (‚Termitensavanne').

Von den **Vertebraten** sind Reptilien, Vögel und Säuger arten-, teilweise auch individuenreich vertreten. Bei den **Reptilien** gilt dies für alle vier Hauptgruppen, also Schlangen, Eidechsen, Schildkröten und Krokodile. Davon ernähren sich alle, bis auf die Schildkröten, als Carnivore. Bei den **Vögeln** sind insbesondere die Laufvögel (z.B. Strauße, Nandus, Emus), Trappen, Hühnervögel (in Afrika z.B. Perlhühner, Francoline) und Greifvögel häu-

[2] Die Speicherung an nutzbarem Wasser kann in den meist lehmigen Böden etwa 15 bis 20% des Bodenvolumens erreichen, also 15 bis 20 mm (oder 15 bis 20 Liter m^{-2}) je dm Tiefe. Ob und bis zu welcher Bodentiefe es zu dieser Speicherung kommt, hängt wiederum von der Ergiebigkeit (dem Wasserüberschuss: $P > ET_{pot}$) der voraufgegangenen Regenzeit ab. War diese hoch, so verlängert sich die Vegetationsperiode entsprechend weit in die (klimatisch definierte) Trockenzeit hinein.

fig, bei den **Säugern** die Nager (Rodentia) sowie Kaninchen und Hasen (Lagomorpha).

Abgesehen von diesen Gemeinsamkeiten hat sich die Tierwelt **auf den einzelnen Kontinenten sehr verschieden entwickelt**. Nicht nur die jeweils vertretenen Sippenbestände unterscheiden sich grundlegend (was nicht überraschen kann, da die Savannengebiete mehreren Tierreichen angehören), sondern auch die Tierzahlen (Größen der Zoomasse) und die jeweils vertretenen Lebensformen (einschließlich deren Funktionen im Savannenökosystem). Einzigartig wildreich sind viele der afrikanischen Savannen.

14.5.3 Savannenbrände

Savannen haben im Vergleich zu allen anderen Vegetationszonen die mit Abstand höchste Feuerfrequenz (Mouillot und Field 2005). Im Verlauf von mehreren Jahren bleibt wohl kaum ein Savannenareal von Bränden verschont (die in der Mehrzahl von Menschen gelegt werden).

Ihre Auswirkungen sind dann besonders heftig, wenn sich die Zeitspanne zum vorausgehenden Brand über mehrere Jahre erstreckt: Unter diesen Umständen reichert sich schwer zersetzbares, abgestorbenes Sprossmaterial von Gehölzen und Gräsern am Boden in Form einer immer dickeren, leicht entflammbaren sowie für ein längeres Feuer reichenden Streuschicht an.[3] Dessen Intensität bleibt dennoch gering, so lange es sich um reine Grasfeuer handelt: Diese gehen schnell durch, erhitzen den Boden weniger tief und haben auch in der Luftschicht unmittelbar über dem Boden niedrigere Temperaturen, als wenn Totholz verbrennt.

Gewöhnlich treten die Feuer während der Trockenzeit auf. Sie verstärken damit die primär klimatisch begründete Saisonalität des Savannenökosystems (siehe Kap. 14.5.1).

Unter den Bedingungen einer ständigen Feuergefahr können in Savannen daher auf Dauer nur solche Gehölze überleben, die z. B. die Fähigkeit besitzen, aus unterirdischen Teilen über die Bildung von Adventivknospen zu regenerieren oder deren Stämme und Äste durch eine dicke Borke geschützt sind (so bei vielen Savannenbäumen außerhalb geschlossener Wälder). Gräser leiden bei Feuerdurchgängen weniger, da mindestens 70 %, wenn nicht 90 % ihrer Phytomassen auf die unterirdischen Teile entfallen und damit von der zerstörerischen Hitze der Flammen über dem Boden verschont bleiben (bei den Gehölzen überwiegen meisten die oberirdischen Anteile: Ihre Wurzel-/Sprossverhältnisse liegen eher bei 1 : 2).

Die **Wirkungen der Brände sind vielfältig und weitreichend, vorteilhaft oder zerstörerisch**. In den unmittelbar betroffenen Savannengebieten sind die Feuer wichtige Selektionsfaktoren für die Flora und Fauna, bestimmen weithin die Vegetationsstrukturen (beispielsweise Deckungsgrade der Bäume), beeinflussen den Wärme- und Wasserhaushalt von Boden, Pflanzendecke und bodennaher Luftschicht und verändern die stofflichen und energetischen Vorräte und Umsätze im System (beispielsweise Größe von oberirdischer Phytomasse und Streu, Umsätze durch Herbivorie und Saprovorie, Recycling von Mineralstoffen).

Zur Frage, ob sich aus den feuerbedingten Emissionen von Stickoxiden (NO_x), Ammoniak (NH_3) und Kohlendioxid (CO_2) globale Belastungen ergeben könnten, ist anzumerken, dass diese Emissionen in der Regel unterhalb der Mengen bleiben, die im selben Jahr (oder in der unmittelbar vorausgegangenen Vegetationsperiode) über photosynthetische

---

[3] Als Mindestmenge für ein Grasfeuer gelten 1-2 t ha-1 (Govender et al 2006).

und nitrifizierende Prozesse aus der Atmosphäre in der Biomasse festgelegt wurden. Überschüsse ergeben sich in baumreichen Savannen nur dann, wenn auch größere Anteile der Holzmasse verbrennen und die Regeneration der Holzpflanzen ausbleibt.

Urheber der Savannenbrände ist in fast allen Fällen der Mensch. Je nach Häufigkeit, mit der einzelne Flächen abgebrannt werden, den Zeitpunkten, zu denen dies geschieht (ob früher oder später in den Trockenzeiten), und den Zeitspannen, die seit den letzten Bränden verstrichen sind, finden sich unterschiedliche (primär feuergeprägte) *Degradations-* oder *Sukzessionsstadien*. Diese fügen sich zu einem Vegetationsmosaik zusammen, dessen Teilstücke im Laufe der Zeit zwar vertauscht werden, dessen komplexes Gefüge aber in ähnlicher Weise langfristig erhalten bleibt. Es kann daher als **Feuerklimaxformation** angesehen werden. Änderungen treten erst auf, wenn die Savannenbrände unterbunden werden. Was ganz konkret heißt, dass der Mensch aufhört Feuer zu legen. An die Stelle von Grasfluren und parkähnlichen Erscheinungsformen würden dann wahrscheinlich in vielen Gebieten geschlossene Wälder treten (s. Kap. 14.5.1).

14.5.4 Phytomasse und Primärproduktion

Die Größe der Phytomasse ergibt sich in erster Linie aus der Dichte und Höhe des Baumbestands. Da dieser, wie beschrieben, in den meisten Savannen eher anthropo- als naturbedingt variiert, sagen Angaben zur gesamten Phytomasse ökologisch wenig aus.

Die **Grasmasse** (Sprossmasse) ist – ähnlich wie in den Steppen – durch außerordentlich **hohe saisonale Unterschiede** gekennzeichnet. Wo das Gras während der Trockenzeit abbrennt, reicht die Spanne im Extrem von Null (unmittelbar nach Durchgang des Feuers) bis (theoretisch) zur Höhe der PP_N. Im Allgemeinen bleiben die Unterschiede jedoch innerhalb dieser Spanne, da bei den Bränden nicht alles Gras verbrennt und ein Teil des Zuwachses bereits während der Vegetationsperiode abstirbt und abfällt oder an Herbivore geht. Das Maximum der oberirdischen Krautmasse wird daher auch nicht zum Ende der Vegetationsperiode erreicht, sondern früher.

Neben den saisonalen Unterschieden treten **beträchtliche Fluktuationen von Jahr zu Jahr** auf, da (jedenfalls in Trockensavannen) die Erzeugung von Grasmasse in niederschlagsreichen Regenzeiten viel höher ist als in niederschlagsarmen.

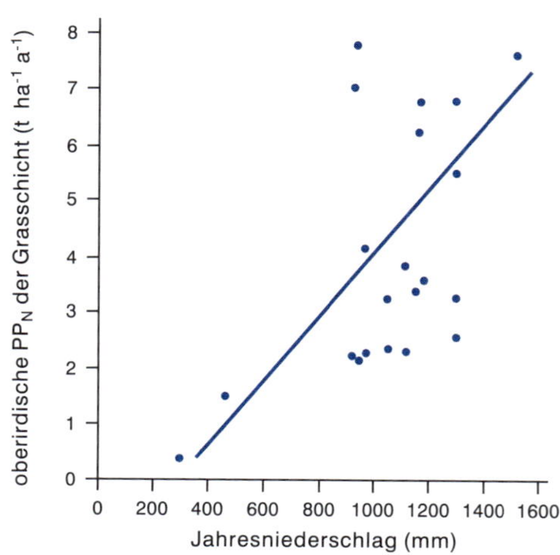

Abb. 14.10 *Jahresproduktion der Grasschicht zentral- und westafrikanischer Savannen in Abhängigkeit von den mittleren jährlichen Regenfällen (Ohiagu u. Wood 1979). Die breite Streuung der Einzelwerte um die Regressionsgerade erklärt sich aus edaphischen Abweichungen oder unterschiedlichen Gehölzdichten an den einzelnen Standorten.*

Entsprechend gibt es **auch im regionalen Vergleich** – mit Bezug auf langjährige Mittelwerte – **ziemlich enge Abhängigkeitsbeziehungen zwischen der oberirdischen PP_N und den Jahresniederschlägen (P)**, die zunächst, ähnlich wie in den Trockengebieten der mittleren und der tropisch/subtropischen Breiten (siehe Kap. 10.5.4 [Abb. 10.5] und Kap. 13.5.4 [Abb. 13.12]), linear verlaufen. Die Abb. 14.10 zeigt dies am Beispiel von West- und Zentralafrika. Unter Einbeziehung lateinamerikanischer Savannen errechnen McNaughton et al. (1993) eine mittlere Spanne von 5 bis 7,5-kg TS-ha^{-1} a^{-1} pro Millimeter Jahresniederschlag, d.h. eine etwas höhere *Regennutzungseffizienz* (RUE), als sie für aride und semi-aride Regionen genannt wird (dort nur 4, siehe Kap. 13.5.4).

Bei höheren Niederschlägen wird die Abhängigkeitsbeziehung zwischen PP_N und P allerdings unschärfer, d.h. je mehr der Wasserfaktor seine produktionslimitierende Rolle einbüßt und Regenüberschüsse ungenutzt abfließen. Für *Feuchtsavannen* gilt die Abhängigkeitsbeziehung daher nur noch sehr eingeschränkt oder überhaupt nicht mehr. So liegt die PP_N in Moist Dystrophic Savannas häufig nur in Höhe derjenigen von Arid Eutrophic Savannas, da deren geringere Bodenfruchtbarkeit den Feuchtevorteil aufhebt (Werner 1991). Ist andererseits die Fruchtbarkeit größer, so nimmt auch die PP_N mit steigendem P weiter zu – und entsprechend auch die RUE.

14.5.5 Zoomasse und Tierfraß

Die zumeist gräserreichen Savannen bieten Herbivoren reiche und leicht verfügbare Nahrung. Im Unterschied zu vielen anderen terrestrischen Ökosystemen, in denen die Herbivorie nur 5 bis 10% der PP_N oder weniger erfasst, werden in manchen Savannen (und anderen grasreichen Formationen; siehe Kap. 10.5.3) in einzelnen Jahren mehr als die Hälfte der oberirdischen Produktion und bis zu einem Viertel der unterirdischen Produktion von Tieren gefressen.

Daran haben **Invertebraten** (Wirbellose) in der Regel größere Anteile als Vertebraten (Wirbeltiere). Wichtigste Primärkonsumenten sind fast überall Heuschrecken (auch Wanderheuschrecken) und – regenzeitlich – Schmetterlingsraupen, des Weiteren die auch Totsubstanz fressenden Schaben und Grillen. Unter den Sekundärkonsumenten nehmen Spinnen und (meist omnivore) Ameisen dominierende Positionen ein, bei den Detrivoren Termiten, Regenwürmer, Tausendfüßler und Käferlarven (Kap. 14.5.6).

Herbivore Großsäuger erreichen in einigen Feuchtsavannen Ostafrikas außerordentlich hohe Zoomassen von 0,1 bis 0,3 t ha^{-1} (meist Elefanten und Flusspferde) und in einigen Trockensavannen immer noch beachtliche 0,06 bis 0,1 t ha^{-1}. Neben Gräsern (für „grazers") bilden Sträucher und Bäume als **Buschweide** wichtige Nahrungsquellen (für „browsers").

Erhebliche Stressbedingungen entstehen für Herbivore trockenzeitlich, wenn die krautigen Pflanzen und Blätter von Holzpflanzen verdorren und sich damit deren Nahrungsqualität mindert. Die Mangelsituation kann sich zusätzlich verschärfen, wenn das trockene Pflanzenmaterial durch Feuer vernichtet wird. Die Art und Menge des dann noch verbleibenden Futters bestimmt wesentlich, welche Tierarten in welcher Dichte vorkommen können.

Zahlreiche Tierarten reagieren auf den saisonalen Wasser- und Nahrungsmangel mit **Migration**: Sie ziehen zu den trockenzeitlich verbleibenden Wasserstellen, in grundwasserbegünstigte Talauen oder ‚mit dem Regen' in möglicherweise weit entfernte Gebiete. Das letztere Verhalten zeigen insbesondere viele Vogelarten, aber auch Säuger, wie z.B. Gnus und Elefanten in Ostafrika.

Die von Tieren gefressene Phytomasse (Konsum = C) wird nur teilweise in eigene Körpersubstanz überführt oder zur Energiegewinnung genutzt (Assimilation = A); der übrige Anteil geht mit dem Kot in häufig nur wenig veränderter Form wieder aus dem Tierkörper hinaus (Defäkation) und steht dann den Detrivoren zur weiteren Aufschließung zur Verfügung (vgl. Kasten 4, Seite 76). Der assimilierte Anteil, also die **Verdauungs- oder Assimilationseffizienz (A/C)**, ist insbesondere bei den pflanzenfressenden Tierarten mit Werten zwischen etwa 30 und 60% sehr unterschiedlich und kann auch bei den einzelnen Individuen derselben Art je nach Nahrungsangebot und Alter erheblich schwanken. Bei Säugern liegt sie eher im oberen Bereich der genannten Spanne, teilweise auch darüber, ist damit aber immer noch deutlich niedriger als bei den meisten Carnivoren, jedoch viel höher als bei Detrivoren (Tab. 14.2).

Von der assimilierten Energie gehen bei den herbivoren Säugern 1 bis 5% in die Produktion (P), also in den Zuwachs oder die Reproduktion (Vermehrung). Eine deutlich höhere **Nettoproduktionseffizienz (P/A)** hat die Mehrzahl der wechselwarmen Tiere. Bei ihnen werden meist über 10%, seltener über 50% der assimilierten Energie für die eigene Produktion verwendet.

Aus der Assimilations- und der Nettoproduktionseffizienz lässt sich die **Bruttoproduktionseffizienz (P/C)**, die gelegentlich auch als *ökologische Effizienz* bezeichnet wird, ermitteln. Bei den in der Tab. 14.2 genannten Savannentieren schwankt diese zwischen 0,5% bei Elefanten und 50% bei einer Spinnenart, d.h. bei Elefanten geht nur 0,5% der aufgenommenen Nahrung in die Produktion (einschl. Reproduktion), bei der Spinnenart dagegen die Hälfte. Bei der Mehrzahl der Tiere liegen die P/C-Werte zwischen 1 und 10%, bei den warmblütigen Tieren deutlich im unteren Bereich hiervon. Im Vergleich zu Impalas und Hausrindern benötigen Elefanten viermal größere Futtermengen für die Erzeugung gleich großer Zuwächse.

Viele Untersuchungen haben bestätigt, dass die Beweidung der Savannen, durch Wildtiere oder Vieh, also die Entnahme lebender Phytomasse aus dem System, der Primärproduktion der Grasschicht keinesfalls schadet, vielmehr zu einer erhöhten Produktionsleistung, zumindest der Grassprosse, anregt. Voraussetzung ist allerdings, dass sich der Tierfraß in Grenzen hält, d.h. sich über die Vegetationsperiode verteilt und die Pflanzen nicht übermäßig schwächt (als **tolerierbare Futterentnahme** gelten gemeinhin 30 bis 45% der PP_N).

Auf den ersten Blick erscheint dieses Produktionsverhalten der Grasschicht unverständlich, muss doch zunächst davon ausgegangen werden, dass die Entnahme von assimilierenden Sprossteilen durch Beweidung grundsätzlich zu einer Schmälerung der Wachstumsleistung führt. Der Widerspruch schwächt sich ab, wenn man beachtet, dass der Tierfraß

- das Pflanzenmaterial in eine leichter zersetzbare Form überführt und somit (in gewisser Weise ähnlich wie Feuer) den Rückfluss der darin enthaltenen Mineralstoffe beschleunigt, also den Nachwuchs begünstigt,
- die Beschattung innerhalb des Grasbestands reduziert und damit (falls Lichtkonkurrenz der Blätter wachstumsbegrenzender Faktor war) günstigere Lichtverhältnisse in den unteren Blattstockwerken schafft.

Tab. 14.2. Umsatzeffizienzen und Umsatzraten (in %) bei einigen Savannentieren (aus Lamotte u. Boulière 1983). Erläuterungen siehe Text.

	Assimilationseffizienz A/C	Nettoproduktionseffizienz P/A	Bruttoproduktionseffizienz P/C	Umsatzrate P/B
Herbivore				
Heuschrecken				
– Burkea Savanne, versch. spp.	32	19	6	
– Acacia Savanne, versch. spp.	32	21	7	
– *Orthochtha brachycnemis*	20	42	9	9,6
Raupen				
– *Cirina forda*	43	15	6	
Herbivore/saprovore Termiten				
– *Trinervitermes geminatus*			9	10,4
– *Ancistotermes cavithorax* (pilzzüchtend)			2	9,7
– *Hodotermes mossambicus*	61			
Ungulaten				
– Wasserbock (*Kobus kob*)	84	1	1	0,27
– Impala (*Aepyceros melampus*)	59	4	2	
– Hausrind (*Bos taurus*), Transvaal	57	5	2	
– Afrikanischer Elefant (*Loxodonta africana*)	30	2	0,5	
Carnivore				
Spinnen				
– *Orinocosa celerierae*	95	53	50	
Detrivore				
Regenwürmer				
– *Millsonia anomala*	9	4	0,6	2

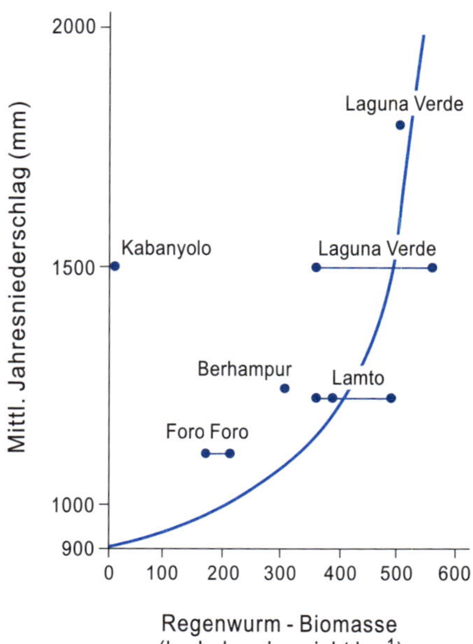

Abb. 14.11
Die Beziehung zwischen der Größe von Regenwurmpopulationen und der Höhe von Jahresniederschlägen (aus LAL *1987). Da Regenwürmer nur unter feuchten Bedingungen aktiv sein können, finden sie in Gebieten mit höheren Niederschlägen (und dann zumeist auch längeren Regenzeiten) günstigere Lebensbedingungen. Dementsprechend sind dort auch ihre Beiträge zur Bioturbation größer. Die größte Abundanz wird regenzeitlich und dann in den oberen 10 cm des Bodens erreicht. Trockenzeitlich nehmen die Regenwurmpopulationen ab und der Lebensraum verlagert sich in tiefere Bodenschichten.*

14.5.6 Streuzersetzung

Die Zersetzung organischer Abfälle erfolgt rasch: falls nicht durch Feuer, dann (im ersten Schritt) insbesondere durch **Termiten**. Deren Dichte ist überall groß, am größten aber in Afrika und Australien.

Die Termitendichte steigt mit der Menge an toter organischer Substanz, die jeweils über Abfälle verfügbar wird. Sie ist also in regenreicheren und damit produktionsstärkeren Savannen größer als in trockeneren: Während in den Ersteren über 100 Mio. Termiten pro Hektar (mit einer Zoomasse [Lebendgewicht] von bis zu 0,1 t ha^{-1}) vorkommen können, sind es in den Letzteren ‚nur' einige Millionen. Entsprechend wächst die von ihnen konsumierte Abfallmenge mit der Höhe der jährlichen Niederschläge. Dabei bleibt das Verhältnis von konsumierter zu jeweils anfallender Abfallmenge größenordnungsmäßig in etwa gleich: Sofern nicht Feuer einen großen Teil der Zersetzung übernimmt, ist damit zu rechnen, dass wenigstens ein Fünftel, wenn nicht über die Hälfte aller Abfälle ihren Weg durch den Darmtrakt von Termiten nehmen.

Zu den nächstwichtigen Zersetzern aus der **Makro-Bodenfauna** gehören die (in Feuchtsavannen nach ihrem Zoomassenanteil gewöhnlich sogar führenden) **Regenwürmer** (Abb. 14.11) sowie **Blattschneideameisen** (in Südamerika), saprophage **Myriapoden** (Tausendfüßler) und **Käferlarven** (besonders in Mittelamerika).

Den letzten Zersetzungsschritt besorgen dann, wie auch sonst üblich, Pilze, Actinomyceten und Bakterien. Sie sind die eigentlichen Mineralisierer des Systems, d.h. erst durch ihre Tätigkeit werden die meisten der organisch eingebundenen Mineralstoffe zu einfacher anorganischer Form rückgeführt und damit erneut pflanzenverfügbar. Im Mittel ist das Recycling (**Zersetzungsdauer von Abfällen**), da auch trockenzeitlich in gewissem Umfange anhaltend, bereits nach weniger als einem Jahr abgeschlossen. Da Humifizierungsprozesse relativ unbedeutend sind, bedeutet dies, dass die Humusgehalte der Savannenböden durchweg gering sind. Entsprechend sind auch die Vorräte an Stickstoff und Phosphor durchweg klein, nicht selten unzureichend und dann limitierend für die Produktion.

14.5.7 Mineralstoffvorräte und -umsätze

Der **Versorgungszustand der Böden mit Pflanzennährstoffen** ist generell ungünstig (Kap. 14.4.1); besonders schlecht ist er in den Feuchtsavannen. Entsprechend wichtig ist, dass die vorhandenen

Nährstoffbestände erhalten bzw. die Verluste ausgeglichen werden. Ersteres geschieht bei den Gräsern durch Ausbildung hoher Wurzel/Spross-Verhältnisse, dichte (‚intensive') Wurzelsysteme sowie deren mehr oder weniger enge Verbindung mit N_2-fixierenden *Azospirillum* spp. und Mykorrhiza. Bei Bäumen sind ähnliche Verbindungen mit stickstoffbindenden Knöllchenbakterien (*Rhizobium*, bei Leguminosen [Hülsenfrüchtler], wie z.B. Akazien), sowie ebenfalls Mykorrhiza weit verbreitet.

Die **biologische N_2-Fixierung** und die **Einträge mit dem Regenwasser** liegen längerfristig in Höhe der Verluste, die durch Nitratauswaschung aus dem Boden und – insbesondere – durch Verflüchtigung beim Verbrennen organischer Substanzen entstehen (Tab. 14.3). Bei den teilweise ebenfalls flüchtigen Phosphaten werden die Verluste gewöhnlich durch Einträge aus der Atmosphäre ausgeglichen.

Trockenwälder verbrauchen pro Produktionseinheit weniger Mineralstoffe als Grassavannen, haben also eine höhere **Nährstoff-Nutzungseffizienz** (NUE) als jene. Andererseits dauern ihre Mineralstoffkreisläufe länger und dementsprechend sind weit höhere Mineralstoffmengen in ihrer Phytomasse eingebunden. Dadurch wird der scheinbare Vorteil, der aus ihrer höheren NUE entsteht, wieder aufgehoben: Bei Grasfluren auf vergleichbaren Standorten sind die Ansprüche an die Bodenfruchtbarkeit zwar höher, doch sind bei ihnen auch die Vorräte im Boden größer (jedenfalls anteilig an den Gesamtvorräten im Ökosystem).

14.6 Landnutzung

Die Sommerfeuchten Tropen sind die am dichtesten besiedelten und agrarisch genutzten Räume der Tropen (abgesehen von SE-Asien, wo

Tab. 14.3. Stickstoffbilanzen (in kg ha^{-1} a^{-1}) in zwei Feuchtsavannen (aus Medina 1987).

	Lamto (Elfenbeinküste)	Venezuela (Trachypogon Sav.)
Einträge durch Regenwasser	19 (davon 4,5 anorg.)	2,6
Biologische N_2-Fixierung		
– Blaualgen	–	0,7
– Mikroorganismen in Wurzelumgebung (Rhizosphäre)	9–12	6,7
Verluste durch Feuer	17–23	8,5
Auswaschung	5,6	0,5
Bilanz	**+3,9**	**+1**

auch einige der vormals regenwaldbedeckten Gebiete hohe Bevölkerungsdichten aufweisen). Gegenüber den äquatorwärts folgenden Immerfeuchten Tropen liegt ihre **Überlegenheit** darin, dass

- die Bodenfruchtbarkeit zumindest in den trockeneren Teilregionen (Trockensavannen) und und insbesondere der Nitisole besser ist (s. Kap. 14.1 sowie 14.4.1 und 14.4.2),
- die ‚winterliche' Trockenheit das Roden durch Feuer erleichtert, sofern überhaupt ein dichterer Baumwuchs vorhanden ist,
- die überall geschlossene Grasdecke die Viehhaltung begünstigt,
- die Sonneneinstrahlung zum Ende der Regenzeit höhere Intensitäten erreicht, wovon beispielsweise Mais, Zuckerrohr und Baumwolle profitieren; für sie ist ein wechselfeuchtes Klima günstiger als ein immerfeuchtes.

Die Überlegenheit der Sommerfeuchten Tropen gegenüber den zu den Wendekreisen folgenden Tropisch/subtropischen Trockengebieten bedarf keiner weiteren Erklärung. Sie fehlt lediglich dort, wo in den Trockengebieten künstlich bewässert werden kann.

Länge und Ergiebigkeit der Regenzeit reichen überall in den Sommerfeuchten Tropen (wenn auch nicht in allen Jahren) für einen **Regenfeldbau** zahlreicher Nutzpflanzenarten aus, so z.B. für Mais, Sorghum, mehrere kleinkörnige Hirsearten (millets), Baumwolle, Erdnüsse, Reis, diverse Bohnenarten und Süßkartoffeln (Bataten). Die Tatsache, dass in jedem Jahr saisonale Trockenzeiten von mindestens dreimonatiger Dauer auftreten, bedeutet andererseits, dass nur *annuelle* Arten angebaut werden können, soweit nicht ergänzend bewässert wird (wie durchweg beim Zuckerrohr) oder relativ trockenresistente Arten verwendet werden (z.B. Cassava [Maniok] und Sisal). Dauerkulturen von feuchteanspruchsvolleren Nutzpflanzen, z.B. Kaffee und Tee, gedeihen nur in Höhengebieten, die von orographisch bedingten Steigungsregen oder der hohen Luftfeuchtigkeit bei Nebelbildungen während der Trockenzeiten profitieren.

Kleine Betriebe mit hoher Anbauvielfalt und Tierhaltung herrschen im Allgemeinen vor, wobei die Integration von Pflanzenbau und Vieh traditionell schwach ist und sich erst neuerdings mit der zunehmenden Verwendung tierischer Zugkraft für das Pflügen und des Dungs zur Bodenverbesserung auf den Feldern verbessert hat. Ein Futterbau fehlt noch weithin. Doch nutzt das Vieh gewöhnlich die Ernterückstände und die Bracheflächen als Weide (*Bracheweiden*). Ansonsten werden die Rinder, Schafe und Ziegen in pflanzenbaulich ungenutzte und dann jedermann zur Weidenutzung verfügbare Savannenareale (*Naturweiden*) getrieben.

Der Ackerbau wird weithin noch heute in der traditionellen Form einer **Landwechselwirtschaft** (Shifting Cultivation i.w.S.) betrieben. Hierbei werden die Felder nach mehrjähriger Nutzung für eine mehr oder weniger lange Zeit aufgelassen (*Naturbrache-Systeme*) oder in einer mehr oder weniger geregelten Weise als Viehweide genutzt

(*Wechselweidewirtschaft, ley farming*), damit sich die Bodenfruchtbarkeit regenerieren kann.

Das zeitliche Verhältnis zwischen Anbaujahren und Brachedauer kann entweder in Form eines Anbaufaktors oder durch den Kennbuchstaben ‚R' ausgedrückt werden.

Beim **Anbaufaktor** wird die gesamte Umlaufdauer der Rotation, d.h. die Zahl der Anbaujahre plus Zahl der nachfolgenden Brachejahre bis zum erneuten Anbau, durch die Zahl der Anbaujahre geteilt. Das Ergebnis gibt an, wie viele Anbauareale zur Aufrechterhaltung einer bestimmten Rotation nötig sind. Folgen z.B. bei einer Landwechselwirtschaft auf eine 5-jährige Anbauperiode 5 Jahre Brache, dann ist der Anbaufaktor 2, d.h. der Bauer braucht zwei Areale in der Größe (und in der Güte) seines gerade genutzten Ackerlandes; jeweils eines davon befindet sich zu jeder Zeit in der regenerativen Phase.

Beim **Kennbuchstaben ‚R'** wird – reziprok zum Anbaufaktor – die Zahl der Anbaujahre ins Verhältnis zur gesamten Rotationsperiode gesetzt, das Ergebnis häufig auf Hundert bezogen. Der Vorteil dieser Berechnungsart liegt darin, dass unmittelbar der Anteil genannt wird, den die jeweils bebaute Ackerfläche an der gesamten landwirtschaftlichen Nutzfläche (LN) eines Betriebes hat. So errechnet sich ‚R' für das obige Beispiel auf 0,5; der Anteil des gerade bestellten Landes beläuft sich also auf 50% der LN, die übrigen 50% liegen vorübergehend brach.

Von einer Landwechselwirtschaft spricht man, wenn $0{,}3 \leq R \leq 0{,}7$ ist. Der Flächenbedarf eines Subsistenzbetriebes ist dann 1½- bis 3mal so groß wie der eines entsprechenden Betriebes mit permanentem Feldbau. Er steigt noch höher, wenn extrem ungünstige Bodenverhältnisse die jeweils mögliche Nutzungsdauer weiter verkürzen und längere Brachezeiten die Auffüllung der Mineralstoffvorräte erzwingen. Dies ist in vielen Feuchtsavannengebieten und erst recht in den Immerfeuchten Tropen der Fall (siehe Kap. 15.6, Brandrodungs-Wanderfeldbau). Welche Brachezeit jeweils eingehalten (im Interesse *hoher Bodenproduktivität* aber auch nicht überschritten) werden sollte, verdeutlicht die Abb. 14.12.

Die Produktion der traditionellen Landwechsel-Mischbetriebe dient auch oder sogar überwiegend der Eigenversorgung. Der Einsatz einfacher Arbeitsgeräte, z.B. Hacke und Ochsenpflug, ist noch immer weit verbreitet, die Arbeitsproduktivität entsprechend gering. Und ebenso niedrig liegt meist auch – abgesehen von Bewässerungskulturen – die Flächenproduktivität.

In neuerer Zeit sind mit der raschen Bevölkerungsvermehrung und damit Landverknappung – aber auch als Folge allgemein fortschrittlicher Entwicklung – zunehmend **permanente Feldbausysteme** entstanden. Möglich wurde dies durch vermehrten Einsatz von Mineraldünger. Agroforstliche Nutzungssysteme haben sich in Hinblick auf Erosionsschutz und Erhaltung/Verbesserung der wichtigen organischen Bodensubstanz als vorteilhaft erwiesen.

In auffälligem Gegensatz zu den vorstehend beschriebenen mehr oder weniger flächenextensiven Nutzungssystemen hat die traditionelle Landwirtschaft von SE-Asien mit dem **Bewässerungsreisbau** ein außerordentlich **flächenintensives Nutzungssystem** entwickelt. Die Dominanz dieses Systems reicht weit über die Sommerfeuchten Tropen hinaus, und zwar sowohl in die Immerfeuchten Tropen als auch in die Immerfeuchten Subtropen hinein (vgl. Abb. 6.2).

Innerhalb der traditionell durch Regen- oder Bewässerungsfeldbau genutzten Savannengebiete sind vielerorts – meist inselhaft oder entlang moderner Verkehrswege – kommerzialisierte Betriebe entstan-

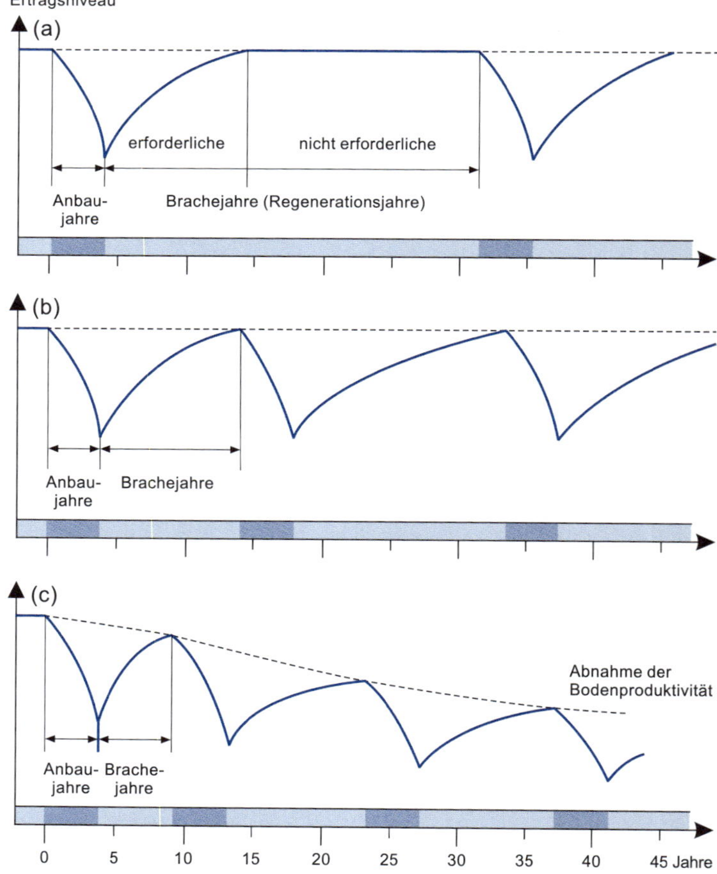

den, die sich als *spezialisierte Acker- oder Dauerkulturwirtschaften* dem relativ großflächigen Anbau jeweils einer einzelnen (oder von wenigen) Nutzpflanze(n) (z.B. Mais, Sorghum, Tabak, Erdnüsse, Baumwolle, Weizen, Kaffee, Tee, Sisal) oder einer ± *intensiven Mast- oder Milchrinderwirtschaft* (**Spezialisierte Farmwirtschaft**) widmen. In solchen Savannengebieten, in denen große unbesiedelte Räume verfügbar waren, wie z.B. in Nordaustralien, mehreren lateinamerikanischen Ländern (Brasilien, Paraguay, Venezuela, Kolumbien, Mexiko) und Afrika (Kenia, Angola) konnten sich extensive Weidesysteme in Form des **Ranching** (siehe Kap. 10.6.2) mit Rindern etablieren. In einigen Savannengebieten gibt es Versuche mit einer **Wildbewirtschaftung**, z.B. in Afrika mit Elenantilopen (Eland), in Australien mit Kängurus und in Südamerika mit Capybaras.

Abb. 14.12
Die Beziehung zwischen Brachedauer und Bodenfruchtbarkeit beim Shifting Cultivation (aus Ruthenberg 1980). Beim Fall (b) deckt die Bracheperiode genau den Zeitraum ab, der zur Regeneration der Bodenertragsfähigkeit nötig ist. Beim Fall (a) ist sie länger als erforderlich, beim Fall (c) reicht sie für die Erhaltung der Bodenfruchtbarkeit nicht aus, so dass das Ertragsniveau (gestrichelte Linie) absinkt.
Zu beachten ist, dass die Grafik lediglich zeigt, bei welcher Rotation (nach welcher Brachedauer) höchste **Flächenerträge pro Ernte** *erzielt werden. Anders sieht die Beurteilung aus, wenn sich das Produktionsziel auf die längerfristig im Mittel aller (also auch der Brache-) Jahre* **pro Fläche erzielbaren Höchsterträge** *richtet. Hier schneidet eine kürzere Rotation meist besser ab: Zwar werden dann die vormaligen Flächenerträge in keinem Anbaujahr mehr erreicht, doch können sich die über die Zeit zahlreicheren Ernten am Ende auf höhere Ertragssummen addieren; so jedenfalls bei einer maßvollen Rotationsverkürzung.*

Sonneneinstrahlung

- während eines Jahres: 650-700 • 10^8 kJ ha^{-1}
- während einer Vegetationsperiode: 350-550 • 10^8 kJ ha^{-1}

Klimatische Umweltbedingungen

Die Tageslängen weichen im Laufe eines Jahres lediglich um bis zu einer Stunde vom 12-Stunden-Tag ab. Der Strahlungshaushalt ist ganzjährig positiv; alle Monate mit t_{mon} ≥18°C; Winter deutlich kühler als Sommer, gebietsweise vereinzelt leichte Fröste. Strenge Saisonalität der Feuchteverhältnisse: Niederschläge fallen innerhalb von $4^1/_2$-$9^1/_2$ Monaten (<7 Regenmonate: Trockensavanne, >7 Regenmonate: Feuchtsavanne); Trockenzeit im Winterhalbjahr. Jahresniederschlag: 500-1000 mm in der Trocken- und 1000-1500 mm in der Feuchtsavanne. Vegetationsperiode: in der Trockensavanne weitgehend identisch mit der Regenzeit, in der Feuchtsavanne (aufgrund von höheren Niederschlagsüberschüssen während der Regenzeit) für Gehölze1-2 Monate länger.

Vegetation

Geschlossene Grasdecke (aus C_4-Pflanzen) und unzusammenhängende Baum-/ Strauchschicht. Wuchshöhe von Bäumen und Gräsern ist in regenreicheren Savannen größer als in trockeneren, entsprechend Unterscheidung in Feuchtwälder/Hochgrassavannen und Trockenwälder/Kurzgrassavannen. Dichte des Baumbestandes dagegen nicht klimaabhängig, sondern anthropogen oder edaphisch bedingt: offenes Grasland herrscht auf tonreichen, dichterer Baumbestand auf sandigen Böden vor. In der Trockenzeit verdorrt das Gras und viele Holzpflanzen verlieren ihr Laub (regengrüne Tropophyten). Trockenzeitliche Gras- und Buschfeuer häufig, Vegetationsmosaik aus verschieden alten Degradations- und Sukzessionsstadien kann als Feuerklimaxformation gelten. Maximale Sprossmasse der Grasschicht liegt etwa zwischen 3t ha^{-1} in Trockensavannen und 7t ha^{-1} in Feuchtsavannen. Wurzelmasse der Grasschicht in Trockensavannen meist größer, in Feuchtsavannen dagegen kleiner als Sprossmasse. PP_N 10-20t ha^{-1} a^{-1} steigt mit den Niederschlägen und der Bodenfruchtbarkeit.

Tierwelt

Reichhaltige Insekten- und Spinnenfauna. Hohe Artenzahlen auch bei Reptilien, Vögeln und – in Afrika – bei Großsäugern. Ein vergleichsweise großer Anteil (zeitweise über 50%) der Primärproduktion geht an Herbivore. Wichtigste Primärkonsumenten sind Heuschrecken und Raupen; in afrikanischen Savannen auch Ungulaten, die dort vielfach in großen Herden auftreten. Neben Gräsern bilden auch Holzpflanzen wichtige Futterpflanzen (Buschweide). Maßvolle Beweidung der Savannen, durch Wildtiere oder Vieh, erhöht die Produktionsleistung der Vegetation.

Landnutzung

Natürliches Agrarpotential größer als in den polwärts und äquatorwärts benachbarten Ökozonen. Dem entspricht, dass die Bevölkerungsdichte größer als in allen übrigen tropischen Räumen ist (Ausnahme: SE-Asien). Agrare Nutzung profitiert von relativ hohen Niederschlägen (im Vergleich zu den Tropisch/ subtropischen Trockengebieten) sowie fruchtbareren Böden und höherer Sonnenscheindauer (gegenüber Immerfeuchten Tropen). Traditionell kleinbetrieblicher Regenfeldbau in der extensiven Form einer Landwechselwirtschaft (mit Naturbrachen) und mit hohen Produktionsanteilen zur Eigenversorgung. Neuerdings zunehmend permanenter Anbau bei nach wie vor geringer Arbeitsproduktivität. Wichtige Anbaufrüchte sind Mais, diverse Hirsearten und -besonders häufig in den Feuchtsavannen - Cassava. Bewässerungslandbau in besonders dicht besiedelten Räumen (weithin in SE-Asien, mit Nassreis). Viehhaltung (vorwiegend Rinder) in Verbindung mit Ackerbau (agro-pastorale Systeme) weit verbreitet (z.B. in Form von Wechselweidewirtschaften). Erhebliche Futterverknappung während der Trockenzeit. Als moderne agrare Nutzungsformen finden sich die spezialisierte Farmwirtschaft (z.B. Mais, Sorghum, Tabak, Erdnüsse, Baumwolle, Weizen) und das Ranching, gelegentlich in Verbindung mit Wildtierbewirtschaftung.

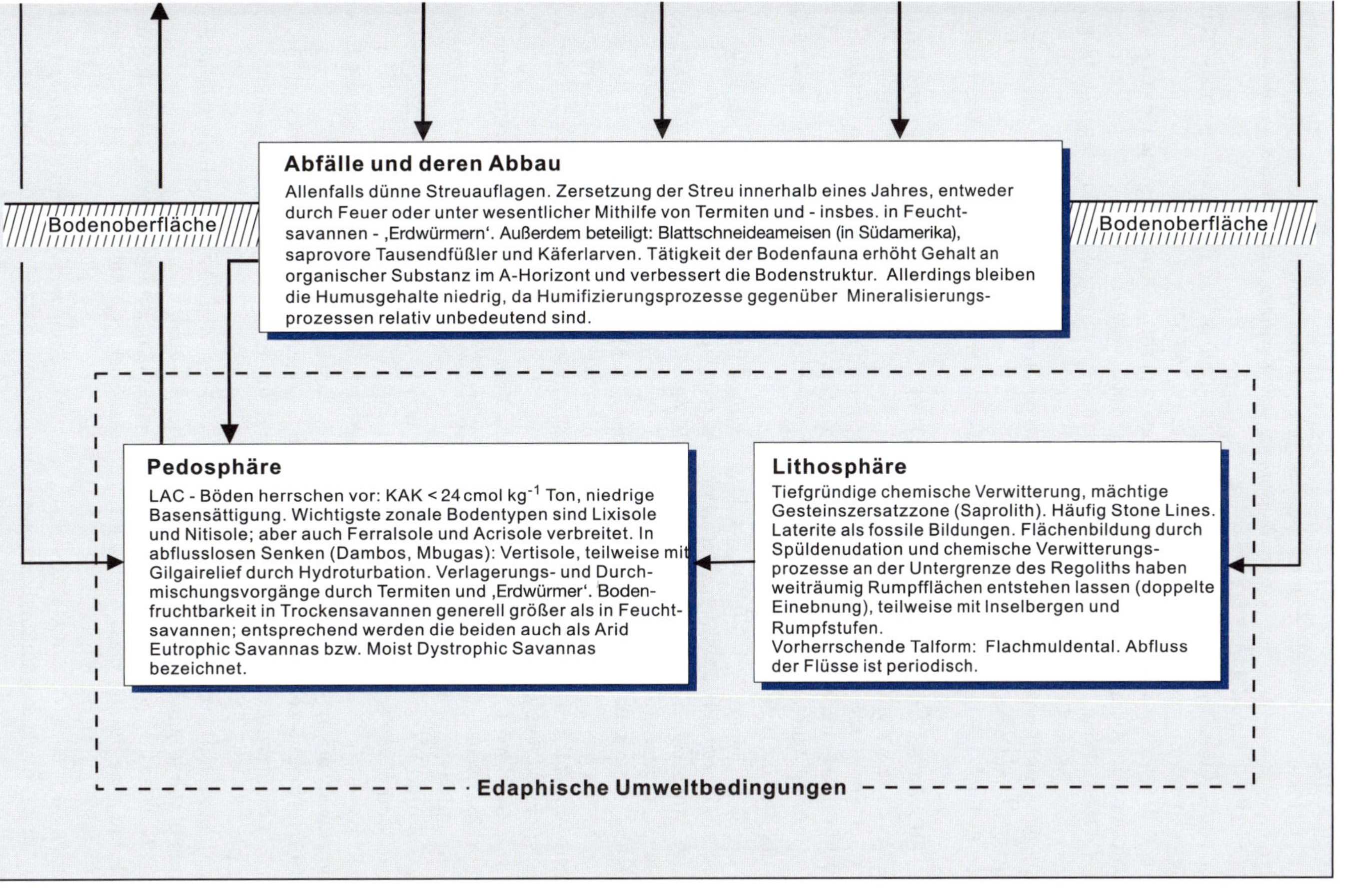

Abb. 14.13 *Zusammenfassendes Schaubild der Sommerfeuchten Tropen.*

Literatur zu Kap. 14

ABBADIE, L., GIGNOUX, J., LE ROUX, X. und LEPAGE, M. (eds.) (2006): Lamto - Structure, functioning and dynamics of a savanna ecosystem. *Ecol. Studies* 179. Springer, Berlin, 415 S.

AHNERT, F. (2003), *s.* Lit. zu Kap. 3.

ANDERSEN, A. N., COOK, G. D. und WILLIAMS, R. J. (eds.) (2003): Fire in tropical savannas. The Kapalga experiment. *Ecol. Studies* 169. Springer, Berlin, 195 S.

AUGUSTINE, D. J. & MCNAUGHTHON, S. J. (2004): Regulation of shrub dynamics by native browsing ungulates on East African rangeland. *Journal of Applied Ecology* 41, 45–58.

BOND, W. J. (2008): What limits trees in C4-grasslands and savannas? Annual review of Ecology, *Evolution and Systematics* 39, 641–659.

BOOYSEN, P. de V. und TAINTON, N. M. (eds.) (1984): Ecological effects of fire in South African ecosystems. *Ecol. Studies* 48. Springer, Berlin, 426 S.

BOURLIÈRE, F. (ed.) (1983): Tropical savannas. *Ecosystems of the World* 13. Elsevier, Amsterdam, 730 S.

BULLOCK, S. H., MOONEY, H. A. und MEDINA, E. (eds.) (1995): Seasonally dry tropical forests. Cambridge Univ. Press, Cambridge, 450-S.

COETSEE, C., BOND, W. J. & FEBRUAEY, E. C. (2010): Frequent fire affects soil nitrogen and carbon in an African Savanna by changing woody cover. *Oecologia* 162, 1027–1034.

COLE, M. M. (1986): The savannas; biogeography and geobotany. Academic Press, London, 438 S.

DRIESSEN und DUDAL (1991), *s.* Lit. zu Kap. 4.

FEBRUAEY, E. C. & HIGGINS, S. I. (2010): The distribution of tree and grass roots in savannas in relation to soil nitrogen and water. *South African Journal of Botany* 76, 517–523.

GIGNOUX, J., MORDELET, P. & MENAUT, J. C. (2005): Biomass cycle and primary production. In Abbadie, L., Gignoux, J., Le Roux, X. & Lepage, M. (eds), Lamto: Structure, Functioning and Dynamics of a Savanna Ecosystem. *Ecological Studies* 179, 115–137.

GOWENDER, N., TROLLOPE, W. S. W. & VAN WILGEN, B. W. (2006): The effect of fire season, fire frequency, rainfall and management on fire intensity in savanna vegetation in South Africa. *Journal of Applied Ecology* 43, 748–758.

HIGGINS, S. J., BOND, W. J., FEBRUAEY, E. C. et al. (2007): Effects of four decades of fire manipulation on woody vegetation structure in savanna. *Ecology* 88, 1119–1125.

HORNETZ, B. und JÄTZOLD, R. (2003): *s.* Lit. zu Allg. Teil.

HUNTLEY, B. J. und WALKER, B. H. (eds.) (1982): Ecology of tropical savannas. *Ecol. Studies* 42. Springer, Berlin, 669 S.

JELTSCH, F., WEBER, G. E. & GRIMM, V. (2000): Ecological buffering mechanisms in savannas: A unifying theroy of long-term tree-garss coexistence. Plant Ecology 151, 161–171.

LAL, R. (1987): Tropical ecology and physical edaphology. John Wiley and Sons, Chichester, 732 S.

LAMOTTE, M. und BOURLIÈRE, F. (1983): Energy flow and nutrient cycling in tropical savannas. In: BOURLIÈRE, 583–603.

LEHMANN, C. E. R., ARCHIBALD, S. A., HOFFMANN, W. A. & BOND, W. J. (2011): Deciphering the distribution of the savanna biome. *New Phytologist* 191, 197–209.

LOUPPE, D., OUATTARA, N. & COULIBALY, A. (1995): The effect of brush fires on vegetation: the Aubreville fire plots after 60 years. *Commonwealth Forest Review* 74, 288–292.

MARSCHNER (1990), *s.* Lit. zu Kap. 5.

MCNAUGHTON, S. J., SALA, O. E. und OESTERHELD, M. (1993): Comparative ecology of African and South American arid to subhumid ecosystems. In: GOLDBLATT, P. (ed.): Biological relationships between Africa and South America. Yale Univ. Press, New Haven, 548–567.

MEDINA, E. (1987): Requirements, conservation and cycles of nutrients in the herbaceous layer. In: WALKER, 39–65.

MOE, S. R., MOBAEK, R. & NARMO, A. K. (2009): Mound building termites contribute to savanna vegetation heterogeneity. *Plant Ecology* 202, 31–40.

MOREIRA A, A. G. (2010): Effects of Fire Protection on Savanna Structure in Central Brazil. *Journal of Biogeography* 27, 1021–1029.

MOUILLOT, F. und FIELD, C. B. (2005): Fire history and the global carbon budget: a 1x1 fire history reconstruction for the 20th centrury. *Global Change Biology* 11, 398–420.

MÜLLER (1996), *s.* Lit. zu Kap. 2.

NORMAN, M. J. T., PEARSON, C. J. und SEARLE, P. G. E. (1995): The ecology of tropical food crops. Cambridge Univ. Press, Cambridge (2. Aufl.), 430 S.

OHIAGU, C. E. und WOOD, T. G. (1979): Grass production and decomposition in southern Guinea savanna, Nigeria. *Oecologia* 40, 155–165.

OLLIER (1984), *s.* Lit. zu Kap. 3.

RUTHENBERG (1980), *s.* Lit. zu Kap. 6.

SILESHI, G. W., ARSHAD, M. A., KONATÉ, S. & NKUNIKA, P. O. Y. (2010): Termite-induced heterogeneity in African savanna vegetation: mechansims and patterns. *Journal of Vegetation Science* 21, 923–937.

SANKARAN, M., RATNAM, J. & HANAN, N. P. (2004): Tree-grass coexistence in savannas revisited – insights from an examination of assumptions and mechanisms invoked in existing models. *Ecology Letters* 7, 480–490.

SARMIENTO, G. (1984): The ecology of neotropical savannas. Harvard Univ. Press, Cambridge (Mass.), 235 S.

SCHOLES, R. J. und WALKER, B. H. (1993): An African savanna; synthesis of the Nylsvley study. Cambridge Univ. Press, Cambridge, 306 S.

SCHOLES, R. J. & ARCHER, S. R. (1997): Tree-grass interactions in savannas. *Annual Review of Ecology and Systematics* 28, 517–544

SOLBRIG, O. T., MEDINA, E. und SILVA, J. F. (eds.) (1996): Biodiversity and savanna ecosystem processes; a global perspective. *Ecol. Studies* 121. Springer, Berlin, 233 S.

SPAARGAREN, O. C. und DECKERS, J. (1998): The world reference base for soil resources. An introduction with special reference to soils of tropical forest ecosystems. In: SCHULTE und RUHIYAT, 21–28, *s.* Lit. zu Kap. 15.

TOTHILL, J. C. und MOTT, J. J. (eds.) (1985): Ecology and management of the world's savannas. Austr. Acad. Sci., Canberra, 384 S.

TRAPNELL, C. G. (1959): Ecological results of woodland burning experiments in Northern Rhodesia. *Journal of Ecology* 47, 129–168.

VAN DE VIJVER, C. A. D. M., POOT, P. & PRINS, H. H. T. (1999): Causes of increaesd nutrient concentrations in post-fire regrowth in an East African savanna. *Plant and Soil* 214, 173–185.

VAN WAMBEKE, A. (1992): Soils of the tropics. Properties and appraisal. McGraw-Hill, New York, 343 S.

WERNER, P. A. (ed.) (1991): Savanna ecology and management. Australian perspectives and intercontinental comparisons. Blackwell, Oxford, 221 S.

WOINARSKI, J. C. Z., RISLER, J. & KEAN, L. (2004): Response of vegetion and vertebrate fauna to 23 years of fire exclusion in a tropical eucalyptus open forest, Northern Territory, Australia. Austral Ecology 29, 156–176.

YOUNG, M. D. und SOLBRIG, O. T. (eds.) (1993): The world's savannas – economic driving forces, ecological constraints and policy options for sustainable land use. *Man and the Biosphere Ser.* 12. UNESCO, Paris, 350 S.

15 Immerfeuchte Tropen

15.1 Verbreitung

Die Verbreitung ist äquatorial, reicht aber dort, wo winterliche Passatregen oder monsunale Niederschläge (beide häufig orographisch unterstützt) in Ergänzung zu den sommerlichen Zenitalregen fallen, weiter polwärts, im Extrem sogar über 20° N und 20° S hinaus (Abb. 15.1). Die Gesamtfläche aller Vorkommen beträgt 12,5 Mio. km², d.i. ein Festlandsanteil von 8,4%.

Die Grenze zu den Nachbarzonen ist entweder thermisch (zu den Immerfeuchten Subtropen) oder hygrisch (zu den Sommerfeuchten Tropen) begründet: Sie folgt hier in etwa der 18 °C-Isotherme des kältesten Monats bzw. der 9 bis 9½-Isohygromene.

Die im wechselfeuchten Bereich anschließende Feuchtsavannenzone der Sommerfeuchten Tropen hat mit den Immerfeuchten Tropen einige gemeinsame Merkmale, so bei den Böden, der Reliefbil-

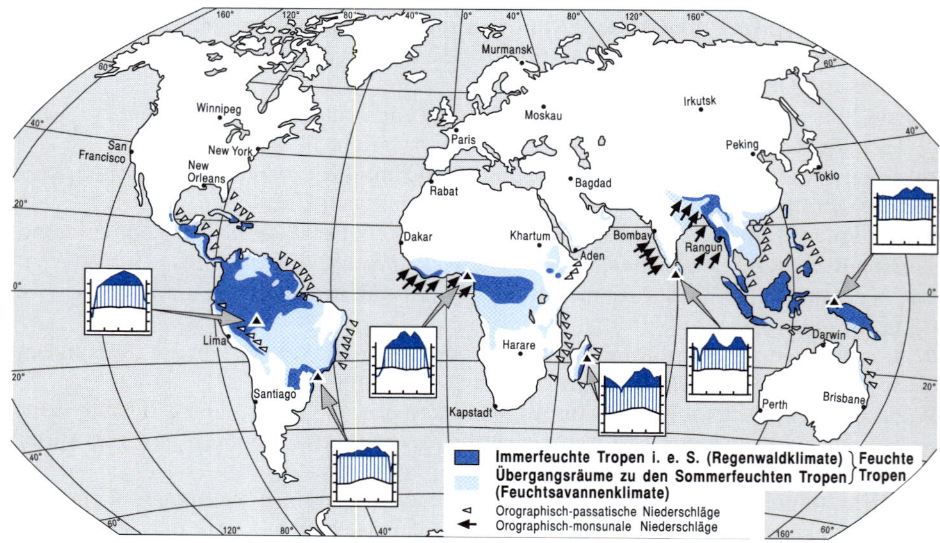

Abb. 15.1 *Immerfeuchte Tropen. Die meisten Vorkommen der Immerfeuchten Tropen liegen innerhalb von 10° N und 10° S.*

dung, der Vegetation und der Landnutzung. Darauf gründet sich die geläufige Zusammenfassung von Regenwald- und Feuchtsavannenklimaten zur räumlichen Einheit der **Feuchten Tropen**. Die Verbreitungskarte (Abb. 15.1) zeigt sowohl die Immerfeuchten Tropen als auch die wechselfeuchten Übergangsräume.

15.2 Klima

Das Klima ist durch eine einzigartige **Stetigkeit im Jahresablauf** gekennzeichnet. Das heißt, die Immerfeuchten Tropen, insbesondere die äquatornahen Gebiete, bilden eine **Zone ohne (auffällige) Jahreszeiten**. So halten sich die mittleren Tagestemperaturen unter den Bedingungen eines ganzjährig fast unverändert gleichlangen Tagbogens von rund 12 Stunden und einer gleichbleibend stark positiven Strahlungsbilanz über das ganze Jahr hin um etwa 25 bis 27 °C (= Isothermie). Die Tagesamplituden, maximal etwa 6 bis 11 K, sind erheblich größer als die Jahresschwankungen. Man spricht daher auch von einem **thermischen und solaren Tageszeitenklima**.

Die **Niederschläge** fallen, wie auch sonst in den Tropen, als Zenitalregen, d.h. die saisonalen Regenmaxima folgen – mit geringer Verzögerung – den in dieser Zone halbjährigen Sonnenhöchstständen. Entsprechend gibt es durchweg zwei jahreszeitliche Regenspitzen *(doppelte Regenzeit)*, jeweils kurz nach den beiden Tag- und Nachtgleichen im Jahr *(Äquinoktialregen)* d.i. im April und Oktober. Zwischen diesen beiden ‚Regenzeiten' gehen die monatlichen Niederschlagsmengen zwar zurück, doch bleiben sie höchstens in 2½ (selten 3) Monaten völlig aus. Das Pflanzenwachstum kann daher ganzjährig andauern, wenngleich in vielen Gebieten für kurze Zeitabschnitte mit kleinen Einschränkungen. Daran knüpfen sich bei manchen Arten auffällige Entwicklungsphasen, wie z.B. Laubwechsel oder Blütenbildung.

Die einzelnen Niederschlagsereignisse sind gewöhnlich durch hohe Intensitäten ausgezeichnet (häufig kurze heftige Gewitterschauer), und die Tagessummen überschreiten nicht selten 50 mm. Die Jahressummen erreichen meist Werte zwischen 2000 und 4000 mm (in den Feuchten Mittelbreiten beispielsweise nur zwischen 500 und 1000-mm; vgl. Tab. 2.1). Die durchweg hohen Bewölkungsgrade (im Jahresmittel meist >60%) und Wasserdampfgehalte der Luft erklären, warum der Anteil der **diffusen Sonneneinstrahlung** an der Globalstrahlung mit rund 40% am höchsten unter allen Ökozonen liegt. Der weitaus größte Teil der Strahlungseinnahmen (Strahlungsbilanz bis $350 \cdot 10^8$ kJ ha^{-1} a^{-1}) dient der **Verdunstung**, wird also als Verdunstungswärme (latente Wärme) transferiert.

Pro Jahr verdunsten (evapotranspirieren) über 1000 mm, maximal über 1200 mm Wasser. Das ist bedeutend mehr als in jeder anderen Ökozone und auch mehr als vom offenen Meer in vergleichbarer Breitenlage evaporiert. Die Spitzenstellung erklärt sich daraus, dass

Abb. 15.2 *Tagesgang von Lufttemperatur, relativer Luftfeuchte, Windgeschwindigkeit und CO_2-Konzentration der Luft, jeweils über dem Kronendach (gestrichelte Linie) und innerhalb des Stammraumes (gepunktete Linie) eines Tieflandsregenwaldes bei Pasoh, West-Malaysia (Aoki et al. 1975). Das geschlossene Kronendach befindet sich in etwa 45 m Höhe. Einzelne Bäume (emergent trees) erreichen 55 m. Der Blattflächenindex liegt bei 8.*

(a) die verdunstende (evaporierende *und* transpirierende) Oberfläche des Regenwaldes einmalig groß ist,
(b) der Wassernachschub aus dem Boden selbst dort, wo regelmäßig Trockenperioden auftreten (über dann tiefreichende Baumwurzeln) meist unlimitiert erhalten bleibt und
(c) ganzjährig viel Energie für die Wasserdampfabgabe verfügbar ist.

Die tatsächliche Evapotranspiration erreicht unter diesen Umständen (fast) die potentielle. Die beschriebenen zonalen Klimamerkmale gelten – genau genommen – nur für das Kronendach (und unmittelbar darüber). Das **Klima des Stammraumes** (des Waldesinneren), insbesondere der bodennahen Luftschicht, unterscheidet sich davon in mehrfacher Hinsicht (Abb. 15.2):

- Abschwächung des Sonnenlichtes bis auf 1 bis 3% am Waldboden, was hier den Pflanzenwuchs einschränkt. In einem intakten, hochwüchsigen Regenwald können Fußgänger daher leicht vorankommen. „Undurchdringliche" Dickichte gibt es nur dort, wo sich in Bestandslücken gerade ein neuer Wald bildet.

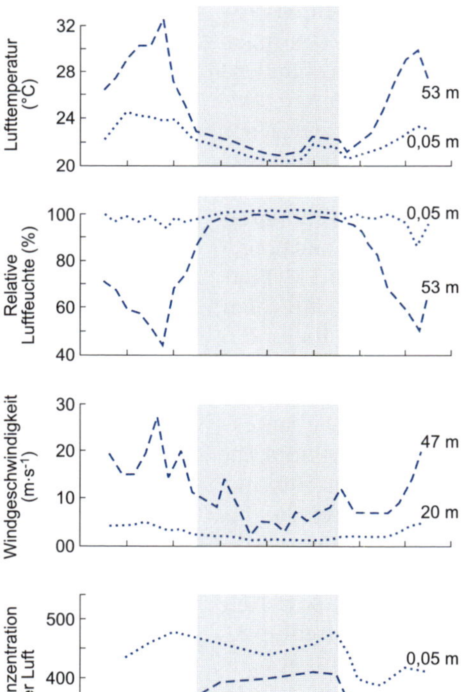

- Andere spektrale Zusammensetzung der Sonneneinstrahlung: Verhältnis von roter zu infraroter Strahlungsenergie sinkt auf 0,4 und weniger, sonst über 1,0; mag für Samenkeimung und andere Wachstumsvorgänge bedeutsam sein.
- Ausgeglichenere Lufttemperaturen: Tagesamplituden nur 3 bis 4 K, da die mittägliche Erwärmung, die im Kronenraum bis auf 32 °C ansteigen kann, wesentlich schwächer (um 4 bis 7 K niedriger) ausfällt. Nachts überall gleiche Temperaturen bei 20 bis 22 °C.
- Beständig höhere relative Luftfeuchtigkeit (90 bis 100%); behindert Transpiration der Pflanzen und mag daher zu Problemen für deren Mineralstoffaufnahme aus dem Boden führen. An der Oberfläche des Kronendaches dagegen über Tag manchmal nur 50%; bedeutet erhebliche Sättigungsdefizite. Die Blatttemperaturen können hier kurzfristig bis auf 40 °C ansteigen.
- Geringere Windgeschwindigkeiten: Die über tropischen Regenwäldern teilweise heftigen Gewitterstürme dringen nur abgebremst in das Waldesinnere vor und erreichen kaum jemals die bodennahe Luftschicht. Dort kann sich aus diesem

Grunde (und auch, weil photosynthetische Vorgänge, also CO_2-Einbindung, keine große Rolle spielen) das bei den Zersetzungsvorgängen innerhalb der Bodenstreu und des Bodens reichlich freigesetzte Kohlendioxid (Bodenatmung) anreichern. Dies führt tagsüber zu CO_2-Konzentrationen von über 400, nachts von über 450 ppm.

15.3 Relief und Gewässer

15.3.1 Verwitterung und Lösungsabtrag

Unter den Bedingungen ganzjährig hoher Bodendurchfeuchtung, durchweg hoher Temperaturen (die im Boden – aufgrund der beim Humusabbau freigesetzten Wärme – noch um einige Grade über der mittleren Lufttemperatur liegen können) und einer hohen Bodenacidität erreichen **chemische Verwitterungsprozesse** (vornehmlich Hydrolyse) höchste Intensitäten.

Da andererseits physikalische Arten der Verwitterung völlig unbedeutend sind und Gesteinszerfall allenfalls als Folge von Druckentlastung auftritt, kann die chemische Verwitterung nicht, wie in den wechselfeuchten Tropen und (erst recht) Außertropen, an mechanisch bereits aufbereitetem Material ansetzen. Damit hängt zusammen, dass **bloßer Fels**, insbesondere dort, wo eine Klüftung fehlt und er steilwandig aufragt, so gut wie nicht zersetzt wird.

Die intensive chemische Verwitterung hat – insbesondere wo sie über lange Zeiträume wirksam sein konnte, wie auf alten Landoberflächen – sonst unerreicht **tiefgründige Böden/Regolithe** entstehen lassen, unter denen viele Meter **mächtige Gesteinszersatzzonen** (Saprolithe) folgen, bevor in vielleicht erst 100 m Tiefe das intakte Gestein erreicht wird. In den Regolithen sind so gut wie keine Restminerale des Ausgangsgesteins erhalten und als relativ stabile Sekundärprodukte dominieren Kaolinit, Gibbsit, Hämatit und Goethit. Dies mag erklären, warum die **Lösungsfracht** in den meisten Flüssen trotz der extrem intensiven chemischen Verwitterungsprozesse außerordentlich niedrig ist.

Andererseits ist der **Lösungsabtrag** dort, wo leicht lösliches Gestein ansteht (wie z.B. Kalkstein) so stark, dass es zu Karstentwicklungen kommt. Zu den dabei entstehenden Landformen gehört, als auffälligste Erscheinung, der bis zu mehreren hundert Metern aufragende **Kegel- oder Turmkarst**. Dieser tritt weltweit nur in den Tropen bei mindestens neun humiden Monaten im Jahr auf und gilt daher als charakteristischer Formentyp (klimamorphologische Sonderform) der (immer-)feuchten Tropen.

15.3.2 Fluviale Zerschneidung und Hangabtragung

Fast ebene Abtragungsflächen gehören auch in den Immerfeuchten Tropen zu den häufigen Landformen, jedenfalls im Bereich des Gondwana-Residualreliefs. Für junge Faltengebirge und Vulkanaufbauten sind dagegen linienhafte Zerschneidungen durch fließendes Wasser in *Kerbtäler* und Reduktion der Talscheiden zu *schmalen Kämmen* charakteristisch. Dies ist nicht nur Folge der dort steileren Hangneigungen, sondern auch des Umstandes, dass in den Immerfeuchten Tropen mehr Wasser als in jeder anderen Ökozone der Erde abfließt und die Flussdichte einzigartig groß ist (kaum ein Ort liegt mehr als 400 m vom nächsten Wasserlauf entfernt).

Flächenspülung *(Spüldenudation)* fehlt unter natürlichen Bedingungen: Das dicht gestaffelte Blätterdach des Regenwaldes fängt den Regen zunächst ab und lässt erst nach einiger Zeit einen Teil (manchmal nur 5 bis 50%) des Wassers, meist in Form von Tropfwasser (throughfall), durch. Davon sickern 98–99% an der Stelle ihres Auftreffens in den Boden ein und fließen – sofern nicht von den Wurzeln der Pflanzen aufgenommen – den Flüssen als Grundwasser zu.

Bedeutsam sind hingegen zwei andere Arten von Denudation. Es sind dies die *schwerkraftbedingten Massenbewegungen durch* **Rutschungen** (Erdrutsche, Bergrutsche) und durch **Erdfließen** (z.B. Schlammlawinen). Beide erfolgen in der Regel unter Mitwirkung hoher Durchfeuchtung der Regolithdecken nach besonders reichlichen, langanhaltenden Regenfällen. Die dabei entstehenden hohen Wassergehalte vergrößern die Lagerungsdichte des Regoliths und damit seine Masse, und sie führen zu Porenwasserdrucken, wenn es zur vollständigen Wasserfüllung der Poren kommt. Ersteres kann auf steilen Hängen Rutschungen, Letzteres Erdfließen auslösen.

Auch wenn beide denudativen Vorgänge nur in größeren und unregelmäßigen Zeitabständen auftreten, sind sie dennoch die wichtigsten Arten der Hangabtragung in tropischen Regenwaldgebieten. Im Laufe größerer Zeiträume erfassen sie vermutlich so gut wie alle Hänge und wiederholen sich am selben Ort, wenn erneut mächtige Regolithdecken entstanden sind.

15.4 Böden

Vgl. hierzu auch Kap. 14.4.1 zu allgemeinen Merkmalen tropischer und subtropischer Böden.

Die für die Immerfeuchten Tropen besonders charakteristischen Bodentypen gehören zu den **Ferralsolen** (lat. *ferrum* = Eisen; al von Aluminium). An zweiter Stelle folgen **Acrisole**, mit Verbreitungsschwerpunkten in Südostasien, Westafrika und einigen Teilräumen des immerfeucht-tropischen Lateinamerikas (zu ihren Merkmalen siehe Kap. 12.4). Mit deutlich kleineren Flächenanteilen kommen auch **Lixisole** vor (zu ihren Merkmalen siehe Kap. 14.4.2). Von den weiteren Böden feuchttropischer Regionen sollen an dieser Stelle nur die **Plinthosole**, **Ferralic Cambisole**, **Ferralic Arenosole** und

Tab. 15.1. Chemische Charakteristika feuchttropischer Böden (KAUFFMAN et al. 1998).[a] Die erstgenannten Zahlenwerte beziehen sich auf die Oberböden (0–20-cm), die zweitgenannten (eingeklammerten) Werte auf die Unterböden (70–100 cm).

	Ferralsole		Acrisole		Lixisole		Cambisole		Arenosole		Podzole	
pH $_{H_2O\,(1:2,5)}$	4,8	(5,0)	4,8	(4,8)	6,4	(5,9)	5,3	(5,5)	5,3	(5,8)	4,5	(4,8)
pH $_{KCl\,(1:2,5)}$	4,1	(4,5)	4,1	(4,0)	5,5	(4,6)	4,6	(4,5)	4,1	(5,1)	3,7	(4,4)
Org. Kohlenstoff (%)	2,3	(0,4)	2,0	(0,4)	2,2	(0,3)	2,3	(0,4)	0,8	(0,1)	5,0	(0,7)
C/N-Verhältnis	16	(9)	14	(8)	17	(7)	11	(8)	16	(12)	23	(11)
Austauschb. B.[b] (cmol(+) kg^{-1})	1,8	(0,7)	2,2	(0,6)	21,2	(16,8)	11,5	(9,0)	2,0	(2,0)	1,0	(0,1)
Austauschb. Al (cmol(+) kg^{-1})	1,4	(1,1)	1,5	(2,2)	0,0	(0,3)	0,1	(0,0)	0,1	(0,0)	1,0	(0,2)
KAK$_{pot}$ (cmol(+) kg^{-1})	8,8	(4,0)	9,9	(6,9)	22,7	(25,0)	19,3	(14,9)	6,6	(3,2)	20	(4,7)
Basensättigung (%)	19	(19)	26	(12)	87	(67)	49	(52)	44	(39)	18	(43)

[a] Jeweils Mittelwerte aus 30 Ferralsolen, 33 Acrisolen, 9 Lixisolen, 30 Cambisolen, 5 Arenosolen und 6-Podzolen

[b] Austauschbare Basen: Ca^{++}, K^{+}, Mg^{++} und Na^{+}

Podzole vorgestellt werden. Die Tab. 15.1 nennt einige der für diese Bodeneinheiten typischen Merkmale.

Ferralsole

Ferralsole sind typisch für alte Landoberflächen. Sie haben sich während sehr großer Zeiträume (die wohl zumeist bis weit ins Tertiär zurückreichen) aus verschiedenen Gesteinen bei anhaltend feuchtwarmen Bedingungen unter Wald (Feuchttropen) gebildet. Acrisole gelten als (in der Tendenz) ähnliche, aber weniger weit fortgeschrittene Bodenentwicklungen.

Der Unterboden ist ein **ferralic Horizont** mit den folgenden Merkmalen:

- Keine Ton-Illuvation aus dem Ah-Horizont (im Gegensatz zu den Acrisolen); Profil in ganzer Tiefe nach Farbe, Textur etc. sehr uniform
- Textur sandig-lehmig oder feinkörniger; Bildung von Pseudosand (s. u.) schafft lockeres, stabiles Gefüge, das ackerbaulich leicht zu bearbeiten ist)
- Primäre Silicate und andere verwitterbare Minerale sind höchstens noch in Spuren erhalten; die Sand- und Schluffpartikel werden fast

ausschließlich von residualen, primären Quarzmineralen gestellt (sofern nicht Pseudosand)
- Niedriges Schluff/Ton-Verhältnis
- Die Tonfraktion besteht so gut wie ganz aus LACs (neugebilderter Kaolinit sowie Eisen- und Aluminiumoxide/-hydroxide)
- Kationenaustauschkapazität des Mineralbodens ist niedrig bis extrem niedrig (KAK_{pot} <16 cmol(+) kg^{-1} Ton, KAK_{eff} <12 cmol(+) kg^{-1} Ton); Basensättigung ebenfalls gering und entsprechend Bodenreaktion sauer bis stark sauer.

Die Bodenprozesse, die zu ferrallischen Horizonten führen, werden unter dem Begriff der **Ferrallitisierung** (Ferralisation) zusammengefasst. Die mit ihr einhergehende Mobilisierung und Wegführung von Silicium wird als **Desilifizierung** bezeichnet. Der Auswaschung unterliegen auch viele Nährionen, so dass nach Rodungen und damit fehlender Nachlieferung kurzfristig Mängel bei diesen Stoffen auftreten, beispielsweise bei K, Mg, S und P.

LACs und Sesquioxide haben die Tendenz, miteinander millimeter- bis zentimetergroße stabile Aggregate, den so genannten **Pseudosand**, zu bilden. Auch tonreiche Ferralsole haben daher hohe Anteile an stabilen (intergranularen) Grobporen und demzufolge auch hohe Durchlässigkeiten für Wasser. Entsprechend sind sie wenig erosionsanfällig und auch nach starken Regenfällen noch gut begeh- und bearbeitbar. Von dem im Boden verbleibenden Haftwasser werden andererseits große Anteile innerhalb der Pseudosand-Aggregate in (für Pflanzen) *nicht* nutzbarer Form (‚Totwasser') gehalten. Das maximal nutzbare Wasser umfasst gewöhnlich weniger als 100 mm pro Meter Bodentiefe (Spaargaren u. Deckers 1998). Dies kann trotz der ganzjährig humiden Klimabedingungen zu Dürrestress für Flachwurzler führen, wenn die Regenfälle einmal ungewöhnlich lange ausbleiben.

Probleme bei der agraren Nutzung können auch dann auftreten, wenn die Unterböden eine besonders eisenreiche und humusarme Mischung aus Kaolinit, Sesquioxiden und Quarz enthalten. Nach wiederholter Austrocknung (die z.B. auf Feldern nach Abspülung des Oberbodens auftreten mag) kann es in dieser Mischung zu irreversiblen Verhärtungen kommen. Solange es sich dabei um einzelne Konkretionen handelt, deren Volumenanteile 40 % des entsprechenden Horizontes nicht überschreiten (aber auch nicht unter 15 Vol % liegen, sonst ferric H.), so handelt es sich um **Plinthite**, andernfalls um pisoplinthic H. oder – bei Bildung geschlossener Platten – um petroplinthic H.

Plinthosole

Böden, die einen der drei vorgenannten Unterbodenhorizonte besitzen, werden in der WRB-Klassifikation als eigenständige RSG unter dem Namen Plinthosole geführt. Die Fe-Konzentrationen entstehen als residuale Anreicherungen. Sie treten in der Regel als rote Flecken, die kaolinitreichen Partien hingegen als weiße Flecken in Erscheinung. Die Konsistenz in feuchtem Zustand ist durchgängig fest aber schneidbar, die Wasserdurchlässigkeit gering. Auf Hängen kommt es daher zu erhöhten Abflussraten, in Ebenen häufig zu Staunässe und Überflutungen. In der nichtbodenkundlichen Literatur werden verhärtete Plinthosole (griech. *plinthos* = Ziegel) als Ironstones oder Laterite bezeichnet (siehe Kap. 14.3.1).

Ferralic Cambisole

Sie werden als jüngere Stadien ferrallitischer Verwitterung gedeutet. Im Unterschied zu den Ferralsolen besitzen sie noch verwitterbare Minerale, und die KAK liegt höher als bei jenen (allerdings niedriger als bei den anderen Cambisol-Varianten). Sie gelten als relativ fruchtbare Böden. Ihre Vorkommen in Westafrika liegen in hügeligen oder bergigen Gebieten, wo Flächenabspülungen die älteren (oberen) Bodenschichten immer wieder abtragen und daher nur die jüngeren Stadien der Bodengenese erhalten bleiben. Die Cambisole treten dort häufig in Nachbarschaft zu Leptosolen auf.

Arenosole

Bei ihnen handelt es sich um Sandböden (siehe Kap. 13.4) mit kaolinitischen Tonanteilen (= ferralic Eigenschaften). In den Feuchten Tropen sind sie wahrscheinlich auf (sub-)rezenten Umlagerungen von Material entstanden, das aus Bodenbildungen mit höchsten Verwitterungsgraden (also aus Ferralsolen oder Acrisolen) stammt. Arenosole sind nicht nur wegen ihres geringen Silikatgehaltes und ihrer geringen KAK ungünstige Pflanzenstandorte, sondern auch wegen ihrer geringen Wasserspeicherfähigkeit (Feldkapazität oftmals nur bei etwa 10 Vol.-%).

Podzole

Sie kommen auf Sandstein und quarzsandreichen Sedimenten vor. Ihre sandigen Anteile liegen zumeist deutlich über 80% und damit fast ähnlich hoch wie bei den Arenosolen. Im Unterschied zu jenen (und auch zu allen übrigen feuchttropischen Böden) haben sie in ihren Oberböden hohe Gehalte an toter organischer Substanz, allerdings von ungünstiger Qualität (niedriges C/N-Verhältnis). Die Mengen an austauschbaren Nährionen sind noch kleiner als bei vielen Ferralsolen. Die Podzole gehören damit zu den ärmsten Böden der Immerfeuchten Tropen (zu den allgemeinen Merkmalen siehe Kap. 8.4). Größere Vorkommen befinden sich am Rio Negro in Brasilien sowie auf den indonesischen Inseln Kalimantan und Sumatra. Die Summe aller Vorkommen in den feuchten Tropen dürfte aber den Flächenanteil von 1% nicht übersteigen.

15.5 Vegetation und Tierwelt

Die **zonale Pflanzenformation** der Immerfeuchten Tropen ist der **immergrüne tropische Tieflandsregenwald**. Für ihn ist typisch, dass die Struktur- und Artenvielfalt größer ist, als in der Vegetation jeder anderen Ökozone. Rodungen, insbesondere während der letzten 30 Jahre (mit teilweise exponentiell steigender Tendenz), haben diesen Wald freilich auf weniger als die Hälfte seiner ursprünglichen Ausdehnung reduziert.[1]

Entsprechend der (erdgeschichtlich bereits früh angelegten) über vier Kontinente fragmentierten Verteilung tropischer Regenwälder bestehen zwischen den einzelnen Vorkommen beachtliche floristische (und auch faunistische) Unterschiede (also nach deren jeweiligen Artenbeständen), die eine Unterteilung in eine neotropische (Süd- und Mittelamerika), eine (schwarz-)afrikanische, eine madagassische sowie eine indopazifische Regenwaldregion rechtfertigen. Nur wenige Gattungen sind überall vertreten; etwas größere Übereinstimmungen bestehen auf der Stufe der Familien. Zu den in der Baumschicht am häufigsten vertretenen *pantropischen* Familien gehören die Annonaceae, Clusiaceae, Euphorbiaceae, Lauraceae, Lecythidaceae, Leguminosae, Meliaceae, Moraceae, Myristicaceae, Myrtaceae, Palmae und Sapotaceae. Leguminosae stellen in Amerika und Afrika viele der Emergent Trees (= Bäume, die das allgemeine Kronendach überragen). In SE-Asien treten Dipterocarpaceae an deren Stelle.

Neben den kontinentalen floristischen Differenzierungen der Wälder bestehen – in einer regionalen bis örtlichen Raumdimension – zahlreiche **standortbedingte physiognomisch-ökologische Sonderformen**. Sie treten beispielsweise dort auf, wo die Böden extrem nährstoffarm oder ungewöhnlich fruchtbar sind, anhaltende Staunässe oder periodische Überflutung auftritt oder der Wurzelraum aufgrund flacher Bodenentwicklung eingeschränkt ist. Sie unterscheiden sich nicht nur nach ihrer Artenzusammensetzung/-vielfalt, sondern auch nach ihrer Physiognomie auffällig voneinander. Hierzu einige Beispiele:

- Falls regelmäßig Überschwemmungen auftreten, wird die Waldentwicklung davon mitbestimmt, wie lange und bis zu welcher Höhe das Land überflutet wird und ob das Wasser reich an suspendiertem Material (*Weißwasser*) oder aber nährstoffarm von Huminsäu-

---

[1] Mit den Rodungen werden **große Mengen an CO_2 aus der Biomasse und dem Bodenhumus freigesetzt**. Auch wenn nachfolgende Kulturen (Felder, Pflanzungen, Weiden, Forsten) oder (selbständig regenerierende) Sekundärwälder erneut CO_2 festlegen und sich auch die Vorräte an organischer Bodensubstanz in einigen Jahren wenigstens teilweise erholen, verbleiben unterm Strich deutliche Verluste. Ob sich diese tatsächlich auf 1,9 Gt C a^{-1} summieren, wie in der Bilanzierung des globalen C-Kreislaufes (siehe Abb. 8.13) genannt, ist allerdings ungewiss. Unsicherheiten bei der Berechnung entstehen allein schon daraus, dass das Ausmaß der Waldzerstörungen nicht sicher bekannt ist. Und mindestens ebenso große Probleme bereitet die Abschätzung von erneuter CO_2-Einbindung, die sich bei Waldregeneration oder Überführung von Rodungs- in Nutzflächen einstellt.

ren schwarz gefärbt ist *(Schwarzwasser)*. Im Amazonasgebiet werden Wälder (Standorte) mit saisonalen Überflutungen durch Weißwasser als **Várzea**, solche durch Schwarzwasser als **Igapó** bezeichnet; beiden steht die **Terra firme** als dritter Waldtyp (Landschaftstyp) gegenüber, der auf höher gelegenem Gelände und damit außerhalb von Überschwemmungsgebieten steht.
- Auf Flächen, die ganzjährig flach unter Wasser stehen, entwickeln sich bei mäßig fruchtbarem Substrat **Sumpfwälder** (freshwater swamp forests), sonst **Moorwälder** (peat swamp forests). Für beide Waldtypen ist charakteristisch, dass viele Baumarten in Anpassung an den weichen Untergrund und die erschwerte Bodenatmung auffällig gestaltete Wurzeln bilden, die entsprechend ihrer Funktion als Stelz-, Stütz- oder Luftwurzeln (Pneumatophoren) bezeichnet werden.
- Die Waldentwicklung ist gewöhnlich dort besonders üppig, wo die jährlichen Niederschläge hoch, aber nicht extrem hoch sind und sich auf das ganze Jahr gleichmäßig verteilen, sowie keine längeren Überschwemmungen auftreten. Unter ausgesprochen feuchten Bedingungen und (selbst für Regenwälder) extrem nährstoffarmen Böden (wohl zumeist Podzolen) können andererseits (relativ artenarme) ‚Kümmerwälder' auftreten, deren Bäume u.a. durch geringere Wuchshöhe (teilweise unter 10 m) und kleine, dicke, ledrige Blätter (daher der Name **Heidewald**, engl. *heath forest*) ausgezeichnet sind. Auch wenn ihre Vorkommen meist auf sandigen Substraten mit geringen Wasserspeicherkapazitäten liegen und daher eher als anderswo ein Dürrestress auftreten mag: Die eigentliche Erklärung für die Hartlaubigkeit (Sklerophyllie) dürfte in der extremen Unfruchtbarkeit des Bodens zu finden sein. In Südostasien werden diese Wälder als Kerangas oder Padang, in Südamerika als amazonische Caatinga oder Campina bezeichnet.

Die Grenze zwischen *immergrünen* Regenwäldern und *halbimmergrünen* **Feuchtwäldern** liegt dort, wo wenigstens ein Drittel der Bäume trockenzeitlich (und in der Regel für einige Monate) das Laub abwirft oder zumindest kurzfristig wechselt. Dies ist spätestens ab einer jährlichen Trockenperiode von vier regenlosen (-armen) Monaten der Fall. Damit ist dann auch die Grenze von der Ökozone der Immerfeuchten Tropen zu der der Sommerfeuchten Tropen überschritten.

15.5.1 Strukturmerkmale tropischer Regenwälder

Sieht man von einigen der genannten Sonderformen ab, so lassen sich (ausgereifte) tropische Regenwälder zur Mehrzahl durch eine Reihe von Besonderheiten gegenüber anderen Waldformationen charakterisieren, die sich auffällig ähnlich in allen Teilvorkommen, unabhängig von ihrer jeweiligen eigenen floristischen Zusammensetzung, herausgebildet haben. Dazu gehören die folgenden:

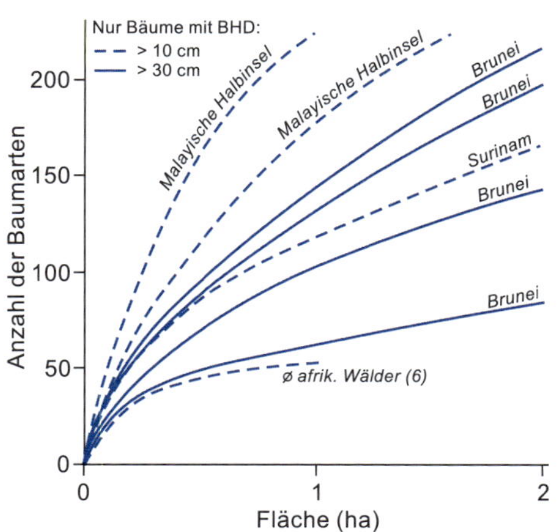

Abb. 15.3
Baumartenzahl/Fläche-Kurven für mehrere Regenwälder in Afrika und SE-Asien (u. a. nach LONGMAN und JENIK 1974, STEIN 1989, WHITMORE 1990). Die Kurve für Afrika zeigt den mittleren Verlauf aus sechs verschiedenen Erhebungen, die übrigen Kurven beziehen sich jeweils auf Einzelerhebungen. Auffällig ist die enorme Artendiversität bei Bäumen, insbesondere in SE-Asien. In südamerikanischen Regenwäldern liegt sie im Schnitt noch höher. BHD = Brusthöhendurchmesser.

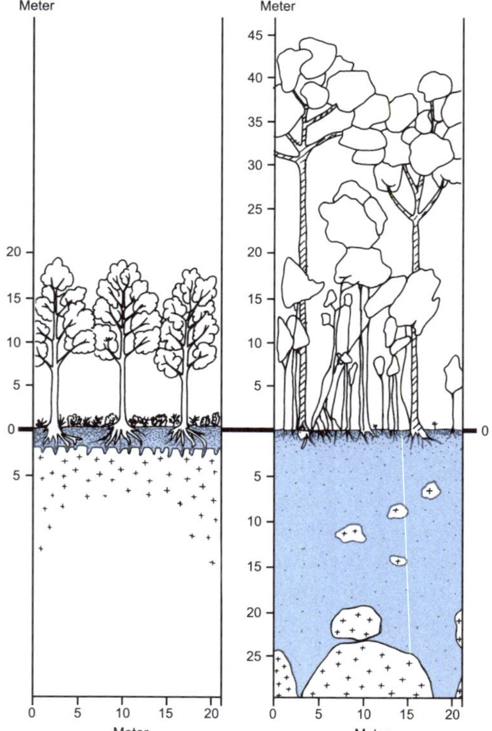

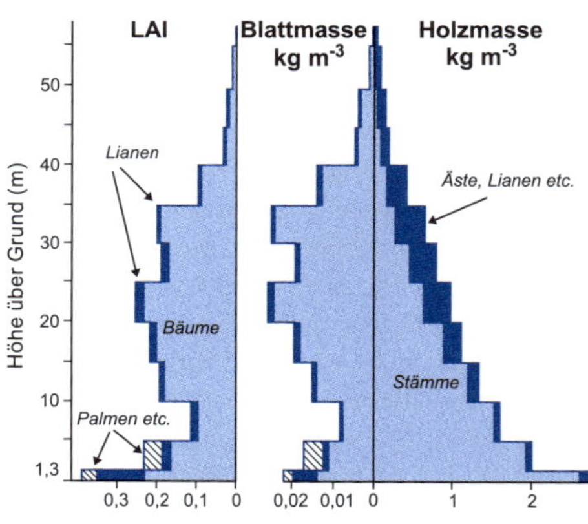

Abb. 15.5
Die Vertikalstruktur eines Regenwaldes bei Pasoh, Malaysia (KATO et al. 1978). Die in 5 m-Höhenschritten vorgenommenen Messungen zeigen für die geschichtete Blattfläche (LAI je Höhenmeter) und Blattmasse (kg je Kubikmeter) – sowie weniger ausgeprägt auch für die Holzmasse der Äste und Lianen – Maxima in den drei Höhenbereichen von <1,3 m, 20 bis 25 m und 30 bis 35-m und belegen damit drei Waldstockwerke. Der abrupte Abfall über 40 m markiert das Stockwerk der das Hauptkronendach überragenden Emergent Trees.

Abb. 15.4 (links)
Schematische Profile eines sommergrünen Waldes (links) und eines tropischen Regenwaldes (rechts). Charakteristisch für den Regenwald sind größere Wuchshöhe, dichterer Baumstand (größere Stammzahl und Basalfläche), mehrstöckiger Waldaufbau, lückige Streuschicht und häufig (insbesondere im Verhältnis zur Bestandshöhe) geringere Durchwurzelungstiefen in humusarmen, tiefgründigen Böden über mächtigen Gesteinszersatzzonen. Die in anderen Waldformationen meist vorhandene Krautschicht (Feldschicht) am Waldboden fehlt im weit weniger lichtdurchlässigen Regenwald. Dort findet sich, quasi stattdessen, eine meist arten- und individuenreiche Krautschicht in luftiger Höhe, nämlich in Gestalt eines Epiphyten-Bewuchses auf Trägerpflanzen im helleren Kronenraum. Daran sind zahlreiche Pflanzenarten beteiligt, die in ihrer Masse einen ansehnlichen Anteil an der oberirdischen Phytomasse des Waldes erreichen können.

- **Großer Artenreichtum**: Mehr als ein Drittel aller derzeit rund 350.000 bekannten) Arten von Gefäßpflanzen[2] gehört zur Flora von tropischen Regenwäldern. Davon sind über die Hälfte in der Neotropis (tropisches Pflanzenreich der Neuen Welt) heimisch, gut ein Drittel in Südostasien und nur etwa 10 % in Zentralafrika (Pfadenhauer S. 87).
- **Hohe Artendiversität**: Allein die **Baumartenzahlen** können auf über 100 pro Hektar ansteigen; von den häufigsten Baumarten kommen auf dieser Fläche oft nur zwei oder drei Exemplare vor (Abb. 15.3). Im Allgemeinen ist die Artendiversität auf fruchtbaren Standorten höher als auf stärker verarmten Böden. Auch wächst sie mit der Anzahl humider Monate (kürzeren Trockenperioden). Zur Erklärung der Artendiversität gibt es mehrere Hypothesen (s. Pfadenhauer S. 85). Beispielsweise könnte sie durch die optimalen klimatischen Wachstumbedingungen, die an den Standorten von Regenwaldvorkommen bestehen, begünstigt (ermöglicht) worden sein (Carson und Schnitzer 2008)
- **Spitzenstellung nach Höhe und Dichte des Pflanzenbestands** (zum Vergleich mit sommergrünen Wäldern der Feuchten Mittelbreiten siehe Abb. 15.4): Die Zahl der Bäume mit einem Durchmesser von wenigstens 10 cm in Brusthöhe (**Stammzahl**) beläuft sich auf einige 100, maximal auf etwa 1000 ha^{-1}. Die **Basalfläche** (Summe aller *Stammkreisflächen* in Brusthöhe) beträgt mindestens 25, meist 30 bis 40 m^2 ha^{-1}. Die **Höhe** tropischer Regenwälder liegt gewöhnlich zwischen 40 und 50 m. Die Oberfläche der Kronenschicht ähnelt in ihrem unregelmäßigen Auf und Ab derjenigen eines ins Riesige vergrößerten Blumenkohls. Einzelne Bäumen, die sog. Emergent Trees, können dieses Kronendach um 10 – 20 m überragen.
- Es fehlt die **Borkenbildung,** die sich in den anderen Erdregionen so gut wie überall an den Baumstämmen – u . a. als Schutz vor Austrocknung – findet.
- **Vielschichtigkeit des Blätterdaches:** Der **Blattflächenindex** liegt mit 8 bis 12 ebenfalls sehr hoch. Zum Nachweis von **Waldstockwerken** können Messungen entlang vertikaler Transekte dienen, beispielsweise der jeweiligen *Laubdichten* (m^2 Blattfläche pro m^3 Bestandsraum), der *geschichteten Blattflächenindices* (= separate LAIs für einzelne Höhenstufen des Pflanzenbestands) oder der *Phytomassen* (Blatt- oder/und Holzmassen) in kg m^{-3} pro Höhenmeter (Abb. 15.5). Jedes Waldstockwerk – sofern deutlich ausgeprägt – ist durch einen sprunghaften Lichtabfall und Änderungen weiterer bestandsklimatischer Parameter gegenüber dem darüber liegenden gekennzeichnet.
- Oftmals über 70% der Arten gehören zur Lebensform der Laubbäume. So gut wie alle von ihnen sind immergrün und zeigen, wie auch die krautigen Pflanzen, auffällige Anpassungen an die ständig hohe Feuchte, d.h. sie gehören zu den sogenannten **Hygrophyten** (Feuchtpflanzen). Nur die Kronenbäume der obersten Waldschicht und viele Epiphyten sind eher als *Mesophyten* oder sogar *Xerophyten* einzustufen.
- Nach den Bäumen treten mit den Lianen und (vaskulären) Epiphyten zwei andere Phanerophyten-Typen in einer Fülle auf, die weltweit einzigartig ist:

Lianen sind holzige Kletterpflanzen, die ihre Überlegenheit gegenüber anderen Lebensformen daraus gewinnen, dass sie mit relativ geringem Stoffaufwand (da sich auf andere Pflanzen stützend) große Höhen erreichen können: Sie brauchen geringe, nur atmende Holzanteile in Bezug zur Blattmasse und sind dadurch zu einem schnellen Wachstum befähigt. Dem entspricht, dass ihre Anteile an den Basalflächen durchweg gering, an den

[2] Pflanzen mit Leitbündeln („Gefäßen") für Wasser- und Nährstofftransporte, die in Wurzeln, Sprosse und Blätter gegliedert sind. Zu ihnen gehören alle Samen- und Farnpflanzen (einschließlich Farne und Bärlappgewächse). Andere Namen sind: Tracheophyten, vaskuläre Pflanzen, Kormophyten, Höhere Pflanzen.

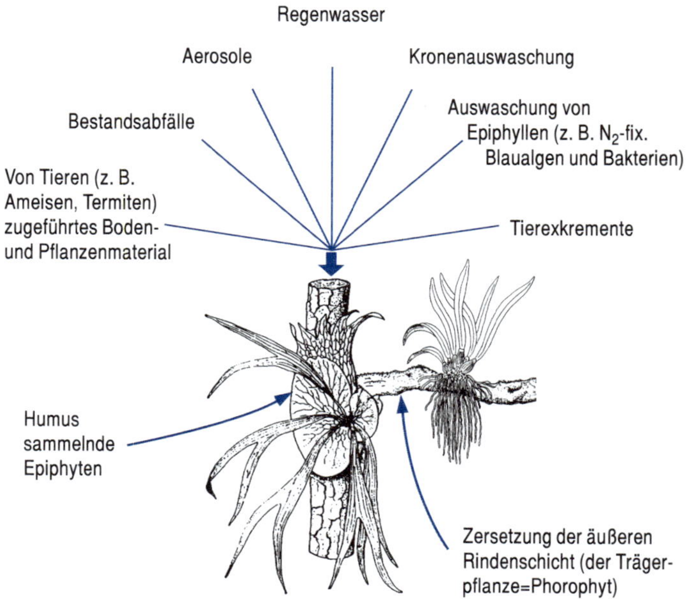

Abb. 15.6 *Herkunft von Wurzelsubstrat und Nährstoffen für Epiphyten (Johansson 1974).*

Kronenschichten aber (überproportional) hoch liegen (vgl. Tab. 12.1 für subtropische Regenwälder). Etwa 90% aller Lianenarten sind in tropischen Regenwäldern beheimatet. Sie haben dort gewöhnlich hohe Florenanteile und Abundanzgrade.

Epiphyten sind (meist) krautige Pflanzen, die ohne erkennbaren Parasitismus am Stamm oder auf Ästen von Bäumen wachsen. Zu ihnen gehören in den feuchten Tropen viele Orchideen (die Mehrzahl aller Orchideen lebt epiphytisch), Farne und (fast ausschließlich in der Neuen Welt) Bromeliaceen, sowie nahezu alle Moose und Flechten. Die letzten beiden wie auch Algen und Lebermoose leben in allen Ökozonen häufig als Epiphyten. Es handelt sich dabei um kleine, wechselfeuchte (poikilohydre) Organismen, die als **Epiphylle** bezeichnet werden. Die Regenwälder der Immerfeuchten Tropen bilden nun insofern einen Sonderfall, als Epiphylle besonders zahlreich auf älteren Blättern siedeln und unter den Epiphyten Gefäßpflanzen (Kormophyten = Samenpflanzen und Farne) sowohl nach Artenvielfalt als auch nach Deckungsgrad reich vertreten sind. Die Mehrzahl dieser Gefäßpflanzen gedeiht in den lichtgünstigen Baumkronen von entsprechend hoch aufragenden Trägerpflanzen. Damit ergibt sich ein wesentlicher struktureller Unterschied zu anderen Waldformationen: Der dort auftretende krautige Bodenbewuchs, die sog Feldschicht, ist in den tropischen Regenwäldern quasi in den Kronenraum gerückt (Pfadenauer und Klötzli 2014). Die Abb. 15.6 zeigt, aus welchen Quellen die Epiphyten ihre Nährstoffe beziehen. Primärer Hauptstressfaktor bildet gewöhnlich die Wasserversorgung. Mit dem immer wieder auftretenden Mangel an Wasser ist dann auch die Nährstoffversorgung eingeschränkt. Diesem Problem begegnen manche Epiphyten dadurch, dass sie Wasser speichern oder Regenwasser einschließlich der darin befindlichen Nährstoffe direkt über die Sprosse aufnehmen können. Andere haben die besonderen Fähigkeiten, bei angespannter Wasserversorgung die Transpiration zu drosseln.

- Die **Laubblätter** sind meist ungeteilt (Unterschied zu Savannen) und im Mittel (mit einer Länge von häufig 10 bis 20 cm) größer und zumeist auch weicher und dunkler grün als in jeder anderen Ökozone. Die großen Blattflächen begünstigen die Photosynthese im dämmrigen Waldesinneren. Verbreitet sind hier auch *Hydathoden* (Wasserspalten), über die bei durchweg wasserdampfgesättigter Luft aktiv Wasser (Wassertropfen) ausgeschieden werden kann. Ein Vorgang, der als Guttation bezeichnet wird. Bei manchen Arten sind die Spaltöffnungen über die Blattfläche emporgehoben. Das gesamte Porenareal (Produkt aus Porendichte [Zahl der Poren pro mm^2 Blattfläche] und der maximalen Porenweite) ist mit bis zu 3% der Blattfläche größer als irgendwo sonst (*hygromorphe Schattenblätter*).
Hiervon abweichende Merkmale haben die Blätter im *Kronenraum*, wo sie täglich über mehrere Stunden der direkten Sonnenstrahlung ausgesetzt und stärker windexponiert sind, also vorübergehend ein erheblicher Dürrestress auftreten kann: Hier sind sie gewöhnlich viel kleiner, ledrig-lorbeerähnlich und besitzen Einrichtungen zum Transpirationsschutz (z.B. dicke Cuticula, Wachsschicht) (*xeromorphe Sonnenblätter*).
- Auffällig häufig sind Blätter mit lang ausgezogenen Spitzen, sog. **Träufelspitzen**. In manchen Gebieten, z.B. von Borneo, Sri Lanka und Nigeria, ist dies bei über 90% der Baumarten der Fall. Allgemein wird angenommen, dass die Träufelspitzen den Ablauf von Benetzungswasser nach Regenfällen beschleunigen (daher der Name!) und damit den Gaswechsel für Photosynthese und Atmung erleichtern.
- Die Vegetationspunkte für Blätter und Blüten sind nur wenig geschützt; **Knospenschuppen fehlen** meist (jedenfalls bei Blattknospen). Dort wo Schutzeinrichtungen vorkommen, richten sie sich eher gegen Tierfraß, nicht gegen Kälte oder Trockenheit, wie in den anderen Ökozonen.
- Bei vielen Baumarten werden die neuen Triebe und Blätter schubartig (mit einem Längenwachstum von 20 bis 30 cm pro Tag) gebildet; ein Vorgang, der als **Laubausschüttung** bezeichnet wird. Dies ist möglich, weil zunächst kaum Stützgewebe und Chlorophyll gebildet werden. Die ‚ausgeschütteten' Triebe erscheinen daher anfänglich als weißliche oder (durch Anthocyane) rötlich gefärbte Hängesprosse (Schüttellaub).
- Viel häufiger als in den Außertropen findet sich die Erscheinung der **Kauliflorie** (Stammblütigkeit), d.h. die Anlage von Blüten und Früchten (Kaulikarpie) aus Adventivknospen an blattlosen Stämmen (z.B. beim Kakaobaum und der Jackfrucht) und dicken Ästen. Sie bietet Vorteile bei schweren Früchten (wie in den vorgenannten Fällen).
- Zahlreiche, gebietsweise über 40% der Regenwaldbäume haben **Brettwurzeln**. Vielfach wird angenommen, dass sie die Standfestigkeit erhöhen. Ihre eigentliche Funktion liegt aber wohl darin, dass sie die Stamm-/Wurzeloberfläche im bodennahen Bereich vergrößern und damit die Atmung unterstützen. (Abb. 15.7)
- Die Wurzelsysteme der meisten Bäume sind nur flach entwickelt. Nahe unter der Bodenoberfläche können sie dichte Geflechte („Wurzelmatten") bilden.

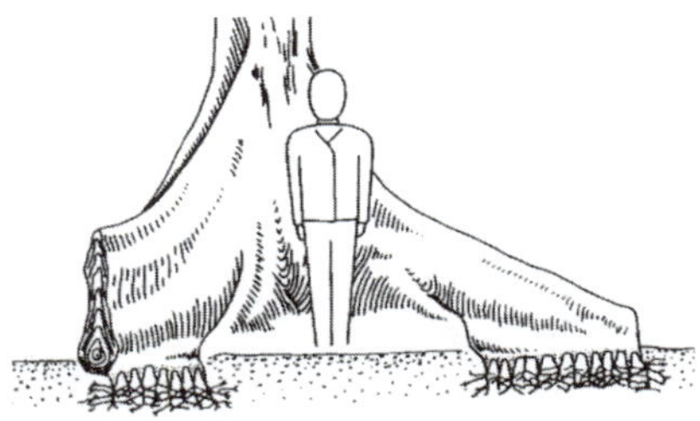

Abb. 15.7
Brettwurzeln eines Baumes im tropischen Regenwald (Klink u. Mayer 1983, Vareschi 1980). Die ‚Bretter' setzen sich unter der Bodenoberfläche nicht fort. Vielmehr bilden sie an ihren Unterseiten kammartige Reihen von kurzen Feinwurzeln.

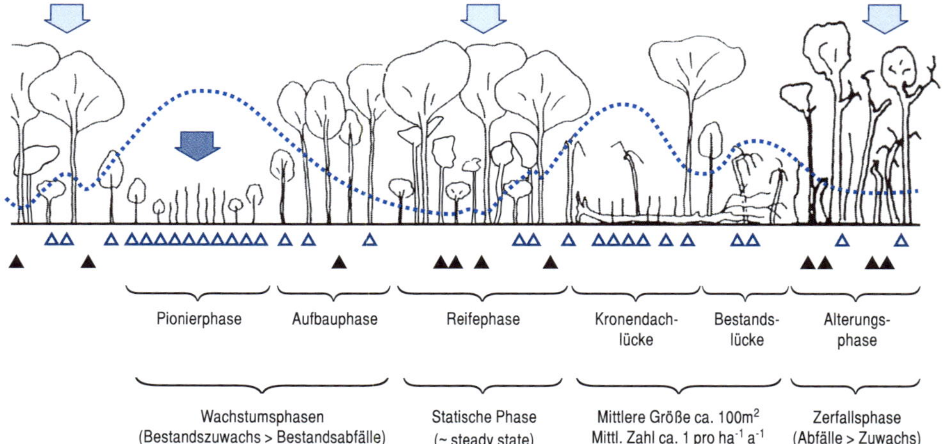

Abb. 15.8
Schematischer Transekt durch einen Regenwald (Oldeman 1989, verändert). Gezeigt werden verschiedene Altersstadien, aus denen sich der Wald mosaikartig zusammensetzt. Die einzelnen Mosaikstücke durchlaufen – falls keine vorzeitigen Störungen auftreten – nacheinander die vier genannten Phasen in der Reihenfolge Pionier- bis Alterungsphase und beginnen danach ihre Regeneration erneut mit der Pionierphase. Dabei ändern sich sowohl die floristische Zusammensetzung (die Artenvielfalt) die Phytomasse und das PP_N/Abfall-Verhältnis in den Pflanzenbeständen als auch die Verfügbarkeit von Nährstoffen im Boden. Die höchste Artenvielfalt findet sich in den Aufbauphasen, in denen noch Arten vorkommen, die den Pionierstadien eigen sind, und schon solche der nachfolgenden Reifestadien auftreten. Bei Alterung der Reifestadien sinkt die Primärproduktion und das PPN/Abfall-Verhältnis verschiebt sich zunehmend zugunsten der Abfälle. Das Nährstoffangebot ist in den Pionierstadien am höchsten, da sie unmittelbar von der Zersetzung der reichen organischen Abfälle profitieren. Zu beachten ist, dass die Reifephasen einen weit größeren Flächenanteil stellen, als aus dem Transekt erkennbar wird. Er dürfte in (von Menschen) ungestörten Waldgebieten bei über 90% liegen. Die Vorreifephasen nehmen nur etwa 3-bis 10% der Fläche ein, die Gaps (Bestandslücken) nur etwa 1%.
Mit den einzelnen Altersstadien verbinden sich unterschiedliche Lichtverhältnisse am Waldboden (gepunktete Linie). Der höhere Lichteinfall in den alters- oder störungsbedingten Gaps begünstigt lichtbedürftige Pflanzenarten (△). Schatten-tolerante Arten (▲) herrschen dagegen überall dort vor, wo der Baumbestand ± geschlossen ist. Sonnenpflanzen treten hier höchstens an solchen kleinen Standorten auf, die kurzzeitig von wandernden Lichtflecken begünstigt werden.
Die Reife- und Alterungsphasen werden vorzugsweise von frugivoren (früchteverzehrenden) Konsumenten besiedelt (hellblaue Pfeile). Die Vor-Reifephasen mit ihrer hohen Blattproduktion bieten dagegen Habitate, die von herbivoren Konsumenten bevorzugt werden (dunkelblaue Pfeile).

- Abgesehen von einigen Regenwaldgebieten, in denen regelhaft kurze Trockenzeiten von bis zu drei Monaten zu leichtem Dürrestress führen können, **fehlt** die für die Pflanzendecken in allen anderen Ökozonen mehr oder weniger auffällige **Jahresperiodizität** von Wachstumsvorgängen und Entwicklungsabläufen wie Blattaustrieb, Blühen, Fruchten und Blattabwurf (dementsprechend fehlen auch Jahresringe im Stammholz). Andererseits erfolgen diese Prozesse aber auch dort keinesfalls als stete Vorgänge, vielmehr phasenweise zwischen mehr oder weniger lange anhaltenden Ruhepausen. Diese treten bei den meisten Arten zu ganz unterschiedlichen Zeiten auf und sind nur selten mit saisonalen Klimaunterschieden zu korrelieren. So verteilen sich beispielsweise die

Blühtermine verschiedener Arten eines Waldes gewöhnlich derart über das Jahr, dass zu jedem Zeitpunkt blühende Pflanzen anzutreffen sind. Selbst bei den Angehörigen derselben Art, gelegentlich sogar bei den einzelnen Ästen ein und desselben Individuums können sich zeitliche Abweichungen zeigen: Blüten finden sich neben Früchten. In den tropischen **Regenwäldern fehlt daher jeglicher oder zumindest augenfälliger Aspektwechsel.**

15.5.2 Vegetationsdynamik

Jeder Regenwald bildet ein **kleinräumiges Mosaik aus verschieden alten Beständen,** die sich nach Flora, Fauna, Struktur, Vorräten und Umsätzen etc. deutlich voneinander unterscheiden (Abb. 15.8). Allen Altersphasen (-stadien) gemeinsam ist, dass sie sich in einer zyklischen Entwicklung befinden, also keine von ihnen auf Dauer einen stationären Zustand *(steady state)* darstellt und die Abfolgen letztlich zu ihrem Ausgangsstadium zurückkehren. Eine neue Entwicklung setzt beispielsweise ein, wenn – aus Altersgründen oder durch Störungen von außen (z. B. Wirbelstürme, Erdrutsche) – umstürzende Bäume **Lichtungen** *(gaps, chablis)* in den Wald gerissen haben. Über eine Pionier- und danach folgenden Aufbauphase mündet die Abfolge schließlich in der langfristig stabilen und daher nach Flächenanteilen dominierenden Reifephase, ehe erneut eine Zerfallsphase einsetzt (Abb. aus Pfadenhauer 2–11, S. 96). Alle Ausführungen, die in diesem Buch zu den Eigenschaften tropischer Tieflandsregenwälder gemacht werden, beziehen sich auf diese Reifestadien.

15.5.3 Tierwelt

Für tropische Regenwälder ist charakteristisch, dass Tiere kaum zu sehen und oftmals auch kaum zu hören sind. Die Tatsache, dass die Fauna des Regenwaldes (zusammen mit der von Korallenriffen) die artenreichste der Erde ist, steht dazu in keinem Widerspruch: **Viele Tierarten treten jeweils nur mit wenigen Individuen auf**, und je nach Art verteilen sich diese auf eine Vielzahl verschiedener ökologischer Nischen, die meist in den höheren Waldstockwerken liegen, da die spärliche Bodenflora (außer in jungen Regenerationsstadien) nur wenigen Herbivoren ausreichende Nahrungsgrundlagen bietet.

Der Artenreichtum der Tierwelt hat seine Wurzeln in der immensen Größe des pro Grundfläche verfügbaren Lebensraumes und dessen bestandsklimatisch und floristisch begründeten Vielfalt an Lebensbedingungen: Die beachtliche Wuchshöhe vieler Bäume vergrößert den potentiellen Lebensraum für Tiere in der vertikalen Dimension derart, dass der tropische Regenwald – ausgeprägter als jede andere Pflanzenformation – einen **komplexen dreidimensional strukturierten Lebensraum** für Tiere bietet, in dem mehrere unterschiedliche Lebensbereiche übereinander folgen und von verschiedenen Tierarten besiedelt werden können.

Von Bedeutung ist auch, dass die **Nahrungsangebote und Raumstrukturen in ihren Grundzügen das ganze Jahr hindurch unverändert** bleiben, d.h. die große *Habitat-Diversität beständig ist,* und dass die Quantität des Nahrungsangebotes, wie sie sich aus der überlegenen Primärproduktion des tropischen Regenwaldes herleitet, exzeptionell hoch liegt. Die Annahme scheint daher berechtigt, dass die Artenfülle der Pflanzen von der der Tiere noch (und möglicherweise erheblich) übertroffen wird.

Die überlegene Artenvielfalt der tropischen Regenwaldfauna zeigt sich insbesondere in den Gruppen der landlebenden poikilothermen (ektothermen) Vertebraten, also **Reptilien und Amphibien**, sowie vieler **Invertebraten**. Bei den beiden Ersteren schafft die

Konstanz optimaler hygrothermischer Außenbedingungen jene gleichbleibend günstigen Innenbedingungen, zu deren Steuerung sie selbst nicht befähigt sind.

15.5.4 Phytomasse und Primärproduktion

Die Immerfeuchten Tropen sind hinsichtlich mehrerer klimatischer Faktoren allen übrigen Ökozonen überlegen. Dazu gehören die ganzjährig ausgeglichene und hohe Sonneneinstrahlung, Temperatur und Luftfeuchtigkeit sowie die ziemlich gleichmäßig verteilten reichen Niederschläge. Es gibt keinen zweiten terrestrischen Naturraum der Erde, der eine ähnlich günstige Gesamtkonstellation dieser Umweltfaktoren für sich beanspruchen könnte. Dies erklärt, warum sich trotz der weit verbreiteten Bodenungunst fast überall ein einmalig üppiger Wald mit hoher Produktionskraft entwickeln konnte.

Schätzungen und Messungen der **Phytomasse** liegen aus einer großen Zahl von Wäldern vor. Die meisten von ihnen halten sich zwischen 300 und 650 t ha^{-1}. Jeweils zwischen 75 und 90 % der Phytomassen sind oberirdisch und liegen dort zu über 90 % in Form von Holz vor. Auf die Blattmasse der Bäume entfallen nur etwa 2%. Absolut ist das allerdings immer noch mehr als in jeder anderen Ökozone. Der hohe Anteil, der der Sprossmasse gegenüber der Wurzelmasse zukommt, ist ein Zeichen für die (fast) konstant guten Wachstumbedingungen. Es ermöglicht den Bäumen, mehr in die Reproduktion zu investieren. Andererseits reicht der relativ geringe Anteil von Assimilationsorganen (Blattmasse) dafür aus.

Es besteht weitgehend Einigkeit darüber, dass auch die **Primärproduktion** des tropischen Regenwaldes diejenige aller anderen zonalen Pflanzenformationen übertrifft, wobei allerdings in Abhängigkeit von den Standortbedingungen mit erheblichen Abweichungen zu rechnen ist. Die meisten der anhand von Klimaparametern oder Teilmessungen (z.B. des Streufalls) geschätzten oder errechneten Werte (auf nicht immer hinreichend genau beschriebenen Probeflächen) liegen innerhalb oder nahe der Spanne von 20 bis 30 t ha^{-1} a^{-1}. Die höchsten Produktivitäten werden jeweils in den Aufbauphasen (vgl. Kap. 15.5.2) erzielt. Dann ist auch die Aufnahme von Kohlendioxid größer als die Abgabe. Das heißt, zu dieser Zeit bildet der Wald eine Kohlenstoffsenke. Im reifen Wald dürfte die C-Bilanz eher ausgeglichen sein, in der Zerfallsphase kippt sie ins Negative.

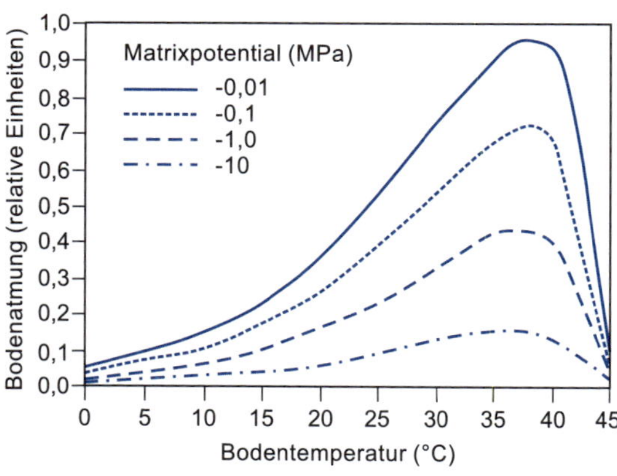

Abb. 15.9
Die Abhängigkeit der Zersetzungsrate (gemessen über Bodenatmung) von Bodentemperatur und Bodenfeuchte (aus SCHOLES *et al. 1994). Höhere Temperaturen wirken insbesondere bei höheren Wassergehalten (betragsmäßig höhere Matrixpotentiale; vgl. Kap. 4.2) beschleunigend auf die Zersetzung.*

Die Primärproduktion profitiert von den vielen einzigartig günstigen äußeren Bedingungen sowie der ganzjährig anhaltenden Möglichkeit zur Photosynthese. Doch treten andererseits bei der Bruttoprimärproduktion hohe Verluste durch autotrophe und heterotrophe Atmung auf (s. Pfadenhauer S. 98) auf, deren Ausmaß das anderer Wälder/Vegetationsformationen erheblich übertrifft (vgl. hierzu die

Abb. 8.12, 9.10 und 15.12). Bei der Nettoprimärproduktion bleibt aber immer noch ein deutlicher Vorsprung.

15.5.5 Tierfraß

Die **Nahrungsketten** (-netze) (s. hierzu Pfadenhauer S. 87) verlaufen wegen der großen Artenvielfalt bei jeweils geringen Dichten außerordentlich kompliziert. Ihre Aufdeckung wird zusätzlich dadurch erschwert, dass viele Tierarten nur mühsam zu finden sind. Bisher liegen lediglich für wenige Arten oder Tiergruppen Untersuchungen vor.

Gewiss ist, dass die **Zoomasse** insgesamt außerordentlich klein ist. Die quantitative Bedeutung der Konsumenten auf die energetischen und stofflichen Umsätze im Regenwaldökosystem muss daher als gering angesehen werden; die Stoffe zirkulieren fast ausschließlich in Form eines *kurzen Kreislaufes*, also unmittelbar zwischen Produzenten und Destruenten ohne Zwischenschaltung von Herbivoren.

Wohl eher auf Vermutung als Wissen gründet sich die oftmals geäußerte Behauptung, dass die Bedeutung der Tiere des tropischen Regenwaldes mehr in ihren regulatorischen Wirkungen auf die Vorräte und Abläufe im Waldsystem liegt als in ihrer unmittelbaren Umsatzbeteiligung.

15.5.6 Streufall und Streuschicht, Zersetzung und Humus

Da Verluste durch Tierfraß unbedeutend sind, liegt die **Streuanlieferung** des tropischen Regenwaldes (im längerfristigen Mittel) in Höhe der oberirdischen PP_N, also wahrscheinlich bei etwa 15 bis 25 t ha^{-1} a^{-1}. Der Blattfall ist daran mit etwa 5 bis 10 t ha^{-1} a^{-1} beteiligt. Das sind rund 80% der gesamten Blattmasse. Um diesen Anteil werden also die ‚immergrünen' Blätter in jedem Jahr erneuert. Die mittlere Lebensdauer der Blätter beträgt demnach nur rund 15 Monate.

Trotz der beachtlichen Streuanlieferung fehlt in der Regel eine den Waldboden geschlossen bedeckende **Streuschicht**: Der in ihr gebundene Kohlenstoff enthält nur etwa 1% des insgesamt im Waldökosystem befindlichen organischen Kohlenstoffs – gegenüber mehr als 10% in den sommergrünen Wäldern der Feuchten Mittelbreiten.

Die Streuvorräte sind deshalb so gering, weil die (biologisch-chemische) Zersetzung von organischen Abfällen, begünstigt durch die *ständig feucht-warmen Bedingungen* im Stammraum und im Boden (Abb. 15.9), rascher als in jeder anderen Ökozone abläuft (vgl. Abb. 7.17). Laubstreu kann schon nach wenigen Monaten zersetzt sein ($k \geq 1$; vgl. Tab. 5.3). Totes Baumholz wird je nach Dicke innerhalb von wenigen Jahren oder längstens anderthalb Jahrzehnten restlos abgebaut.

Infolge der anhaltend hohen Zersetzungsraten sind auch die **Gehalte an toter organischer Bodensubstanz (Humus)** ziemlich niedrig: In den Oberböden liegen sie meist zwischen 1 und 3% (etwa 50 bis 150 t ha^{-1}) und damit etwas niedriger als in Böden unter temperaten Wäldern.

Am Abbau sind vor allem Pilze, Termiten und Regenwürmer beteiligt (die bakterielle Zersetzung kann durch saure Bodenreaktion eingeschränkt sein). Erstere leben vielfach in Symbiose mit den Wurzeln von Höheren Pflanzen (Mykorrhiza). Die **Termiten** besorgen im Wesentlichen die Zersetzung von toter Holzmasse. Die Regenwürmer stehen nach ihrer Zoomasse an erster Stelle.

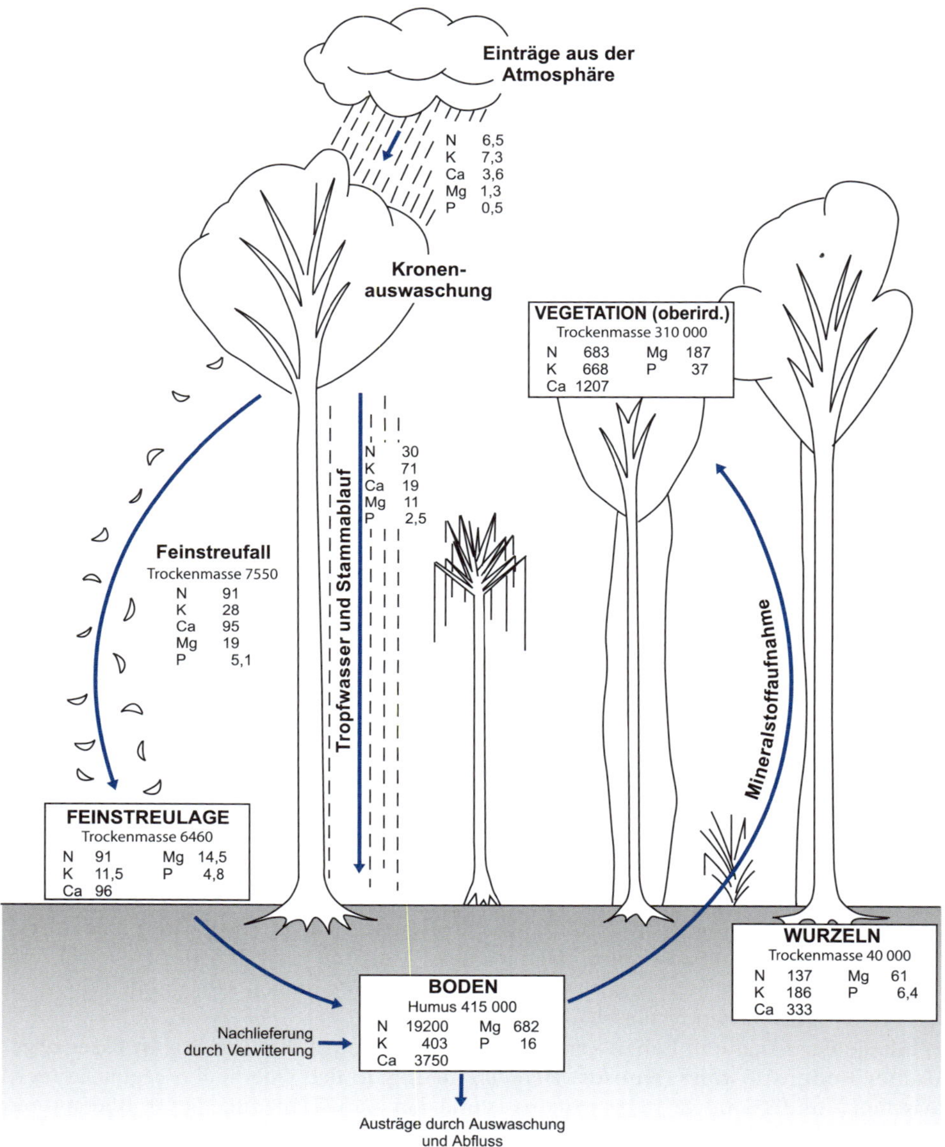

Abb. 15.10

Mineralstoffvorräte und jeweils darunter die -umsätze in einem **montanen** *Regenwald von Neuguinea (Edwards 1982). Vorräte in kg ha^{-1}, Umsätze in kg ha^{-1} a^{-1}. Die relativ reichen Nährstoffvorräte im/am Boden (Boden und Streu) stehen im Zusammenhang mit den generell hohen Humusgehalten montaner Wälder (die tote organische Bodensubstanz kann hier die Phytomasse an Gewicht übersteigen). Die in der Phytomasse (ober- und unterirdisch) befindlichen Mineralstoffanteile liegen für Ca und Mg mit 29% bzw. 26% deutlich unter der Hälfte der im Waldökosystem insgesamt (also einschließlich des Bodens) vorhandenen Mengen dieser beiden Stoffe; nur bei K und P dominieren die in der Phytomasse eingebundenen Anteile mit 67% bzw. 68%.*

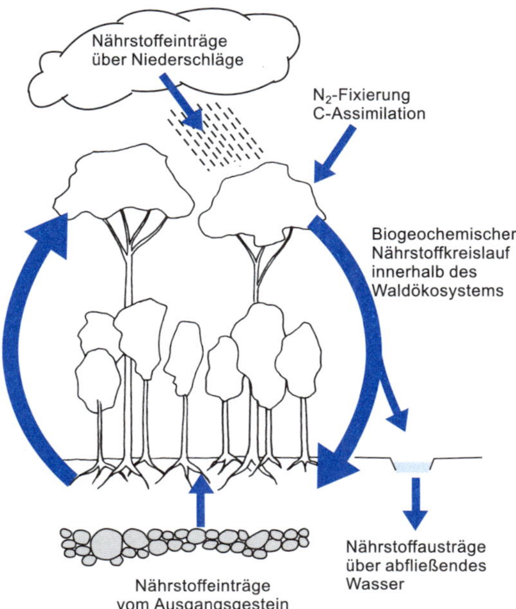

Abb. 15.11
*Regenwaldökosysteme sind – wie alle anderen Ökosysteme – offene Systeme, und zwar auch in Bezug auf mineralische Pflanzennährstoffe. Die in der Literatur häufig zu findende gegenteilige Angabe trifft (wenn überhaupt) nur in der Tendenz insoweit zu, als vergleichsweise hohe Anteile der mineralischen Nährstoffe innerhalb des Systems (**biogeochemisch**) zirkulieren, von unbelebten Kompartimenten (**geo-**) zu lebenden Organismen (**bio-**) und zurück. Daneben bestehen aber auch hier Stoffflüsse von und nach außen in Form von Einträgen über Niederschläge und aus dem anstehenden Gestein bzw. von Austrägen über versickerndes und abfließendes Wasser. Hinzu kommen gasförmige Flüsse wie Einträge von Stickstoff über die biologische N_2-Fixierung und von Kohlendioxid über die Photosynthese sowie Verflüchtigungen von z.B. N und P infolge von biochemischen Zersetzungsvorgängen und Bränden. Mengenmäßig treten diese externen Stoffflüsse (dünne Pfeile) weit hinter die systeminternen (dicke Pfeile) zurück, bleiben aber trotzdem für den Nährstoffhaushalt der Wälder bedeutsam.*

15.5.7 Mineralstoffvorräte und -umsätze

Im Vergleich zu den Wäldern der Feuchten Mittelbreiten und der Borealen Zone sind die tropischen Regenwälder (gemessen an absoluten Mengen pro Landfläche) reich an Mineralstoffen, und auch ihre Mineralstoffflüsse pro Zeit und Fläche übersteigen jene aller anderen Wälder an Menge der daran beteiligten Stoffe deutlich. Dies gilt in besonderem Maße für Regenwälder auf besser versorgten Böden, wo auch die Mineralstoffkonzentrationen in der Phytomasse höher liegen.

Die **Aufteilung der wichtigsten Mineralstoffvorräte und -umsätze** lässt sich aus der Abb. 15.10 ablesen. Bei den darin genannten Mengenangaben ist allerdings zu beachten, dass sie eher einen Sonderfall wiedergeben.

Korrekturbedürftig ist möglicherweise auch die generelle Annahme, dass sich die meisten der im Regenwaldökosystem zirkulierenden Mineralstoffe jeweils in der Biomasse befinden – und nicht im Boden, wie gewöhnlich in temperaten Waldökosystemen. Wie neuere Befunde zeigen, scheint dies nur für extrem nährstoffarme Standorte zuzutreffen.

Und auch die gängige Auffassung, dass die Mineralstoffumsätze in Regenwaldökosystemen in Form **weitgehend geschlossener Kreisläufe** erfolgen, ist nur bedingt richtig (Abb. 15.11). Sie stimmt nur insoweit, als die tropischen Regenwälder über besonders effiziente Mechanismen zum Erhalt ihrer Mineralstoffbestände verfügen. Dies

Tab. 15.2. Die dem Boden unter tropischen Regenwäldern durch Regenfall, Kronenauswaschung (Tropfwasser und Stammablauf) und Streufall zugeführten Mineralstoffmengen, am Beispiel zweier Waldbestände in der Elfenbeinküste (BERNHARD-REVERSAT 1975).

Untersuchungsgebiete	Mineralstoffzufuhr zum Boden	N	K	Ca	Mg	P
Plateau	insgesamt ($kg\ ha^{-1}\ a^{-1}$) davon durch (in %):	258	85	97	91	9,8
	– Niederschläge	9	6	22	4	14
	– Kronenauswaschung	25	61	15	40	4
	– Streufall	66	33	63	56	82
Thalweg	insgesamt ($kg\ ha^{-1}\ a^{-1}$) davon durch (in %):	246	264	135	90	24
	– Niederschläge	10	2	16	4	6
	– Kronenauswaschung	26	67	21	56	38
	– Streufall	64	31	63	40	56

zeigt sich u.a. daran, dass das Wasser der meisten Flüsse kaum gelöste und suspendierte Stoffe enthält und die Bodenfruchtbarkeit nach Rodung der Wälder und damit Stopp der Mineralstoffrückflüsse gewöhnlich rasch nachlässt.

Die Fähigkeit von Regenwaldsystemen, Auswaschungsverluste gering zu halten, gründet sich insbesondere auf die außerordentlich **dichte Durchwurzelung des Oberbodens** (teilweise mit **Wurzelmatten** an der Bodenoberfläche, also in unmittelbarem Kontakt zur Streu) und deren Verbindung mit einem noch dichteren Mykorrhiza-Mycel. Hierdurch werden nicht nur die über Niederschläge und Kronenauswaschung mit dem Tropfwasser und Stammablauf zugeführten Nährelemente weitestgehend aufgefangen, sondern auch die in den organischen Abfällen (beim Phosphor: auch in mineralischer Bindung) eingebundenen Nährstoffe aufgeschlossen und dann den Baumwurzeln auf kurzen Wegen zugeleitet. Trotzdem auftretende Auswaschungsverluste werden durch externe Einträge über (Freiland-)Niederschläge ausgeglichen (Tab. 15.2).

Die **Mineralstoffrückführung** aus der Phytomasse erfolgt über pflanzliche Abfälle und Kronenauswaschung; Feuer ist unter natürlichen Umständen von höchstens untergeordneter Bedeutung:

- Bei der **Mineralstoffrückführung über Streufall** ist die *Laubstreu* von besonderer Bedeutung. Sie umfasst zwar nur höchstens die Hälfte der gesamten Streuanlieferung, doch ist ihr Gehalt an Mineralstoffen – trotz vorausgegangener Verluste durch Kronenauswaschung und einer teilweisen Retranslokation von Nährelementen in die Sprosse vor dem Abwurf – weit höher als in den Ästen und Stämmen, die zu Boden stürzen.
- Die **Kronenauswaschung** ist insbesondere für Kalium von überragender Bedeutung:

Hiervon wird auf diesem Wege oftmals mehr als doppelt so viel zum Boden zurückgeführt wie über Streufall. Kalium zirkuliert dementsprechend viel schneller als beispielsweise Calcium. Größere Anteile hat die Kronenauswaschung auch an der Rückführung von Magnesium und Phosphor. Bei allen übrigen Nährelementen (z.B. N und Ca) ist der Streufall erheblich wichtiger (Tab. 15.2).

15.5.8 Regenwald-Ökosysteme

Die Abb. 15.12 zeigt die charakteristischen Bestandesvorräte und -umsätze eines tropischen Regenwald-Ökosystems nach dem Modellschema, wie es bereits für einige andere Ökozonen zur Anwendung kam (siehe Abb. 7.18, 8.12, 9.10 und 10.6). Auffällig ist die große Differenz zwischen PPB und PPN: Sie macht deutlich, welch große Verluste in tropischen Regenwäldern durch autotrophe und heterotrophe Atmung entstehen (Pfadenhauer und Klötzli 2014, s. dort S. 98f.)

Charakteristisch sind die hohe Artenzahl und die **hohe Konstanz von äußeren Lebensbedingungen und inneren Lebensvorgängen**. Dies bedeutet auch, dass Streufall und -zersetzung, Retranslokation von Mineralstoffen aus den Blättern vor deren Abwurf und

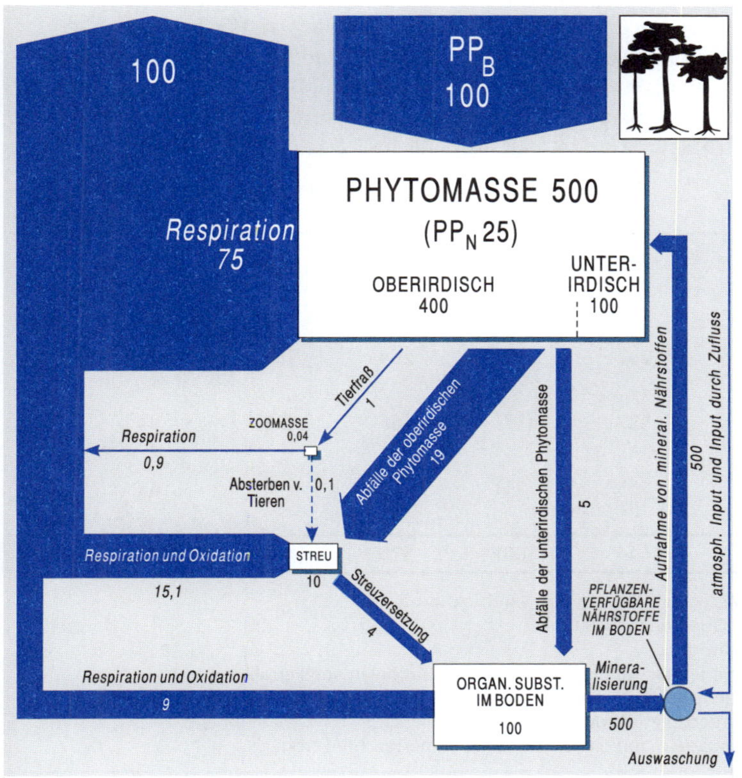

Abb. 15.12
Vereinfachtes Ökosystem-Modell eines tropischen Regenwaldes. Zum Modellschema siehe Kap. 5.2. Bemerkenswert für tropische Regenwälder sind (1) die großen Phytomassen und (besonders im Vergleich dazu auffallend) niedrigen Vorräte an Streu und organischer Substanz im Boden, (2) die hohen (und entsprechend schnellen) Umsätze von Energie und Mineralstoffen sowie (3) die – jedenfalls auf extrem armen Standorten – geringen Mengen an austauschbaren Nährelementen im Boden.

Mineralstoffaufnahme der Vegetation aus dem Boden kontinuierlich und damit optimal synchron über das ganze Jahr ablaufen (d.h. nach Angebot und Bedarf aufeinander abgestimmt sind). Dies schützt das Ökosystem vor Nährstoffengpässen und -auswaschung. Bei agrarer Nutzung geht diese Synchronie verloren.

15.6 Landnutzung

Die Immerfeuchten Tropen bilden zusammen mit der Borealen Zone die letzten großen Waldregionen unserer Erde, wo die agrare Nutzung teilweise erst die Randsäume erfasst hat und im Inneren eher nur inselhaft vertreten ist (Abb. 6.1). Allerdings werden diese Rodungsflächen in vielen Waldgebieten schnell größer. Die Rodungen werden sowohl zur Holzgewinnung als auch zur Anlage von agraren Nutzflächen (dann häufig Brandlegungen) vorgenommen.

Tab. 15.3. Die Verbreitung ungünstiger Bodeneigenschaften in den immerfeuchten und wechselfeuchten Tropen (Sanchez u. Logan 1992). Die Flächenanteile (in Mio. ha und %) der Ungunstmerkmale liegen erwartungsgemäß in den Immerfeuchten Tropen und – etwas weniger ausgeprägt – in den Feuchtsavannen der Sommerfeuchten Tropen am höchsten. Bei drei der fünf aufgeführten Merkmale bleiben sie aber auch dort noch ± weit unter der Hälfte, bei den beiden übrigen unter zwei Dritteln der Gesamtflächen. Häufig treten die einzelnen Ungunstmerkmale im Verbund miteinander auf (z.B. in manchen Arenosolen, Podzolen, Acrisolen und Ferralsolen). Daraus erklärt sich, dass Böden ohne ein einziges der genannten Ungunstmerkmale auch in den feuchten Tropen noch durchaus ansehnliche Flächenanteile haben.

Ungunstmerkmale von Böden	Humide Tropen[f]		Feuchtsavanne		Trocken- u. Dornsavanne	
Niedrige mineralische Nährstoffgehalte[a]	929	(64)	287	(55)	166	(16)
Aluminiumtoxizität[b]	808	(56)	261	(50)	132	(13)
Acidität ohne Al-Toxizität[c]	257	(18)	264	(50)	298	(29)
Hohe Phosphatfixierung[d]	537	(37)	166	(32)	94	(9)
Niedrige Kationenaustauschkapazität[e]	165	(11)	19	(4)	63	(6)
Gesamtfläche	1444	(100)	525	(100)	1012	(100)

[a] < 10% verwitterbare Minerale in Schluff- und Sandfraktion
[b] > 60% Al-Sättigung im Oberboden (0–50cm)
[c] pH < 5: niedrige Basensättigung
[d] nur in tonreichen Böden, fehlt in sandigen und lehmigen Acrisolen und Ferralsolen
[e] KAK_{eff} < 4 cmol(+) kg^{-1} (entspricht 7 cmol(+) kg^{-1} bei pH 7): geringer Schutz vor Bodenauswaschung (häufig bei Arenosolen, Podzolen, Acrisolen)
[f] hier weitgehend deckungsgleich mit der Ökozone der Immerfeuchten Tropen

Einer der Gründe für die geringe Erschließung und dünne Besiedlung dürfte in den hohen Flächenanteilen von relativ unfruchtbaren Böden liegen (Tab. 15.3). Mit traditionellen Mitteln der Bodennutzung lässt sich daher weithin nur (sofern nicht – wie in Südostasien – Bewässerungsreisbau besteht) ein extrem flächenextensiver **Brandrodungs-Wanderfeldbau** (*swidden cultivation, shifting cultivation* i.e.S.) betreiben.

Hierbei wird der Anbau (z.B. von Knollenpflanzen wie Cassava [Maniok, Yucca], Taro, oder Yams) nach jeweils wenigen Jahren in immer wieder neue Rodungsinseln verlegt, in denen zuvor das Rodungsmaterial (vor allem abgeschlagene Äste mit dem daran befindlichen Laub, seltener ganze Bäume) verbrannt wurde und der Boden somit eine (Asche-)Düngung erhalten hat. Die **Verlegung der Felder nach kurzer Nutzungsdauer** ist unumgänglich, da die Ertragsleistungen rasch nachlassen. Die erneute Nutzung bietet frühestens nach 15 bis 30 Jahren Aussichten auf Erfolg. In etwas größeren Zeitabständen verlegen die Wanderfeldbauern auch ihre Wohnstellen. Dies geschieht gewöhnlich dann, wenn ihnen die Entfernungen zu den neuen Rodungsparzellen zu groß werden. Die Verlegungen der Familienwohnsitze erfolgen gewöhnlich innerhalb traditionell festgelegter (beanspruchter) größerer Waldgebiete.

Als **Grund für die Produktionsrückgänge nach kurzer Nutzungsdauer** wird im Allgemeinen der Nährstoffentzug durch Kulturpflanzen und Bodenauswaschung genannt, wodurch die Bodenfruchtbarkeit auf ein zunehmend limitierendes Maß absinken soll. Dieser Deutung widersprechen die Befunde von **Untersuchungen**, die zwischen 1976 und 1983 **in einem Regenwaldgebiet bei San Carlos de Rio Negro im südlichen Venezuela** nahe der Grenze zu Kolumbien und Brasilien durchgeführt wurden (Jordan 1985 und 1987). Danach blieben die Vorräte an wichtigen Mineralstoffen im Boden während der dort üblicherweise dreijährigen Nutzung eines Areals mit Maniok in etwa gleich. Andererseits zeigte sich, dass die Produktionsrückgänge auf die nach der Rodung sich schnell wieder verstärkenden Phosphatfixierung und Aluminiumtoxizität zurückzuführen waren. Diese beiden fruchtbarkeitsmindernden Vorgänge stellten sich ein, als der anfänglich infolge der Aschdüngung auf 5,4 angehobene pH-Wert innerhalb weniger Jahre auf 3,8 abfiel (Abb. 15.13). Daraus lässt sich der Schluss ziehen, dass der **Hauptgewinn der Aschedüngung in der Anhebung des pH-Wertes** liegt, weniger in der Freisetzung von Pflanzennährstoffen.

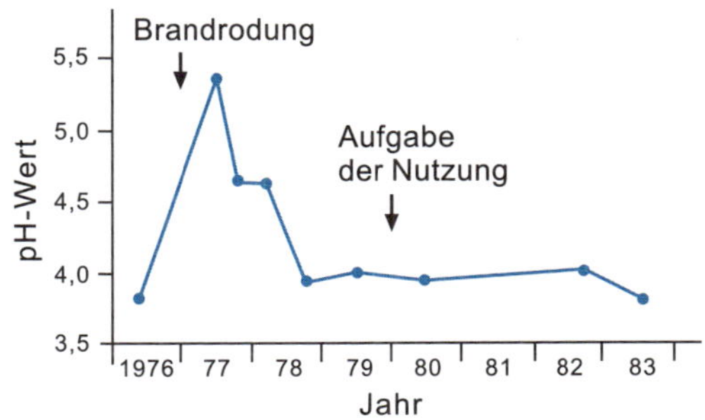

Abb. 15.13
Die Veränderungen des pH-Wertes im Boden unter einem amazonischen Regenwald nach Brandrodung und einer dreijährigen Nutzung in der traditionellen Art des Wanderfeldbaus (Jordan 1987).

Der Brandrodungs-Wanderfeldbau mag ein im ökologischen Sinne tragfähiges System (gewesen) sein. Er ist aber trotzdem unakzeptabel, da er den Betreibern bei hohem Arbeitsaufwand nur geringe (höchstens für die Eigenversorgung ausreichende) Erträge liefert, und er verliert spätestens dann seine ‚ökologische' Legitimation, wenn die Zeitspanne, die für eine Waldregeneration zwischen den Nutzungsphasen nötig ist, nicht mehr eingehalten werden kann. Dies ist – bei dem enormen Landbedarf pro Familie (Anbaufaktor etwa 10 bis 15; vgl. Kap. 14.6) – bereits bei Bevölkerungsdichten ab etwa 6 Einwohnern pro km² gegeben.

Neuere Untersuchungen bestätigen nun, dass die Beibehaltung des Brandrodungs-Wanderfeldbaus aus mehreren Gründen auch nicht nötig ist. So ist der Versorgungszustand der Böden mit Pflanzennährstoffen vielfach gar nicht so schlecht (siehe Kap. 15.5.7), und die anfänglichen Rückgänge an Humussubstanzen nach einer Rodung schwächen sich mit der Zeit ab oder können, je nach Nutzungsart oder Stadium der Waldregeneration, sogar von Wiederanstiegen abgelöst werden. Durch künstliche Zufuhr von organischer Substanz (z.B. durch Mulchen) und Anhebung des pH-Wertes (durch Kalkung) lässt sich die KAK erheblich steigern (siehe Kap. 14.4.1), toxisches Al beseitigen und die Verfügbarkeit von Phosphor erhöhen. Wie die teilweise hervorragenden Produktionsergebnisse moderner landwirtschaftlicher Betriebe aus mehreren Teilgebieten der feuchten Tropen zeigen, kann ein permanenter Feldbau bei Anwendung geeigneter Nutzungsformen durchaus erfolgreich betrieben werden.

Dies bestätigen beispielsweise die landwirtschaftlichen **Versuchsfelder in Yurimaguas**, Peru, im westlichen Amazonasgebiet. Der Boden ist dort ein sandiger Acrisol mit hohem Al-Gehalt, Mangel an P, K und den meisten übrigen Nährelementen sowie einem pH-Wert von knapp über 4. Die mittleren Jahresniederschläge liegen bei 2200 mm. Durch Düngergaben und Kalkung (3 t ha^{-1} alle drei Jahre), sowie durch Einführung geeigneter Fruchtfolgen gelang es, den Nährstoffgehalt und pH-Wert des Bodens merklich anzuheben, die Konzentration von Al zu senken und anhaltend hohe Erträge zu erzielen (Abb. 15.14).

Gute Chancen bestehen auch für **Dauerkulturwirtschaften**, deren Anteile an den pflanzenbaulich genutzten Flächen bereits heute

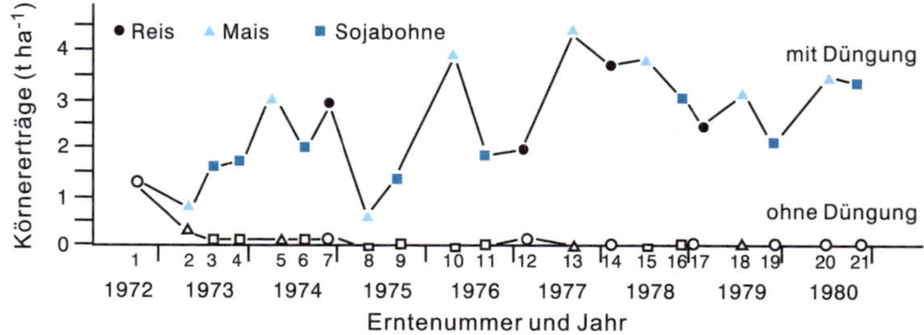

Abb. 15.14 *Die Produktionsentwicklung bei einem permanenten Feldbau auf einem amazonischen Acrisol, in Yurimaguas, Peru (aus JORDAN 1987). Die obere Kurve zeigt die Erträge, die bei Anwendung umfassender Düngung (anfänglich 80-100-80 kg N-P-K pro Hektar und Anhebung des pH-Wertes auf 5,5 durch Kalkung, danach jeweils 100-26-80-kg N-P-K pro Hektar und Feldfrucht) und Anwendung eines Fruchtwechsels aus Trockenreis (Bergreis), Mais und Sojabohnen erzielt wurden. In den meisten Jahren erfolgte ein zweifacher, in manchen ein dreifacher Anbau. Nach 25 Ernten lagen die auf diese Weise jährlich erzeugten Ernten im Mittel bei 7,8 t ha^{-1} (BANDY u. SANCHEZ 1986). Im Verlaufe der Nutzung kam es zu keinem Rückgang der Erträge. Die untere Kurve zeigt zum Vergleich die Produktionsentwicklung auf ungedüngten Feldern. Hier gingen die Erträge bereits bei der dritten Ernte gegen Null.*

höher als in jeder anderen Ökozone liegen. Sie befinden sich teils in den Händen von kleinen und mittelgroßen Familienbetrieben, wo sie gewöhnlich einen unter mehreren Betriebszweigen einnehmen. Doch kommen auch großbetriebliche **Plantagen** zahlreich vor. Diese sind durch folgende Eigenschaften gekennzeichnet (u.a. nach DOPPLER 1991):

- Spezialisierung auf ein einziges Produkt (Monokultur)
- Geringe Produktionsflexibilität, besonders bei Baumkulturen mit langen Perioden bis zur ersten Ertragslieferung
- Verarbeitung dieses Produktes in eigenen Anlagen
- Einsatz von Fremdarbeitskräften, vergleichsweise hohes Einkommensniveau
- Erzeugung für den Exportmarkt und damit hohe Abhängigkeit vom Weltmarkt
- Hohe Kapitalinvestition pro Fläche und Anlage
- Zielsetzung ist Maximierung der Rendite für das im Betrieb investierte Kapital

Zu den Baum-, Strauch- und Lianenarten, die in feuchttropischen Dauerkulturwirtschaften Verwendung finden, gehören Kautschuk, Öl- und Kokospalmen, Kakao, Gewürzpflanzen wie Pfeffer, Zimt, Vanille, Muskat, Nelken und Piment, sowie Kaffee und Tee. Ananas, Bananen, Soja und Zuckerrohr bilden Beispiele für dauerhafte Feldkulturen von Plantagen, Cassava, Yams und Taro von bäuerlichen Kleinbetrieben. Reis findet sich in beiderlei Betriebsformen.

In den letzten Jahrzehnten ist in vielen ehemaligen Waldgebieten, insbesondere von Südamerika, eine großbetriebliche, *extensiv betriebene* **Weidewirtschaft** *mit Rindern* zu einem flächenmäßig wichtigen (weithin sogar wichtigsten) Nutzungszweig geworden.

Wenn die feuchten Tropen trotz der natürlichen Potentiale auch heute noch weithin nur traditionsverhaftet genutzt werden, so liegt das eher an Kapitalmangel (für betriebliche Investitionen) und fehlendem Know-how. In vielen (vielleicht den meisten) Fällen mögen sich auch die erhöhten Produktionskosten (z.B. für Saatgut, Pestizide, Dünger), die mit der Einführung und Erhaltung moderner Nutzungsformen verbunden sind, nicht aus den zu erzielenden Gewinnen decken lassen. Das heißt, die Modernisierung scheitert an der ungenügenden Rentabilität.

Literatur zu Kap. 15

AOKI, M., YABUKI, K. und KOYAMA, H. (1975): Micrometeorology and assessment of primary production of a tropical rain forest in West Malaysia. *J. Agric. Met.* (Japan) 31, 115–124.

BANDY, D. E. und SANCHEZ, P. A. (1986): Post-clearing soil management alternatives for sustained production in the Amazon. In: LAL et al., 347–361.

BENZING, D. H. (2004): Vascular Epiphytes. In Lowman, M. D. & Rinker, H. B. (eds), *Forest canopies*. 2nd edition. Elsevier Academic Press, Burlington-San Diego, pp. 175–210.

BERNHARD-REVERSAT, F. (1975): Nutrients in throughfall and their quantitative importance in rain forest mineral cycles. In: GOLLEY und MEDINA, 153–159.

BRUENIG, E. F. (1996): Conservation and management of tropical rainforest – an integrated approach to sustainability. Centre Agric. Biosci. (Cab) Intern., Wallingford, 339 S.

CARSON, W. P. & SCHNITZER, S. A. (eds) (2008): Tropical forest community ecology. Wiley-Blackwell, Chichester, 517 pp.

CORLETT, R. T. & PRIMACK, R. B. (2011): Tropical rainforests. An Ecological and biogeographical comparison. 2nd edition, Wiley-Blackwell, Chichester, 326 pp.

DICKINSON, R. E. (ed.) (1987): The geophysiology of Amazonia. Vegetation and climate interactions. John Wiley and Sons, New York, 526 S.

Sonneneinstrahlung

Während der ganzjährigen Vegetationsperiode: 500-650 • 10^8 kJ ha^{-1}
Hohe Anteile von diffuser Himmelsstrahlung

Klimatische Umweltbedingungen

Gleichförmiger Jahresablauf (keine auffälligen Jahreszeiten): Mittlere Tagestemperaturen ganzjährig etwa 25-27°C (Tagesamplituden max. 6-11°C), Tagbogen ständig um 12 Stunden; gleichbleibend stark positive Strahlungsbilanz (thermisches und solares Tageszeitenklima). Niederschläge fallen über das ganze Jahr verteilt, oder höchstens $2^1/_2$ (3) Monate regenlos; mit 2000-4000 mm sehr hoch, zumeist zwei Regenspitzen (doppelte Regenzeit); intensive Gewitterschauer häufig (etwa 1/3 der Jahresniederschläge mit >25 mm h^{-1}), Tagessummen überschreiten manchmal 100 mm; Interzeptionsverluste von 10-25%. Durchweg hohe Bewölkung und Wasserdampfgehalte in der Luft (`tropische Schwüle`); Verdunstung >1000 mm a^{-1}.

Vegetation

Außerordentlich artenreiche immergrüne Laubwälder (Regenwälder); etwa 30-40 m hoch, in mehrere Baumstockwerke gegliedert, die sich nach Intensität und spektraler Zusammensetzung der Sonnenstrahlung, Luftfeuchtigkeit, Temperaturgang, CO_2-Gehalt etc. beträchtlich unterscheiden können. Die Wurzelsysteme sind längst nicht immer flachgründig wie vormals meist angenommen; weithin sind Tiefwurzler ebenso häufig wie in temperaten Wäldern. Viele Baumarten haben Blätter mit Träufelspitzen, Brettwurzeln, Laubausschüttung, Kauliflorie. Epiphyten und Lianen sind sehr häufig. Jahresperiodizität der Entwicklungsabläufe höchstens in Gebieten mit >2 Trockenmonaten, kein Aspektwechsel. Walderneuerung über Lichtungen (gaps), führen zu kleinräumigem Mosaik aus verschieden alten Beständen. Phytomasse 300-650 t ha^{-1}, davon 75-90% oberirdisch (davon Blattmasse nur 2-3%). Blattflächenindex 8-12 PP_N: 20-30 t ha^{-1} a^{-1}.

Tierwelt

Artenreich, aber wenig auffällig, da Arten jeweils nur in geringer Individuenzahl auftreten. Die meisten Arten leben in den höheren Stockwerken des Waldes. Die Zoomasse ist außerordentlich klein, die quantitative Bedeutung der Konsumenten auf energetische und stoffliche Flüsse im Regenwaldsystem dementsprechend gering. Wichtiger für Bestäubung und Samenverbreitung von Pflanzen.

Landnutzung

Bevölkerungsdichte gering. Trotzdem erhebliche Waldrodungen (etwa 150 000 ha a^{-1}). Probleme für die agrare Nutzung liegen weithin (aber längst nicht überall) in geringen Nährstoffgehalten der Böden, Phosphatfixierung und Aluminiumtoxizität. Traditionelle Anbausysteme: Brandrodungs-Wanderfeldbau (mit Maniok, Yams, Taro, Hirse, Mais) und (in SE-Asien) Bewässerungsreisbau. Früher war Wildbeutertum weit verbreitet. Neuerdings: wachsende Zahl von Betrieben mit marktorientierten Dauerkulturen (Ölpalmen, Kautschuk, Kakao etc.) und extensiver Weidewirtschaft. Forstliche Nutzung weit verbreitet. Permanenter Feldbau eher im Versuchsstadium, aber erfolgversprechend. Potentielle Produktivität durchweg höher als aktuelle P. Möglichkeiten zur Nutzungsverbesserung z.B. durch Mulchen, Anbau von Deckfrüchten (zur Bodenabschirmung) oder von Baumkulturen, Anhebung des pH-Wertes mittels Kalkung, Verwendung stickstoffbindender Feldfrüchte, Ersatz von Nährstoffverlusten durch Zugabe entzugsangepasster Düngemittel. Realisierung scheitert meist an mangelnder Rentabilität, fehlendem Kapital oder geringem Know-how.

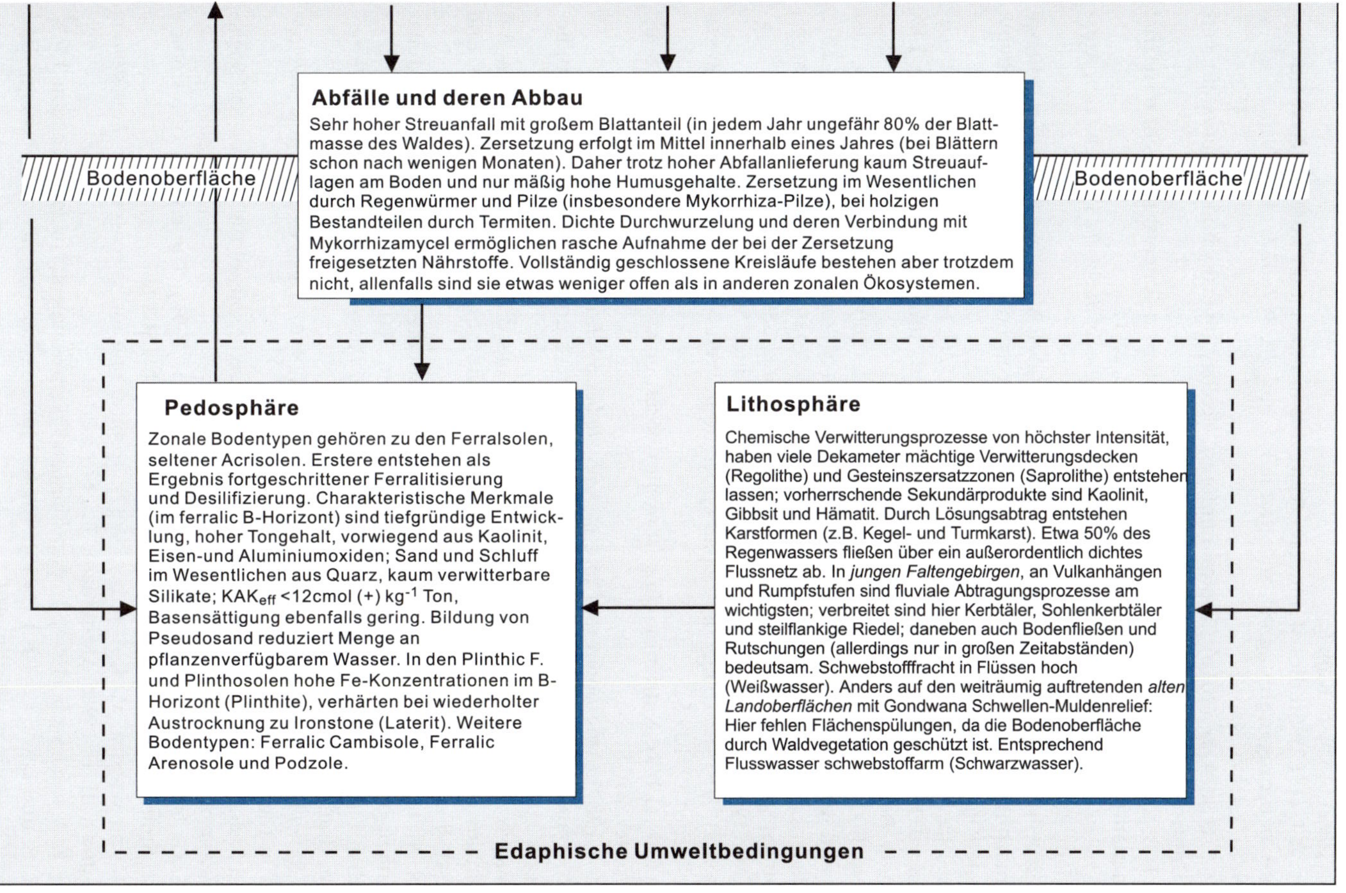

Abb. 15.15 *Zusammenfassendes Schaubild der Immerfeuchten Tropen.*

Doppler (1991), *s.* Lit. zu Kap. 6.

Edwards, P. J. (1982): Studies of mineral cycling in a montane rain -forest in New Guinea. V. Rates of cycling in throughfall and litter fall. *J. Ecol.* 70, 807–827.

FAO (1988), *s.* Lit zu Kap. 4.

Ghazoul, J. & Sheil, D. (2010): Tropical rainforest. Ecology, diversity and conservation. Oxford University Press, Oxford, 516 pp.

Golley, F. B. und Medina, E. (eds.) (1975): Tropical ecological systems: trends in terrestrial and aquatic research. *Ecol. Studies* 11. Springer, Berlin, 398 S.

– (ed.) (1983): Tropical rain forest ecosystems. *Ecosystems of the World* 14A. Elsevier, Amsterdam, 381 S.

Grant, R. F., Hutyra, L. R., De Oliveira, R. C. et al. (2009): Modeling the carbon balance of Amazonian rain forests: resolving ecological controls on net ecosystem productivity: *Ecological Monographs* 79, 445–463.

Guhardja, E., Fatawi, M. Sutisna, M. Mori, T. und Ohta, S. (eds.) (2000): Rainforest ecosystems of East Kalimantan. El Nino, drought, fire and human impacts. *Ecol. Studies* 140. Springer, Berlin, 330 S.

Hammond, E., Santoni, G. W., Nascimento, H. E. M. et al. (2008): Dynamics of carbon, biomass and structure of two Amazonian forests. *Journal of Geophysical Research* 113, 1–20.

Holm-Nielsen, L. B., Nielsen, I. C. und Balslev, H. (eds.) (1989): Tropical forests – botanical dynamics, speciation and diversity. Acad. Press, London, 380 S.

Jacobs, M. (1988): The tropical rain forest. A first encounter. Springer, Berlin, 295 S.

Johansson, D. (1974): Ecology of vascular epiphytes in West African rain forest. *Acta Phytogeogr. Suecica* 59, 129 S.

Jordan, C. F. (1985): Nutrient cycling in tropical forest ecosystems. John Wiley and Sons, Chichester, 250 S.

– (ed.) (1987): Amazonian rain forests. *Ecol. Studies* 60. Springer, Berlin, 133 S.

Kato, R., Tadaki, Y. und Ogawa, H. (1978): Plant biomass and growth increment studies in Pasoh Forest. *Malaysian Nat. J.* 30, 211–224.

Kauffman, S., Sombroek, W. und Mantel, S. (1998): Soils of rainforests; characterization and major constraints of dominant forest soils in the humid tropics. In: Schulte und Ruhiyat, 9–20.

Kellman, M. und Tackaberry, R. (1997): Tropical environments; the functioning and management of tropical ecosystems. Routledge, London, 380 S.

Klink, H.-J. & Mayer, E. (1983): Vegetationsgeographie. *Das Geographische Seminar.* Westermann, Braunschweig, 278 S.

Lal, R., Sanchez, P. A. und Cummings, R. W. Jr. (eds.) (1986): Land clearing and development in the tropics. Balkema, Rotterdam, 450-S.

– und Sanchez, P. A. (eds.) (1992): Myths and science of soils of the tropics. *Soil Science Soc. America Spec. Publ.* 29, 185 S.

Leigh, E. G. Jr., Rand, A. S. und Windsor, D. M. (eds.) (1996): The ecology of a tropical forest. Smithsonian Institution, Washington (2. Aufl.), 503 S.

Lieth, H. und Werger, M. J. A. (eds.) (1989): Tropical rain forest ecosystems. *Ecosystems of the World* 14B. Elsevier, Amsterdam, 713 S.

Longman, K. A. und Jenik, J. (1974): Tropical forest and its enrivonment. Longman, London. 196 S.

Lugo, A. E. und Lowe, C. (eds.) (1995): Tropical forests – management and ecology. *Ecol. Studies* 112. Springer, Berlin, 461 S.

LÜTTGE, U. (2008): Physiological Ecology of Tropical Plants. 2nd Edition. Springer, Berlin-Heidelberg, 458 pp.

LUYSSAERT, S., IBGLIMA, I., JUNG, M. et al. (2007): CO_2 balance of boreal, temperate, and tropical forests derived from a global database. *Global Change Biology* 13, 2509–2537.

MEDINA, E., MOONEY, H. A. und VAZQUES-YANES, C. (eds.) (1984): Physiological ecology of plants of the wet tropics. *Tasks Veg. Sci.* 12. Dr. W. Junk, Den Haag, 254 S.

OLDEMAN, R. A. A. (1989): Dynamics in tropical rain forests. In: HOLM-NIELSEN et al., 3–21.

PFADENHAUER UND KLÖTZLI (2014): S. LIT. ZU KAP. 5.

PROCTOR, J. (ed.) (1989): Mineral nutrients in tropical forest and savanna ecosystems. *Spec. Publ. Brit. Ecol. Soc.* 9. Blackwell, Oxford, 473 S.

READING, A. J., THOMPSON, R. D. und MILLINGTON, A. C. (1995): Humid tropical environments. Blackwell, Oxford, 429 S.

RICE, A. H., PYLE, E. H., SALESKA, S. R. et al. (2004): Carbon balance and vegetation dynamics in an old-growth Amazonian forest. Ecological Applications 14 Supplement, 555–571.

RICHARDS, P. W. (1996): The tropical rain forest: An ecological study. Cambridge Univ. Press, Cambridge (6.-Aufl.), 450 S.

SANCHEZ, P. A. und LOGAN, T. J. (1992): Myths and science about the chemistry and fertility of soils in the tropics. In: LAL und SANCHEZ, 35–46.

SCHOLES, R. J., DALAL, R. und SINGER, S. (1994): Soil physics and fertility: the effects of water, temperature and texture. In: WOOMER und SWIFT, 117–136.

SCHOLZ, U. (2003): Die feuchten Tropen. *Das Geographische Seminar* Westermann Braunschweig (2, Aufl.), 173 S.

SCHULTE, A. und RUHIYAT, D. (eds.) (1998): Soils of tropical forest ecosystems. Springer, Berlin, 206 S.

SPAARGAREN, O. C. und DECKERS, J. (1998): The world reference base for soil resources. In: SCHULTE und RUHIYAT, 21–28.

STEIN, N. (1989): Die Bedeutung der floristischen und physiognomischen Struktur von Waldgesellschaften für die Ausgliederung von Geoökotopen innerhalb der humiden Tropen (am Beispiel Sarawaks/Borneo). *Geomethodica* 14, Basel, 111–140.

STORK, N. E. & TURTON, S. M. (eds)(2008): Living in a Dynamic Tropical Forest Landscape. Blackwell Publ., Malden-Oxford-Carlton, 632 pp.

TORQUEBIAU, E. F. (1986): Mosaic patterns in dipterocarp rain forest in Indonesia, and their implications for practical forestry. J. of Tropical Ecology 2, 301–325.

VARESCHI, V. (1980) Vegetationsökologie der Tropen. Ulmer, Stuttgart, 293 S.

VIEIRA, S., DE CAMARGO, P. B., SELHORST, D. et al. (2004): Forest structure and carbon dynamics in Amazonian tropical rain forest. Oecologia 140, 468–479.

WALTER, H. & BRECKLE, S.-W. (2004): Ökologie der Erde, Band 2. Spezielle Ökologie der Tropischen und Subtropischen Zonen. 3. Auflage. Spektrum Akademischer Verlag, Heidelberg, 764 S.

WHITMORE, T. C. (1990, 1993): An introduction to tropical rain forests. Clarendon Press, Oxford, 226 S. (dt. Übers. Tropische Regenwälder. Eine Einführung. Spektrum, Heidelberg, 275 S.).

WIRTHMANN, A. (1987): Geomorphologie der Tropen. Wiss. Buchges., Darmstadt, 322 S.

WOOMER, P. L. und SWIFT, M. J. (eds.) (1994): The biological management of tropical soil fertility. John Wiley and Sons, Chichester, 243 S.

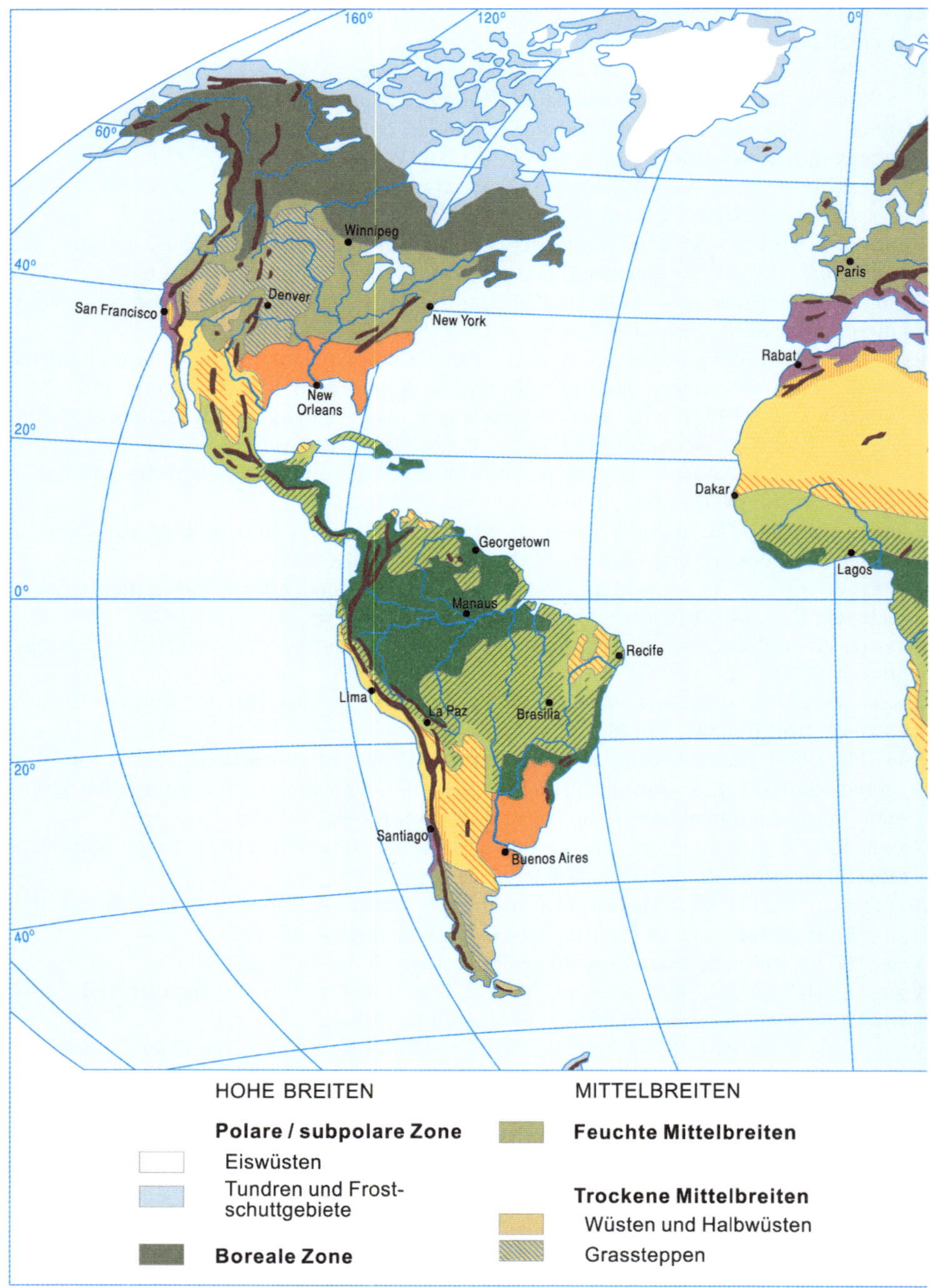

Abb. A *Ökozonale Gliederung der Erde. (Eigener Entwurf auf der Grundlage von C. Troll und K. H. Paffen (1964): Karte der Jahreszeitenklimate der Erde).*

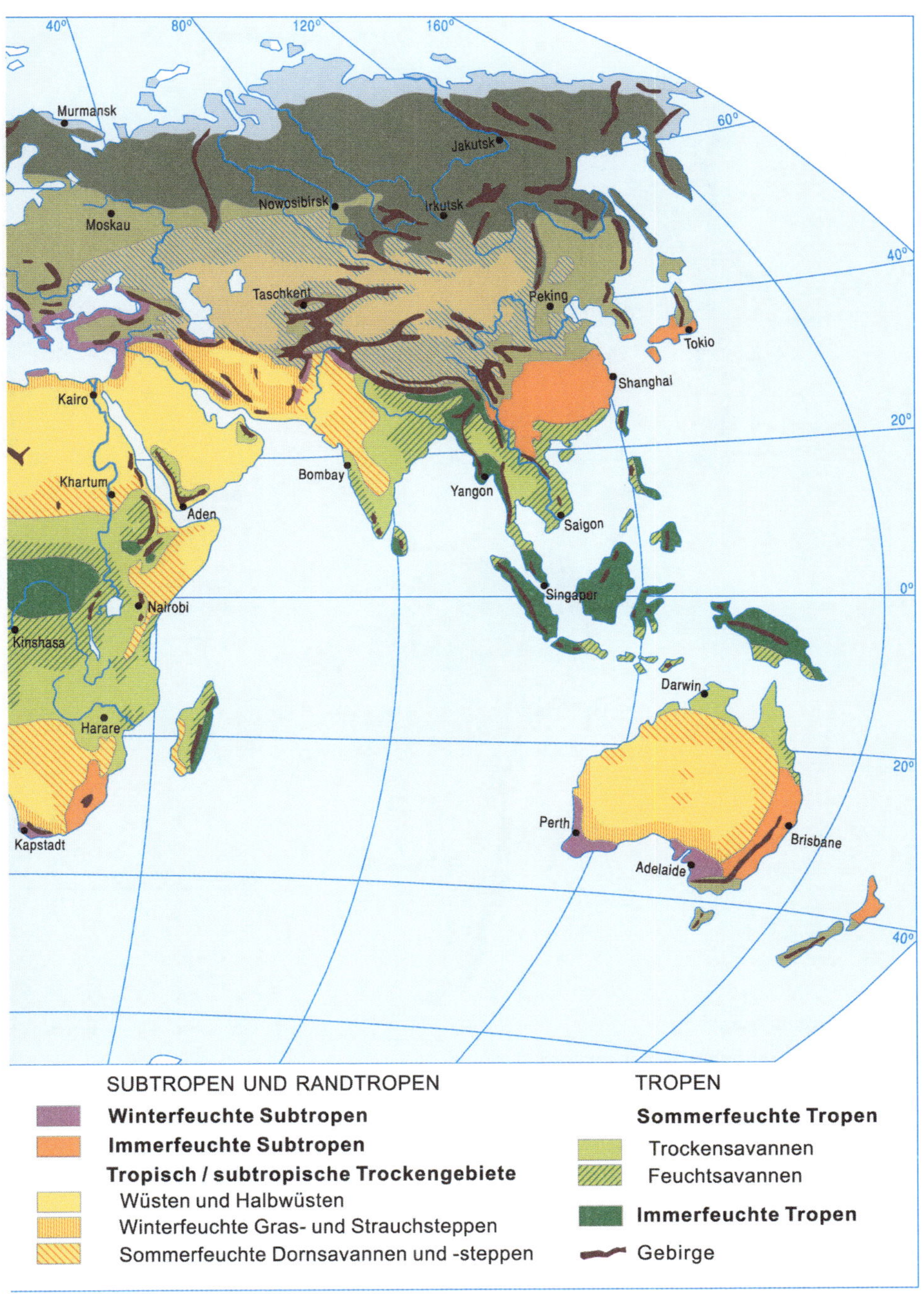
40°
80°
120°
160°
60°
40°
20°
0°
20°
40°
Murmansk
Jakutsk
Nowosibirsk
Irkutsk
Moskau
Taschkent
Peking
Tokio
Shanghai
Kairo
Bombay
Yangon
Khartum
Aden
Saigon
Singapur
Nairobi
Kinshasa
Darwin
Harare
Perth
Brisbane
Adelaide
Kapstadt
SUBTROPEN UND RANDTROPEN
Winterfeuchte Subtropen
Immerfeuchte Subtropen
Tropisch / subtropische Trockengebiete
Wüsten und Halbwüsten
Winterfeuchte Gras- und Strauchsteppen
Sommerfeuchte Dornsavannen und -steppen
TROPEN
Sommerfeuchte Tropen
Trockensavannen
Feuchtsavannen
Immerfeuchte Tropen
Gebirge

Abb. B *Bodenzonen der Erde. (Eigener Entwurf auf der Grundlage von FAO-UNESCO (1974–1981): Soil Map World).*

40°
80°
120°
160°
60°
40°
20°
0°
20°
40°
Murmansk
Jakutsk
Moskau
Nowosibirsk
Irkutsk
Taschkent
Peking
Tokio
Shanghai
Kairo
Bombay
Yangon
Saigon
Khartum
Aden
Singapur
Nairobi
Kinshasa
Darwin
Harare
Perth
Brisbane
Adelaide
Kapstadt
Chernozem (außer Luvic)-Kastanozem-Phaeozem-Zone
Chernozeme,
Durisol-Calcisol-Zone (vormals Xerosol-Zone) (Durisole, Calcisole, Regosole, Solonchake, Solonetze, Vertisole)
Arenosol-Zone (vormals Yermosol-Zone) (Durisole, Calcisole, Gypsisole, Leptosole, Regosole, Solonchake, Solonetze)
Chromic Luvisol-Zone (Chromic Cambisole, Calcisole, Haplic Luvisole, Eutric Cambisole
Acrisol-Zone (Alisole)
Lixisol-Nitisol-Acrisol-Zone (Vertisole, Alisole)
Vertisole
Ferralsol-Zone (Plinthosole, Acrisole, Ferralic Cambisole, Ferralic Arenosole, Podzole)

Abb. C *Agrarregionen der Erde (unter Verwendung des World Atlas of Agriculture und vieler weiterer, insbesondere regionaler Arbeiten).*

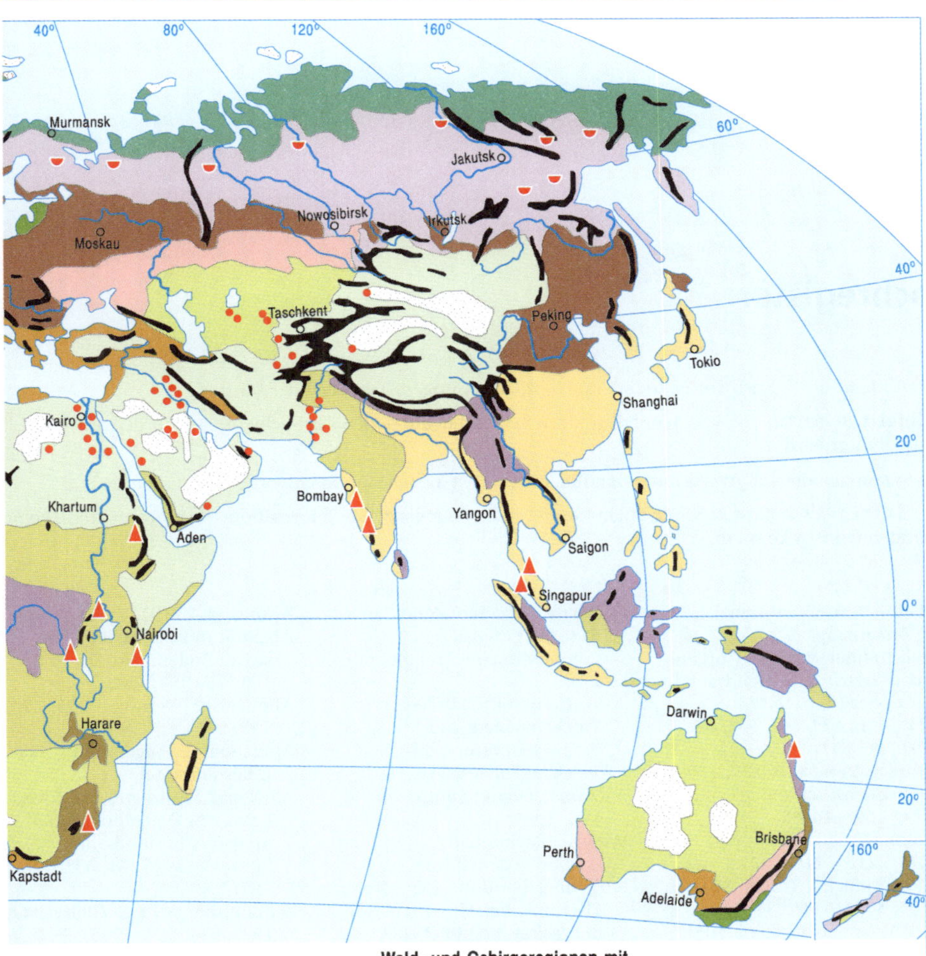

Agrarregionen mit vorherrschender Pflanzenproduktion, teilweise in Kombination mit Tierhaltung

Subsistenz- und marktorientierte Produktion

- Traditionelle Agrarwirtschaft der wechselfeuchten Tropen (Landwechselwirtschaft, Permanenter Regenfeldbau; häufig mit Rinder-, Schaf- und Ziegenhaltung): Mais, mehrere Hirsearten, Sorghum, Süßkartoffeln, Erdnüsse, Bohnen, Bananen, Tabak, Baumwolle, Tierhaltung zur Selbstversorgung
- Bewässerungswirtschaft mit Nassreis

Wald- und Gebirgsregionen mit vereinzelter landwirtschaftlicher Nutzung

- Tropische Feucht- und Regenwaldregionen mit Sammelwirtschaft und Wanderfeldbau: Maniok, Yams, Taro, Bergreis, Hirse, Mais; örtlich/regional marktorientierte Dauerkulturwirtschaft (Plantagen/Pflanzungen): Kautschuk, Öl- und Kokospalmen, Kakao, Bananen
- Waldregionen der mittleren und hohen Breiten mit kleinbetrieblichem Sommergetreide-, Hackfrucht- und Futterbau, häufig als Feldgraswirtschaft: Gerste, Roggen, Hafer, Kartoffeln, Klee, Luzerne, Rinder; winterliche Rentierweide; Jagd und Fischerei
- Gebirgsregionen, mit höhenstufen-abhängiger Nutzung

Regionen ohne land- oder forstwirtschaftliche Nutzung

- Anökumene: Eiswüsten, polare Wüsten (in Nordamerika: auch Tundren), Sand und Steinwüsten der mittleren und niederen Breiten
- Rentierhaltung in borealen Waldregionen
- Plantagen/Pflanzungen
- Oasen

Sachregister

Seitenzahlen mit *: Stichwörter stehen (auch) in Abbildungen, Tabellen oder Kästen.

Halbfette Seitenzahlen: weisen auf diejenigen Seiten hin, auf denen das Stichwort ausführlicher behandelt oder definiert wird.

(...) Synonyme oder sinnverwandte Begriffe, die im Text anstelle des Stichwortes stehen können.

(*s.a.* ...) Thematisch nahestehende Stichwörter, bei denen ergänzende Informationen zum gesuchten Thema gefunden werden können.